U0365029

茶文化学

第三版

徐晓村 主编
王伟 副主编
参编 卢兆彤 李焕征 李红艳 单虹丽

首都经济贸易大学出版社
Capital University of Economics and Business Press
·北京·

图书在版编目(CIP)数据

茶文化学/徐晓村主编. --3版. --北京:首都经济贸易大学出版社,2018.9
ISBN 978-7-5638-2852-4

Ⅰ.①茶… Ⅱ.①徐… Ⅲ.①茶文化—基本知识 Ⅳ.①TS971.21

中国版本图书馆CIP数据核字(2018)第190805号

茶文化学(第三版)
徐晓村 主编 王 伟 副主编
Cha Wenhuaxue

责任编辑 王 猛
封面设计 风得信·阿东 FondesyDesign
出版发行 首都经济贸易大学出版社
地 址 北京市朝阳区红庙(邮编100026)
电 话 (010)65976483 65065761 65071505(传真)
网 址 http://www.sjmcb.com
E-mail publish@cueb.edu.cn
经 销 全国新华书店
照 排 北京砚祥志远激光照排技术有限公司
印 刷 北京市兴怀印刷厂
开 本 710毫米×1000毫米 1/16
字 数 352千字
印 张 20
版 次 2009年9月第1版 2014年3月第2版
2018年9月第3版 2018年9月总第3次印刷
书 号 ISBN 978-7-5638-2852-4/TS·4
定 价 39.00元

第三版前言

首都经济贸易大学出版社要再版《茶文化学》一书,遂请本书各编的作者重新修订一篇。因时间匆忙,各位作者又均有其他的研究任务,故此次修订只对书中疏误做些修改,整书并无大的变动。

翻阅此书的初版本,才知道是2009年出版的,至今已有九年。出版社愿意再版,说明此书尚有读者,这既让我们高兴,又感到意外。

九年来,中国茶文化研究有了长足的进步,但我们却无暇将这些新的研究成果吸收到本书中来。所以,从总体上说,这只是一本过渡性的教材。好在我们也知道世界上似乎没有经久不衰的教材,后来居上,新的教材超越旧的教材才是规律。本书的价值在于它在这样一个时期对中国茶文化的教学发挥了作用,这已经足以让我们所有编者感到欣慰了。

有学者指出,就中国文化的对外宣传来说,中医和中国茶文化是两个极好的切入点。这话是极有道理的。只是,要对外宣传中国文化,我们中国人自己首先要尊重、了解、熟悉、认同中国文化。欣闻有中学引入了中医教学,这当然是好事,但在高考的压力之下到底能坚持多久仍让人怀疑。而茶文化似乎无此幸运。既便是在大学中,这种无用之学也是不大被重视的。但我们相信,随着中国经济的不断繁荣,中国文化也会受到更多的关注,中国茶文化会越来越多地走进大学或中学的课堂,让更多的年轻人在可口可乐和咖啡之外,也学会品尝和享受茶的滋味,并能由这滋味去体味中华民族的生活趣味。

我们注意到有年轻的学者写出了极精彩的茶文化学著作,故也希望有人能写出更出色的茶文化学教材。

作者

2018年8月14日

于北京

目　录

第一章　茶叶基础知识

第一节　茶叶的种类

一、茶类的形成与发展

自从人类发现并利用茶叶以来，经过广大茶人数千年的艰苦努力，培育出千姿百态的茶叶种类。茶类的形成与发展历程是与茶叶加工方法与技术的演变同步进行的。茶叶加工从无到有，从简到繁，从粗到精，茶类也随之从无到有，从少到多。下面主要结合茶叶加工方法与技术的历史演变介绍茶类的形成与发展。

（一）从晒干收藏到采茶制饼

人们利用茶的最初方式是生嚼吞食，随后发展为生煮羹饮，即将茶鲜叶按类似现代人煮菜汤的方式煮熟食用。这两种方式都是对鲜叶直接利用，从茶树上采下即用，不存在茶叶加工的问题。

对鲜叶的直接利用要受到许多自然条件的限制，例如，周围要有茶树，要在茶树生长的季节，还要有不下雨的天气等。随着人们对茶叶认识的加深，消费茶的人逐渐增多，人们开始想办法克服自然条件的限制，于是出现了将茶叶干燥后收藏的方法。据《神农本草经》记载：“苦茶……生益州谷，山陵道旁，凌冬不死，三月三日采干。”这里只谈到采干，但采后是如何干法，未加说明。也许是晒干，也许是风干，也可能是借助火力烘干。不管怎样，晒干收藏比起直接利用鲜叶来是一个很大的进步，它可看作是茶叶加工的开端。这对促进人类利用茶叶的作用非常重大。因为有了茶叶加工，茶叶才便于储藏和运输，才使茶叶的传播和普及有了条件，才有了今天丰富多彩的茶类。

将茶叶干燥后收藏，虽然是人类利用茶叶方法上的一大进步，但直接干燥后的茶叶存在着占据储存空间较大等缺点，给茶叶的贮存、包装、运输带来诸多不便，必须进一步采用其他有效的加工方法，因而压制成饼茶的加工方法应运而生。据周文棠考证，三国魏太和年间（227—233 年）的张揖所撰《广雅》云：“荆巴间采茶作饼，成以米膏出之。若饮先炙令色赤，捣末置瓷器中，以汤浇覆之，用葱姜芼之。其饮醒酒,令人不眠。”①这是我国有关制茶、饮茶最早,也是较为具体的记载。虽然《广雅》中并未明确记载当时饼茶的具体制作方法(是将茶叶直接捣压成饼,还是蒸汽杀青或水焯杀青后再压成饼),而且在其后直到陆羽《茶经》出现之前的文献中都未提及,但它至少说明了在三国时期及其以前的一段相当长的时间里,在湖北和重庆交界一带地区,已形成了以生产和饮用饼茶为主的习惯。

(二)从蒸青塑形到龙凤团茶

饼茶发展到唐朝已形成了较为完善的加工工艺。陆羽在《茶经》“二之具”、“三之造”中对当时饼茶制作的工具和工序都做了较为具体的描述。所用工具有十几种之多,饼茶制作时要经过“蒸之、捣之、拍之、焙之、穿之、封之”六道工序。所谓“蒸之”,即将鲜叶放在甑笼里用蒸汽杀青。这样既可软化茶叶,便于塑形;又可减少茶叶的青涩味,使茶叶更加适口;同时还可保持茶叶原有的绿色。因此,吴觉农在《茶经评述》中评价道:“蒸青法的发明,是制茶技术史上一大进展。”②蒸青后的茶叶继续进行“捣之”,就是将蒸青叶用杵臼进行捣碎,以便易于压制成形,煮饮时有效成分也容易浸出。“拍之”就是将捣碎的茶用各种形状、花纹的模具拍压成形。“焙之”是将拍压成形的饼茶坯进行烘干,大致分为初焙和烘干两步:初焙是将拍好的茶坯先置于一竹编的席状物(芘莉)上入焙烘至初干;然后用锥子(棨)将初焙过的茶穿孔,再用竹棍(竹鞭或竹贯)将茶穿好,架在焙炉的木架(棚)上进一步烘干。“穿之”即指用竹篾或榖树皮搓成的绳索,将烘干的茶饼按一定重量串起来,组成一串(穿)一串的单位,以便计量。每一串(穿)的重量各地大不一样,例如:江东以一斤为上穿,半斤为中穿;峡中以120斤为上穿,80斤为中穿。“封之”为将成串(穿)的饼茶放入一个内置有火盆的柜式藏茶器(育)中储存,以使茶叶保持充分干燥。

到了宋代,作为贡茶主要茶类的团饼茶在制法上基本上仍保持唐代饼茶的蒸青制饼方法,但在外观上较唐代更为精巧细致,特别是在茶饼表面的纹饰上更讲求精致美观。由于宋代的每位皇帝都嗜茶,对贡茶生产都十分重视,于是众官员们为讨帝王的欢心,纷纷挖空心思,千方百计在贡茶生产上追新求异,使宋代的贡茶品类不断花样翻新。熊蕃在《宣和北苑贡茶录》中记述:“采茶北苑,初造研膏,继造腊面……太平兴国初,特置龙凤模,遣使即北苑造团茶,以别庶饮,龙凤茶盖始于此。”③据古文献记载,当时的龙凤团茶为大龙团,8饼为1斤。仁宗时,蔡襄又创造出更为精巧的小龙团。对此小龙团,欧阳修在《归田录》中赞叹道:“庆历中蔡君谟为福建路转运使,始造小片龙茶以进,其品精绝,谓之小团。凡二十饼重

① 陈彬藩. 中国茶文化经典[M]. 北京:光明日报出版社,1999.

② 陈椽. 中国名茶研究选集[M]. 合肥:安徽农学院出版社,1985.

③ 陈彬藩. 中国茶文化经典[M]. 北京:光明日报出版社,1999.

一斤，其价值金二两。然金可有，而茶不可得。”[①]可见其真是弥足珍贵。熙宁(1068—1077年)中，又创制出更精绝于小龙团的密云龙。据《铁围山丛谈》描述：“至神宗时，即龙焙又进密云龙。密云龙者，其云纹细密，更精绝于小龙团也。”[②]此茶20饼为1斤，装成两袋，谓之双角团茶。当时大小龙团是以绯色袋盛装，表示为皇帝所赐，而密云龙则独用黄色袋盛装，表示专供皇帝饮用。之后，又相继出现过瑞云翔龙、龙团胜雪等团饼茶精品。每当一种新茶品出现，原来的茶就降为次等。就这样，宋代贡茶新品层出不穷。

为造出精致的龙团凤饼，宋代贡茶的制茶工艺也比唐代更加精细复杂。据赵汝砺《北苑别录》记述，造北苑贡茶，有蒸茶、榨茶、研茶、造茶、过黄五大工序。实际做起来还有很多细节。例如，在蒸青之前，先要对采来的茶叶进行严格挑选，将选出的芽茶作“再四洗涤”之后，才上甑蒸青。蒸青叶要用冷水“淋洗数过”以令冷却，然后进入榨茶工序。先小榨去其水，后大榨去其茶汁，反复几次，直至茶汁被榨尽。将去汁后的茶置于瓦盆内兑水研细，之后再入龙凤模压饼(即造茶)。最后过黄，即焙干。在焙干过程中，还要将茶放入沸水中浸三次，以尽“出其膏”。焙干开始用烈火，最后用微火“烟焙”至干。然而，经过这样一榨再榨、又洗又浸后制出的茶叶，几乎失去饮用价值。这样的茶，绝不是为饮用，而只是为“把玩”和猎奇。所以宋代的龙凤团茶必然走向末路。元代以后，龙凤团茶即被彻底淘汰。不过应明确一点，龙凤团茶被淘汰，并不意味着团饼茶也消失了。恰恰相反，它一直以各种紧压茶的形式保持到今天，成为边销茶的主要茶类。

(三)从团饼茶到散形茶

唐代制茶以团饼茶为主，同时也有其他形式的茶叶存在。《茶经·六之饮》中记载：“饮有觕茶、散茶、末茶、饼茶者。”这里觕茶即用较老原料制成的粗茶；散茶为鲜叶蒸青后即干燥的茶；末茶为经蒸青、捣碎后即干燥的茶。这三种茶都属于未紧压过的蒸青散形茶类，制法较团饼茶大为简化。虽然在团饼茶大行其道的唐代，散形茶在数量和种类上还十分稀少，在社会上是无名或无甚地位的，但到了唐中后期至五代时，散形茶渐渐呈现出一定的发展趋势。

到了宋代，团饼茶改制散形茶有了较快的发展。北宋时，虽然总体上还是以团饼茶生产为多，但散形茶还是得到很大发展。在一些地方还出现了专门以生产蒸青散茶为主的茶区，散茶名品也不断涌现。《宋史·食货志》载：“茶有二类，曰片茶，曰散茶。片茶……有龙、凤、石乳、白乳之类十二等……散茶出淮南、归州、江南、荆湖，有龙溪、雨前、雨后之类十一等。”[③]可见当时散茶种类不比团饼茶少

---

① 陈彬藩. 中国茶文化经典[M]. 北京:光明日报出版社,1999.
② 陈彬藩. 中国茶文化经典[M]. 北京:光明日报出版社,1999.
③ 陈彬藩. 中国茶文化经典[M]. 北京:光明日报出版社,1999.

多少。欧阳修在《归田录》中也称:“腊茶(即饼茶)出于剑、建;草茶(即散茶)盛于两浙。两浙之品,日注为第一。自景祐(1034—1038 年)以后,洪州双井白芽渐盛,近岁制作尤精……遂为草茶第一。”①这些记载都揭示了当时散茶已呈蓬勃发展之势。进入南宋后,特别是南宋后期,蒸青散茶和末茶已大量出现,取代团饼茶,占据了茶叶的主导地位。

元代的茶叶加工基本上沿袭宋代后期的工艺,以蒸青散茶和末茶为主,只有贡茶仍然是龙团凤饼。正如王祯在《农书》中介绍饼茶制法后强调的那样:“此品唯充贡茶,民间罕见之。”当时蒸青散茶的制茶工艺也有了很大改进。据王祯《农书》载:“采讫,以甑微蒸,生熟所得。蒸已,用筐箔薄摊,乘湿略揉之。入焙匀布火,烘令干,勿使焦。编竹为焙,裹箬覆之,以收火气。”②可见当时蒸青茶制作工序主要有三道,即杀青、揉捻和干燥,与现代蒸青茶制作工艺大体相同。这说明我国蒸青茶初制工艺在元代就基本定型。

如果说元代仍保留龙凤团茶为贡茶,那么进入明代后,团饼茶在内地的最后一块阵地也被散形茶所占领了。明太祖朱元璋于洪武二十四年(1391 年)九月十六日下了一道诏令,“罢造龙团,惟采芽茶以进”。从此,龙凤团茶就彻底寿终正寝,蒸青散茶大为盛行。

(四)从蒸青茶到炒青茶

在明朝以前的唐、宋、元几个朝代,不论是团饼茶还是散形茶,都是按蒸青工艺来加工的,属于蒸青茶类。据明代茶书提供的线索来看,就是在明朝前期,仍保持着这种以蒸青末茶和散茶为主的格局,炒青茶很少。

炒青茶的出现,最早不是在明朝。早在唐朝,就有文献显示出现了炒青茶。唐代刘禹锡《西山兰若试茶歌》诗中云:“山僧后檐茶数丛,春来映竹抽新茸。宛然为客振衣起,自傍芳丛摘鹰嘴。斯须炒成满室香,便酌砌下金沙水。”③诗里的“斯须炒成满室香”,就是古代关于炒青茶的最早记载。虽然在唐代,甚至更早就已出现了炒青茶,而且宋代也有关于炒青茶名品日铸茶等的记载,但直到明代前期,炒青茶都没能成大气候。至于何时实现从蒸青茶向炒青茶的转变,据朱自振等人研究认为,大致是在明后期的万历年间。因为在明朝前期的历史文献中,很难找到有关炒青的记载。在现存的明代最早一本茶书——朱权《茶谱》中,在讲到制茶时,也只是说当时不再制饼茶了,而是采茶叶“制之为末”,只字未提炒青茶。就是明中期嘉靖时的钱椿年(1539 年)《茶谱》中,虽然首先提到了炒青,但也只是“炒焙适中”四字。说明这时炒青茶虽有一定发展,但也尚未能取得多大优

① 陈彬藩. 中国茶文化经典[M]. 北京:光明日报出版社,1999.

② 陈彬藩. 中国茶文化经典[M]. 北京:光明日报出版社,1999.

③ 陈彬藩. 中国茶文化经典[M]. 北京:光明日报出版社,1999.

势。可是到了万历时，情况就有了大的改变。这时撰刊的茶书，如张源的《茶录》、张谦德的《茶经》、许次纾的《茶疏》、罗廪的《茶解》等，在谈到制茶时，主要介绍炒青茶。而且诸书竞相补充，对炒青茶制法描述得详细而具体。大体工序是：锅炒杀青、揉捻、复炒、烘焙至干。这种工艺与现代炒青绿茶制法十分相似，说明当时炒青茶工艺已发展到相当完善的程度。随着炒青茶生产的发展，炒青茶在社会上渐渐取得了主导地位。与此同时，兴盛了近4个世纪的蒸青散茶和末茶也相应地一步步走向消亡，逐步退出了历史舞台。

需要说明的是，这里所说蒸青茶的消失，主要是就商品生产和文献记载来说的，不包括个别少数民族自产自饮的蒸青茶和某些边销茶。例如，广西少数民族侗寨饮用的蒸焙土茶，不但保留到清代，有的甚至流传到近代；再如，一些边销的紧压茶，采用蒸青紧压制法，从古到今，一直保持了下来，从未中断。另外，蒸青茶虽然随着炒青茶的兴盛在中国大地上逐渐消失了，但日本在唐、宋时将我国蒸青制茶工艺引进后，一直以煎茶和抹茶的名字把它保持了下来，并逐渐进行改进，在现代获得了空前的发展。20世纪20年代以来，随着国际交流和贸易的扩大，蒸青制茶法又从日本回引中国，使失传已久的蒸青绿茶在中国大地上重新出现。

（五）从单一绿茶到六大茶类

历史上的蒸青茶和炒青茶按现代茶叶分类法来看，都属于不发酵的绿茶类，只是杀青方法不同而已。前者为蒸汽杀青，后者为锅炒杀青。自从明代炒青替代蒸青而成为主流茶类以后，各地茶人对制茶工艺不断革新，不仅使炒青茶工艺日臻完善，名品频出，还促进了其他茶类的产生和发展。到清代中期前后，我国保持到现代的六大茶类已基本形成。下面对其中黄、黑、白、青、红五大茶类的产生及发展作一简介。

1. 黄茶

现代黄茶的制法最早出现在明代，是由炒青绿茶制作方法掌握不当而产生的。在绿茶制作过程中，如果杀青温度低或时间过长，杀青后未及时摊凉和揉捻，揉捻后未及时干燥，堆积过久，都会使叶子变黄，产生黄汤黄叶，形成类似黄茶的品质。茶人在生产实践中对这样的情况加以研究总结，就创造出了黄茶制法。明代许次纾在《茶疏》中一段对安徽六安霍山的大蜀山茶农不善制茶的批评文字正好说明了这种演变历史："顾彼山中不善制造，就以食铛火薪焙炒。未及出釜，业已焦枯，讵堪用哉？兼以竹造巨笥，乘热便贮，虽有绿枝紫笋，辄就萎黄，仅供下食，奚堪品斗？"①今天霍山黄大茶的制法，也正是如此。

---

① 陈彬藩. 中国茶文化经典[M]. 北京：光明日报出版社，1999.

2. 黑茶

黑茶也是由绿茶演变而来的。绿茶在制作过程中,在制品若堆积过久(几十个小时),叶色就会由绿变黄、变黑;制干后的绿茶在贮存或运输过程中,长时间堆积,尤其在阴雨天里,也会变黄,甚至变黑。通过对绿茶的这种色变现象的研究,古代茶人创造了黑茶制法。明代对黑茶已有记载。当时黑茶多为运销边区以换马匹的边茶。明代嘉靖三年(1524 年),在御史陈讲的奏疏中最早提到黑茶:"商茶低伪,悉征黑茶,产地有限,乃第为上中二品,印烙篦上,书商名而考之。每十斤蒸晒一篦,送至茶司,官商对分,官茶易马,商茶给卖。"[①]《明会典》中也载:隆庆五年(1571 年)"令买茶中马事宜。各商自备资本,执引前去各该衙门,比号相同,收买真细好茶。毋分黑黄正附,一例蒸晒,每篦重不过七斤……运至汉中府辨验真假黑黄斤篦。"崇祯十五年(1642 年),太仆卿王家彦在上疏中也说:"数年来茶篦减黄增黑,敝茗羸驷,约略充数。"[②]这些记载表明,黑茶的制作始于明代中期。

3. 白茶

关于白茶,古代文献中有不少记载。但唐宋时的所谓白茶,其实是指用芽毫特多的,或叶色近白的茶树品种制成的茶叶,与现代不炒不揉、生晒制干工艺制成的白茶不同。例如,宋徽宗赵佶在《大观茶论》中记载:"白茶自为一种,与常茶不同。其条敷阐,其叶莹薄。崖林之间偶然生出,盖非人力所可致。正焙之有者不过四五家,生者不过一二株,所造止于二三铸而已。芽英不多,尤难蒸焙。"[③]说明这种白茶树品种很少见,而加工仍是按蒸青绿茶的制法。

关于白茶加工方法的最早记载应是明代田艺蘅的《煮茶小品》:"芽茶以火作者为次,生晒者为上,亦更近自然,且断烟火气耳。况作人手器不洁,火候失宜,皆能损其香色也。生晒茶瀹之瓯中,则旗枪舒畅,青翠鲜明,尤为可爱。"[④]这里的芽茶制法与现代白茶制法极为相似。

现代白茶是品种与制法相结合的产物。白茶名品"白毫银针"就是从清咸丰、光绪年间发现的大白茶树上采下的芽头用白茶工艺制成的。采下的一芽二三叶嫩梢则加工成"白牡丹"。

4. 乌龙茶(青茶)

乌龙茶最早诞生在福建,是由武夷茶发展而来的。对乌龙茶起源的时间,学术界尚有争议。目前所能查到的有关乌龙茶制法的文字记载,最早见于清代陆廷灿《续茶经》(1734 年)所引述的王草堂的《茶说》。《茶说》在阐述武夷茶时写道:

---

① 陈宗懋. 中国茶经[M]. 上海:上海文化出版社,1992.
② 陈宗懋. 中国茶经[M]. 上海:上海文化出版社,1992.
③ 陈彬藩. 中国茶文化经典[M]. 北京:光明日报出版社,1999.
④ 陈彬藩. 中国茶文化经典[M]. 北京:光明日报出版社,1999.

“茶采后，以竹筐匀铺，架于风日中，名曰晒青。俟其青色渐收，然后再加炒焙。阳羡芥片只蒸不炒，火焙以成。松萝、龙井，皆炒而不焙，故其色纯。独武夷炒焙兼施，烹出之时半青半红。青者乃炒色，红者乃焙色也。茶采而摊，摊而摝，香气发越即炒，过时不及皆不可。既炒既焙，复拣去其中老叶、枝蒂，使之一色。”①从这段文字的描述来看，武夷茶的制法和成品茶品质特色与现代乌龙茶极其相似，可以肯定这时的武夷茶即属于乌龙茶类。《茶说》的成书时间在清代初年，因此，可推断乌龙茶制茶工艺的形成定在此时间之前，约在明末清初。

5. 红茶

红茶是由武夷岩茶（乌龙茶）简化加工工序演变而成的一种全发酵茶类。最早的红茶生产是从福建崇安县星村镇的小种红茶开始的。清代刘靖在《片刻余闲集》（1732 年）中记述：“武夷茶高下共分二种……其生于山上岩间者名岩茶，其种于山外地内者名洲茶。岩茶中最高者曰老树小种，次则小种，次则小种工夫，次则工夫，次则工夫花香，次则花香。洲茶中最高者曰白毫，次则紫毫，次则芽茶……山之第九曲尽处有星村镇，为行家萃聚之所。外有本省邵武、江西广信等处所产之茶，黑色红汤，土名江西乌，皆私售于星村各行。而行商则以之入于紫毫、芽茶内售之，取其价廉而质重也。”②由此可见，在 18 世纪初，工夫和小种都是武夷岩茶中的上品，以后在星村市场上才出现福建、江西边境生产的“黑色红汤”的小种红茶。

自星村小种红茶被创制出来后，经逐渐演变又产生了工夫红茶。随后工夫红茶制法又由福建传至安徽、江西等地。1875 年，余干臣从福建罢官返回安徽老家时，将福建红茶制法也带了回去，并在当地设庄进行红茶生产，最后创出了蜚声中外的“祁门工夫”红茶。后来“星村小种”和“祁门工夫”成为我国出口的传统红茶中两个著名品种。19 世纪，我国的红茶制法传到印度、锡兰（斯里兰卡）等国。20 世纪 20 年代，印度等国开始发展红碎茶。由于红碎茶滋味更浓，很受国外消费者喜爱，产销量逐年增加，至今已成为世界茶叶贸易市场的主要茶类。我国在 20 世纪 50 年代末开始试制红碎茶，到今天已有了很大发展。

（六）从素茶到花茶

我国花茶的制作至少已有七八百年的历史了。在用香花窨茶出现之前，人们采用的是在茶中加入香料来增加茶的香气。例如，北宋蔡襄在《茶录》中谈到茶香时云：“茶有真香，而入贡者微以龙脑和膏，欲助其香。”这是说在北宋初年，进贡皇帝的龙凤团茶为增其香，制作时要加一种龙脑香料。由于这种龙脑香料十分昂贵，故仅限于贡茶中使用，民间鲜为人知。又由于这种香料的香味过于浓烈，茶

---

① 陈彬藩. 中国茶文化经典[M]. 北京：光明日报出版社，1999.

② 陈彬藩. 中国茶文化经典[M]. 北京：光明日报出版社，1999.

入香后影响了茶的真味，最后这种加香茶未能得以发展。后来人们在茶中加入香花来增加茶香，就产生了花茶。南宋时对花茶的记述逐渐增多，例如，陈景沂在《全芳备祖》中提到："茉莉薰茶及烹茶尤香。"在苏州词人施岳《步月·茉莉》词中也对茉莉花焙茶有记述。该词原注对此做了更明确说明："茉莉岭表所产，古今咏者不甚多……此花四月开，直至桂花时尚有玩芳味。古人用此花焙茶。"①说明在南宋时已出现了用茉莉花制作花茶的方法。通过考查施岳生平可知，他生于吴，卒于杭。从其生活的地区来看，我国花茶的出现，最早可能源于南方苏杭一带。

对花茶制作方法的记载最早见于朱权《茶谱》："薰香茶法：百花有香者皆可。当花盛开时，以纸糊竹笼两隔，上层置茶，下层置花，宜密封固，经宿开换旧花。如此数日，其茶自有香味可爱。"②可见，当时花茶是"隔离薰香"的。这种方法虽然节省了人工拣花的时间，但因茶与鲜花隔离，会影响茶坯吸收香气。后来针对"隔离薰香"方法的不足，发展成为窨制法，即把香花与茶坯混合，以提高茶坯的吸香效果。明朝时，花茶生产得到较大发展。除茉莉花茶外，还创制了多种香花花茶。在钱椿年编写、顾元庆删校的《茶谱》中，对当时的多种花茶的加工方法都做了具体描述，如橙茶、莲花茶等，并指出："木樨、茉莉、玫瑰、蔷薇、兰蕙、桂花、栀子、木香、梅花皆可作茶。"③

中国古代花茶大发展是在清咸丰年间（1851—1861年）。当时茉莉花茶大量生产，畅销华北、东北各地。于是各地茶商纷纷到福州设庄窨制花茶，规模越来越大。约在1890年前后，福州便成为全国花茶窨制中心。抗战期间，由于南北交通受阻，福州生产的花茶难于行销华北，此时苏州花茶迅速崛起，成为当时花茶生产的又一个中心地区。

（七）从传统茶叶到现代茶饮料

茶叶生产发展到今天，除了各类传统茶在制作工艺和技术水平上有了空前发展外，人们还充分利用现代科研成果和先进的技术手段，研制并生产出了多种多样的茶饮料和茶制品，诸如速溶茶、浓缩茶、茶粉、罐装饮料茶、可乐茶、茶汽水、果味茶、药用保健茶，等等。这不仅极大地满足了广大消费者的需求，还使我国的茶产品种类更加丰富多彩。

二、茶叶的分类

中国制茶历史悠久，创造出的茶叶种类繁多。对众多茶叶进行分门别类，前人做了很多有益的工作。但到目前为止，还未找到一种完善的为国内外普遍接受

① 陈宗懋. 中国茶经[M]. 上海：上海文化出版社，1992.

② 陈彬藩. 中国茶文化经典[M]. 北京：光明日报出版社，1999.

③ 陈彬藩. 中国茶文化经典[M]. 北京：光明日报出版社，1999.

的茶叶分类方法。在综合各种茶叶分类方法的基础上,中国农科院茶叶研究所研究员陈启坤提出了将中国茶叶分为基本茶类和再加工茶类这两大类的分类方法。此法既简明扼要,又符合表明茶叶制法的系统性并结合茶叶品质的系统性的分类原则,故本书按此分类系统对各种茶叶种类进行介绍。另外,在实际生活中,人们常出于生产、销售、管理和消费等需要,对茶叶作各种各样适用性分类,为使读者对茶叶种类有较全面的了解,在此以“民间应用型分类”为标题对这些茶类也逐一进行简介。

(一)基本茶类

基本茶类包括由鲜叶经过各种传统工艺方法的初加工及精加工后而成的所有茶叶。对这些茶叶,按其初加工工艺方法的不同,以及加工中茶叶多酚类物质的氧化聚合程度由浅入深变化的系统性,可分为六大茶类,即绿茶、黄茶、黑茶、白茶、乌龙茶(青茶)与红茶。

1. 绿茶

绿茶的基本加工工序为:鲜叶—杀青—揉捻—干燥。其中,杀青是形成绿茶品质特征的关键工序。鲜叶经过高温杀青,破坏了茶叶内源酶活性,抑制了茶多酚的氧化反应和叶绿素被过多破坏,使制成的茶叶呈现出绿茶特有的绿色绿汤、清香爽口的品质特点。由于酶活性被破坏,茶多酚被更多地保留下来,同时维生素 C 也较少被破坏。据测定,绿茶中的茶多酚和维生素 C 含量比其他茶类都要高许多。从营养保健功效来看,可以说在六大茶类中,绿茶是最好的。

绿茶在我国制茶历史上是出现最早的茶类,发展到今天,它仍是我国产、销量最大,消费人口最多的茶类。全国 20 个产茶省(区)都生产绿茶,产量最多的是浙江、安徽、江西、湖南、四川、湖北、江苏等省。同时,绿茶也是我国出口的主要茶类之一。每年出口数万吨,占世界茶叶市场绿茶贸易量的 70% 左右。从茶叶品目来看,绿茶也是六大茶类中品目最多的茶类。因杀青、干燥方法的不同,以及成品茶外形的不同,绿茶可分为很多种。

(1)按加工过程中杀青方式不同,绿茶可分为蒸青绿茶与炒青绿茶。蒸青绿茶在加工中是利用高温蒸汽进行杀青。这是一种最古老的绿茶。现代蒸青绿茶是日本在我国古代蒸青绿茶制作工艺基础上改进而成的。其成品茶具有干茶、汤色、叶底三绿的特点,但其香气较沉闷,并带有青气,涩味较重,不如炒青绿茶鲜爽,不适合大多数中国消费者的口味。

炒青绿茶的杀青方式为锅炒杀青。这种加工方法自明朝中后期兴盛以来,一直沿用至今,是目前大多数绿茶的制法。与蒸青茶相比,炒青茶具有香气清高持久,滋味浓纯爽口,汤色黄绿清澈,叶底嫩绿明亮的品质特色。

(2)按加工过程中干燥方法的不同,绿茶可分为炒青、烘青与晒青。炒青是指采用锅炒方式进行干燥的绿茶。这种绿茶表现出香高味浓的特点,高档茶还具有熟板栗香。由于炒制手法(或机械)变换,令茶叶在干燥过程中形成不同的形状,因此可分为长炒青、圆炒青、扁炒青等多种。

长炒青即外形呈略曲的长条形的炒青绿茶,因形似老人眉毛,故又称眉茶。其精制加工后的产品又可分特珍、珍眉、针眉、秀眉、贡熙、雨茶等花色。长炒青是我国绿茶的大宗产品,产区分布很广。传统产区为安徽、江西、浙江三省,后来发展到其他省份。现在全国各产茶省几乎均有生产。各地所产的长炒青,因生产条件、茶树品种和采制技术等的差异,形成了不同的品质风格。其中以主产于江西婺源的"婺绿",安徽屯溪(今黄山市)、休宁的"屯绿",浙江淳安、开化的"淳绿"等较为著名。

圆炒青是指外形为圆形颗粒状的炒青绿茶。其干茶色泽乌绿油润,形状浑圆,紧结如珠,故又名珠茶,有人美誉为"绿色珍珠"。我国主要有浙江、台湾两省生产圆炒青,其中尤以浙江所产最为有名。浙江的产地主要有嵊州、绍兴、上虞、新昌、诸暨、余姚、奉化、鄞县等地。历史上绍兴平水镇曾为珠茶主要集散地,各地生产的毛茶都集中在此地加工、起运出售,因而通常把珠茶都称为"平水珠茶"。圆炒青是我国绿茶出口的主要品种之一。它以香高味浓、经久耐泡的品质特点深受国外消费者喜爱,主要销往北非和西非,美、法等国也有一定市场。

扁炒青因外形扁平光滑而得名。这种茶干燥时在炒锅中有一个磨压的过程,所以才获得这种平直的外形。扁炒青一般是由较细嫩的茶叶原料制成,属于炒青名茶之列。著名的扁炒青有杭州的"西湖龙井"、"旗枪",安徽歙县的"老竹大方",四川峨嵋的"竹叶青"等。

烘青是指采用烘焙方式进行干燥的绿茶。由于在干燥过程中茶叶很少受到碰撞挤压等外力作用,制成的干茶外形不如炒青光滑紧结,但条索完整,峰苗明显,由细嫩原料制成的茶叶还会白毫显露。烘青茶色泽深绿油润,但香气、滋味不如炒青高浓。一般鲜叶原料较老的烘青大部分是作为窨制花茶的茶坯,多不直接饮用,被称为"素茶"或"素坯"。窨花以后称为"烘青花茶"。不过,也有一些用细嫩芽叶精制的烘青茶,品质特别优异,不仅芽叶完整,而且色香味俱佳,如"黄山毛峰"、"太平猴魁"、"舒城兰花"、"敬亭绿雪"、"天山烘绿"等,都属于名优绿茶之列。

近年来,在名茶生产中常采用一种烘炒相结合的工艺,即在鲜叶杀青、揉捻之后,先在锅中边炒边做形,形成一定形状后再经烘干定型。这种工艺结合了烘青和炒青工艺的优点,使制出的茶叶既有炒青香高味浓的特点,又保持了烘青芽叶完整、白毫显露的特色。这种烘炒结合的方法,可以说是制茶工艺上的一大进步。

晒青是指利用日光晒干的绿茶。这种茶相对来说数量较少,主要产于云南、四川、贵州、广西、湖北、陕西等省(区)。在茶叶品质上,晒青不如烘青和炒青,故

其产品除一部分以散茶形式就地销售外，还有一部分经再加工成紧压茶销往边疆地区，如湖北的老青茶制成的“青砖”，云南、四川的晒青加工成的沱茶、饼茶、砖茶等。

2. 红茶

红茶的基本加工工序为：鲜叶－萎凋－揉捻－发酵－干燥。这与绿茶相比，简直大相径庭。绿茶制作中鲜叶首先杀青，以钝化酶活性抑制茶多酚的氧化反应。而红茶正相反，在萎凋、揉捻、发酵过程中，充分利用多酚氧化酶等的催化作用来促进茶多酚的氧化聚合反应。茶多酚的一系列氧化聚合产物都是一些黄、红、褐色物质，其综合作用就形成了红茶特有的红叶红汤的品质特征。干燥后的红茶，因各种色素浓缩，至使红茶呈现出乌黑油润的干色，所以红茶的英文译名不是“Red Tea”，而是“Black Tea”。

根据红茶制法和成品的外形不同，又可将其分为红条茶与红碎茶。红条茶又进一步分为小种红茶与工夫红茶两种。

小种红茶是我国福建省特产，也是红茶中最早产出的一个品种。其制作工艺独特，在萎凋和干燥过程中都要用松柴明火薰焙，使茶叶吸收大量松烟，并产生复杂的化学反应，从而使成品茶带有浓厚而纯正的松烟气和类似桂圆汤的滋味，形成特异的品质风格。小种红茶以星村乡桐木关生产的为正宗，品质最佳，通常称为“正山小种”或“星村小种”；其邻近地区生产的称为“外山小种”。另外，福建政和、福安、邵武、光泽等县用工夫红茶筛制中的筛面茶切细薰烟而制成的小种红茶，称为“烟小种”或“工夫小种”，如政和工夫小种、福安坦洋工夫小种等。

工夫红茶是我国独有的传统茶叶产品，也是原产于福建省。在其初制的揉捻工序中特别注意条索的紧结完整，精制中又精细筛分，反复拣剔，颇费工夫，因而得名工夫红茶。其品质特征为条索紧细匀直，色泽乌润，红汤红叶，香甜味醇。因产地、品种的不同，也表现出品质风格上的差异。我国工夫红茶的传统产区主要分布于福建、安徽、江西、湖北、湖南，后来逐步发展到云南、浙江、四川、贵州、江苏、广东、广西等省（区）。在众多工夫红茶产品中，以安徽的“祁红”和云南的“滇红”品质最优。祁红的香气特别突出，有一种类似蜜糖的甜花香，号称“祁门香”。滇红则条索肥壮，金毫显露，汤色红艳明亮，滋味浓厚，刺激性强。这两种茶在国际市场上声誉颇高，尤其深受欧洲消费者的欢迎。

红碎茶的加工与红条茶的不同之处在于萎凋叶经揉捻后还要进行切碎或直接用转子机进行揉切，使茶叶成细小颗粒碎片后再行发酵、烘干等工序。制成的干茶外形细碎，故被称为红碎茶或红细茶。由于细胞破碎度高，有利于茶多酚的氧化和冲泡时茶汁的浸出，红碎茶表现出香气高锐持久，滋味浓强鲜爽，加牛奶、白糖后仍有较强茶味的品质特征。这种品质特征很合国外消费者的口味。因此，尽管红碎茶出现的历史很短，但很快就风靡世界，在国际茶叶市场中占了贸易量的80%左右。我国生产的红碎茶也主要用于出口。中国红碎茶按茶树品种可分为大叶种红碎茶和中小叶种红碎茶两种。相比之下,大叶种茶在汤色、叶底上要更红艳明亮,滋味更浓厚强鲜,更富有收敛性,品质更靠近国际市场的要求,故出口时往往价格更高。中小叶种茶虽然在色泽、滋味上赶不上大叶种茶,但有些优良品种在香气上表现较突出,可以作为出口红碎茶很好的拼配原料。我国大叶种红碎茶主要出产于云南、广东、广西等省(区),而湖南、四川、贵州、浙江、江苏、湖北、福建等省则为中小叶种红碎茶的主要产区。

3. 乌龙茶(青茶)

乌龙茶属青茶类,是我国特有的茶类。它的制法复杂而特殊,基本工序是:鲜叶—晒青—晾青—做青(摇青)—揉捻—焙干。可以看出,这实际上是将红茶和绿茶的制法组合起来形成的一种制茶方法。所以乌龙茶兼有红、绿茶的品质优点:既有红茶的甜醇、绿茶的清香,又无红茶之涩、绿茶之苦。汤色也介于两种茶之间,呈橙红色。叶底也是有红有绿,素有"绿叶红镶边"之美称。乌龙茶最突出的、有别于其他茶类的一个品质特征,是它具有天然的、沁人心脾的花果香。这些品质不仅来自于它独特的制作工艺,还与茶树品种有着密切关系。我国适制乌龙茶的茶树品种与红、绿茶品种比起来不算多,常见的有铁观音、水仙、肉桂、黄棪、毛蟹、乌龙、奇兰、梅占、佛手、凤凰水仙、青心乌龙、青心大鄙等。另外,乌龙茶特殊的采摘标准也是决定其独特品质的一个重要因素。一般红、绿茶采摘均以幼嫩芽叶为贵,而乌龙茶却要求鲜叶原料要有一定的成熟度。一般以茶树新梢长至一芽四五叶且形成驻芽时的顶部二三叶为采摘对象,俗称"开面采"。因此,乌龙茶成品茶外形条索粗壮,叶底芽叶粗大,不如名优绿茶具有观赏价值。

乌龙茶不仅有独特的品质,而且对人体保健也有很好的作用。1977年,日本科学家宣布,经研究证明,乌龙茶具有神奇的减肥、美容功效,在有效减轻体重的同时,还可降低胆固醇。这一消息使得在日本乃至世界范围内很快掀起了一股"乌龙茶热",从而也促进了我国乌龙茶产销量的增长。

我国乌龙茶主要产于福建、广东、台湾三省,但花色品种众多。各种乌龙茶多以茶树品种命名,例如,由水仙品种采制的称为水仙,由铁观音品种采制的称为铁观音。为区别同一品种茶树在不同地区加工出的乌龙茶的品质差异,又往往在品种名前加上地名,如武夷水仙、闽北水仙、安溪铁观音、台湾铁观音等。因品种、制法上的不同,乌龙茶可分为闽北乌龙茶、闽南乌龙茶、广东乌龙茶和台湾乌龙茶四类。

闽北乌龙茶是指出产于福建北部武夷山一带的乌龙茶,包括武夷岩茶、闽北水仙、闽北乌龙等。以武夷岩茶为极品,其花色品种目前主要有武夷水仙、武夷肉桂、武夷奇种等。在奇种中选择出的部分优良茶树单株单独采制成的岩茶称为"单枞";单枞中加工品质特优的又称为"名枞",如"大红袍"、"铁罗汉"、"白鸡

冠”、“水金龟”四大名枞。闽北水仙主要产于崇安、建瓯、水吉三地。因产地不同,品质略有差异。崇安水仙是指武夷山的外山茶而言,品质虽不及岩茶,但仍不失为闽北乌龙茶中的佳品。相比之下,建瓯水仙和水吉水仙品质稍次。闽北乌龙也因产地品种不同而分为建瓯乌龙、崇安龙须茶、政和白毛猴、福鼎白毛猴等。

闽南乌龙茶是指产于福建南部的乌龙茶,以安溪县产量最多,也最出名,其生产的安溪铁观音早已名扬四方。这种茶外形独特,条索卷曲呈蜻蜓头状,重实如铁,被人形容为“美如观音重如铁”。而且其品质卓越,香气、滋味超群出众,具有一种特殊韵味,人称“观音韵”,或简称“音韵”。除铁观音外,黄金桂也是闽南乌龙茶中的珍品。它是由优良茶树品种黄棪的鲜叶制成。该品种具有早萌的特性,制成的乌龙茶香气特别清高优雅,被称为“清明茶,透天香”。在闽南乌龙茶中,还有大量“色种”,这不是单一的品种,而是由诸如佛手、毛蟹、奇兰、梅占、香橼等多种品种混合制作或单独制作,再拼配而成的乌龙茶。

广东乌龙茶的制法源于福建的武夷岩茶,但经过多年仿制和改进,也形成了自己的风格。广东乌龙茶主要产于汕头地区的潮安、饶平、陆丰等地,其他地区出产很少。花色品种主要有凤凰水仙、凤凰单枞和饶平色种等,以凤凰水仙和凤凰单枞最著名。凤凰水仙是用由福建引入的水仙品种制成的乌龙茶,因潮安的乌龙茶主要出产在凤凰乡一带,故在品种名前冠上地名而得茶名。凤凰单枞是凤凰水仙植株中选育出来的优异单株,制出的乌龙茶也是广东乌龙茶中的最上品。饶平色种是用各种不同品种的芽叶制成,主要品种有大叶奇兰、黄棪、铁观音、梅占等。

台湾乌龙茶是指台湾所产乌龙茶,根据其萎凋做青程度轻重分为“乌龙”和“包种”两类。“乌龙”萎凋做青程度较重,汤色金黄明亮,香气浓郁带果香,滋味醇厚润滑。其名品主要有洞顶乌龙、台湾铁观音、白毫乌龙等,其中以洞顶乌龙品质最佳,也最有名。“包种”萎凋做青程度较轻,干茶色泽墨绿油润,汤色黄亮,香气清新持久,有天然花香,滋味甘醇鲜爽,较靠近绿茶。包种茶主产于台北县一带,其中以文山包种品质最好。

4. 黑茶

在所有茶类中,黑茶的原料最为粗老。其制作工艺是在绿茶工艺中加进了一个渥堆工序,即鲜叶－杀青－揉捻－渥堆－干燥。因渥堆过程堆大、叶量多、时间长、温湿度高,茶叶内含多酚类物质在湿热和微生物作用下,充分进行自动氧化和各种化学反应,从而形成黑茶特有的品质特征:干茶色泽油黑或黑褐,汤色深橙黄带红,叶底暗褐,香气陈醇,滋味浓厚醇和。

黑毛茶多数是制作紧压茶的原料。紧压茶因耐贮藏,便于长途运输,故多远销边疆,供少数民族同胞饮用。因此,称为“边销茶”,或简称“边茶”。我国黑茶因产区和工艺上的差别有湖南黑茶、湖北老青茶、四川边茶、云南普洱茶和广西六堡茶之分。

湖南黑茶一般以一芽四五叶的鲜叶为原料,制成的黑毛茶经蒸压装篓后称湘尖。蒸压成砖形的有黑砖、花砖和茯砖等。湖南黑茶是出现较早的边销茶,早在明代就销往边疆地区用以换马匹。现在主要集中在安化生产。此外,益阳、桃江、宁乡、汉寿、沅江等地也有一定产量。

湖北老青茶主要产于蒲圻、咸宁、通山、崇阳、通城等地。鲜叶原料较粗老,茶梗较多。以老青茶为原料蒸压成砖形的成品茶称为"老青砖",主要销往西北各地和内蒙古自治区。

四川边茶因销路不同分南路边茶和西路边茶。南路边茶主要由雅安、天全、荥经、乐山、宜宾、达县等地生产。鲜叶原料通常为茶树修剪枝,较粗老。压制成的紧压茶为金尖、康砖。主销西藏,也销青海和四川甘孜藏族自治州。西路边茶产区主要在都江堰、崇州、大邑、北川、平武等地,其原料较南路边茶还要老,叶大枝粗,而且制法简单,直接晒干制成紧压茶原料。原料蒸压后装入篾包制成方包茶或圆包茶,主销四川阿坝藏族羌族自治州及青海、甘肃、新疆等地。

云南黑茶主要采用云南大叶茶晒青毛茶(滇青)经发水渥堆、干燥等工序加工而成,统称普洱茶。一般有散茶和紧压茶两种产品形式,以紧压茶最多。紧压茶的原料除晒青毛茶外,还有粗老茶。所谓粗老茶是指修剪下的粗老枝叶,经焖炒、揉捻、渥堆过夜、复揉、晒干而制成的毛茶。云南紧压茶销路广,有内销、边销和外销、侨销。因不同消费者饮用习惯不同,对紧压茶原料的要求也不一样。通常边销紧压茶较粗老,允许有一定的含梗量;而内、外、侨销茶则以较细嫩的滇青作主要原料。云南紧压茶有紧茶、饼茶、方茶、圆茶等花色品种。

广西六堡茶是广西的著名黑茶,因产于广西苍梧县六堡乡而得名。一般以一芽二三叶至一芽三四叶为原料,成品茶有散茶和篓装紧压茶两种。其色泽黑褐光润,汤色红浓,滋味甘醇爽口,香气陈醇,带有松烟味和槟榔味。六堡茶除销往广东、广西外,还远销港、澳地区,以及新加坡、马来西亚等国。

5. 黄茶

黄茶加工方法与绿茶相近,只是在绿茶加工中多了一道堆积焖黄的工序。这个"焖黄"工序,有的是在杀青后揉捻前进行,有的是在揉捻后进行,还有的是初烘后再进行,也有的是再烘时才进行。焖黄是形成黄茶品质特征的关键工序。焖黄过程中,在湿热作用下,叶绿素被破坏,使茶叶失去绿色,形成黄茶"黄汤黄叶"的品质特点。同时,焖黄工序还令茶叶中多酚类化合物和其他内含物发生变化和转化,使脂型儿茶素大量减少,可溶性糖、游离氨基酸,以及芳香物质增加,从而使茶叶苦涩味减弱,滋味更加甜醇,香气更加清鲜。黄茶依原料芽叶的老嫩可分为黄芽茶、黄小茶和黄大茶三类。

黄芽茶是用单芽或一芽一叶初展鲜叶加工而成。原料幼嫩,做工精细,是黄茶中的珍品。其产品不多,名品就更少,主要有湖南洞庭湖的"君山银针",四川

名山的“蒙顶黄芽”,安徽霍山的“霍山黄芽”和浙江德清的“莫干黄芽”等。

黄小茶的鲜叶原料较黄芽茶稍老,一般为一芽二叶的新梢。属于黄小茶的黄茶有湖南宁乡的“沩山毛尖”,湖南岳阳的“北港毛尖”,湖北远安的“远安鹿苑茶”,浙江温州、平阳一带的“平阳黄汤”等。

黄大茶的鲜叶原料较前两种黄茶都粗老,采摘标准为一芽三四叶或一芽四五叶。制作工艺也相对较粗放一些。一般产量较多,销路较广,是黄茶中的大宗产品。主要花色有安徽霍山的“霍山黄大茶”和广东韶关、肇庆、湛江等地的“广东大叶青”等。

6. 白茶

白茶加工的基本工序为:鲜叶－萎凋－烘干或晒干,即先将鲜叶进行长时间萎凋至八九成干,然后再文火慢烘或日光曝晒至干即得白茶。此工艺看起来简单,不炒不揉,实际上在长时间的萎凋和慢烘过程中,茶叶内含物质发生了各种变化。随着萎凋叶水分减少,酶的活性增强,叶内多酚类化合物氧化聚合,同时淀粉、蛋白质分别水解为单糖、氨基酸,以及它们之间的相互作用,这些都为白茶特有的品质奠定了物质基础。白茶独特品质的形成,除决定于其特异的制法外,还与茶树品种有着密切关系。因此,白茶制作常选用芽叶上茸毛丰富的品种,如福鼎大白茶、水仙等。这样的品种加上白茶的工艺,才能使所制的成品茶表现出芽叶完整、密披白毫、色泽银绿、汤色浅淡、滋味甘醇的白茶品质特征。

白茶为我国特有的茶类,且产量较少。主产于福建的福鼎、政和、松溪和建阳等地,台湾也有少量生产。白茶因采摘原料不同分芽茶与叶茶两类。

白芽茶是指完全用大白茶肥壮的芽头制成的白茶,主要名品为“白毫银针”,主产于福建的福鼎、政和等地。福鼎生产的银针称为“北路银针”,采用烘干方式;产于政和的银针为“南路银针”,采用的是晒干方式。白毫银针在我国港澳地区和东南亚很受欢迎。

白叶茶是指以一芽二三叶或单片叶为原料制成的白茶,有白牡丹、贡眉、寿眉等花色。其中,白牡丹的品质较好,是用大白茶和水仙等良种的一芽二叶制成,外形自然舒展,二叶抱芯,色泽灰绿,酷似枯萎的花朵,因此得名。贡眉用菜茶群体种的一芽二三叶制成,品质次于白牡丹。寿眉是以采来的芽叶抽摘出芽头制银针后,再摘下的单片叶制成的白茶,品质更次于前两种花色。

（二）再加工茶类

再加工茶类是指将绿茶、红茶、乌龙茶、黑茶、黄茶、白茶六大基本茶类经各种方法进行加工,以改变其形态、品性及功效而制成的一大类茶产品。目前,再加工茶类主要包括花茶、紧压茶、萃取茶、果味茶、保健茶等几类。

1. 花茶

花茶是将干燥茶叶与新鲜香花按一定比例拼和在一起窨制而成的一种茶类，又称薰花茶、香花茶，在我国北方或港澳地区称为香片。花茶是我国特有的一种再加工茶类。从它出现至今的几百年时间里，一直深受人们的喜爱，并得到不断发展。花茶之所以广受欢迎，主要得益于其茶中引入了花香，使人们在饮茶时能获得含英咀华的美好享受。茶能吸附花香，是因为干燥的茶叶具有疏松而多孔隙的结构，以及内含具有较强吸附气味特性的棕榈酸和萜烯类等大分子化合物。这些特殊的结构和大分子物质，使茶叶特别容易吸附异味。因此，将茶叶与香花拼和在一起，茶叶就会吸附花的芬芳而带上花香。

制作花茶的茶坯可以是绿茶、红茶或乌龙茶。绿茶中最常见、最大量的茶坯是烘青绿茶，炒青绿茶很少，也有部分用细嫩名优绿茶，如毛峰、大方、龙井等来窨制高档花茶。相比绿茶坯来说，用红茶、乌龙茶窨制花茶的数量不多。可以用来窨制花茶的鲜花很多。现代所用的主要有茉莉、珠兰、白兰、代代花、柚子花、桂花、玫瑰、栀子花、米兰、树兰等，其中茉莉花应用最多。通常花茶是以所用香花来命名的，如茉莉花茶、珠兰花茶、白兰花茶等。也有将花名与茶坯名结合起来命名的，如茉莉烘青、茉莉毛峰、茉莉水仙、珠兰大方、桂花铁观音、玫瑰红茶等。各种花茶，各具特色，但总的品质均要求香气鲜灵浓郁，滋味浓醇鲜爽，汤色明亮。

我国生产花茶的历史悠久，产区分布较广。主要产区有福建、广东、广西、浙江、江苏、安徽、四川、重庆、湖南、台湾等省（直辖市、自治区）。各地生产的花茶，以茉莉花茶，尤其是茉莉烘青产量最多，销量最大。花茶的内销市场主要是华北、东北地区，以山东、北京、天津、成都销量最大。外销虽然总量不大，但销路较广，日本、美国、法国、澳大利亚等国都有一定市场。

2. 紧压茶

紧压茶是指将各种成品散茶用蒸汽蒸软后放在模盒或竹篓中，压塑成各种固定形状的一类再加工茶，又称压制茶。紧压茶是一大类茶品。因所用原料茶、塑形模具、成品茶的形状等不同而有很多种类。紧压茶常用的原料是黑茶，也有部分绿茶和红茶，以及少量乌龙茶；塑形模具有竹篓和各种形状的模盒之分；成品茶的形状则多种多样，以方形砖茶最为常见。下面就紧压茶类的一些常见品种作一简介。

（1）沱茶。沱茶的成品外形呈厚壁碗形，每个重量有 250 克和 100 克两种。沱茶的主要产地在云南和重庆。重庆生产的叫“重庆沱茶”，是以绿茶为原料加工而成。云南生产的沱茶有两种：一种是以滇青为原料的，称为“云南沱茶”；另一种是以普洱散茶为原料的，称为“普洱沱茶”。沱茶滋味浓醇，有较显著的降血脂功效。

（2）普洱方茶。普洱方茶产于云南，是由绿茶和普洱茶为原料蒸压成的 10 厘

米×10 厘米×2.2 厘米方块形紧压茶，净重 250 克。其外表平整，清晰压有“普洱方茶”四个字，香气纯正，滋味浓厚略涩。

（3）米砖茶。米砖茶是用红茶碎末茶蒸压成的 24 厘米×19 厘米×2 厘米的砖形紧压茶，净重 1 125 克。外形棱角分明，表面平整细腻，压印有清晰的商标花纹图案。米砖茶产于湖北，销区主要是新疆和内蒙古，也有少量出口。

（4）水仙饼茶。水仙饼茶是按照乌龙茶的制作工艺加工鲜叶，最后模压而成的紧压茶，产于福建漳平县。水仙饼茶外形为方形，边长 6 厘米，厚 1 厘米，每块重 20 克。外表光整，色泽乌褐油润，香味醇厚，汤色深褐。产品主销闽西各地及厦门、广东一带。

（5）康砖与金尖。康砖与金尖都是呈圆角枕形的蒸压黑茶，产于四川雅安、乐山等地，属于南路边茶。这两种茶的制作工艺相似，只是在原料拼配比例和成品茶大小规格上有所不同。康砖茶原料较好些，品质也优于金尖，成品规格通常为 17 厘米×9 厘米×6 厘米，每块重 500 克。金尖成品个体更大，多为 30 厘米×18 厘米×11 厘米，每块重 2 500 克。

（6）方包茶。方包茶是将原料茶筑压在长方形篾包中的一种黑茶紧压茶，每包重 35 千克，大小规格为 66 厘米×50 厘米×32 厘米。过去用马匹驮运，每匹马驮两包，故又称“马茶”。方包茶产于四川都江堰、平武一带，属于西路边茶。

（7）湘尖茶。湘尖茶是以黑茶为原料，蒸后筑压进条形篓包中而制成的一种篓装紧压茶，成品每包体积为 58 厘米×35 厘米×50 厘米，重量为 40～50 千克。按原料老嫩，湘尖分为天尖、贡尖、生尖三种，现改称为湘尖 1 号、2 号、3 号。其中天尖、贡尖原料较嫩，品质较好；生尖品质较差。湘尖产于湖南，主销甘肃、宁夏等地。

（8）花砖与黑砖。花砖与黑砖都产于湖南安化，是湖南黑茶成品著名的“三砖”中的两砖（还有“一砖”为茯砖）。花砖与黑砖都是压制成形的砖形茶，制作方法基本相同；在成品规格上，两种茶也一样，体积为 35 厘米×18 厘米×3.5 厘米，净重 2 000 克；从外形上看，两者都砖面平整，棱角分明，厚薄一致，压印的花纹图案清晰可辨。花砖和黑砖的差别主要是在原料拼配上，花砖原料嫩度较黑砖高，含梗量较黑砖少，故品质相应较优。两种茶均主要销往甘肃、宁夏、新疆和内蒙古等地。

（9）茯砖茶。茯砖茶是以黑茶为原料蒸压成砖形的一种紧压茶。主产于湖南，四川也有部分生产。两地产品规格有所不同。湖南茯砖体积为 35 厘米×18.5厘米×5 厘米，净重 2 000 克；四川茯砖体积为 35 厘米×21.7 厘米×5.3 厘米，净重 3 000 克。茯砖茶压制成砖形后要经过 20 多天的发花过程。在这一过程中，使茶砖内微生物繁殖，最后长出金黄色的霉菌，俗称“金花”。茯砖茶的质量与“金花”多少有关，以“金花”较多为上品。茯砖茶的主要销区为青海、甘肃、新疆等地。

(10)青砖茶。青砖茶产于湖北赵李桥,是以湖北老青茶为原料压制成形的黑砖茶,规格为34厘米×17厘米×4厘米,净重2 000克。青砖茶外形端正光洁,厚薄均匀,色泽青褐,通常砖面上压有凹形的“川”字,故也称为“川字茶”。主销内蒙古等地。

(11)紧茶。紧茶产于云南,是以普洱茶为原料的一种紧压茶。以前紧茶的外形为牛心形,有柄,因这种形状不便机械加工和包装,现已改为砖块形,规格为15厘米×10厘米×2.2厘米,每块重250克,4块一筒包装。主销西藏和云南的藏区。

(12)七子饼茶。七子饼茶又称圆茶。产于云南,是以普洱茶为原料在模内压制而成的一种圆饼形紧压茶,直径20厘米,中心厚2.5厘米,边缘厚1.3厘米,每块重357克。通常将7块圆茶包装成一筒,故称“七子饼茶”。主销东南亚各国。

(13)六堡茶。六堡茶产于广西苍梧县六堡乡,是将整理后的黑茶蒸软后筑压进竹篓而成的一种篓装紧压茶。成品茶呈圆柱形,高57厘米,直径53厘米,每篓重37~55千克,依级别不同而异。六堡茶讲究“越陈越香”,所以入篓压实的茶叶晾置6~7天后,须进仓堆放在阴凉潮湿的地方,经半年左右,陈香味才能显现,形成六堡茶红、浓、醇、陈的特有风格。

3. 萃取茶

萃取茶是指用热水泡茶浸提出的茶汁加工而成的一类茶制品,主要包括速溶茶、浓缩茶和罐装茶饮料。

(1)速溶茶。速溶茶又称茶精、茶粉。20世纪40年代产生于英国,我国在70年代开始生产,但产量不多。速溶茶是将茶叶用热水冲泡萃取出茶汁后,经浓缩、喷雾干燥或冷冻干燥等一系列工序加工而成的粉末状或颗粒状茶制品。其水溶性好,可溶于热水或冷水。冲泡无茶渣存在,冲饮十分方便,但其香气滋味不及普通茶浓醇。因速溶茶易吸湿,其成品包装应注意密封和防潮。速溶茶根据是否调香,又有纯茶粉和添加果香茶粉之分。前者如速溶红茶和速溶绿茶;后者如速溶柠檬红茶、速溶红果茶、速溶姜茶等。

(2)浓缩茶。浓缩茶是将成品茶经热水冲泡提出的茶汁进行减压浓缩或反渗透浓缩到一定浓度后装罐灭菌而制成的茶制品。浓缩茶可以作为罐装茶饮料的原汁,也可以加水稀释后直接饮用。

(3)罐装茶饮料。罐装茶饮料是指以成品茶的热水提取液或其浓缩液、速溶茶粉等为原料加工制成的,用罐(瓶)包装的液体茶饮品,可开罐(瓶)即饮,十分方便。其又分纯茶饮料和非纯茶饮料。纯茶饮料是将茶汤按一定标准调好浓度后添加一定的抗氧化剂,不加糖、香料即装罐(瓶)密封并灭菌而制成的。这种茶

饮料基本保持了原茶类应有的风味，又称茶汤（水）饮料。非纯茶饮料是在茶汤中添加了各种调味物以改善口感而制成的茶饮品，如果汁茶饮料、果味茶饮料、碳酸茶饮料、奶味茶饮料及其他茶饮料等。

4. 果味茶

果味茶有两种。一种是将食用果味香精喷洒到茶叶上制成，使茶叶带有果香。这种茶国外生产的较多，如草莓红茶、水蜜桃红茶、苹果红茶、百香红茶等。我国广东生产的荔枝红茶也属这种果味茶。另一种果味茶是在成品或半成品茶中加入果汁，烘干后制成。这是近年来开发出的新产品，我国生产的产品有柠檬红茶、猕猴桃茶、橘汁茶、椰汁茶、山楂茶等。果味茶风味独特，既有茶味，又带果香味，颇受消费者喜爱。

5. 保健茶

保健茶是指将茶叶与某些医食两用的中草药配伍加工而成的复合茶。这种茶以营养保健为主，兼具一定防病治病功效，与以治病为主的药茶不同，属于一种保健饮品。保健茶因加入的配料药材不同而有很多种类。目前，据不完全统计有200余种。各种保健茶的功能各不相同。概括来讲，各种保健茶的保健范围包括减肥健美、降脂降压、防癌抗癌、抗衰益寿、清音润喉、清热解暑、消食健胃、明目固齿、醒酒戒烟、治痢防毒等。

（三）民间应用型分类

除了按上述分类标准划分的茶类外，人们还从实用出发，对茶叶作各种分类。每种分类茶都在某些方面表现出一定差异。下面介绍几种常见的茶分类。

1. 按茶叶采制季节分类

按茶叶的采制季节，通常可分为春茶、夏茶和秋茶。春茶一般采制于每年3—5月，采在清明前的称为“明前茶”；在谷雨前采制的称为“雨前茶”。由于茶芽经过一冬的孕育，物质积累较充分，故春茶质量特别好，香高味浓，耐冲泡，尤以明前茶为最佳。夏茶一般为6—7月采制的茶叶。因已采了一季春茶，再加上此时气温较高，茶树新梢生长快，相应新梢中物质积累较少，故夏茶质量最差，茶汤、香味均较淡薄。秋茶采制于8—10月，此时天气转凉，茶树生长速度放慢，在肥水管理跟上的前提下，此时新梢中可有较多的物质积累，故秋茶质量比夏茶要好。

2. 按茶树生长的自然生态环境分类

根据茶树生长的自然生态环境不同，有高山茶和平地茶之分。高山茶即出产于高山的茶；平地茶是产自于平坦低地的茶。通常高山茶品质优于平地茶，素有“高山出好茶”之说，这是因为高山具有适宜茶树生长的独特生态环境。首先，高山昼夜温差大，茶树白天光合作用形成的养分多，晚上呼吸作用消耗的养分少，从而增加了茶叶中有效成分的积累；其次，高山土壤中矿物质和有机质丰富，能满足茶树生长的特殊要求;最后,高山上经常云雾缭绕,漫射光多,有利于茶树体内叶绿素和氨基酸的形成,使制出的绿茶色绿味鲜。

3. 按茶叶加工程度分类

按茶叶加工程度的不同,可分为初加工茶、精加工茶、再加工茶三种。初加工茶是指将鲜叶按基本茶类制作工艺加工而成的干茶。此时的茶虽然形成了所属茶类的品质特色,但外形很杂乱,条索长短、粗细不一,故称毛茶。对毛茶进行筛分、切轧、风选、拣剔、拼配等一系列物理加工,叫作茶叶精加工,或称茶叶精制,所制成的茶产品,即为精加工茶,或称精制茶。精制后的茶叶在外形和内质上都较均匀一致,可作为商品出厂销售。再加工茶前已介绍。不过有人将再加工茶划分为两类,即再加工茶和深加工茶。其中再加工茶只包括花茶和紧压茶,这些茶是在精制茶基础上进一步加工而得的产品;而深加工茶则是以鲜叶、毛茶、精制茶、再加工茶等为原料,进行各种深度加工而制成的一类新型茶产品,包括速溶茶、浓缩茶、茶饮料、保健茶、茶制品及茶提取物等。

4. 按茶叶销路分类

按茶叶销路的不同,可分为内销茶、边销茶、外销茶和侨销茶四类。内销茶以我国内地消费者为销售对象。因各地消费习惯不同,人们喜好的茶类也有差别。例如:华北和东北以花茶为主;长江中下游地区以绿茶为主;台湾、福建、广东人特别喜爱乌龙茶;西南和中南部分地区则消费当地生产的晒青绿茶。边销茶实际上也是内销茶,只是消费者为边疆少数民族,因长期形成的习惯,特别喜欢饮用紧压茶。外销茶与内销茶相比茶类较少,主要是红、绿茶,其他茶类很少。外销茶除讲究产品质量外,对农药残留和重金属等有害物质的含量要求很严;对商品包装也很讲究,尤其在包装的容量、装潢用色、文字与图案设计等方面要照顾进口国的传统、宗教和风俗习惯,注意不要触犯其忌讳。侨销茶实际也是外销茶,不过消费者主要是侨居国外的华侨,特点是喜饮乌龙茶。

另外,还有按干茶形状分类的,有针形(白毫银针)、条形(毛峰)、卷曲形(碧螺春)、扁形(龙井)、尖形(太平猴魁)、片形(六安瓜片)、花朵形(白牡丹)、雀舌形(敬亭绿雪)、圆珠形(珠茶)、螺钉形(铁观音)、束形(菊花茶)、颗粒形(红碎茶)、粉末形(日本抹茶)、团块形(砖茶)等多种。

三、茶叶之名

作为商品的茶叶都必须有一个名称为其标志。由于我国产茶历史悠久,茶区分布广泛,品种资源丰富,加之制茶方法多种多样,生产出的茶叶种类也就极其繁多,相应的茶叶名称也五花八门。俗话说:“茶叶喝到老,茶名记不了”,就是形容茶名之多。

纵观我国古今的茶名,通常都带有描写性的特征。人们在对茶叶命名时,都

试图通过它传递出茶叶某方面的信息或特点，让人一见茶名，对茶便能知其一二。

通过茶名反映最多的是有关茶叶的品质特征。有的反映茶的形状，如珍眉、珠茶、瓜片、松针、毛尖、雀舌、鹰嘴、旗枪、仙人掌等；有的反映茶叶颜色，如黄芽、辉白、白毛茶、天山清、水绿黄汤等；有的反映茶的香气与滋味，如十里香、兰花茶、水仙等反映茶香特点，苦茶反映茶的滋味特点；还有的茶名综合反映茶的形状、颜色等多种特点，如雪芽、银笋、银峰、玉针、白牡丹、碧螺春等。

结合茶叶产地的山川名胜来对茶叶命名的也不少。如西湖龙井、普陀佛茶、黄山毛峰、茅山青峰、神龙奇峰、庐山云雾、井冈翠绿、太湖翠竹、苍山雪绿、鹤林仙茗等。这种茶名将风景名胜与茶叶联系在一起，可增加人们对茶的好感。

为了突出茶叶采制方面的特点，有的用明前、雨前、火前、骑火茶、春蕊等茶名来反映茶叶的采摘时间，体现茶的嫩度与质量；也有的用炒青、蒸青、烘青、晒青、工夫等茶名来反映制茶工艺，以区别各种制法下茶叶的品质特点。

对于制法、品质特征相似的同类茶，命名时常在茶类名前冠上产地名称或其简称以作区别。例如：炒青绿茶有婺绿、屯绿、杭绿、湘绿、川绿等；烘青绿茶有徽烘青、浙烘青、闽烘青等；红茶有祁红、宁红、宜红、川红、湖红、越红、苏红、滇红等。

对于各地特种名茶的命名，一般是前冠地名，后接专名。地名反映产地，专名反映茶的主要品质特色，而且文字讲究独特别致，以表现茶品的非凡，如敬亭绿雪、恩施玉露、蒙顶甘露、南京雨花茶、安化松针、信阳毛尖、高桥银峰，等等，不胜枚举。

在六大茶类中，乌龙茶常以品种或单枞来命名，并且为区别各地产品，常在品种名前冠以地名。例如：以品种命名的有台湾乌龙、安溪铁观音、武夷肉桂、闽北水仙、安溪香橼、永春佛手等；以单枞命名的有大红袍、铁罗汉、白鸡冠、水金龟等。

茶名的描写性特征，方便了人们对茶叶的认识和了解，这对茶叶的分类研究和实际应用有一定意义。然而，由于中国茶史长，茶品多，也存在着历代、各地茶名名同实异的现象，实际应用中需要适当注意。

中国的茶名，不仅具描写性特征，还有文艺性特征。茶名的文艺性主要体现在两个方面：一是许多茶名，尤其是名茶之名，文字都很文雅优美，富有诗情画意，文学韵味浓厚。让人一见茶名，便会引起无限美好的遐想，油然而生一种特殊美感。前述众多茶名如碧螺春、敬亭绿雪、庐山云雾、黄山毛峰、高桥银峰、雪水云绿、江山绿牡丹、武夷水仙、岳西翠兰、白毫银针、湘波绿等，浏览这些茶名，犹如让人欣赏一幅幅素淡清雅、写意传神的中国画，使人感到美不胜收。二是许多茶名都来自一些美妙动人的传说和典故，如碧螺春、竹叶青、文君嫩绿、峨蕊、太平猴魁、大红袍、铁观音、文公银毫、金奖惠明等。这些茶名背后的传说与典故，既丰富了其文化内涵，增加了其文学韵味，也使茶叶本身魅力倍增，令人们在饮茶时更添许多高雅趣味。

第二节 名 茶

一、名茶概述

所谓名茶，是指在消费者中有相当知名度的优质茶。它不同于一般茶之处在于兼具优质和著名两个特点。其著名主要源于其优质，通常名茶都具有独特的外形与优异的色香味品质。因为其独特优异的品质，才赢得消费者的喜爱，一传十，十传百，因而成为知名茶品，即名茶。

名茶优异品质的形成，主要决定于其原料与制法。名茶生产，对鲜叶原料特别讲究。首先鲜叶应来自生长在优越的自然生态环境和良好的栽培管理条件下的茶树。其次，采摘标准一定要严格规范。不同名茶，鲜叶采摘标准各异。对大多数名茶来讲，鲜叶原料以细嫩芽叶为优，有的甚至是单芽制作。但也有少部分名茶，只有采摘有一定成熟度的鲜叶，才能制出其特有的外形和内质。例如，绿茶中的六安瓜片和太平猴魁，以及各种乌龙茶名品均属于这样的名茶。有了好的鲜叶原料，还必须要有好的制茶工艺，才能制出优质茶叶。每种名茶都有一套与众不同的制作工艺，而且做工要求很高，很精细，所以以前的名茶多是手工制作。现在虽然许多名茶已实现了机械化生产，仍有部分外形特殊的名茶，在某些工序上需要辅以手工操作。另外，不少名茶特异品质的形成还与茶树品种密切相关。例如，白毫银针，只有用大白茶品种制作，才能有芽头肥壮，满身披毫的品质；再如，铁观音、武夷岩茶等乌龙茶名品，也只有用相应品种生产，才能产生出独有的“音韵”、“岩韵”。

名茶之成名，并为人们所珍爱，社会所珍视，固然离不开其优异的品质，但同时也往往与某些秀丽的风景名胜、名人的诗词歌赋，以及美妙的神话故事、历史传说紧密联系在一起。风光秀丽的风景名胜，不仅为茶树生长提供了良好的自然生态环境，还为茶叶的扬名创造了良好条件。我国许多名茶就出产于有着名山大川的风景胜地，如庐山云雾、黄山毛峰、西湖龙井、洞庭碧螺春等，它们的出名，不能说与其产地所在的风景区没有关系。我国古代文人对茶都十分钟爱，品质上佳的名茶更受他们青睐，因而引起他们讴歌的兴趣。诗人们为名茶而吟诗作赋，客观上为茶叶扬名四方起到了很好的作用。例如，仙人掌、阳羡茶、双井茶、蒙山茶等历史名茶的声名远播，都离不开文人们的诗词歌赋。我国历史上，神话故事、民间传说非常丰富。这种民间文学内容通俗生动，口口相传，受众广泛，与茶结合，更加有助于名茶知名度的提高。我国众多名茶中，有不少都伴随有动人的传说，如西湖龙井、洞庭碧螺春、太平猴魁、铁观音、大红袍等，真是举不胜举。由此可见，名茶，它不仅仅是一种自然产物，还蕴含着丰富的文化内涵。人们品饮名茶，不仅

能从中品出其色香味的物质美,更能从中获得无以比拟的精神愉悦和美感。

中国名茶起源于贡茶。最早关于茶作贡品的记载见于东晋常璩的《华阳国志》。据载,在周武王伐纣时,巴蜀地区少数民族酋长就将茶叶作为贡品敬奉给周武王,从此开始了茶成贡品的历史,但初期尚未形成制度。到了唐代,朝廷把全国有名的茶叶都列为贡品,年年进贡,贡茶制度便固定了下来。帝王们喜欢饮茶,地方官员们就争相在贡茶生产上狠下工夫,千方百计改进制茶技术,提高茶叶品质。这客观上推动了茶叶,尤其是名茶生产的发展。由于贡茶特殊的身份地位,以及它确实优异的品质,贡茶遂成为人们追捧的对象。文人们纷纷为其撰文写诗,大加颂扬,广为宣传,于是贡茶也就成了名扬四方的名茶。当然,古代的名茶中,也有不少不是因为贡茶而著名的,而是因其品质优异独特而深得人们喜爱,加上文人的宣扬,使其声名远播而成名茶的。不过即使这样,这些名茶最后也难逃作为贡茶的命运。唐代以来,我国古代产生了许许多多的名茶品目,据不完全统计,可达数百种之多。其中很多名茶因为种种历史原因,只在某个历史阶段兴盛一时,随后便逐渐销声匿迹。但也有不少名茶,经受住了历史的考验,世代相传,发展到今天。历史上曾出现过的名茶,通称为“历史名茶”。

与“历史名茶”相对应的“新创名茶”是现代,尤其是新中国成立后,茶叶工作者根据自然生态条件与市场需求,不断创制出的有不同品质特色的茶叶新品,其推入市场后确实得到了消费者认可,从而形成了有一定知名度的名茶。很多名茶,开始是在一个地方或区域内出名,一般称为“地方名茶”;这些地方名茶一旦被省、直辖市、自治区一级组织评审认可,就称为“省级名茶”;进而再经过国家部委一级组织评审认可的名茶就称为“国家级名茶”。近年来,随着制茶技术的不断改进,名茶生产也有了长足发展。名茶产量、产值大幅度提高,尤其是产值占茶叶总产值中的比例有了前所未有的增加,许多地方的名优茶产值比例都超过了当地茶叶总产值的一半以上。为进一步推动名茶生产,各地还纷纷举办各种名茶评比活动,极大地激发了茶叶生产者创制名茶的热情,使我国大江南北,从东到西,掀起了一股名茶生产热潮。各种形态各异、品质特色不同的名茶如雨后春笋般不断涌现,很好地满足了广大消费者对名茶的需求。从名茶生产目前发展的趋势可以推断,名茶生产将是我国今后传统茶生产的一个发展方向。

二、历史名茶简介

如前所述,名茶起源于贡茶。然而在唐朝以前,贡茶都未见有专门茶名,也就无所谓名茶。唐朝以后,茶叶生产大发展,名品层出不穷。为相互区别,各种茶才有了专门名称。因此,介绍历史名茶,只能从唐代开始。

从唐代至今已有 1 000 多年的制茶史,其间出现的名茶达数百种之多。关于这些名茶的情况,多散记在各种历史文献之中;加之在这漫长的历史时期中,许多名茶不断生生灭灭；在命名上，有的名茶又同物多名，有的同名异物……这些都给今天准确统计各代历史名茶带来困难。因此，很多现代茶史研究者对历史名茶的统计结果不尽一致。本书主要按陈宗懋主编的《中国茶经》统计结果来作介绍。

（一）唐代名茶

据唐代陆羽《茶经》和唐代李肇《唐国史补》等历史资料记载，唐代名茶约有50余种，大部分都是蒸青团饼茶，少量是蒸青散茶。它们主要产于今天的浙江、江苏、安徽、河南、湖北、湖南、四川、重庆、云南、陕西、江西、福建等省（直辖市），参见表1-1。

表1-1　唐代名茶

茶名	产地	备注	茶名	产地	备注
顾渚紫笋	湖州（现浙江长兴）	著名贡茶，又叫顾渚茶、紫笋茶	蒙顶石花	剑南雅州（四川名山）	又叫蒙顶茶
东白	婺州（现浙江东阳）		横牙	蜀州晋源、洞口、横原、味江、青城等地（现四川温江、都江堰一带）	著名的蒸青散茶
鸠坑茶	睦州桐庐县（现浙江淳安）		雀舌		
天目山茶	杭州天目山		鸟嘴		
径山茶	杭州（现浙江余杭）		麦颗		
仙茗	越州余姚（现浙江余姚）		片（鳞）甲		
剡溪茶	越州剡县（现浙江嵊州）		蝉翼		
阳羡茶	常州（现江苏宜兴）	著名贡茶，同顾渚茶，又称义兴紫笋	昌明兽目	绵州四剑阁以南、西昌昌明神泉县西山（现四川绵阳安县、江油）	
蜀冈茶	扬州江都		仙崖石花	彭州（现四川彭县）	
寿州黄芽	寿州（现安徽霍山）	又名霍山黄芽	绵州松岭	绵州（现四川绵阳）	
天柱茶	舒州（现安徽潜山县）		泸州茶	泸州纳溪（现四川泸县）	又名纳溪茶
六安茶	寿州盛唐（现安徽六安）	以“小岘春” 最出名	邛州茶	邛州临邛、临溪、思安等（现属原四川温江地区）	出产早春、火前、火后、嫩绿等散茶

续表

茶名	产地	备注	茶名	产地	备注
鸦山茶	宣州（现安徽郎溪县）	又名瑞草魁	峨眉白芽茶	眉州（现四川峨眉山市）	
义阳茶	义阳郡（现河南信阳市南）		赵坡茶	汉州广汉（现四川绵竹）	
蕲门团黄	蕲州（现湖北蕲春）		九华英	剑阁以东蜀中地区	
碧涧明月	峡州（现湖北宜昌）		香山茶	夔州（现重庆奉节、万州）	以香雨、真香为代表
芳蕊	同上		茶岭茶	夔州（现重庆奉节、巫溪、巫山、云阳等县）	
茱萸簝	同上		神泉小团	东川（现云南东川县）	
楠木茶	荆州（现湖北江陵县）		西山白露	洪州（现江西南昌西山）	
仙人掌茶	荆州（现湖北当阳）	属蒸青散茶	歙州茶	歙州婺源（现江西婺源）	
夷陵茶	峡州（现湖北宜昌）		界桥茶	袁州（现江西宜春市）	
小江园	同上		庐山茶	江州庐山（现江西庐山）	
黄冈茶	黄州黄冈（现湖北黄冈市、麻城市）		方山露芽	福建福州	又名方山生芽
衡山茶	湖南衡山	以石廪茶最著名	唐茶	同上	
邕湖含膏	岳州（现湖南岳阳）	又称邕湖茶	柏岩茶	福州（现福建福州鼓山）	又名半岩茶
茶芽	金州汉阴郡（现陕西安康、汉阴县）		腊面茶	建州（现福建建瓯市）	又名武夷茶、建茶、研膏茶
紫阳茶	陕西紫阳县				

（二）宋代名茶

据《宋史·食货志》、宋徽宗赵佶的《大观茶论》、宋代熊蕃的《宣和北苑贡茶录》和宋代赵汝砺的《北苑别录》以及其他史料记载，宋代名茶有近100

种，仍以蒸青团饼茶较多。但如前所述，宋代，尤其是南宋时正是由蒸青团饼茶向蒸青散、末茶转型的重要时期，故当时各产茶地也创造出了不少蒸青散茶名品。

宋代皇帝个个嗜茶，在历朝历代中是较为突出的。因此，宋代贡茶生产十分兴旺昌盛。贡茶产地遍及全国多个地方，贡茶名品也特别多。建州（也称建安，今福建建瓯）是宋代贡茶的重点产地。这里所产之茶称为建茶，又称北苑茶、建安茶，其中很多茶品在当时都很著名，据统计约有40多种，占宋代名茶数量近一半。主要有贡新铸、试新铸、白茶、龙团胜雪、御苑玉芽、万寿龙茶、上林第一、乙夜清供、承平雅玩、龙凤英华、龙凤茶、京铤、石乳、的乳、白乳、北苑先春等品目。

除建茶外，宋代名茶还有很多，有的是唐代流传下来的，也有宋代新创制的，参见表1－2。

表1－2　宋代部分名茶

茶名	产地	备注	茶名	产地	备注
顾渚紫笋	湖州（现浙江长兴）		洞庭山茶	江苏苏州	
鸠坑茶	浙江淳安		虎丘茶	江苏苏州虎丘山	又名白云茶
日铸茶	浙江绍兴	又名日注茶、瑞龙日铸	双井茶	分宁（现江西修水）、洪州（现江西南昌）	又名洪州双井、黄隆双井、双井白芽。属散芽茶
瀑布岭茶	浙江嵊州		谢源茶	歙州婺源（现江西婺源）	
五龙茶	同上		临江玉津	江西清江县临江镇	
真如茶	同上		袁州金片	江西宜春	又名金观音茶
紫岩茶	同上		雅安露芽	蒙顶山（现四川名山县）	又名蒙顶茶
胡山茶	同上		纳溪梅岭	泸州（现四川泸县）	
鹿苑茶	同上		雅山茶	蜀州横源（现四川温江一带）	又叫鸟嘴茶、明月峡茶
大昆茶	同上		沙坪茶	永康郡青城山（现四川都江堰）	
小昆茶	同上		邛州茶	四川邛崃	

续表

茶名	产地	备注	茶名	产地	备注
焙坑茶	同上		峨眉白芽茶	峨眉山（现四川峨眉山市西南）	又名雪芽. 属散芽茶
细坑茶	同上		月兔茶	涪州（现重庆涪陵区）	
径山茶	浙江余杭		青凤髓	建安（现福建建瓯）	
天台茶	浙江天台		方山露芽	福州	
天尊岩贡茶	建德府分水县（现浙江桐庐县）		武夷茶	福建武夷山市	
西庵茶	浙江富阳		玉蝉膏茶	建州（现福建建瓯）	又名铤子茶
石笕岭茶	浙江诸暨		普洱茶	产于云南西双版纳，集散地在普洱县	又称普茶
宝云茶	浙江杭州		五果茶	云南昆明	
白云茶	浙江乐清雁荡山	又名龙湫茗	巴东真香	归州巴东（现湖北巴东）	
花坞茶	越州兰亭（现浙江绍兴）		仙人掌茶	湖北当阳	
黄岭山茶	浙江临安		龙芽	安徽六安	
龙井茶	浙江杭州		紫阳茶	陕西紫阳	
灵山茶	浙江宁波鄞县		信阳茶	河南信阳市南	
卧龙山茶	越州（现浙江绍兴）		修仁茶	修江（现广西荔浦）	
阳羡茶	常州义兴（现江苏宜兴）				

（三）元代名茶

据元代马端临所著的《文献通考》和其他有关文史资料记载，元代名茶有近50种，主要集中产于福建、浙江、江苏、安徽、江西、湖北、湖南、河南等省，参见表1－3。

表 1-3　元代名茶

茶名	产地	备注	茶名	产地	备注
头金	建州(现福建建瓯)和剑州(现福建南平)		大石枕	江陵(现湖北江陵)	
骨金			清口	归州(现湖北秭归)	
次骨			雨前	荆湖(现湖北武昌至湖南长沙一带)	
末骨			雨后		
粗骨			杨梅		
武夷茶	福建武夷山一带		草子		
龙井茶	杭州	属散芽茶	岳麓		
阳羡茶	江苏宜兴		独行	潭州(现湖南长沙)	
茗子	江南(现江苏江宁至江西南昌一带)		灵草	同上	
龙溪	淮南(现江苏扬州至安徽合肥一带)	属散茶	绿芽	同上	
次号			片金	同上	
末号			金茗	同上	
太湖茶			大巴陵	岳州(现湖南岳阳)	
早春	歙州(现安徽歙县)		小巴陵	同上	
华英	同上		开胜	同上	
来泉	同上		开卷	同上	
胜金	同上		小开卷	同上	
仙芝	池州(现安徽贵池及青阳、东至、石台等地)		生黄翎毛	同上	
嫩蕊			双井绿芽	澧州(现湖南澧县)	
福合			小大方	同上	
禄合			东首	光州(现河南潢川)	
运合			浅山	同上	
庆合			薄侧	同上	
指合			泥片	虔州(现江西赣县)	
			绿英金片	袁州(现江西宜春)	

(四)明代名茶

明代正处于废团茶兴散茶,以炒青替蒸青的时期,所以名茶中团茶很少,蒸青散茶也不多,唯炒青茶较多。据明代顾元庆的《茶谱》、明代屠隆的《考槃余事》和

明代许次纾的《茶疏》等文献记载，明代名茶计有60余种，参见表1－4。

表1－4　明代名茶

茶名	产地	备注	茶名	产地	备注
顾渚紫笋	湖州（现浙江长兴）		北露	洪州（现江西南昌）	
举岩碧乳	婺州（现浙江金华）		云脚	袁州（现江西宜春）	
绿花	湖州（现浙江吴兴一带）		白芽	洪州（现江西南昌）	
紫英	同上		蒙顶石花	剑南（现四川名山）	
西湖龙井	浙江杭州		玉叶长春	同上	
浙西天目	浙江临安		火井	邛州（四川邛崃）	
罗岕茶	浙江长兴	又名岕茶；类同于顾渚紫笋	思安	同上	
瀑布茶	浙江余姚		芽茶	同上	
童家岙茶	同上		家茶	同上	
瑞龙茶	越州卧龙山（现浙江绍兴）		孟冬	同上	
日铸茶	越州（现浙江绍兴）		镄甲	同上	
小朵茶	同上		薄片	渠江（现四川广安至达县）	
雁路茶	同上		真香	巴东（现重庆奉节县东北）	
石笕茶	浙江诸暨		骑火	龙安（现四川龙安）	
分水贡芽	严州分水（现浙江桐庐）		都濡	黔阳（四川泸州）	
后山茶	浙江上虞		高株	同上	
剡溪茶	浙江嵊州		麦颗	蜀州（现四川成都、雅安一带）	
龙湫茶	浙江乐清雁荡山		鸟嘴		
方山茶	浙江龙游		绿昌明	建南（现四川剑阁以南）	
普陀茶	定海卫（现浙江舟山）		碧涧明月	峡州（现湖北宜昌）	
青顶茶	浙江临安天目山		茱萸簝	同上	

续表

茶名	产地	备注	茶名	产地	备注
上云茶	台州（现浙江临海）		芳蕊簝	同上	
阳羡茶	常州（现江苏宜兴）		明月簝	同上	
苏州虎丘	江苏苏州		涧簝	同上	
苏州天池	同上		小江团	同上	
阳坡横纹茶	丫山（安徽郎溪县）	又名横纹茶，即瑞草魁	柏岩	福州（现福建闽侯一带）	
小四岘春	六安州（现安徽六安）		先春	建州（现福建建瓯）	
皖西六安	安徽六安		龙焙	同上	
黄山云雾	徽州黄山（现安徽歙县）	又名歙县黄山	石崖白	同上	
新安松萝	安徽休宁北乡松萝山	又名徽州松萝、琅源松萝	武夷岩茶	福建崇安武夷山	
云南普洱	云南西双版纳，集散地在普洱县				

（五）清代名茶

在清代近300年的历史中，我国传统茶生产工艺基本定型，六大基本茶类均已形成。在各类茶中，都有品质超群的茶叶品目，逐步形成了我国至今还继续保持着的传统名茶。从各种文献中统计，清代名茶计有40余种，参见表1－5。

表1－5　清代名茶

茶名	产地	备注	茶名	产地	备注
武夷岩茶	福建崇安武夷山	著名乌龙茶	洞庭碧螺春	江苏苏州	炒青细嫩绿茶
安溪铁观音	福建安溪一带	著名乌龙茶	婺源绿茶	江西婺源	属炒青绿茶
闽红工夫	福建		庐山云雾	江西庐山	属细嫩绿茶
石亭豆绿	福建南安石亭	简称石亭绿，属炒青细嫩绿茶	信阳毛尖	河南信阳	针形细嫩绿茶
白毫银针	福建政和	简称银针，属白芽茶	紫阳毛尖	陕西紫阳	针形细嫩绿茶
闽北水仙	福建建阳、建瓯	属乌龙茶	天尖	湖南安化	属细嫩芽茶
黄山毛峰	安徽歙县黄山	属烘青绿茶	君山银针	湖南岳阳君山	针形黄芽茶

续表

茶名	产地	备注	茶名	产地	备注
徽州松萝	安徽休宁	又名琅源松萝，属细嫩绿茶	恩施玉露	湖北恩施	又称玉露，属针形蒸青绿茶
祁门红茶	安徽祁门县一带	简称祁红	鹿苑茶	湖北远安	细嫩黄茶
敬亭绿雪	安徽宣州	属烘青细嫩绿茶	青城山茶	四川都江堰市	属细嫩绿茶
涌溪火青	安徽泾县	圆螺形细嫩绿茶	沙坪茶	同上	同上
六安瓜片	安徽六安、金寨	属片形细嫩绿茶	名山茶	四川雅安、名山	又名蒙顶茶，属细嫩绿茶
太平猴魁	安徽太平	属细嫩绿茶	雾钟茶	同上	同上
舒城兰花	安徽舒城	属舒展芽叶型细嫩绿茶	峨眉白芽茶	四川峨眉山	又名云芽、雪芽，属细嫩绿茶
老竹大方	安徽歙县	又名针片、拷方，属扁形炒青细嫩绿茶	普洱茶	云南西双版纳，集散地在普洱县	有散茶与团茶、饼茶等，前者属绿茶，后者属黑茶
屯溪绿茶	安徽休宁一带	属优质炒青眉茶	务川高树茶	贵州铜仁	属细嫩绿茶
西湖龙井	浙江杭州	扁形炒青绿茶	贵定云雾茶	贵州贵定	属细嫩绿茶
泉岗辉白	浙江嵊州	圆形炒青细嫩绿茶	湄潭眉尖茶	贵州湄潭	属细嫩绿茶
严州苞茶	浙江建德	又名建德苞茶，属细嫩绿茶	凤凰水仙	广东潮安	属乌龙茶
富阳岩顶	浙江富阳	属细嫩绿茶	桂平西山茶	广西桂平西山	属细嫩绿茶
九曲红梅	浙江杭州	细嫩工夫红茶	苍梧六堡茶	广西苍梧六堡乡	著名黑茶
温州黄汤	浙江温州平阳	属黄茶	南山白毛茶	广西横县南山	属炒青细嫩绿茶
莫干黄芽	浙江余杭	属细嫩绿茶			

三、现代名茶简介

（一）现代名茶组成

目前，我国有20个省（直辖市、自治区）、1 000多个县（市）产茶，各地都有名茶生产。据王镇恒、王广智主编的《中国名茶志》统计，全国共有1 017种名茶，涉及绿、红、黄、白、黑、青六大基本茶类和再加工茶类。根据各名茶形成的历史分析，现代名茶可分为历史名茶、恢复历史名茶以及新创名茶三个组成部分。

历史名茶,又称传统名茶,是指诞生于历史上某个朝代,一直沿袭到现代的名茶。其保持了原有茶名,但在制作工艺和品质特点上随着历史的演变而发生了较大改变。此类茶在现代名茶中数量不多,但名气较大。据陈椽主编的《中国名茶研究选辑》记载,传统名茶有22种:绿茶有西湖龙井、庐山云雾、洞庭碧螺春、黄山毛峰、太平猴魁、信阳毛尖、六安瓜片、老竹大方、恩施玉露、桂平西山茶、屯溪珍眉11种;黄茶有君山银针;黑茶有云南普洱茶、苍梧六堡茶、湖南天尖3种;白茶有白毫银针、白牡丹2种;乌龙茶有武夷岩茶、安溪铁观音、闽北水仙、凤凰水仙4种;红茶有祁门工夫红茶。

恢复历史名茶是指历史上曾经有过,后来未能持续生产而失传,近代在原产地经研究创新制成,并用原茶名的名茶。这类茶虽然在某个历史阶段中断了生产,但在一些历史文献中常有其茶名、产地等文字记载,有的甚至还保留有部分生产工艺的信息,这为近代恢复其生产提供了依据。陈宗懋主编的《中国茶经》记载的恢复历史名茶有休宁松萝、涌溪火青、敬亭绿雪、九华毛峰、龟山岩绿、蒙顶甘露、仙人掌茶、天池茗毫、贵定云雾、青城雪芽、阳羡雪芽、鹿苑毛尖、霍山黄芽、顾渚紫笋、径山茶、雁荡毛峰、日铸雪芽、金奖惠明、金华举岩、东阳东白、蒙顶黄芽21种。

新创名茶是指中华人民共和国成立以来,各地茶叶工作者根据市场需求,运用茶树新品种和制茶新技术研制出的名茶。这部分名茶有的是因其具有独特优异的色、香、味、形品质深受消费者喜爱而出名的;更多的是在国内外各种茶叶(食品、农产品)评比活动中获奖后扬名四方而成为名茶的。在全国的1 017种名茶中,新创名茶占了绝大部分。随着制茶技术的发展和人们消费水平的提高,这类名茶的数量还将会不断增加。

(二)各产茶省(市、区)名茶概况

1. 江苏省

江苏省共有名茶38种,其中:历史名茶和恢复历史名茶有2种;在省、部级以上评选活动中获奖的名茶有24种。江苏省的名茶主要是绿茶,有37种,红茶只有1种。较著名的品目有苏州的碧螺春,宜兴的阳羡雪芽、荆溪云片,南京的雨花茶,无锡的二泉银毫、无锡毫茶,溧阳的南山寿眉,金坛的雀舌、茅山青峰,镇江的金山翠芽等。

2. 浙江省

浙江省共有名茶75种,其中:历史名茶和恢复历史名茶有19个;在省、部级以上单位举办的评选活动中获奖的名茶有73种。在75种名茶中,绿茶有73种,红茶、黄茶各有1种。较著名的茶品有杭州的西湖龙井,天台的华顶云雾茶,嵊州的泉岗辉白、平水珠茶,兰溪的毛峰,建德的建德苞茶,长兴的顾渚紫笋,景宁的金

奖惠明茶，淳安的鸠坑毛尖，东阳的东白春芽，绍兴的日铸雪芽，开化的开化龙顶，临海的临海蟠毫，余杭的径山茶，遂昌、松阳的银猴茶，盘安的云峰，江山的绿牡丹，浦江的春毫，诸暨的诸暨石笕，宁海的望海茶，杭州的九曲红梅（红茶），温州的温州黄汤（黄茶）等。

3. 安徽省

安徽省共有名茶89种，其中：属于历史名茶和恢复历史名茶的有42种；在省、部级以上单位举办的评选活动中获奖的名茶有36种。在89种名茶中，绿茶有84种，红茶、花茶、黑茶各有1种，黄茶2种。较著名的茶品有祁门红茶（红茶），保宁、歙县的屯绿，黄山的黄山毛峰，太平的太平猴魁，六安的六安瓜片，休宁的松萝茶，徽州的紫霞贡茶，泾县的涌溪火青，歙县的老竹大方，宣城的敬亭绿雪、高峰云雾茶，舒城的兰花茶，潜山的天柱剑毫，岳西的翠兰，宁国的黄花云尖，霍山的霍山黄芽，九华山的九华毛峰，郎溪的瑞草魁，庐江的白云春毫，滁州的西涧春雪，旌德县的天山真香，太湖的天华谷尖，皖西的黄大茶（黄茶）等。

4. 福建省

福建省共有48种名茶，其中：历史名茶和恢复历史名茶有20种；在省、部级以上单位举办的评选活动中获奖的名茶有38种。在48种名茶中，绿茶有30种，红茶5种，乌龙茶10种，白茶1种，花茶、紧压茶各有1种。较著名的乌龙茶有崇安的武夷岩茶，闽北水仙，安溪的铁观音、黄金桂，闽南水仙，永春的永春佛手，诏安的八仙茶，平和的白芽奇兰，崇安、建瓯的龙须茶；红茶有崇安的正山小种，政和的政和工夫，福鼎的白琳工夫，福安的坦洋工夫；绿茶有南安的南安石亭绿，罗源的七境堂绿茶，宁德的天山绿茶，福鼎的莲心茶；白茶有政和、福顶的白毫银针；花茶有福州的茉莉花茶；紧压茶有漳平的水仙茶饼等。

5. 江西省

江西省共有名茶54种，其中：历史名茶和恢复历史名茶有21种；获省、部级以上奖项的名茶有42种。在54种名茶中，绿茶有50种，红茶2种，白茶、花茶各1种。较著名的茶品有庐山的庐山云雾，遂川的狗牯脑茶，婺源的茗眉、大鄣山云雾茶、灵岩剑峰、婺源墨菊，上饶的白眉茶，修水的双井绿，井冈山的井冈翠绿，修水的宁红（红茶）等。

6. 山东省

山东省的名茶不多，只有5种，都是新创的绿茶。它们是日照的碧绿茶、雪青，莒南的松针茶，莒县的浮来青，胶南的海青峰茶。

7. 河南省

河南省共有名茶38种，其中：历史名茶和恢复历史名茶有1种；在省、部级以上单位举办的评选活动中获奖的名茶有16种。在38种名茶中，绿茶有37种，黄茶1种。较著名的茶品有信阳的信阳毛尖、雷沼喷云、震雷剑毫，固始的仰天绿雪，桐柏的太白银毫，罗山的灵山剑峰，泌阳的白云毛峰，光山的赛山玉莲、杏山竹叶青等。

8. 湖北省

湖北省的名茶较多，共有 103 种，其中：历史名茶和恢复历史名茶有 6 种；在省、部级以上单位举办的评奖活动中获奖的名茶有 101 种。在 103 种名茶中，绿茶有 102 种，黄茶有1 种。较著名的茶品有恩施玉露，宜昌的峡州碧峰，随州的东云山毛尖，当阳的仙人掌茶，大悟的双桥毛尖，鹤峰的容美茶，麻城的龟山岩绿，神农架林区的神农奇峰，黄梅的柳园青峰，诸县的鄂南剑春，松滋的碧涧茶，丹江口的武当针井，襄阳的隆中白毫，英山的天堂云雾，利川的雾洞绿峰，远安的远安鹿苑（黄茶）等。

9. 湖南省

在各产茶省中，湖南省的名茶品目最多，有 132 种，其中：历史名茶和恢复历史名茶有 14 种；在省、部级以上单位举办的评选活动中获奖的名茶有 111 种。在 132 种名茶中，绿茶有 124 种，红茶 1 种，黄茶 2 种，黑茶 3 种，花茶 2 种。较著名的绿茶有长沙的高桥银峰、湘波绿，江华的江华毛尖，桂东的桂东玲珑茶，岳阳的洞庭春，安化的安化松针，衡山的南岳云雾茶、岳北大白茶，双峰的双峰碧玉，郴州的郴州碧云，永江的回峰茶，临湘的白石毛尖；黄茶有岳阳的君山银针，宁乡的沩山毛尖；黑茶有安化的黑砖、花砖，益阳的茯砖；红茶有长沙的金井红碎茶；花茶有长沙的猴王牌花茶、雄狮牌花茶等。

10. 广东省

广东省共有名茶 76 种，其中：历史名茶和恢复历史名茶有 35 种；在省、部级以上单位举办的评选活动中获奖的名茶有 44 种。在 76 种名茶中，绿茶有 42 种，红茶有 7 种，黄茶有 3 种，乌龙茶有 24 种。较著名的绿茶有高鹤的古劳茶，信宜的合萝茶，仁化的仁化银毫，乐昌的广北银尖、白毛茶，雷州海鸥土叶绿茶；红茶有英德的英德红茶、金毫茶，广东荔枝红茶；乌龙茶有潮州的凤凰单枞，饶平的岭头单枞，西古坪乌龙茶，兴宁的大叶奇兰茶，大埔的西岩乌龙茶等。

11. 广西壮族自治区

广西壮族自治区共有名茶 74 种，其中：历史名茶和恢复历史名茶有 6 种；获得省、部级以上奖项的名茶有 69 种。在 74 种名茶中，绿茶有 26 种，红茶 12 种，黑茶 6 种，白茶 1 种，花茶 29 种。较著名的绿茶有桂平的西山茶，横县的南山白毛茶，凌云的凌云白毫，贺州的开山白毛茶，桂林的桂林毛尖，贵港的覃塘毛尖，金秀的金秀白牛茶；红茶有百色红碎茶；黑茶有苍梧六堡茶；花茶有横县茉莉花茶，凌云的白毫茉莉，越岭特制桂花茶等。

12. 海南省

海南省产茶较少，名茶更少。除传统红茶、绿茶外，独具特色的有水满茶、苦

丁茶、香兰茶、槟榔果茶等。其中，五指山红茶被评为上品，白沙绿茶也颇受欢迎。

13. 四川省

四川省共有名茶 63 种，其中：历史名茶和恢复历史名茶有 6 种；获得省、部级以上奖项的名茶有 59 种。在 63 种名茶中，绿茶有 60 种，黄茶有 1 种，花茶有 2 种。较著名的茶品有名山的蒙顶茶，峨眉山的竹叶青、峨蕊，雅安的峨眉毛峰，都江堰的青城雪芽，乐山的沫若香茗，邛崃的文君毛峰，江油的匡山翠绿，通江的罗村茶、天岗银芽，北川的神禹苔茶，万源的巴山雀舌，荣县的龙都香茗（花茶）等。

14. 重庆市

重庆市共有名茶 31 种，其中：历史名茶和恢复历史名茶有 3 种；在省、部级以上单位举办的评选活动中获奖的名茶有 29 种。在 31 种名茶中，绿茶有 28 种，红茶、黄茶、紧压茶各有 1 种。较著名的茶品有北碚的缙云毛峰，渝北的环山春，荣昌的天岗玉叶，永川的翠香茗、渝州碧螺春、永川秀芽，江津的龙佛仙茗，万盛的景星碧绿，巴南的江州茗毫，垫江的雀舌翠茗，开县的龙珠茶，奉节的香山贡茶，南川的红碎茶（红茶），重庆沱茶（紧压茶）等。

15. 贵州省

贵州省共有名茶 37 种，其中：历史名茶和恢复历史名茶有 4 种；在省、部级以上单位的评选活动中获奖的名茶有 27 种。在 37 种名茶中，绿茶有 36 种，黑茶有 1 种。较著名的茶品有贵定的贵定云雾、贵定雷芽，都匀的都匀毛尖，湄潭的湄江翠片、遵义毛峰、黔江银钩、龙泉剑茗，贵阳的羊艾毛峰，雷山的银球茶，黎平的古钱茶，安顺的山京翠芽，印江的梵净翠峰，贞丰的贞丰坡柳茶（黑茶）等。

16. 云南省

云南省共有名茶 62 种，其中：历史名茶和恢复历史名茶有 9 种；在省、部级以上单位举办的评选活动中获奖的名茶有 49 种。在 62 种名茶中，绿茶有 58 种，红茶有 2 种，黑茶1 种，紧压茶 1 种。较著名的红茶有风庆、勐海的滇红工夫、云南红碎茶；黑茶有西双版纳、思茅的普洱茶；紧压茶有下关沱茶；绿茶有勐海的南糯白毫、云海白毫、竹筒香茶，宜良的宝洪茶，大理的苍山雪绿，墨江的云针，绿春的玛玉茶，牟定的化佛茶，大关的翠华茶，景谷的大白茶，景洪的龙山云毫等。

17. 西藏自治区

西藏自治区的茶叶生产很少，名茶只有 1 种，即珠峰圣茶，为新创的绿茶，产于林芝地区易贡茶场。

18. 陕西省

陕西省共有名茶 35 种，其中：历史名茶和恢复历史名茶有 3 种；在省、部级以上的评选活动中获奖的名茶有 19 种。在 35 种名茶中，绿茶有 34 种，黄茶有 1 种。较著名的茶品有安康的安康银峰，岚皋的巴山碧螺，城固的城固银毫，勉县的定军茗眉，紫阳的紫阳毛尖、紫阳翠峰，宁强的宁强雀舌，镇巴的秦巴毛尖、秦巴雾毫,西乡的午子仙毫等。

19. 甘肃省

甘肃省共有名茶14种,均为现代新创的绿茶。较著名的有文县的碧口龙井,康县的龙神翠竹、阳坝银毫等。

20. 台湾省

台湾省共有名茶38种,其中,历史名茶和恢复历史名茶有6种。在38种名茶中,乌龙茶居多,有34种,绿茶有2种,红茶有2种。较著名的茶品有南投的冻顶乌龙茶,台北、花莲的文山包种茶,台北、新竹的台湾乌龙茶,台北的木栅铁观音,南投的日月潭红茶(红茶)等。

四、中国部分名茶简介

(一)西湖龙井

西湖龙井是浙江省著名绿茶,产于风景如画的西子湖畔,历史悠久,素以“色绿、香郁、味醇、形美”四绝享誉国内外,被公推为名茶之魁首。清代陆次云赞道:龙井茶“啜之淡然,似乎无味。饮过后,常有一种太和之气,弥沦乎齿颊之间,此无味之味,乃至味也。”①这真是对龙井茶清纯高雅的品质特点做的淋漓尽致的描述。龙井茶属扁形炒青绿茶,外形扁平光滑,大小匀齐,色泽翠绿略黄;泡在透明的玻璃杯中,犹如初绽的兰花,嫩匀成朵,一旗一枪,交错相映,美不胜收;茶汤清澈明亮,碧绿如玉,香气清幽,高长持久,滋味鲜醇清爽,回味甜甘,品饮时令人齿颊流芳,回味无穷。

西湖茶区产茶历史悠久,可追溯到南北朝时期。到了唐代,陆羽在其《茶经》中也有天竺、灵隐二寺产茶的记载。宋朝时,西湖周围群山中的寺庙生产的“宝云茶”、“香林茶”、“白云茶”等就已成为贡茶。北宋熙宁11年(1078年),上天竺辨才和尚与众僧来到狮子峰下落晖坪的寿圣院(老龙井寺)栽种、采制茶叶,所产茶叶即为“龙井茶”。龙井茶因龙井泉而得名。龙井原称龙泓,传说明正德年间曾从井底挖出一块龙形石头,故改名为龙井。不过,在明朝以前,“龙井茶的形态尚属紧压成团的团茶,并不是今之扁体散茶”②。至于龙井茶究竟何时成为扁形,目前还无定论。有专家考证分析认为扁形的龙井茶大约是明代后期产生的。龙井茶在明代早已是闻名遐迩的茶中高品,得到如潮好评。明嘉靖《浙江通志》载:“杭郡诸茶,总不及龙井之产,而雨前细芽,取其一旗一枪,方为珍品。”③万历《钱

① 陈彬藩. 中国茶文化经典[M]. 北京:光明日报出版社,1999.

② 王镇恒,王广智. 中国名茶志[M]. 北京:中国农业出版社,2000.

③ 王镇恒,王广智. 中国名茶志[M]. 北京:中国农业出版社,2000.

唐县志》载:“茶出龙井者,作豆花香,色清味甘,与他山异。”[①]明田艺蘅在其《煮泉小品》中云:“今武林诸泉,惟龙泓入品,而茶亦惟龙泓山为最。”[②]明代高廉在《四时幽赏录》中评价道:“西湖之泉,以虎跑为最,两山之茶,以龙井为佳。”[③]到了清朝,龙井茶更得皇家厚爱。先是康熙帝在杭州创设“行宫”,把龙井茶列为贡茶。后是乾隆帝六下江南,有四次曾到天竺、云栖、龙井等地观察茶叶采制过程,品尝龙井茶,大加赞赏,并将狮峰山下胡公庙(寿圣院原址)前的18棵茶树敕封为“御茶”。使得龙井茶身价倍增,更加扬名天下。

龙井茶之所以绵延近千年而不衰,并且日益兴盛,是因为其独特优异的茶叶品质深得人们的喜爱。而其独具风格的优良品质,又与其产地良好的生态环境和严格精致的采制技术分不开。龙井茶产区主要分布在西湖周围的群山之中,产地林木繁茂,常年云雾缭绕,气候温和,雨量充沛,土壤肥沃,土质适宜,生态环境得天独厚,这些为龙井茶优良品质的形成提供了很好的先天条件。在龙井茶的制作过程中,采制工艺十分考究精细。鲜叶原料一般为清明至谷雨前的一芽一叶初展芽叶。要求所采芽叶匀齐洁净,通常特级龙井茶1 000克需7万~8万个芽叶。采摘时,手势要用“提手采”,不能用指甲掐断嫩茎,否则伤口就会变色。采回的鲜叶先进行摊放,以减少水分便于炒制时做形。炒制分为青锅(杀青、初步做形)和辉锅(进一步做形、干燥)两个工序。其间,在制茶叶要摊晾半小时左右。两个工序都在炒锅中进行,不加揉捻,成茶的扁平形状是在炒制中将抖、带、甩、捺、拓、扣、抓、压、磨、敲十大手法结合运用来完成的。干燥后的茶最后进行精制分级,即为成品。传统龙井茶为手工制作,20世纪50年代末开始研究龙井茶的机械化生产,90年代已在生产中大量运用。在适当辅以手工的条件下,机械生产已基本能保证高中级龙井茶的品质要求,而且生产效率提高了2~3倍,成本降低了一半左右。

西湖山区各地所产龙井茶,由于生态条件、炒制技术的差别,品质特点也有所不同,所以,历史上按产地把龙井茶分为“狮”(狮峰)、“龙”(龙井)、“云”(云栖)、“虎”(虎跑)四个品类。20世纪50年代,根据当时实际生产情况,调整为“狮峰龙井”、“梅坞龙井”和“西湖龙井”三个品类。其品质各具风格,以狮峰龙井最佳,其香气尤为突出、持久,而色泽略黄,称为糙米色,是其品质特征;梅坞龙井外形光滑鲜润、扁平挺秀,色泽翠绿,香气略逊于狮峰龙井;西湖龙井叶质肥嫩,芽峰显露,但香味不及前两品类。不过,在实际生活中,人们通常将三者统称为西湖龙井。在产销中,龙井茶一般分为特级和1~5级,共6个等级。

---

① 王镇恒,王广智.中国名茶志[M].北京:中国农业出版社,2000.

② 陈彬藩.中国茶文化经典[M].北京:光明日报出版社,1999.

③ 陈彬藩.中国茶文化经典[M].北京:光明日报出版社,1999.

新中国成立后，西湖龙井就被国家列为外交礼茶，并在市场上广泛受到消费者的喜爱。在国内的历年名茶评比中，多次蝉联冠军；在一些国际评奖活动中也常获大奖，为国家争得了荣誉，也使龙井茶享誉海外。目前，龙井茶不仅在国内销量大增，也成为我国绿茶类名茶出口的主要茶品，远销至美国、加拿大、德国、法国、英国、意大利、日本、马来西亚、新加坡、泰国等国家和地区。

（二）洞庭碧螺春

洞庭碧螺春是江苏省著名炒青绿茶。出产于我国闻名遐迩的风景旅游胜地江苏吴县太湖洞庭山。洞庭山分东、西两山。东山是一个宛如巨舟般伸进太湖的半岛；与东山相隔几公里的西山，是一个屹立在湖中的岛屿，相传是吴王夫差和西施的避暑胜地。这里气候温和，冬暖夏凉。辽阔的太湖水面，使这里空气湿润，云雾弥漫，非常适宜茶树生长。这里也是我国著名的茶果间作地区。茶树与桃、李、杏、梅、柿、橘、石榴、枇杷等果树相间种植。高大如伞的果树不仅可为茶树蔽覆霜雪，蔽掩烈日，使茶树茁壮生长，茶芽持嫩性强，同时茶树也在果木春暖花开时节吸收各种花香，使生产出的碧螺春具有花香果味的独特风格。

吴县洞庭山是我国著名的古老茶区，唐代以前就已产茶。陆羽的《茶经》中就有关于洞庭山产茶的记载。到了宋朝，茶叶品质明显提高，所产茶叶已成为上品贡茶，“岁为入贡”。明代至清初，洞庭山茶叶产品较多，品质都较好，可与同时期的“虎丘茶”、“松萝”等媲美。关于碧螺春始于何时，名称由何而来的说法颇多，目前比较公认的是清代王应奎(1757 年)的记述。据说洞庭东山的碧螺峰，石壁上野生着几株茶树。当地老百姓每年茶季都持筐采回，自制自饮。有一年，茶树长得特别茂盛，大家争相采摘，竹筐装不了，只好放在怀中。结果茶叶受到怀中热气熏蒸，生发出奇异香气。采茶人由衷赞叹：“吓煞人香(吴县方言)”，遂得此名。后康熙皇帝游览太湖，巡抚宋荦进献“吓煞人香”茶。康熙品后感觉香味俱佳，但名称不雅，就题名为“碧螺春”。碧螺春茶名虽因产于碧螺峰而得，但碧螺春茶汤色碧绿、形卷如螺、采制于早春的特点亦尽为茶名所概括。

碧螺春茶采制工艺要求极高。高级碧螺春鲜叶采摘特别细嫩，嫩度高于龙井。一般为一芽一叶初展。500 克茶需 6.8 万~7.4 万个芽头。采摘期从春分后到谷雨前。通常是早上采茶，采回的鲜叶要经过精细拣剔，除去其中鱼叶、残片、老叶茎梗及夹杂物等，以保持芽叶匀整一致。拣剔后的鲜叶即进行炒制。炒制工序分杀青、揉捻、搓团(做形、提毫)、干燥四步，都在炒茶锅中完成。其特点是：手不离茶，茶不离锅，炒中带揉，揉炒结合，连续操作，一气呵成。全过程历时 35~40 分钟。

碧螺春按江苏省 1997 年发布的地方标准分为特级和 1~4 级，共 5 个等级。芽叶随级数增大而嫩度降低。高级碧螺春的品质特点是条索纤细，卷曲成螺，满

身披毫，银白隐翠；香气浓郁久雅，滋味鲜醇甘厚；汤色碧绿清澈，叶底嫩绿明亮。当地群众把碧螺春的品质特征总结为“铜丝条，螺旋形，浑身毛，花香果味，鲜爽生津”。

洞庭碧螺春品质风格独特，驰名中外，常被用来招待外宾或作为高级礼品。在国内，畅销各大城市及港澳地区，并多次在各大评比活动中获奖，为中国名茶珍品。同时，也是我国重要的出口茶品，远销至美国、德国、比利时、马来西亚、新加坡、日本等国，深受国外茶人好评。

（三）庐山云雾

庐山云雾为历史名茶，属绿茶类，产于著名旅游避暑胜地江西省庐山一带。这里的产茶历史悠久，早在汉代就有了茶叶生产。据《庐山志》记载，东汉时，庐山已有梵宫寺院300余座，僧侣们常以茶充饥解渴。他们或攀危岩，冒飞泉，采摘野生茶叶；或劈岩削壁，开辟茶园，种植茶树，采制茶叶以自给。自晋至唐，庐山茶叶基本上都是寺院僧侣或其他山居者种植、采制。种制者多出于自身的需要，自产自用。不过在此期间，不少文人墨客常上山游览和隐居，留下了大量赞美庐山的诗文。在这些诗文中，有许多都涉及庐山茶叶，这为庐山茶的扬名起了很大作用。唐代诗人白居易就曾在庐山香炉峰结草堂居，并辟茶园种茶。在他留下的多首诗中均谈到茶。如《重题》中云：“长松树下小溪头，斑鹿胎中白布裘。药圃茶园为产业，野麋林鹤是交游。”[①]到了宋代，庐山茶已远近驰名，并列入贡茶，茶叶生产面积也有所扩大，种茶人数也日渐增多。至明、清时，庐山茶叶生产最盛，茶叶已商品化，成为山民和僧尼们主要的经济来源。在明《庐山志》中，庐山云雾茶的名称已见诸书中。作为旅游避暑胜地的庐山，同时也是茶叶生长的佳地。这里终年云雾缭绕，雨量充沛，气候宜人，土壤肥沃，日照短，昼夜温差大。生长在这样环境里的茶树，具有芽头肥壮，持嫩性强，内含物质丰富，碳氮比小的特色。这是庐山云雾成为名茶珍品的优越先天条件。除此之外，庐山云雾茶还有一套精湛的采制技术。鲜叶采摘以一芽一叶初展为标准，长度3厘米左右。严格要求不采紫芽叶、病虫叶、破碎叶、单片叶。采回的芽叶先薄摊于洁净的竹篾簸箕内，然后经过杀青、抖散、揉捻、炒二青（初干）、理条、搓条、拣剔、提毫、烘干等几道工序，才制成成品。制成的茶叶品质具有条索紧结卷曲，翠绿显毫，汤色绿而透明，香气高锐，鲜似兰花，滋味浓厚鲜爽，叶底嫩绿鲜明的特点。号称“香馨、味厚、色翠、汤清”四绝。

庐山云雾茶因其优良的品质深受广大消费者喜爱。1959年朱德同志在庐山植物园品尝云雾茶后欣然作诗称颂：“庐山云雾茶，味浓性泼辣。若得长时饮，延

---

① 陈宗懋. 中国茶经[M]. 上海：上海文化出版社，1992.

年益寿法。"[①]1982 年 6 月,庐山云雾茶被商业部评为全国名茶,并获国家优质产品银质奖。目前除主销北京、上海、广州、南昌及香港、澳门等国内城市外,还远销至日本、德国、美国等国家。

(四)六安瓜片

六安瓜片属于半烘炒片形绿茶。其所用原料和采制工艺,以及成茶品质在众名绿茶中独具一格、不同凡响,因而广受消费者青睐,盛名远扬。新中国成立以来的多次全国十大名茶评选中,六安瓜片都名列其中,并在各种评奖活动中屡获大奖。

六安瓜片产于安徽省六安市、金寨县、霍山县三地之间的山区和低山丘陵地区的部分乡镇。其原产地主要在金寨县齐头山一带。因这一带原为六安州管辖,故茶名前所冠地名为六安。在各产区中,六安市产瓜片量最大,占总产量的 80% 以上;品质则以金寨县齐山、黄石、里冲,六安市黄巢尖、红石等地为佳。金寨县的"齐山名片"(又叫"齐山云雾瓜片")为六安瓜片中的极品。

六安为古时淮南著名茶区,早在东汉时就已有茶。唐朝中期六安茶区的茶园就粗具规模,所产茶叶开始出名。然而六安瓜片创制于何时,目前尚无确切史料可考。民间有多种传说,被人们较为认可的有两个传说。这两个传说虽然内容不同,但都说六安瓜片是于 1905 年前后在现金寨县齐头山后冲一带问世,是在当地生产的绿大茶基础上发展而来的。目前六安瓜片在制茶工具和技术方面,确实仍有许多与绿大茶相似之处。

六安瓜片的采制与一般名绿茶有很大不同。不是采非常细嫩的芽叶,而是待新梢已形成"开面"(叶已全展,出现驻芽)时才采。采摘标准以对荚二三叶或一芽三叶为主。通常采摘季节较其他名绿茶为迟,在谷雨之后。采回的鲜叶不直接炒制,要先进行"板片",即将新梢上的嫩叶(叶缘背卷,未完全展开)、老叶(叶缘完全展开)掰下分别归堆。然后对新梢各部分分别炒制成不同产品。板片后的芽炒制"银针";梗与留在其上的老叶炒"针把子";掰下的老、嫩叶片分别炒制成瓜片。瓜片制作分炒生锅、炒熟锅、拉毛火、拉小火、拉老火等五道工序。炒生锅即杀青,炒 1 ~ 2 分钟,叶片变软,叶色变暗即可入熟锅炒制。炒熟锅主要起整形作用,边炒边拍,使茶叶逐渐成为片状。六安瓜片制作中烘焙较为特别,要烘三次,烘焙温度一次比一次高,每次之间间隔时间较长,达一天以上。通常拉毛火由茶农在熟锅炒完后进行,即将茶叶放在烘笼上用炭火烘至八九成干,然后拼堆出售。茶叶收购者或经营专业户,将从农户零星收购的片茶,按级别归堆,到一定数量时,再完成后两次烘干。拉小火和拉老火的劳动强度大,技术性也较强,是对六安

① 王镇恒,王广智. 中国名茶志[M]. 北京:中国农业出版社,2000.

瓜片特殊品质形成影响极大的关键工序。烘至足干的茶叶要趁热装入铁桶,并用焊锡封口,以保持成茶品质。

六安瓜片的品质特点是:外形为单片,不带芽和梗,叶缘背卷顺直,形如瓜子,色泽宝绿,大小匀整;香气清香持久,滋味鲜醇,回味甘甜,汤色碧绿,清澈透明,叶底黄绿明亮,在名茶中独具一格。

六安瓜片按产地常分为内山瓜片和外山瓜片。内山瓜片产地主要在紧邻齐头山的金寨县齐山、响洪甸、鲜花岭,六安市黄涧河、独山、龙门冲,霍山县诸佛庵等地。因生态环境优越,加上优良的茶树品种,内山瓜片品质优异,尤其以"齐山名片"质量最佳。外山瓜片主要产在六安市的石板冲、石婆店、狮子岗、骆家庵一带。该地自然条件不如内山区,茶树长势较差,成茶品质相应较差。历史上曾按鲜叶采摘时间来对六安瓜片进行分级。一般谷雨前后 3 ~5 天采制的称"名片",品质最好;稍后采制的大宗产品称"瓜片";进入梅雨季节采制的称"梅片",因鲜叶粗老,成茶品质较差。也有的产区按原料叶质嫩度来分级。新梢上掰下的第1、2 片叶所制片茶为"提片",原料最嫩,品质最好;第 3 片叶次之,为"瓜片";第 4 片以上叶为梅片,品质最差。现在分级已作规范,"齐山名片"分 1 ~3 等;内山瓜片和外山瓜片各分 4 级 8 等。

(五)太平猴魁

太平猴魁为安徽省特产绿茶——尖茶之极品,产于安徽黄山市黄山区(原太平县)新民乡三合村猴坑一带高山之中。这里是安徽的古老茶区之一,清末时茶叶生产和购销已十分兴旺。当时南京江南春茶庄在太平新民设站收购茶叶,为更多获利,就在所购茶叶中人工挑选出细嫩芽尖作为新花色茶,运往南京高价出售。此法使家住猴坑的茶农王魁成(外号王老二)很受启发。于是他在凤凰尖的茶园内选摘肥壮细嫩的芽叶,精心制作成尖茶,投放市场,大受欢迎,被人们称作王老二魁尖。由于王老二魁尖品质出类拔萃,远为其他尖茶所不及,为了与其他魁尖相区别,便取其尖茶中"魁首"之意,同时考虑产地在猴坑一带,而猴坑又地属太平县,将其定名为太平猴魁。

太平猴魁问世后不久即得到众茶商的青睐。1912 年茶商刘敬之收购后用锡罐装运至南京,在南京南洋劝业会会场和农商部展出,颇受好评,获得优等奖。1915 年又在美国举办的巴拿马万国博览会上参展,荣膺一等金质奖章和奖状。1916 年又被江苏省举办的商品陈赛会选中展出,并获一等金牌奖。从此太平猴魁就名扬华夏,蜚声海外。

太平猴魁主产地猴坑一带,有着特别适宜茶树生长的自然生态环境。这里地处黄山山脉,三面环水,一面依山,山高雾多,林木葱茏。土层深厚疏松,有机质含量丰富。温度适宜,雨量充足,全年无霜期长,但太阳直射时间较短,昼夜温差大,极有利于茶树品质成分形成和干物质的积累。故茶树生长茂盛,芽肥叶壮,持嫩性好。良好的生态环境也孕育出优良的茶树品种。这里种植的茶树90%以上是茶树良种柿大茶。这个品种发芽早,叶片较大,叶色深绿,茸毛多,节间短,一芽二叶新梢的二叶尖与芽尖基本保持平齐,为猴魁成茶外形的形成提供了物质基础。

太平猴魁之所以受世人交口称赞,在于它具有优异独特的品质特征。其外形不同于一般名绿茶条索紧细,而是平扁挺直,自然舒展,两头尖削,呈两叶抱一芽之状,好似"含苞之兰花",有"猴魁两头尖,不散不翘不弓弯"之称。芽身重实,白毫隐伏,色泽苍绿匀润,叶脉绿中隐红,俗称"红丝线"。入杯冲泡,徐徐展开,芽叶成朵,嫩绿悦目。汤色清绿明澈,香气高爽,带有明显兰花香,滋味醇厚回甘,独具"猴韵"。其耐泡性特好,有"头泡香高,二泡味浓,冲泡三四次滋味不减,兰香犹存"之誉。

造就太平猴魁超群出众品质的因素,除了环境和品种外,还有其自成一体、精湛考究的采制工艺。猴魁采摘期很短,为谷雨至立夏短短的半个月时间。采摘要求严格,首先要做到"四拣",即拣山、拣棵、拣枝、拣尖。拣山即选择所采茶山,应是云雾笼罩,避阳向阴的高山;拣棵即选择所采茶树,应是柿大茶品种的长势旺盛的茶树;拣枝即在茶树上挑选采摘的枝条,应是生长健壮挺直的嫩梢;拣尖即选择合格芽尖,这是猴魁采制中的重要一环。具体做法是:将山上采回的一芽三四叶嫩梢,从一芽二叶处折断,作为炒制猴魁的原料,俗称"尖头";其余部分用作炒制"魁片"。尖头要求芽叶肥壮,大小匀齐,且芽尖与叶尖长度相齐,以保证成茶能形成"二叶抱芽"的外形。拣尖时还应掌握"八不要"原则,即芽叶过大、过小、瘦弱、弯曲、色淡、紫芽、对荚叶、病虫叶不要。如此严格的拣剔下来,只有1/3的鲜叶符合要求。拣尖后的尖头即可付制。制作工艺分杀青、毛烘、足烘、复焙四道工序。看似简单,实则复杂。要对各工序中一招一式,每个细节都恰到好处地掌握不是易事。尤其是几次烘干,不仅是散失水分的过程,同时也是造形的过程。其间要不时变换操作手势,才能使成茶形成独特的扁、平、直形状。制好的猴魁趁热装入铁制茶筒,筒内要垫箬叶,以提高猴魁香气。待茶冷却后,加盖,并用锡焊封口。

太平猴魁产地仅限于猴坑一带,产量不多。其他地区所产统称魁尖,其制法与猴魁基本相同,外形也极似猴魁,但因产地和茶树品种不同,品质就逊色于猴魁。对于尖茶类的分级,通常是"猴魁"为极品,分1~3等;"魁尖"次之,也分1~3等,称上魁、中魁、次魁;以下统称"尖茶",分6级12等。太平猴魁因产量有限,目前主销北京、上海、南京、合肥等大中城市,也有部分销往港澳地区,很受欢迎。

(六)蒙顶茶

蒙顶茶产于四川省邛崃山脉之中的蒙山。蒙山位于成都平原西部,横跨雅安

的雨城、名山两地,最高峰海拔为1 400米。蒙山山势巍峨,峰峦挺秀,林木繁茂,异石奇花,重云积雾常年笼罩于山间,一年中长达200多天,故有“漏天常泄雨,蒙顶半藏天”之说。这里不仅风景优美,而且气候温和,雨量充足,土壤肥沃深厚,生长在其间的茶树长势旺盛,持嫩性高;制出的茶叶甘香鲜醇,氨基酸含量特别高。因此,蒙顶茶从古至今广受茶人们喜爱。历代诗人雅士争相写诗作赋对其盛赞不已。例如,唐黎阳王的《蒙山白云岩茶》诗云:“若教陆羽持公论,应是人间第一茶”;宋文彦博赞蒙顶茶曰:“旧谱最称蒙顶味,露芽云液胜醍醐”;宋文同在《谢人寄蒙顶新茶诗》中赞道:“蜀土茶称圣,蒙山味独珍”;而“杨子江心水,蒙山顶上茶”这一赞美佳句,更是千古流传、妇孺皆知的。

蒙山产茶,历史悠久。相传西汉甘露年间(公元前53年—前50年),后被宋哲宗封为“甘露普慧禅师”的吴理真最早在山顶五峰之中的上清峰种下了七株茶树,从此开始了蒙山产茶史,距今已有2 000多年历史。因传说这七株茶树“高不盈尺,不生不灭,能治百病”,故被人们称为“仙茶”。吴理真也被后人奉为蒙山茶祖。

蒙顶茶在历史上是以贡茶而闻名于世的。贡茶历史开始于唐代,一直沿袭到清代,前后持续了1 000多年。尽管朝代不断更迭,蒙顶茶仍年年进贡,从未中断。这在中国茶叶史上是不多见的。与一般贡茶不同,蒙顶茶不是由民间普通百姓生产,据《名山县志》记载,蒙山贡茶茶园全由山上寺僧掌管,并且分工严密,各司其职,有薅茶僧(负责田间管理)、采茶僧、制茶僧、看茶僧(负责评茶)等。贡茶的采制也被看作是很神圣的事,要举行隆重的仪式。每年开春茶芽萌发时节,县官即择吉日,身穿朝服,率众僚属及全名山72寺院和尚,齐集蒙顶,朝拜“仙茶”。待烧香礼拜之后,开始采摘“仙茶”。规定只采360叶,送交制茶僧炒制。通常在新锅中翻炒,用炭火焙干。炒制时,众和尚还要在一旁盘坐诵经。制好的茶叶装入两银瓶送京进贡,以作皇帝祭天祀祖之用,此谓“正贡”。另外还有“副贡”,即由仙茶园之外,五峰之内的茶叶采制而成,专供皇帝享用;还有用五峰之外的其他茶树采制成的“颗子茶”作为“陪贡”,主要供王公大臣们饮用。

蒙顶茶是蒙山所产各种品目茶的总称。从古至今,蒙山所产茶的品目较多,有散茶,也有紧压茶;有绿茶,也有黄茶。其中许多品目随着岁月流逝而消失在历史长河中。保留到今天的茶品已为数不多,并且在制法和品质上已有很大改变。较著名且有代表性的茶品主要有蒙顶石花、黄芽、甘露、万春银叶、玉叶长春等。

蒙顶石花为扁形炒青绿茶。鲜叶原料细嫩,为鱼叶展开时的芽头,芽长1~1.5厘米。每500克茶有1万个左右芽头。采回的鲜叶要先摊放4~6小时后再行炒制。炒制工艺分杀青、炒二青、炒三青、做形提毫、烘干五道工序。成茶品质特征为:外形扁直匀整,锋苗挺锐,芽披银毫;汤碧明亮,味醇鲜爽,毫香浓郁,叶底全芽嫩黄。蒙顶石花1959年被外贸部评为全国十大名茶之一。

蒙顶黄芽属黄茶类,是新中国成立后新恢复的历史名茶。其原料嫩度与石花近似。制作工艺是在石花制作工序中加进了两次用草纸包裹茶叶进行渥黄和一次将茶叶摊放渥黄的工序。操作更复杂,要求更高。全过程有杀青、初包、二炒、复包、三炒、摊放、整形提毫、烘焙8道工序。由于其中三次渥黄工序费时较多,黄芽制作通常历时3天左右。黄芽品质风格独具,表现出外形扁平挺直,嫩黄油润,全芽披毫;内质甜香浓郁,汤黄明亮,味甘而醇,叶底全芽黄亮的特点。

蒙顶甘露为卷曲形炒青绿茶。原料嫩度较石花稍低,为一芽一叶初展。制作工艺较复杂,有摊放、杀青、头揉、炒二青、二揉、炒三青、三揉、整形、初烘、匀小堆、复烘、拼配12道工序。成茶品质具有紧卷多毫、嫩绿色润、香高而爽、味醇而甘、汤色黄绿明亮、叶底嫩匀鲜亮的特点。甘露茶在蒙顶茶品中声誉最高,产量较多。1959年也被外贸部评为全国十大名茶之一,以后在国内外各种评奖活动中多次获奖。

万春银叶和玉叶长春与甘露在加工工艺上基本相同,也都属于卷曲形炒青绿茶,只是原料嫩度上不太一样,因而成茶品质上也有所差别。在原料嫩度上,甘露最高,万春银叶次之,玉叶长春再次之。因此,甘露品质最好,玉叶长春最差。

(七)君山银针

君山银针是湖南省著名历史名茶,产于岳阳市君山。君山位于岳阳城西15公里处,是洞庭湖中的一座岛屿,与号称江南第一楼的岳阳楼隔湖相望。其海拔90米,方圆面积不到1平方公里。但山上竹木丛生,郁郁葱葱,风景十分秀丽,恰似镶嵌在光洁玉镜上的一块翡翠,托于银盘上的一只青螺,历代诗人都对它赞美有加。君山四面环水,空气湿润,水雾缭绕,土壤肥沃,多为砂质壤土,具有名茶生产的优良生态环境。这里所产名茶历史悠久,品质优异,素有洞庭茶岛之称。

相传君山茶在后唐时就已作为贡品,当时称为“黄翎毛”,后历代沿袭。据说乾隆皇帝十分喜爱君山茶,规定每年要进贡18斤,由官府派人监督僧侣制造。清代君山贡茶有“贡尖”与“贡蔸”之分。在山上先按一芽一叶(一旗一枪)将鲜叶采回,然后将每枝嫩梢上的芽头摘下,单独制作。制成的茶叶芽尖如箭,白毛茸然,作为纳贡茶品,称为“贡尖”。摘去芽头后剩下的叶片制成的茶叶,色暗而毫少,不作贡品,称为“贡蔸”。君山银针是由贡尖茶演变发展而来的,其茶名正式确定于1957年。

君山银针对鲜叶采摘要求很严。每年开采期在清明前3天。全部采摘肥硕重实的单芽。要求芽长25~30毫米,宽3~4毫米,芽蒂长约2毫米。为防止擦伤芽头和茸毛,通常盛茶筐内还要衬以白布,足见其采摘的精细。为保证鲜叶质量,还规定了“九不采”。即雨水芽、露水芽、细瘦芽、空心芽、紫色芽、冻伤芽、虫伤芽、病害芽、开口芽、弯曲芽不采。采回的芽叶要先进行拣剔除杂,然后方可

付制。

君山银针属黄茶类，制作工艺精细而别具一格，分杀青、摊放、初烘、摊放、初包、复烘、摊放、复包、干燥、分级10道工序。其中“初包”和“复包”为用纸包裹渥黄的工序，这是形成黄茶特有品质的关键工序。整个制作过程历时三昼夜，长达70多小时。

君山银针芽头肥壮，紧实而挺直，茸毛密被，色泽金黄光亮；香气高而清纯，汤色杏黄明净，滋味甘醇爽口，叶底鲜亮。用透明玻璃杯冲泡，可见茶在杯中“三起三落”的景观。刚开始时，茶芽在杯中根根竖立悬挂，似万笔书天；稍后陆续下沉，有的下沉后又上升，这样忽升忽沉，最多可达三次；最后沉于杯底的芽头仍根根直立，宛如群笋破土，堆绿叠翠，芽景汤色，交相辉映，令人赏心悦目。

君山银针于1956年在德国莱比锡国际博览会上被赞誉为“金镶玉”，并赢得金奖，因而名扬中外。目前除销往国内一些大城市外，还远销日本等国。

（八）武夷岩茶

武夷岩茶为乌龙茶名茶，产于福建省武夷山市武夷山中。武夷山所产之茶都称为武夷茶，但只有生长在山谷岩坑的，并用乌龙茶工艺采制而得的茶才是武夷岩茶。武夷山是我国历史上著名茶叶产地，产茶始于六朝。唐朝时武夷茶就已出名，被唐代进士徐夤赞誉为“臻山川精英秀气所钟，品具岩骨花香之胜”。宋代起就被列为皇家贡品。不过，在元代以前，其生产的均为蒸青绿茶，明代开始生产炒青绿茶。作为乌龙茶的武夷岩茶出现较晚，大约起源于明末清初。

武夷山为福建第一名山，有三十六峰，九十九奇岩。峰岩交错，怪石嶙峋，翠岗起伏，溪流纵横。生产岩茶的茶树就生长在这些山坑岩壑之中。岩岩有茶，非岩不茶，因此而得岩茶之名，这里山峦屏障，气候温和，冬暖夏凉，雨量充沛，空气湿润，日照较短，既无冻害，也无风害。土壤因岩石风化形成，含矿物质特别丰富，加上落叶的有机质，对茶叶中有效成分的积累极为有利。故所产茶叶香气馥郁，滋味具有一种不可言喻的山岩风韵——岩韵，深得古今茶人的酷爱。

武夷山茶树品种资源非常丰富，各品种茶的品质各异，故武夷岩茶品类繁多。以有性系茶树群体“菜茶”而言，常分成奇种和名种两类。奇种又称正岩奇种，由正岩（武夷山中心地带）所产的菜茶；名种则为偏岩（正岩以外的地带）所产。在奇种中选择部分优良茶树单株单独采制，品质在奇种之上者，称为“单枞”，并为其冠以“花名”。花名可按茶树生长环境，茶树形态、叶形、叶色、发芽早迟，茶香特点等命名。武夷菜茶中选出的单枞很多，仅慧苑岩一地，单枞就有830种之多。从众多单枞中再选出一些品质特优的单株单独采制，即为“名枞”，同样按其某种特性为其命名。名枞为菜茶中最上品。武夷岩茶中名枞也不少，最著名的有大红袍、白鸡冠、铁罗汉、水金龟四大名枞。它们不仅品质优异，而且都伴有神秘而有趣的传说故事,使它们更具迷人魅力。不过这些名枞产量极少,一般消费者很难得到。20世纪70年代以来,武夷茶区开始大力发展优良岩茶品种——肉桂种,使其种植面积和产量迅速提高,目前已成为武夷岩茶的当家品种。自1985年以来,武夷肉桂茶以其不凡的品质多次被评为全国名茶,成为驰名海内外的岩茶珍品。

武夷岩茶为乌龙茶中瑰宝,香气馥郁,胜似兰花而深沉持久;滋味浓厚鲜醇,回甜明显,具有独特"岩韵";干茶条索壮结,色泽青褐润亮,部分叶面呈现蛙皮状小白点,俗称"蛤蟆背"。冲泡后汤色橙黄,清澈明亮,叶底软亮,具有"绿叶红镶边"的特征。不同的岩茶品类品质也各具特色。例如:肉桂香气辛锐,透鼻诱人,且久泡犹存;乌龙香气带有明显的蜜桃香,有隽永幽远之感;佛手高香中带有雪梨香,滋味浓厚且有梨味;水仙则香气高锐,有特有的"兰花香";奇种有天然花香,滋味醇厚甘爽。

武夷岩茶的优良品质除与品种及生长环境有关外,更决定于其严格精湛的采制工艺。岩茶的采摘以形成"驻芽"(俗称开面)的新梢顶部三四叶为标准,这与一般红、绿名茶的鲜叶标准不同。鲜叶力求新鲜、完整。对优质品种、名枞采摘时,还规定不能在烈日下、雨中或叶面带有露水时采,以免影响其品质。而且单枞、名枞的采制都要求分开进行,不得混淆。岩茶初、精制工艺异常细致复杂,要经过晒青、晾青、做青、炒青、初揉、复炒、复揉、走水焙、簸扇、摊凉、拣剔、复焙、炖火、毛茶再簸拣、补火15道工序方能得到成品岩茶,足见其多么来之不易。

(九)安溪铁观音

安溪铁观音是福建闵南乌龙茶的代表,因其品质超群,卓尔不凡,而被人们誉为乌龙茶之王。铁观音外形独特,茶条为螺旋卷曲形,紧结重实,呈蜻蜓头状,并带有青蒂小尾。色泽砂绿青润,表面带有白霜,这是优质铁观音的特征之一。品茶师形容铁观音外形为"青蛙腿,蜻蜓头,蛎干形,茶油色"。铁观音外形奇异,内质更佳。汤色金黄,浓艳清澈,叶底肥厚明亮,呈现"青蒂、绿腹、红镶边"的特征。品饮茶汤,即感滋味醇厚甘鲜,回甜明显,香气馥郁,久留齿颊,令人心旷神怡,回味无穷。铁观音茶还特别耐冲泡,有"七泡有余香"之誉。

铁观音为历史名茶,始创于清乾隆初年,距今已200多年历史,原产地为福建安溪尧阳乡,现主产于安溪全县各地。产区内山峦重叠,岩峰林立,蓝、清二溪蜿蜒流淌于群山起伏的峰谷之间。山中长年朝雾夕岚,雨量充沛,气候温和,四季长春,极宜茶树生长发育,素有"茶树天然良种宝库"之称。

铁观音是茶树品种名,也是成茶茶名和商品茶名。正宗铁观音应是以铁观音品种茶树按铁观音茶特有采制工艺制成的乌龙茶。但是,现在很多地方都是将按铁观音茶特定制作工艺制成的乌龙茶称为铁观音,例如,我国台湾地区就是如此。

这些铁观音除制茶工艺与安溪铁观音相同外,原料可以是铁观音品种茶树的芽叶,也可以是其他品种的芽叶。当然,产品品质与正宗铁观音也有所差别,还须饮者细作区分。

关于铁观音茶树品种及名称的由来,流传较广的有两种说法。一说是安溪县尧阳松林头有一茶农姓魏名饮,虔诚信佛,每晨必奉清茶于观音神像前。一晚,他在梦中见到一株奇异茶树。只见茶树生长茁壮,叶片肥厚,在阳光下还闪烁着金光。次日,在上山打柴路过王府宫打石坑时,他果然发现崖岩石缝间有一株与梦中所见相同的茶树。于是,魏饮把它挖回,种于舍旁,精心培育,并采制成茶。因茶叶香味奇佳,所以远近闻名。魏饮见茶条索重实如铁,油润有光,品质异于他茶,疑是观音所赐,故取名为"铁观音"。另一说是清乾隆初年春,尧阳书生王士谅与诸友会文于南山时,见层石荒园之中有一株茶树,闪光夺目异于他树,遂移植于南轩之圃栽种。后品饮该茶树所制之茶,觉气味芬芳异常,视为非凡之茶。乾隆六年,王士谅奉诏入京,拜谒相国方望溪时,以茶相赠。方又将茶转进内廷,乾隆品后甚喜,诏王垂询尧阳茶史,知茶产于南山观音岩石之中,即赐名为"南岩铁观音"。

安溪铁观音鲜叶采摘一年有春、夏、暑、秋四季之分,从4月中旬采至10月上旬。各季茶中,春茶最好,秋茶次之,夏、暑茶较差一些。采摘以形成驻芽新梢的顶部2~4叶(最好为3叶)为标准,要尽量保持芽叶的匀齐、完整。采回的鲜叶要经过摊青、晒青、晾青、摇青(做青)、炒青、揉捻、初烘、初包揉、复烘、复包揉、足干等十几道工序才能制成成茶。虽同为乌龙茶,但铁观音制作工艺别具一格,两次用布包揉,不仅是形成铁观音独特的蜻蜓头外形的关键工序,也对茶叶色、香、味品质的发展有重要影响。再加上在其他各工序中独特的工艺要求,使制作出的铁观音产生出一种独具魅力的"观音韵",为其他乌龙茶所不及。

铁观音自诞生以来,一直为闽、粤、台湾同胞及东南亚侨胞所珍爱。随着茶叶生产的发展,其美名已传遍全国各地,并已驰名海外。20世纪七八十年代,日本市场曾两度掀起乌龙茶热,安溪铁观音以其特异的香气,在日本市场上大受欢迎。在日本,铁观音几乎成了乌龙茶的代名词。

(十)祁门红茶

祁门红茶为我国著名工夫红茶,常简称为"祁红",主产于安徽祁门县,以及相毗邻的石台、东至、贵池、黟县等县。因祁门产量最多,质量最好,故以祁门命名。

祁门为我国历史上的重要产茶区徽州(今黄山市)的一个主要产茶县。早在唐代就盛产茶叶,而且茶叶贸易也非常兴旺。当时出产的"雨前高山茶"就已相当出名。有学者根据史籍记载估算,当地在元代时茶叶产量就已达到年产750吨的水平。不过在清光绪以前，祁门没有红茶生产，只产绿茶，称为“安绿”，主销广东、广西一带。光绪元年(1875 年)，有人从福建引入红茶制法，并设庄生产。由于当时绿茶出现滞销，而红茶因主要出口而畅销且利厚，于是人们竞相效仿，改制红茶，使祁门一带成为重要的红茶产区，“祁红”因此而出世。

祁红一经问世，就以其超群不凡的品质而受世人瞩目，成为红茶世界的后起之秀。其外形条索紧细，锋苗秀丽，色泽乌润有光，俗称“宝光”；冲泡后汤色红艳透明，叶底鲜红明亮，滋味醇厚甜润，回味隽永，香气浓郁高长，既似蜜糖香，又蕴有兰花香。这种似蜜似花、别具一格的香气，是祁红最为诱人之处，国外把它专称为“祁门香”。祁红能行销世界上百年而长盛不衰，皆缘于此。品饮祁红，清饮能充分领略其独特香韵；若加入牛奶、砂糖，仍不减其香，且别有风味，因而很受国外消费者欢迎。英国人特别喜爱祁红，皇家贵族都以祁红作为时髦的饮品，并用“王子茶”、“茶中英豪”、“群芳最”等美名来加以赞誉。

祁红优越的品质主要来自于其产地得天独厚的生态环境、优良的茶树品种，以及精湛的采制工艺。祁门地处安徽南部山区，黄山支脉蜿蜒其境。这里处处峰峦起伏，山溪纵横；林木繁茂，土壤肥沃；气候温和，雨水充足，日照较少，云雾较多，春夏时节，更是常见“晴时早晚遍地雾，阴雨成天满山云”，“云以山为体，山以云为衣”的景象，是优良茶树生长的理想环境。因此，孕育出不少优良的茶树品种。制作祁红的品种主要是槠叶种，占 70% 以上。槠叶种以其适应性广、产量稳定、制成红茶品质上乘的特点，被认定为国家级良种。此外，新中国成立以来，经安徽茶叶科技人员的不懈努力，在原群体种中又选育出了许多优良品种，如安徽 1、3、7 号等，这为制作优质祁红提供了很好的基础条件。

祁红的采制工艺也不同一般。首先，鲜叶原料嫩度较一般红茶为高，高档茶以一芽二叶为主，一般茶以一芽二、三叶或相同嫩度的对荚叶为标准。采回的鲜叶要按其嫩度、匀度、新鲜度等进行分级，分别付制。祁红的初制工序为萎凋、揉捻、发酵、烘干等。看似简单，实际上各道工序的操作非常细微、考究。以烘干工序为例，一般分两次进行，第一次称毛火，用高温(100℃ ~110℃)快速排除茶中水分，钝化酶活性，保持前三道工序形成的品质特征。在摊晾 1 ~2 小时后，又进行第二次烘干，称复火。这一方面进一步排除水分，使茶达到足干，另一方面也是形成祁红独特香气的关键一环。一般用文火慢烘，其间对于温度、时间、叶层厚度等的控制非常精细严格，非一般人所能掌握得好。经初制的祁红毛茶，还须经过筛分、切断、选剔、补火等十几道工序的精制才能成为形质皆佳的商品祁红。

祁门红茶为我国传统出口红茶，它以独树一帜的品质风格一直畅销世界红茶市场，并且保持较高价格。目前祁红除主销英国外，还销往荷兰、德国、法国、瑞士、澳大利亚、瑞典，以及东南亚各国等十几个国家和地区。

（十一）普洱茶

普洱茶是云南久享盛名的历史名茶。普洱为云南省一地名，历史上曾设普洱府，现为思茅市辖下一县名。普洱原不产茶，只因曾是滇南重要的贸易集镇和茶叶市场，四周各地所产茶叶都集中在此处加工后再销往外地，才将出自此处的茶统称为普洱茶。实际上普洱茶主产区应是位于西双版纳和思茅所辖的澜沧江沿岸各县。

普洱茶产区产茶历史悠久，早在东汉时就已有种茶的记载。唐、宋时，茶叶已远销西藏等少数民族地区以换取马匹。由于产区自然条件优越，加之茶树品种多为大叶种，茶多酚含量高，制出的普洱茶品质特别优异，味浓耐泡，泡上十开仍有茶味，广受茶客们好评，因而吸引了不少外地客商到普洱采购茶叶。据史料记载，明清时，普洱茶发展达到鼎盛时期。当时产区内几乎家家种茶、制茶、卖茶。茶山马道驮铃终年回荡，商旅塞途，生意十分兴隆。古时的普洱茶主要是晒青绿茶“蒸而成团”的各种形状的紧压茶。由于普洱茶产区地处边远山区，交通闭塞，茶叶运输靠人背马驮，将茶运输到西藏等地，历时需一年半载。在运输过程中，由于外界湿、热、氧、微生物等的作用，茶叶内含成分，尤其是茶多酚发生氧化等化学反应，使茶叶产生后发酵，形成了普洱茶特殊的品质风味。进入现代，交通条件大大改善，运输已不再需要漫长的时间，茶叶自然陈化的条件已不具备。为适应消费者对普洱茶特殊风味的需求，产区生产者改进制茶工艺，将晒青毛茶在高温高湿条件下进行后发酵处理（渥堆），制成了今天属黑茶类的普洱茶。

普洱茶有两种形式，即散茶和紧压茶。散茶为滇青毛茶，经渥堆、干燥后再筛制分级而成。其商品茶一般分为五个等级。紧压茶则为滇青毛茶经筛分、拼配、渥堆后再蒸压成形而制成。现主要产品有普洱沱茶、七子饼茶（圆茶）、普洱砖茶等。作为普洱茶原料的滇青，是以云南大叶种的芽叶，经过杀青、揉捻、干燥三道工序加工而成的绿毛茶。过去系采取日晒或风晾的方法进行干燥，故名晒青，其品质不如烘干的。为了提高普洱茶的品质，滇青的制法有所改进，改为烘干，故现在的滇青实际上就是云南大叶种的烘青绿茶。

普洱茶独特的制法造就了它特殊的品质风格。普洱茶外形条索粗壮肥大，紧压茶形状因茶而异；色泽乌润或褐红，俗称猪肝色；茶汤红浓明亮，滋味醇厚回甜，具有独特陈香。普洱茶香气风格以陈为佳，越陈越好，保存良好的陈年老茶售价极高。普洱茶不仅为饮用佳品，也具有很好的药用保健功效。经中外医学专家临床试验证明，普洱茶具有降血脂、降胆固醇、减肥、抑菌、助消化、醒酒、解毒等多种功效。

（十二）白毫银针

白毫银针，简称银针，因茶芽满身披毫，色白如银，形状如针而得名。根据白毫银针的加工方法其属于白茶类，与宋代《大观茶论》记述的白茶，以及宋代以银线水芽为原料制成的“龙团胜雪”等号称的白茶不同。后者严格说来，应属于蒸青绿茶类。

白毫银针产于福建的福鼎与政和两县。始于何时尚无确切记载。清嘉庆初年（1796年）以前，白毫银针都是用福鼎当地有性系群体种菜茶的肥壮茶芽为原料加工而成。约在1857年，福鼎茶农选育出福鼎大白茶良种茶树，其芽肥壮长大，茸毛浓密，茶多酚类、水浸出物含量高，成品味鲜、香清、汤厚。于是，从1885年起，福鼎便改用大白茶壮芽来制作白毫银针，大大提高了其品质。1880年政和县也选育出政和大白茶良种茶树，1889年开始以其壮芽生产白毫银针。

白毫银针完全是由独芽制成，鲜叶原料采摘极其严格。每年春季，当茶树嫩梢萌发一芽一叶时即将其采下。采时有“十不采”的规定，即雨天、露水未干、细瘦芽、紫色芽、风伤芽、人为损伤芽、虫伤芽、开心芽、空心芽、病态芽十种情况的芽头不采。采回的鲜叶先小心将其上的真叶、鱼叶掰下，仅留肥壮芽头制作银针。掰下的茎叶用作其他茶品的原料。这道工序俗称“抽针”。抽出的茶芽均匀薄摊于有孔的竹筛（当地称水筛）上，置于春日早、晚微弱日光下萎凋两个小时左右，然后在室内通风阴凉处，摊晾至七八成干。其间切忌翻动茶芽，以免其受伤变红。之后入焙笼内，用30℃～40℃文火慢烘至足干即成，也可置于烈日下晒至足干。银针制作工序虽简单，但在萎凋、干燥过程中，要根据茶芽的失水程度进行温度、时间调节，掌握起来很不易，特别是要制出好茶，比其他茶类更为困难。

白毫银针外形优美，芽头壮实，白毫密布，挺直如针。福鼎所产茶芽茸毛厚，色白富光泽，汤色碧清，呈杏黄色，香味清鲜爽口；政和所产汤味醇厚，香气清芬。白毫银针药理保健作用亦较突出，在民间常被作为药用。它味温性凉，有退热祛暑解毒的功效，是夏季理想的清热佳饮。

第三节　茶叶品质鉴评

茶叶的品质特征主要表现在外形和内质两个方面。外形是指茶叶的外观特征，即茶叶的造型、色泽、匀整度、匀净度等直观上能看到的特征；茶叶的内质是指经冲泡后所表现出的茶叶的香气、汤色、滋味及叶底（包括叶底形态、色泽）等特征。概括地说，茶叶的品质特征即茶叶的色、香、味、形。因茶叶的原料和加工工艺、方法不同，所形成的各茶类的品质特征也不相同。

对茶叶品质的鉴评，包括茶叶品质的感官审评和茶叶检验两大项内容。一般茶艺工作者能掌握茶叶感官审评即可。感官审评是一项依赖于评茶人的经验与感受来评定茶叶品质的难度很高、技术性很强的工作，是专业茶艺工作者所必须掌握的一项基本技能。要掌握这一技能，一方面必须通过长期的实践来锻炼自己

的嗅觉、味觉、视觉、触觉，使自己具有敏锐的审辨能力；另一方面，要学习有关的理论知识，如茶叶审评对环境的要求、审评抽样、用水选择、茶水比例、泡茶的水温及时间、审评程序等。下面仅对茶叶鉴评的基本知识作简要介绍。

一、茶叶审评方法

茶叶感官审评，是根据茶叶的形、质特性对感官的作用，来分辨茶叶品质的高低。审评时，先进行干茶审评，然后再开汤审评。审评有八因子法与五因子法两种。八因子法是指干茶审评时看外形的整碎、条索、色泽、净度四个因子，与标准样相对照，初步确定茶叶品质的好坏；开汤后审评看内质，即看汤色、香气、滋味、叶底四个因子，与标准样对照，决定茶叶品质的高低；最后综合外形、内质的八个因子的评分和评语，最终确定茶叶的品质好坏。五因子法是把干评的四个因子归为“外形”一个因子。目前，国家标准一般均使用八因子法。

茶叶类别不同，审评时各因子的侧重点也不相同，例如，名优绿茶类，因其外形规格比较均匀一致，整碎和净度都较好，外形审评时只评比形状和色泽因子。因为茶叶是一种饮料，在审评时大部分茶类都比较注重香气、滋味两因子，在八大因子中，香气和滋味所占的比重往往是最高的。

二、茶叶审评程序

在审评时要先取样，一般是将毛茶 250～500 克或精制茶 200～250 克，放于专用的茶样盘内，评定茶叶的大小、粗细、轻重、长短，以及其中碎片、末茶所占比例，然后均匀取样。红茶、绿茶的成品茶一般取 3 克，乌龙茶取 5 克，放入审评杯内，用沸水冲泡，即开汤。3 克红茶、绿茶冲 150 毫升沸水，泡 5 分钟；5 克乌龙茶冲 110 毫升沸水，泡 2～4 次，每次 2～5 分钟。开汤后应先嗅香气，次看汤色，再尝滋味，最后评叶底，审评绿茶有时应先看汤色。

三、茶叶审评项目

确定茶叶品质的高低，一般要干评外形，开汤评内质，对以下的项目逐一评比，并按照评茶术语写出评语。

（一）外形指标

1. 整碎

整碎主要看干茶的外观形状是否匀整。一般从优到差分为匀整、较匀整、尚匀整、匀齐、尚匀等不同的级差。

2. 条索

条索是各类茶所具有的一定的外形规格，是区别商品茶种类和等级的依据。

例如,长炒青呈条形、圆炒青呈珠形、龙井呈扁形,其他不同种类的茶都有其一定的外形特点。一般长条形茶评比松紧、弯直、壮瘦、圆扁、轻重,以条索紧结、圆直、肥壮、重实的为好;圆形茶评比松紧、匀正、轻重、空实,以圆紧、匀齐、重实、紧实的为好;扁形茶评比平整光滑程度,一般要求扁平、挺直、光滑。

3. 色泽

干茶色泽主要从色度和光泽度两方面去看。色度是指茶叶的颜色及色的深浅程度;光泽度是指茶叶接受外来光线后,一部分光线被吸收,一部分光线被反射出来,形成茶叶色面的亮暗程度。各种茶叶均有其一定的色泽要求,例如:红茶以乌黑油润为好,黑褐、红褐次之,棕红更次;绿茶以翠绿、深绿并光润的好,绿中带黄者次;乌龙茶则以青褐光润的好,黄绿、枯暗者次;黑毛茶以油黑色为好,黄绿色或铁板色都差。干茶的色度比颜色的深浅,光泽度可从润枯、鲜暗、匀杂等方面去评比,以润、鲜、匀为好。

4. 净度

净度是指茶叶中含有杂物的多少。优质茶叶应不含任何夹杂物。

(二)内质指标

1. 香气

香气是茶叶开汤后随水蒸气挥发出来的气味。茶叶的香气受茶树品种、产地、季节、采制方法等因素影响,使得各类茶具有独特的香气风格,如红茶的甜香、绿茶的清香、乌龙茶的花果香、白茶的毫香等。即便是同一类茶,也有地域性香气特点。审评香气除了辨别香型之外,还要比较香气的纯异、高低、长短。香气的纯异是指所闻到的香气与该品种茶叶应具有的香气是否一致,是否夹杂了异味;香气的高低可用浓、鲜、清、纯、平、粗来区分;香气长短即香气的持久性,从热嗅到冷嗅都能嗅到香气表明香气长,反之则短。好茶的香气纯高持久,有烟、焦、酸、馊、霉、异等气味的是劣变茶。

2. 汤色

汤色是指茶叶中的各种色素溶解于沸水而反映出来的茶汤色泽。汤色在审评过程中变化较快,为了避免色泽的变化,审评过程中要先看汤色或闻香与观色结合进行。审评汤色主要应看色度、亮度、清浊度等三方面。色度是指茶汤颜色。各类茶都有其特有的汤色,评比时,主要从正常色、劣变色和陈变色三个方面去看。亮度是指茶汤的亮暗程度,好茶汤的亮度高。清浊度是指茶汤清澈或混浊程度,汤色纯净透明,无混杂,清澈见底是优质茶汤的表现。

3. 滋味

滋味是评茶人对茶汤的口感反应。审评时首先要区别滋味是否纯正。纯正是指正常的茶应有的滋味,纯正的滋味可区别其浓淡、强弱、鲜爽、醇和;不纯正的

滋味可区分为苦、涩、粗、异(酸、馊、霉、焦)等味。好茶的滋味应浓而鲜爽、刺激性强或富有收敛性。

4. 叶底

叶底是指冲泡后充分舒展开的茶渣。审评叶底主要靠评茶人的视觉和触觉,看叶底的嫩度、色泽和匀度。一般而言,好的茶叶叶底应是嫩芽比例大、质地柔软,色泽明亮、不花杂,叶形较均匀,叶片肥厚。

四、茶叶的鉴别

(一)真茶与假茶的鉴别

假茶是用从其他植物上采摘下来的鲜叶制成而冒充茶叶的物质。由于假茶与真茶是由不同的植物原料所制,故它们在形态特征和生化特征上都有很大的差别。鉴别真假茶叶,可以从干货色泽、香气、形状方面来看,也可通过开汤审评来比较,还可用生化测定来区别,其中最简便又较准确的方法还是开汤审评。

开汤时用双杯审评方法,即每杯称样 4 克,置于 200 毫升审评杯中。第一杯冲泡 5 分钟,用以审评香气、滋味,看其有无茶叶所特有的茶香和茶味;第二杯冲泡 10 分钟,以使叶片完全开展后,置于装有少量清水的白色盘子中观察有无茶叶的植物学特征。茶叶的植物学特征主要从以下几点来判别:

一是叶缘。真茶的叶缘有锯齿,一般是 16 ~ 32 对,近叶尖部分密而深,近叶基部分稀而疏,近叶柄部分则平滑无锯齿。而假茶的叶片或者四周布满锯齿,或者无锯齿。另外,茶叶的锯齿上有腺毛,老叶腺毛脱落后,留有褐色疤痕。

二是叶脉。茶叶主脉明显,主脉分生侧脉,侧脉再分出细脉,侧脉伸展至叶缘 2/3 的部位,向上弯曲与上方支脉相连接,形成封闭式网状结构。而假茶叶片的支脉多呈羽状分布,直通叶缘。

三是茸毛。真茶幼嫩芽叶背面均生茸毛,以芽最多,且密而长,弯曲度大,随芽叶的生长,茸毛渐稀、短而逐渐脱落。假茶叶片上的茸毛多呈直立状生长或无茸毛。

四是叶片着生状。真茶的叶片在茎上的分布,呈螺旋状互生;而假茶的叶片在茎上的分布,通常是对生或几片叶簇状着生。

此外,茶叶中含有某特有的化学成分(如茶氨酸)和某些化学成分达到一定含量,故可通过对这些化学成分的测定来识别真假茶。例如,凡是咖啡因含量达 2% ~5% ,同时茶多酚含量达 20% ~30% 的可断定是真茶,否则即是假茶。

(二)新茶与陈茶的鉴别

新茶一般是指当年采制的茶叶,陈茶则指隔年以后的茶叶。由于茶叶在存放过程中其化学成分会发生化学反应而使茶叶品质也产生相应变化,这使我们能对新茶陈茶加以区分。

从外观上,新茶的外观新鲜油润。例如,新绿茶呈嫩绿或翠绿,表面有光泽,新红茶色泽乌黑油润;新茶条索匀称而紧结。而陈茶因受空气中氧气的氧化以及光的作用,色泽会明显老化,外观灰暗干枯无光,条索则杂乱干硬。例如,陈绿茶久放后叶绿素分解,茶褐素增多,使干茶色泽灰黄,晦暗无光;陈红茶则色泽灰褐或灰暗。

从手感上,新茶手感干燥,用手指捏捻干茶叶,茶叶即成粉末;而陈茶手感松软、潮湿,一般不易捻碎。

从冲泡后的色泽和香味上,新茶经冲泡后,叶芽舒展,汤色清澄,闻之清香扑鼻;而陈茶冲泡后,芽叶萎缩,汤色暗浑,闻之则香气低沉并带有浊气。从茶味上,饮新茶时,舌感醇和清香、鲜爽;而饮陈茶时,舌感陈味较重、淡而不爽。

但这里还须特别说明的是,并非所有的新茶都比陈茶好,有的茶叶品种在适当贮存一段时间后,品质反而更优异。例如,西湖龙井、碧螺春、莫干黄芽等绿茶,如能在生石灰缸中贮放1~2个月后,滋味将更加鲜醇可口且没有丝毫青草气。福建的武夷岩茶只要贮存方法得当,隔年陈茶反而香气馥郁,口感醇滑,妙不可言,贮存多年的武夷陈茶被懂行的茶人视为至宝。清朝周亮工有一首诗云:“雨前虽好但嫌新,火功未退莫接唇,藏到深红三倍价,家家卖弄隔年陈。”另外,湖南的黑茶、陕西的茯砖茶、广西的六堡茶、云南的普洱茶也都是香陈益清、味陈益醇。

第四节　茶叶贮藏保鲜

一、影响贮藏茶叶品质变化的环境条件

茶叶属于易变性食品,贮藏方法稍有不当,便会在短时间里风味尽失,甚至变性变味,失去其饮用价值。这是因为茶叶的色香味主要是由其内含的丰富的化学成分所决定的。这些成分在种类、含量及组成比例上的变化,都会导致茶叶品质的不同。在茶叶的贮藏过程中,这些内含成分极易受环境条件的影响而发生化学变化,从而导致茶叶品质发生劣变。影响这些化学变化的外部条件主要有以下几种。

(一)水分

茶叶是一种多孔隙,并且含有大量带有亲水基团成分(多酚类、氨基酸、多糖等都带-OH)的物质,极易吸湿。如果环境湿度较大,茶叶就很易吸湿。据研究,当绿茶含水量为3%(红茶为4.9%左右)时,茶叶内含成分的化学反应就会受到抑制。当茶叶含水量增大时,茶叶内含成分便开始进行化学反应。而且,含水量

越高,化学反应越剧烈,从而导致茶叶中有益成分大量减少,不利于茶叶品质的成分增加,使茶叶品质发生劣变。当含水量大于6.5%时,茶叶存放不到半年就会产生陈味。同时,茶叶含水量增高,也为微生物的生长繁殖创造了条件,使茶叶很易生霉变质。

(二)氧气

茶叶中内含成分的化学变化,很多都是氧化反应造成的。茶叶中的茶多酚、茶黄素、茶红素、叶绿素、维生素C、氨基酸、芳香物质等均易被氧化,其氧化产物大都对茶叶品质不利。在无氧的条件下,茶叶内含成分的氧化反应就会受到抑制,茶叶品质就会得到保持。试验发现,含氧量低于5%时贮藏绿茶,对保持绿茶品质有明显的效果。

(三)温度

温度也是影响茶叶内含成分化学反应的一种重要因素。一般温度越高,茶叶内含成分的化学反应就越剧烈,茶叶品质劣变也越快。试验结果表明,温度每升高10℃,茶叶色泽褐变的速度就加快3~5倍。如果茶叶贮藏于10℃以下的冷库,可较好地延缓褐变过程。而如果能干燥地存放于零下20℃的冷库,则几乎可以完全防止茶叶陈化变质。

(四)光线

光线对茶叶品质也有很大的破坏作用。因为光的本质是一种能量,光线照射可以加速各种化学反应,对茶叶贮藏产生极为不利的影响,特别是对茶叶的色泽、香气影响最大。在光线照射下茶叶很易褪色、失香,并产生令人不愉快的日晒味。光线对绿茶品质的影响尤为显著。特别是高级绿茶,经10天照射就会变色。另外,不仅是自然光,人造灯光的影响也很大。

(五)异味

茶叶中含有一些高分子的棕榈酸和萜烯类化合物。这些物质性质活泼,造成茶叶极易吸附异味而产生劣变。

二、茶叶的贮藏保鲜方法

由上可见,要减少贮藏茶叶的品质劣变,关键是要保证低温、干燥、缺氧、避光、无异味的环境。因此,科学地贮藏茶叶的方法,就是力求创造这种条件的方法。常见的贮藏方法有以下几种。

(一)生石灰(硅胶)贮藏法

生石灰贮藏法是一种防潮贮藏方法。其做法是用布袋将生石灰装起来放在小口大肚坛内;用牛皮纸将茶叶包起来放入坛内石灰周围。茶与石灰的比例为

6:1至7:1。密封坛口。一般新茶贮藏一个月应检查或更换一次石灰,以后两三个月换一次。

此法优点是操作简单,成本低,原料来源广泛,保质效果好。适用于大宗高级绿茶。如果在家庭里,可用大小适度的纸听、铁罐、瓷罐来装茶,干燥剂采用硅胶。具体做法是先用塑料袋将茶叶密封好,再与1~2小包干燥的硅胶一起放入罐子中密封,贴上标签,注明品种、生产日期存放于阴凉避光处即可。

(二)炒米密封贮藏法

炒米密封贮藏法是一种用炒米作为干燥剂的防潮贮藏法。做法是先将茶叶用薄质洁净的纸包好后放入坛(罐)中,然后将极干燥的炒米倒入坛(罐)内,让其充填于茶包缝隙之中。最后密封坛(罐)口。一两个月后,将发软的炒米取出重新复炒,再次使用。此法优点是保质效果好,使茶叶带有炒米香,原料可反复使用。适用于炒、烘青绿茶。主要用于家庭茶叶贮藏。

(三)热装密封贮藏法

热装密封贮藏法的原理是减少容器内的氧气含量以减弱茶叶内含成分的氧化反应而实现茶叶保鲜。做法是先将茶叶经过烘炒达到足干,然后趁热装入坛中,尽量装满,不留空隙,立即密封。此法优点为简便易行,花费也少,保质效果较好。适用于大宗茶叶和家庭茶叶贮藏。在家庭也可用热水瓶等易于密封的容器来装茶叶。

(四)抽气真空贮藏法

抽气真空贮藏法是近年来名茶贮藏的常见方法。所需用具主要是一台小型家用真空抽气机和一些铝塑复合袋。方法是将新购的茶叶分装入复合袋内,抽气后密封袋口,然后装入纸箱或各种听罐中,用一袋开一袋,非常方便。这样的贮藏方法最适合于茶艺馆。操作得当,有效保存期为2年,如果抽真空后冷藏,可保存2年以上。

(五)冷藏法

冷藏是指将茶叶放在家用冰箱冷藏室(4℃~5℃)中贮藏。此法简单易行,但要注意防潮防异味,所以茶叶一定要密封包装。最好先用塑料袋密封包装后再放进铁罐里存放;若没有铁罐,也可用多层塑料袋密封包装,要特别注意塑料袋的密封。塑料袋的密封方法可以用线绳扎紧,也可用封口机封口。还有一种简易的封口法是取直尺一把,点燃蜡烛一支,把塑料袋口叠至需封口处,放到烛光上方适当的高度缓缓移动,在高温下塑料即可软化黏合,达到封口的目的。

第二章　品饮方式和饮茶习俗

第一节　汉族的品饮方式及饮茶习俗

一、汉族品饮方式的变化

茶，不仅能满足人体的生理与健康、健美的需要，而且还成为人们进行社交的媒介及修身养性、陶冶情操的佳品。我国历来对选茗、取水、备具、佐料、烹茶、奉茶以及品尝方法等都颇为讲究，因而逐渐形成了丰富多彩、雅俗共赏的饮茶习俗、品茶技艺等。汉族饮茶方式的演变是一个渐进的过程，一种新的饮茶方式是伴随着先前饮茶方式的衰退和消亡而形成的。大致来看，汉族的饮茶方式最具代表性的是唐代的煮茶法、宋代的点茶法以及明代开始并一直沿用至今的泡茶法。

（一）唐代以前的饮茶法

唐代陆羽在《茶经·六之饮》中提出："茶之为饮，发乎神农氏，闻于鲁周公。"[①]茶作为饮料开始于神农氏，由周公旦做了文字记载而为大家所知道。这一说法虽不可靠，但饮茶历史之久是可见的。那时仅仅把茶作为一种治病的药物，从野生的茶树上采下嫩枝，先是生嚼，随后是加水煎煮成汤汁饮用，这就是通常所说的原始粥茶法。秦代已经开始将茶烹制成羹饮来食用，但这时的羹饮只是把茶烹制成一种菜汤，作为食品使用的。西汉时期，人们将茶烹制后当作一种饮料，而不再作为药材、菜蔬或是羹饮了，这可以在1973年长沙马王堆汉墓出土的文物中得到证实。

茶兴于巴蜀，到魏晋时期在江南得到了蓬勃发展，饮茶之风已经从中国的西南部逐渐传播并盛行起来。到三国时，不但上层权贵喜欢饮茶，而且文人以茶会友也逐渐成为风尚。当时的饮茶方法，虽然已经摒弃了早先的原始粥茶法，但仍属半煮半饮之列。三国时魏国的张揖在《广雅·荆巴间采茶作饼》中写道："荆巴间采茶作饼，成以米膏出之。若饮先炙令色赤，捣末置瓷器中，以汤浇覆之，用葱姜芼之。其饮醒酒，令人不眠。"[②]可以看出，这时的饮茶方法虽然已经摒弃了早

---

① 陈彬藩. 中国茶文化经典[M]. 北京：光明日报出版社，1999.

② 陈彬藩. 中国茶文化经典[M]. 北京：光明日报出版社，1999.

先的原始粥茶法，但仍属于半煮半饮，也就是说饮茶已经由生叶煮作羹饮，发展到先把茶叶采下捣末做成茶饼，再把茶饼拿到火上炙烤成赤色，用石臼捣成茶末放在瓷碗中，再烧水煎煮，加上葱、姜、橘皮等调料，最后煮透供人饮用。

南北朝时，佛教兴起，僧侣提倡坐禅，彻夜清修，饮茶可以提神，驱除睡意，从而使饮茶的风气日益普及。当时，不仅上层统治者把饮茶作为一种高尚的生活享受，而且一些文人墨客也习惯于以茶益思，用茶助文，品茶消遣。

（二）唐代的煮茶法

历代史籍有“茶兴于唐”的说法，饮茶在唐代已经普及整个中华大地。当时，饮茶虽然仍为煮饮，但很讲究意境和礼仪，有一套完整的操作程序，已经达到了相当精致的程度，特别是上层士大夫饮茶，更是讲究到了极点。唐代陆羽被后世尊为“茶圣”，他所著的《茶经》是我国第一部系统介绍茶文化的著作，在总结前人经验的基础上，提出了一整套饮茶的方式和方法，开始讲求茶的品饮艺术。饮用与品饮最大的区别在于：“饮”主要是为了解渴，它仅仅是利用了茶的自然属性，满足人们生理上的需要；而“品”则在于利用茶自然属性的同时，也发掘出了其精神与文化意蕴，在满足人的生理需要的同时也满足了人的精神需求。

陆羽在《茶经·六之饮》中提出：“饮有粗茶、散茶、末茶、饼茶者，乃斫、乃熬、乃炀、乃舂，贮于瓶缶之中，以汤沃焉，谓之痷茶。或用葱、姜、枣、橘皮、茱萸、薄荷之等，煮之百沸，或扬令滑（清），或煮去沫，斯沟渠间弃水耳，而习俗不已！”[①]可以看出，当时茶的种类主要有粗茶、散茶、末茶、饼茶，但最流行的是饼茶，而要饮用饼茶，则需要用刀砍开，炒，烤干，捣碎，放到瓶缶中，用开水冲灌，这叫作“夹生茶”。一般习惯加入葱、姜、枣、橘皮、茱萸、薄荷等，煮开很长时间，把茶汤扬起变清，也有煮好后把茶上的“沫”去掉的。陆羽认为这样的茶与倒在沟渠里的废水没有区别，是不可取的。

据陆羽《茶经·五之煮》中记载，在煎煮饼茶前，先要烤茶，烤饼茶时要靠近火，不停地翻动，等到茶饼烤出突起的像蛤蟆背上的小疙瘩时为适度。烤好了，趁热用纸袋装起来，使它的香气不致散发，等冷了再碾成末就可以了。煮茶时，当水煮沸了，有像鱼目的小泡，有轻微的响声，称作“一沸”，按照水量放适当的盐调味，并把沫上一层像黑云母样的膜状物去掉，它的味道不好。接着继续烧到锅的边缘有气泡连珠般地往上冒，称作“二沸”，先舀出一瓢水，再用竹夹在沸水中转圈搅动，用“则”量茶末沿旋涡中心倒下。过一会，水大开，波涛翻滚，水沫飞溅，称作“三沸”，把刚才舀出的水掺入，使水不再沸腾，以保养水面生成的“华”。这样茶汤就烧好了。如果再继续煮，水老了，味道不好，就不宜饮用了。陆羽还提出

---

① 陈彬藩. 中国茶文化经典[M]. 北京：光明日报出版社，1999.

一般烧水一升，分做五碗，要趁热喝完，因为重浊不清的物质凝聚在下面，精华浮在上面，如果茶一冷，精华就随热气跑光了。还认为从锅里舀出的第一道水，味美味长，称为“隽永”，通常贮放在“熟盂”里，以作育华止沸之用。以下第一、第二、第三碗，味道略差些，第四、第五碗之后，要不是渴得太厉害，就不值得喝了。①

另外，唐代封演在《封氏闻见记·饮茶》中生动地描绘了开元以来茶风的普及：“茶早采者为茶，晚采者为茗。本草云：止渴、令人不眠。南人好饮之，北人初不多饮。开元中，泰山灵岩寺有降魔师，大兴禅教。学禅务于不寐，又不夕食。皆许其饮茶。人自怀挟，到处煮饮。从此转相仿效，遂成风俗。自邹、齐、沧、棣，渐至京邑城市，多开店铺，煎茶卖之。不问道俗，投钱取饮。其茶自江淮而来，舟车相继。所在山积，色额甚多。楚人陆鸿渐为茶论，说茶之功效，并煎茶炙茶之法，造茶具二十四事，以都统笼贮之。远近倾慕，好事者家藏一副。有常伯熊者，又因鸿渐之论广润色之，于是茶道大行。王公朝士无不饮者。”②可以看出，唐代茶道已经在王公贵族中广为流行，并形成了一定的茶道程式，特别是陆羽的煮茶法在当时有相当大的社会影响。1987年陕西扶风县法门寺地宫出土的唐代宫廷金银茶具、秘色瓷茶具、琉璃茶具，几乎囊括了陆羽煮茶技艺中包含的所有茶器，是迄今世界上发现最早、最完整而史料又未曾作过记载的珍贵历史文物，它是唐代饮茶盛行的有力证据，也是宫廷饮茶的完美展现。它一方面可以帮助人们了解唐代皇宫茶器的奢华与饮茶方式；另一方面，也说明了陆羽创立并倡导的“煮茶法”不仅代表了唐代最高煮茶技艺，成为当时中国茶道、茶艺的典范，而且被唐代宫廷所采用。

（三）宋代的点茶法

宋代人饮茶不同于唐代，改煮茶为点茶，所以有“唐煮宋点”的说法。陆羽反对民间传统的在煮茶时加入大量调料的习惯，但他提倡的煎茶法仍保留了加盐的习惯，而宋代点茶连盐也不放，纯粹品尝茶叶的天然清香。点茶是一门艺术性与技巧性并举的技艺，而且这种技艺高超的点茶方式也是宋代品茶集大成的体现。以汤瓶煎水，置茶末于盏中，将二沸之水注入盏中，以茶筅辅助击拂，称为“点茶”。点茶前，先要炙茶，再碾茶过罗筛，再候汤（选水和烧水），然后调成膏。点茶，就是把茶瓶里的沸水注入茶盏。点茶时，水要喷泻而入，水量适中，不能断断续续。击拂，就是用特制的茶筅，边转动茶盏边搅动茶汤，使盏中泛起“汤花”。如此不断地运筅、击拂、泛花，使茶汤面上浮起一层白色浪花，古人称此情此景为“战雪涛”。北宋蔡襄在《茶录·点茶》中指出：“茶少汤多，则云脚散；汤少茶多，

① 陈彬藩. 中国茶文化经典[M]. 北京：光明日报出版社，1999.

② 陈彬藩. 中国茶文化经典[M]. 北京：光明日报出版社，1999.

则粥面聚。钞茶一钱七，先注汤调令极匀，又添注入，环回击拂。汤上盏可四分则止，视其面色鲜白，著盏无水痕为绝佳。”①可见，点茶之色以纯白为上，追求茶的真香、本味，不掺任何杂质。

宋徽宗赵佶在《大观茶论 · 点》中提到的点茶流行于贵族与士大夫阶层，要求极高，在点茶过程中有七次加水的动作，称为“七汤”点茶法，在注水入盏点茶时，要适时变化注水的缓急、多少、落水点，以及击拂的力度。“点茶不一，而调膏继刻。以汤注之手重筅轻，无粟文蟹眼者，谓之静面点。盖击拂无力，茶不发立，水乳未浃，又复伤汤，色泽不尽，英华沦散，茶无立作矣。有随汤击拂，手筅俱重，立文泛泛，谓之一发点。盖用汤已故，指腕不圆，粥面未凝，茶力已尽，雾云虽泛，水脚易生。妙于此者，量茶受汤，调如融胶，环注盏畔，勿使浸茶。势不欲猛，先须搅动茶膏，渐加击拂，手轻筅重，指绕腕簇，上下透彻如酵之起面，疏星皎月，灿然而生，则茶面根本立矣。”②这段文字强调点茶过程中的手势对点茶成功的关键影响，如手重筅轻，击拂无力时，茶汤无粟文蟹眼。要想达到理想的点茶效果，必须根据茶末的多寡而注入适量的水，先调膏如融胶，后环绕盏边注水一圈，开始时击拂不能太猛烈，轻轻搅动茶膏，随后慢慢地加快速度，注意要“手轻筅重，指绕腕簇”，如此则“疏星皎月，灿然而生”。以上只是点茶的第一个环节，接下来的环节强调汤与茶的关系：“第二汤自茶面注之，周回一线，急注急止，茶面不动，击拂既力，色泽渐开，珠玑磊落。三汤多寡如前，击拂渐贵轻匀周环，表里洞彻，粟文蟹眼，泛结杂起，茶之色十已得其六七。四汤尚啬，筅欲转梢，宽而勿速，其真精华彩既已焕然，轻云渐生。五汤乃可稍纵，筅欲轻盈而透达，如发立未尽，则击以作之。发立各过，则拂以敛之，然后结蔼凝雪，香气尽矣。六汤以观立作，乳点勃然，则以筅着尻缓绕拂动而已。七汤以分轻清重浊，相稀稠得中，可欲则止。乳雾汹涌，溢盏而起，周回凝而不动，谓之咬盏，宜均其轻清浮合者饮之。”③

中国人饮茶历来有“兴于唐而盛于宋”的说法，而当时的斗茶又是宋代饮茶之风盛行的集中表现。斗茶又称茗战，是宋、元、明时期，上至宫廷、下至民间，普遍盛行的一种审评茶叶优劣和点茶水平的方法。斗茶是一门综合性的技艺，不仅要茶新、水活，而且也很讲究火候和冲泡技巧，最关键的工序是点茶和击拂，最精彩部分集中于汤花的显现，只有点出色、香、味俱佳的茶汤才能算是赢家。宋徽宗赵佶在《大观茶论》中说：“而天下之士历志清白，竞为闲暇修索之玩，莫不碎玉锵金，啜英咀华，校箧笥之精，争鉴裁之妙，虽否士于此时，不以蓄茶为羞，可谓盛世

① 陈彬藩. 中国茶文化经典[M]. 北京:光明日报出版社,1999.
② 陈彬藩. 中国茶文化经典[M]. 北京:光明日报出版社,1999.
③ 陈彬藩. 中国茶文化经典[M]. 北京:光明日报出版社,1999.

之清尚也。”[①]由于得到朝廷的赞许，当时举国上下，从富豪权贵、文人墨客，直到市井庶民，都以此为乐。斗茶前先要鉴别饼茶的质量。《大观茶论·鉴辨》中指出：“其首面之异同，虽概论，要之，色莹彻而不驳，质缜绎而不浮，举之则凝然，碾之则鉴然，可验其为精品也。”[②]也就是说，要求饼茶的外层色泽光莹而不驳杂，质地紧密，重实干燥。斗茶时，要将饼茶碾碎，过罗筛取其细末，入茶盏调成膏。同时，用瓶煮水使沸，把茶盏温热。调好茶膏后，就是“点茶”和“击拂”，接着就是鉴评。衡量斗茶胜负的标准，一是看茶汤的色泽和均匀程度，以汤花色泽鲜白，茶面细碎均匀为佳。二是看盏内沿与茶汤相接处有无水痕，以汤花保持时间较长、紧贴盏沿不退为胜，称为“咬盏”，而以汤花涣散、先出现水痕为败，成为“云脚乱”。蔡襄在《茶录·点茶》中说：“建安斗试以水痕先者为负，耐久者为胜，故较胜负之说，曰‘相去一水，两水’。”最后，还要品尝汤花，比较茶汤的色、香、味，从而决出胜负。斗茶的盛行，推动了宋代茶叶生产和烹沏技艺的精益求精。

宋代还流行一种技巧很高的烹茶游艺，叫作“分茶”，又称“茶百戏”、“水丹青”、“汤戏”，是不断追求斗茶过程的产物，在点茶过程中追求茶汤的纹脉所形成的物象。陆游的《临安春雨初霁》云：“世味年来薄似纱，谁令骑马客京华？小楼一夜听春雨，深巷明朝卖杏花。矮纸斜行闲作草，晴窗细乳戏分茶。素衣莫起风尘叹，犹及清明可到家。”诗中的“分茶”指的就是这种烹茶游艺。玩这种游艺时，碾茶为末，注之以汤，以筅击拂。这时盏面上的汤纹就会幻变出各种图样来，犹如一幅幅的水墨画。要使茶汤花在瞬间显出瑰丽多变的景象，需要很高的技艺。一种是用“搅”创造出汤花形象，因能与汤面直接接触，易于把握。还有技高一筹者，不配以“搅”，而直接“注”出汤花来。后一种方法被陶谷称为“茶匠神通之艺也”，即单手提汤瓶，使沸水由上而下注入放好茶末的盏（瓯、碗）中，立即形成变幻万千的景象。诗人杨万里在《诚斋集·澹庵坐上观显上人分茶》中详细地描述了显上人的分茶技艺：“分茶何似煎茶好，煎茶不似分茶巧。蒸水老禅弄泉手，隆兴元春新玉爪。二者相遭兔瓯面，怪怪奇奇真善幻。纷如擘絮行太空，影落寒江能万变。银瓶首下仍尻高，注汤作字势嫖姚。不须更师屋漏法，只问此瓶当响答。紫微仙人乌角巾，唤我起看清风生。京尘满袖思一洗，病眼生花得再明。汉鼎难调要公理，策勋茗碗非公事。不如回施与寒儒，归续茶经傅衲子。”[③]显上人的分茶技艺令人惊叹，茶汤中出现奇奇怪怪的各种物象，如纷雪行太空，又如泉影落寒江，观此分茶，使人恍如进入太虚幻境，景色之艳美，变化之迅速，让人应接不暇、叹为观止。陶谷在《清异录·生成盏》里也记载了一位分茶高手的故事：“馔茶而

① 陈彬藩. 中国茶文化经典[M]. 北京：光明日报出版社，1999.
② 陈彬藩. 中国茶文化经典[M]. 北京：光明日报出版社，1999.
③ 陈彬藩. 中国茶文化经典[M]. 北京：光明日报出版社，1999.

幻出物象于汤面者，茶匠通神之艺也。沙门福全生于金乡，长于茶海，能注汤幻茶，成一句诗。共点四瓯，共一绝句，泛乎汤表。小小物类，唾手辨耳。檀越日造门求观汤戏。全自咏曰：生成盏里水丹青，巧画功夫学不成。却笑当年陆鸿渐，煎茶赢得好名声。”①可见福全精通分茶，技艺超群。分茶虽出自斗茶中的点茶，其着重点不在于斗出好的茶品，而是通过“技”注重于“艺”。这是茶艺过程中的游戏，游戏过程中的茶艺。

（四）明代及明代以后的泡茶法

唐宋时，人们饮的茶主要是团饼一类的紧压茶，无论是用唐代的煮茶法饮茶，还是用宋代的点茶法饮茶，都要先炙茶，然后将茶碾细，再过罗筛分，最后进行煮茶或点茶。到了明代，随着茶叶加工方式的改革，成品茶已经由唐代的饼茶、宋代的团茶改为条形散茶，人们用茶时不再需要将茶碾成细末，而是将散茶放入壶或盏内，直接用沸水冲泡，因此，“泡饮法”取代了宋代的“点茶法”。这种用沸水直接冲泡的沏茶方式，不仅简便，而且可以品尝到茶叶的天然清香味，更便于人们对茶的直观欣赏，可以说这是中国饮茶史上的一大创举，并一直沿用至今。泡茶法为明代人饮茶不过多地注重形式而较为讲究情趣创造了条件。

明代朱权主张饮茶从简行事，摆脱各种繁琐程序，开启了雅致的清饮之风。他推崇蒸青叶茶，认为叶茶能保持茶的本色真味，还将“泡饮法”加以规范，简化了程序。他在《茶谱·点茶》中写到：“凡欲点茶，先须熁盏，盏冷则茶沉，茶少则云脚散，汤多则粥面聚。以一些投盏内，先注汤少许调匀，旋添入，环回击声拂，汤上盏可七分则止，着盏无水痕为妙。”②这仍是末茶饮法，说明明代仍然有点茶法。此外，朱权还非常重视品茶氛围，强调清客、清茶、清谈三结合，使饮茶真正成为一件极其清静的雅事。

明代许次纾在《茶疏·烹点》中对茶如何冲泡说得十分清楚：“未曾汲水，先备茶具，必洁必燥，开口以待，盖或仰放，或置瓷盂，勿竟覆之。案上漆气食气，皆能败茶。先握茶手中，俟汤既入壶，随手投茶汤，以盖覆定。三呼吸时，次满倾盂内，重投壶内，用以动荡香韵，兼色不沉滞。更三呼吸倾，以定其浮薄。然后泻以供客，则乳嫩清滑，馥郁鼻端，病可令起，疲可令爽，吟坛发其逸思，谈席涤其玄衿。”③他对沏茶方法有独到的见解，认为沏茶时必须用手撮茶，将热水注入茶壶，然后迅速投茶入水并把壶盖盖严，等大约呼吸三次的时间，把茶水全部倒在茶盂中，然后将茶倒入壶内，再等大约呼吸三次的时间，让茶叶下沉，然后把茶水倒在茶瓯中献给客人。通过对冲泡时机的把握，足以看出其饮法的精致。

---

① 陈彬藩. 中国茶文化经典[M]. 北京：光明日报出版社，1999.

② 陈彬藩. 中国茶文化经典[M]. 北京：光明日报出版社，1999.

③ 陈彬藩. 中国茶文化经典[M]. 北京：光明日报出版社，1999.

明代张源在《茶录·投茶》中指出："投茶有序，毋失其宜。先茶后汤，曰下投。汤半下茶，复以汤满，曰中投。先汤后茶，曰上投。春秋中投，夏上投，冬下投。"①他将沏茶分为三种方法：一是下投，即先放茶，后加热水；二是中投，即先加半壶热水，后放茶，然后再加热水；三是上投，即先加热水，后放茶。另外，张源对泡茶方法也很有研究，他在《茶录·泡法》中指出："探汤纯熟，便取起。先注少许壶中，祛荡冷气。倾出，然后投茶，茶多寡宜酌，不可过中失正。茶重则味苦香沉，水胜则色清气寡，两壶后，又用冷水荡涤，使壶凉洁，不则减茶香矣。罐热则茶神不健，壶清则水性常灵。稍俟茶水冲和。然后分酾布饮，酾不宜早，饮不宜迟。早则茶神未发，迟则妙馥先消。"②他认为冲泡茶汤时，不仅掌握好时机是很重要的，而且对于不同嫩度的茶采用不同投法可以得到最好的茶汤。

以花入茶在明代大为时兴，特别为文人所喜爱。朱权在《茶谱·熏香茶法》中提到："百花有香者皆可。当花盛开时，以纸糊竹笼两隔，上层置茶，下层置花，宜密封固，经宿开换旧花。如此数日，其茶自有香味可爱。有不用花，用龙脑熏者亦可。"③

明清时期更加注重欣赏沏泡过程的清韵雅致，更加注重品味茶汤的醇厚绵长，十分讲究名茶、好水、挚友、佳境。明代陆树声在《茶寮记·煎茶七类》中作过这样的描述："一人品：煎茶非漫浪，要须其人与茶品相得。故其法每传于高流隐逸，有云霞石泉垒块胸次间者。二品泉：泉品以山水为上，次江水，井水次之。井取汲多者。汲多则水活，然须旋汲旋烹。汲久宿贮者，味减鲜冽。三烹点：煎用活火，候汤眼鳞鳞起沫 鼓泛，投茗器中。初入汤少许，俟汤茗相投，即满注，云脚渐开，乳花浮面则味全。盖古茶用团饼碾屑，味易出，叶茶骤则乏味，过熟则味昏底滞。四尝茶：茶入口，先灌漱，须徐啜，俟甘津潮舌，则得真味，杂他果则香味俱夺。五茶候：凉台静室，明窗曲几，僧寮道院，松风竹月，晏坐行吟，清谭把卷。六茶侣：翰乡墨客，缁流羽士，逸老散人，或轩冕之徒，超轶世味者。七茶勋：除烦雪滞，涤醒破睡，谭渴书倦，是时茗碗策勋，不减凌烟。"④此外，明代许次纾认为品茶应与自然环境、人际关系、茶人心态相联系，把饮茶作为高雅的精神享受来追求。他在《茶疏·宜啜》中指出："作事、观剧、发书柬、大雨雪、长筵之席、翻阅卷帙、人事忙迫，及与上宜饮时相反事。"在《茶疏·不宜近》中又指出："阴室、厨房、印喧、小儿啼、野性人、童奴相哄。"⑤可见，这时饮茶环境开始变得重要了。

---

① 陈彬藩. 中国茶文化经典[M]. 北京:光明日报出版社,1999.
② 陈彬藩. 中国茶文化经典[M]. 北京:光明日报出版社,1999.
③ 陈彬藩. 中国茶文化经典[M]. 北京:光明日报出版社,1999.
④ 陈彬藩. 中国茶文化经典[M]. 北京:光明日报出版社,1999.
⑤ 陈彬藩. 中国茶文化经典[M]. 北京:光明日报出版社,1999.

清代，饮茶盛况空前，不仅人们在日常生活中离不开茶，而且办事、送礼、议事、庆典也离不开茶。茶在人们生活中占有重要的地位。清代诗人袁枚认为泡好一杯茶，要有收藏得法的好茶，还要有好水，用陶罐贮存，火候要适宜，品饮又得正当其时。他在《随园食单·茶》中还特别提到："武夷茶，余向不喜武夷茶，嫌其浓苦如饮药。然丙午秋，余游武夷，到曼亭峰天游寺诸处，僧道争以茶献。杯小如胡桃，壶小如香橼，每斟无一两，上口不忍遽咽，先嗅其香，再试其味，徐徐咀嚼而体贴之，果然清芬扑鼻，舌有余甘。一杯之后，再试一二杯，令人释躁平矜怡情悦性，始觉龙井虽清而味薄矣，阳羡虽佳而韵逊矣，颇有玉与水晶品格不同之故，故武夷享天下盛名，真乃不忝，且可以瀹至三次而其味犹未尽。"①袁枚赞叹武夷岩茶享有天下盛名真是名不虚传。

近代，茶已经渗透到中国每个阶层生活的每个角落。饮茶是人们日常生活中必不可少的活动，因年代、阶层、地域而呈现出绚烂多彩的特色。文人雅士追求饮茶的审美趣味，劳动人民饮茶有着浓浓的生活气息。饮茶讲究茶叶、水质、茶具、周边环境等客观因素，同时也注重冲泡技术、火候、冲泡时间和次数。中国人正是通过茶表现出对精致生活艺术的追求。

二、汉族不同区域的饮茶习俗和品饮方式之间的关系②

我国地域广阔，气候环境复杂，经济发展不平衡，自古以来南北差异、城乡差异大，各地区有着风格各异的茶俗。就茶叶种类和风味而言，江南，尤其是江、浙、皖三省，以饮绿茶为主，因其香清、味醇、色碧，既能品饮，又可观赏。华南、西南一带的人喜爱红茶，其色泽乌润，味厚而带焦苦，有麦芽糖香。北方人尤其宠爱花茶，花茶能保持浓郁爽口的茶味，兼蓄鲜灵芬芳的花香。福建、广东一带的人喜饮乌龙茶，其有红茶的甘醇，兼具绿茶的清香，回味甘鲜，齿颊留香。西北少数民族爱好紧压茶，因其既便于长途运输和贮存，茶味浓而醇厚，适合调制奶茶和酥油茶，配以糍粑和牛羊肉食用。

自古以来南北方饮茶风俗就有着明显的差异性，这种差异不仅在于茶叶的种类和风味，而且表现在饮茶的方式方法上。南北方饮茶风俗的不同，原因是多方面的。例如：生活在水乡的人喜欢喝红茶，这一方面有水质的因素，河水比山水要软，有利于茶单宁溶解浸出，使茶红素较快地形成红浓的茶汤，茶汤与碎茶层次分明，有利于河水有机物质的沉滤；另一方面，有气候的因素，水乡潮湿，红茶比

① 陈彬藩. 中国茶文化经典[M]. 北京：光明日报出版社，1999.

② 本部分和第二节主要材料来自：宛晓春. 中国茶谱[M]. 北京：中国林业出版社，2007. 王建荣，郭丹英. 中国茶文化图典[M]. 杭州：浙江摄影出版社，2006. 路荣. 中华一壶茶[M]. 济南：济南出版社，2008. 金悦. 事茶淳俗[M]. 上海：上海人民出版社，2008. 刘勤晋. 茶文化学[M]. 北京：中国农业出版社，2000.

绿茶易于贮存，只要不霉变，冲泡后仍然有香甜味；此外，还有饮食结构的因素，水乡人平时较多吃鲜鱼活虾等高蛋白和糯米食品，多喝红茶有利于帮助消化、调和脾胃。

山西人喜欢饮酽茶，这与当地的水质有很大关系。陆羽曾评论全国的水质，认为"晋水最下"。山西酽茶往往一壶要投入一半容量的茶叶，茶水味道极苦，外地人大多不敢问津。

山东人喜欢喝外形粗犷、味道醇酽的黄大茶，这与他们的性格相似。当地人认为茶沏头遍没味道，沏第二遍才味道浓厚。山东人多身材高大，极为豪爽，不光大碗喝酒，也爱大碗喝茶。有的家庭，一人一把壶，自泡自饮，不用茶杯，而用大碗；喝光了一壶，再把水续上。如果几个人共用一把壶，就会觉得不过瘾。而在江浙一带，饮茶时注重茶味浓郁，爱细啜慢饮，连喝带吃。

由于品饮方式的不同，饮茶的生理和情感上的需求不同，我国汉族地区饮茶风俗也呈多样性。

（一）潮汕工夫茶

潮汕地区人民均酷爱饮茶，是全国最讲究茶道的地区。饮工夫茶，先要有一套合格的茶具，包括火炉、水锅、茶壶、茶缸、茶杯等几项。茶具主要是紫砂制品，盛茶的壶称"冲罐"，有两杯壶、三杯壶、四杯壶之分，形式有瓜状、八角形、圆形等多种，一般以扁圆的"柿饼罐"居多。茶杯直径不过五厘米、高两厘米，分寒暑两款，寒杯口微收，取其保温，暑杯口略翻飞，以散热。盛放杯、壶的茶盘名叫"茶船"，凹盖有漏孔，可蓄废茶水约半升。整套茶具本身就是一套工艺品，一只小小的冲罐，就有着肩、肚、口、脚、耳、流、盖、钮八个部位，极尽玲珑清丽。炭火以榄核炭为最佳，不但火候好，而且能散发出一种不可名状的清香。煮水时，茶炉离茶具最好是七步左右，这样水沸后端来冲茶时温度最适宜。冲泡工夫茶是一种带有科学性和礼节性的艺术表演。先将直柄长嘴的陶制薄锅仔盛上水放在小木炭炉上烧滚，烫洗茶壶、茶杯。然后装茶叶入壶，一般装六成左右。装茶时，要先将碎茶置于壶底心，周围及近壶嘴处放叶茶，这样耐冲泡且茶汤清亮。在长期实践中，潮州人总结出一套"冲茶经"，即"高冲低斟、刮沫淋盖、关公巡城、韩信点兵"。具体操作是，冲茶时要高举薄锅仔，使水有力地直冲入壶，称为"高冲"。由于茶叶的涩汁及其他成分，在茶叶面上生成一层水沫，要用茶壶盖刮去飘浮在壶面上的泡沫，称为"刮沫淋盖"。首次冲，要环壶口边快速淋冲两三周，让茶叶全面均匀地吸水，并立即将茶汤倒掉。从第二次起，才冲饮用茶，但每次只冲一边，依次四边冲齐后，才冲壶心，周而复始，一般不过十冲，就要换茶叶了。每次沏出茶汤，务必点滴净尽。斟茶汤时要缓，持壶要低，以不触及茶杯为度，称为"低斟"。要循环往复地匀添，不可独杯一次添满，这样能使各杯茶的水色如一，浓淡均匀，不起泡沫，称为“关公巡城”，以示对每位客人都一视同仁。冲至最后，余下一点浓汁，也要一滴滴分别点到各杯，称为“韩信点兵”。茶叶冲出来后，一般是冲茶者自己不先喝，请客人或在座的其他人先喝。潮汕有句俗话：“茶三酒四游玩二”，是说饮茶要以三人为宜。在三杯中先拿哪一杯也大有讲究，一般是顺手势先拿旁边的一杯，最后的人才拿中间的一杯。饮茶也很有讲究，要先将茶杯小心地端到上唇边轻闻一下，接着轻呷一点仔细品尝，品后一饮而下，但要留些汤底顺手倒于茶盘中，把茶杯轻轻放下，最后还要翕口轻啖两三下，以回味清香。

（二）闽南午时茶

午时茶是主要流行于台湾、闽南、粤东民间的一种保健药茶，于每年端午节这一日午时沐浴、泡茶，据说能起到保健作用。端午节这天中午，家家户户像北方人赶庙会似的涌向村中的井边，目的就是等候提取午时的井水。为了这午时的水，人们会排成长队。据说端午节午时的水加入一些白酒和少许雄黄粉，用以喷洒房间庭院，或洗澡、洗脸、洗手脚，入夏就不会生痱子，外出不会被蛇咬。人们相信如用午时水泡饮午时茶可治百病。此外，在台湾、闽南、粤东，每到端午节，人们还习惯泡饮另一种独特的午时茶，因是将茶叶放入柚子内加工而成，所以又称之为“柚茶”。一般是在上一年的夏末秋初柚子大量上市时，选购当地出产的蜜柚加工而成的。其制法是：切开柚子，以 1/4 为盖，压挤入乌龙茶约 125 克，然后用线缝合，像灯笼似的一个个挂在雨水淋不到的屋檐下通风处，让其自然风干。等到端午节，就取出柚中茶叶冲泡。这种柚茶特别适宜于患有胃病、消化不良、慢性咳嗽、痰多气喘等症的人饮用。当地端午节以薄饼为节日午餐主食，人们取柚茶烧午时水泡饮，具有健胃、消食、解油腻等作用。

（三）武夷山人敬茶

福建武夷山地区早在宋代就流传着“客至莫嫌茶当酒”的风俗，如有客到，先寒暄问候，热情邀请客人入座，这时主人家会立即洗涤壶盏，生火烹茶，冲沏茶水，敬上一杯香茶。主人讲究“端”、“斟”、“请”；客人则留意“接”、“饮”、“端”。主人以左手托杯底，右手拇指、食指和中指扶住杯身，躬着腰，微笑着说：“请用茶”。饮茶人双手接杯，道声“谢谢”，端杯细品，赞茶叶佳好。一道茶后，寒暄叙话，主人复斟茶，客人饮毕主人不能将余泽倾倒，要待客人走后方可清理，洗涤茶具。

（四）台湾柚子茶

台湾的少数民族本来没有饮茶习惯，自闽粤一带移民增多，广种茶树，台湾饮茶之风日盛。饮茶渐渐成为台湾人的生活习惯。台湾的饮茶方式和茶俗都受到闽粤的影响，又具有宝岛特色。相传民族英雄郑成功少时积累了许多茶叶药用验方偏方，后来率军收复台湾，目睹闽台两岸贫苦百姓遭受瘟疫折磨，就将军中贮藏

的陈年柚子茶分送给缺医少药的百姓，治好了他们所染的疫病，老百姓为了纪念他，将柚子茶称为“成功药茶”。这种柚子茶是由柚子和茶制成的，一般在冬天制作。其方法是：采下成熟的白柚，放置几天，使柚皮稍软而有韧性时，将柚蒂周围的皮切去一片，挖一个小孔。再从小孔处把柚肉挖出，剔除籽、核，挤出柚肉的浆汁，按适当的比例，将茶叶、柠檬、中药材和挤去浆汁的柚肉混合搓匀，填入柚子内，再盖上原先所切的柚皮，用细绳绑牢后，经反复蒸、晒，每一回约需 3 小时。蒸后要放到阳光下暴晒，晒时要加压木板，使之逐渐脱水，这样加工过的柚子茶呈圆扁形，干硬如同石头，可保存十年以至二三十年，经久而不变味，而且越陈越香。饮用的时候，将柚子茶装在容器里，加入冰糖，用开水冲泡即可。此茶有着柚子特殊的芳香，味清甘而温和，具有清火、止咳、化痰、降压的功效，最适合老人、小孩和妇女饮用。

（五）广东“敬三茶”

广东海丰、陆丰一带通常以“敬三茶”来招待宾客。所谓“敬三茶”，即客人登门拜访，主人必分三次敬茶，而且敬茶的种类不一，方式也不同，为的是表达对客人的热情之心。“敬一茶”，先泡条形茶。当地人泡茶非常讲究，除用好茶招待以外，还要准备精美的茶具。“敬二茶”，通称“点心茶”。做点心茶有特制器具，如擂钵、擂锤，还有盛点心茶专用的斗形瓷钵等。用的原料是碎粒茶，配上黑芝麻粉、油渣、麻油及辣味调料等，与面条同煮。煮好后盛入瓷钵内，吃时加盐酥花生和米拌和，要连续吃两三碗，才算领受敬意。“敬三茶”通称“礼饭茶”。用过点心茶后，到了吃中、晚餐时饮用。主料是香米和碎粒茶，加火腿丝、白果肉、莲子肉、桂圆肉、红枣肉、黑芝麻（擂碎）、盐酥花生（擂碎）、麻油、酱油、味精等，茶香味浓。

（六）修水香料茶

江西修水盛产茶叶，因宋代大文学家黄庭坚是江西修水人，有诗文咏赞双井茶，所以双井茶在宋代就已名声在外。修水人向来热情好客，凡有客人登门拜访，主人递上一碗盐菊花凉茶，有色，有香，又略有咸味。也有在茶里放少许花椒的，那种麻辣香酥又生凉意的味道，使人喝后身心俱爽。客人喝着凉茶，热情的主人已在着手准备香料茶了，其中原料因人因地而异，多的可达十余种，如炒芝麻、炒黄豆、炒花生、炒糯米、腌萝卜干、腌生姜丝，甚至有放腌笋丁、酱瓜丁的，讲究的还把胡萝卜等切成梅花形、圆环形，最基本的原料是菊花、芝麻、豆子，几乎是每泡必备。对于需要进一步表示敬意的客人或想挽留吃饭而客人时间不允许的，主人接下来奉上的是滚茶，其实是腊肉汤一类，另有一番讲究。有时客人急着要走，主人一定要包上三五个鸡蛋，硬塞给客人，叫作“当茶”或“代茶”。

（七）德清咸橙茶

浙江德清有喝咸橙茶的习俗。咸橙茶，也叫烘豆茶、“防风茶”，咸香适宜，风味独特,用以待客或休闲自用。其冲泡方法是:先将细嫩的茶叶放在茶碗中,用瓦罐煮的沸水冲泡;而后将腌过的拌着野芝麻的橘子皮放入茶汤,再加些烘豆或笋干等作料,共有15种之多,稍顷即可趁热品尝,边喝边冲,最后连茶叶带作料都吃掉。“橙子芝麻茶,吃了讲胡话”,意思是指咸橙茶有明显的兴奋提神作用,尤其在冬春之交,夜特别长,当地人晚上吃了咸橙茶,白天的疲劳顿消。至今,这一习俗仍在湖州一带颇为盛行,咸橙茶为逢年过节馈赠亲友和招待贵宾的必备之物。

(八)苏州香味茶

苏州人爱喝香味茶。这种茶是用晒干的胡萝卜、青豆、橘子皮、炒熟的芝麻和新鲜的豆腐干加少许绿茶冲泡而成。盖一掀开,一股沁人心脾的香味扑面而来,喝起来更是香醇浓郁,风味独特。品尝香味茶一定要先将作料吃掉,然后再慢慢地喝茶,绝对不能吐掉,否则就是失礼。每逢佳节,沏泡香味茶时,作料就比较讲究了。这时,晒干的胡萝卜换成了烧熟的笋,再加上一些糖桂花、糖浸橘皮、芝麻,喝起来香喷喷,甜蜜蜜,咸滋滋,甘美可口,沁人肺腑。冲泡至第二、第三回时,香味越来越浓,令人回味无穷。

(九)七轩茶

中国中部至南部地区流行喝七轩茶,尤以安徽和苏州一带最为盛行。所谓“七轩茶”,就是向不同姓氏的七户人家收集七种茶叶。其实按照古老的规矩,应该是向100户人家收集茶叶,但由于100户太多,所以才象征性地改为七户人家。据说让孩子喝下这些茶叶所泡出来的茶,便能终身保持身体健康,所以父母通常会为孩子的健康举行喝七轩茶仪式。七轩茶还可治胃病,不仅对小孩子有利,对大人也有益。收集茶的时间应选在立夏这天。

第二节　少数民族的品饮方式及饮茶习俗

据统计,我国56个民族中,除赫哲族人很少喝茶外,其余各民族都有饮茶的习俗,而且有些民族还保留着非常古朴的饮茶方式。少数民族地区的饮茶风俗,从烹饮方式来看,主要有烤茶、奶茶、酥油茶、油茶、擂茶、罐罐茶等。其中:我国西南地区的少数民族以烤茶为主,如拉祜族、傈僳族、彝族等;我国西北地区的蒙古族与维吾尔族以奶茶为主;罐罐茶主要分布在回族、羌族;油茶有侗族、苗族、瑶族、壮族等;酥油茶是藏族同胞所特有的;擂茶则是土家族的传统。除此之外,白族的三道茶、傣族的竹筒茶、佤族的苦茶、纳西族的“龙虎斗”、布依族的姑娘茶都非常有特色,而景颇族的腌茶、基诺族的凉拌茶、德昂族的酸茶则在很大程度上保持着古代饮茶的方法。

一、以黑茶为主的少数民族的饮茶方式

（一）藏族酥油茶

藏族主要居住在我国西藏自治区以及青海、甘肃、四川、云南等省。西藏因空气稀薄，气候高寒干旱，蔬菜瓜果很少，藏民常年以奶、肉、糍粑为主食，非常需要喝茶以消食去腻、补充营养，茶成了当地人补充营养的主要来源。藏族人主要喝酥油茶、奶茶、盐茶、清茶等，喝酥油茶如同吃饭一样重要。酥油茶是一种以茶为主料并加入酥油、盐巴等作料经特殊方法加工而成的。酥油为当地的一种食品，是将牛奶或羊奶煮沸，用勺搅拌，倒入竹筒内冷却后凝结在溶液表面的一层脂肪。酥油茶所用的茶叶，一般选用来自云南的普洱茶或来自四川的沱茶等。酥油茶的加工方法比较讲究，一般先用茶壶烧水，待水煮沸后，再把紧压茶捣碎，放入沸水中煮，约半小时左右，待茶汁浸出后，滤去茶叶，把茶汁装进圆柱形的酥油茶桶内，同时加入适量酥油，还可根据需要加入事先已炒熟、捣碎的核桃仁、花生米、芝麻粉、松子仁等，最后还应放少量的食盐、鸡蛋等，接着，盖上酥油茶筒，用力地拉动筒内的拉杆，有节奏地上下捣打，待酥油、茶、作料混为一体，即可从桶内倒出享用了。酥油茶喝起来咸里透香，甘中有甜，非常开胃，不仅可以暖身御寒，还能补充营养。由于西藏人烟稀少，很少有客人进门，偶尔有客来访，可招待的东西又很少，因此，敬酥油茶是西藏人款待宾客的重要礼仪。

（二）蒙古族咸奶茶

蒙古族主要居住在中国北方内蒙古自治区及其相邻的一些地区。奶茶是蒙古族的传统饮品。蒙古族牧民以游牧为主，他们习惯于“一日三餐茶”、“一日一顿饭”的生活。每日清晨，女主人起来做的第一件事就是先煮一锅咸奶茶供全家整天享用。蒙古族喜欢喝热茶。早上，他们一边喝茶，一边吃炒米。然后将剩余的茶放在微火上暖着，供随时取饮。通常一家人只在晚上放牧回家才正式用餐一次，但早、中、晚三次喝咸奶茶一般是不可缺少的。蒙古族咸奶茶的茶原料主要是青砖或黑砖茶，煮茶的器具是铁锅。煮茶时，先把砖茶敲成小块状，并将洗净的铁锅放在火上，盛水 2 ~ 3 千克，烧水至沸腾时，加入打碎的砖茶 25 克左右。当水再次沸腾 5 分钟后，掺入奶，用量为水的 1/5 左右，稍加搅动，再加入适量的盐巴，等到整锅咸奶茶开始沸腾时，才算煮好了，即可盛在碗中待饮。煮咸奶茶的技术性很强。茶汤滋味的好坏，营养成分的多少，与用茶、加水、掺奶以及加料次序的先后都有很大的关系。要煮一锅清香可口的奶茶并不简单，煮茶的器具、茶叶的质量及用量、茶叶与水的比例、投奶放盐的时间等都十分讲究，只有做到茶器、茶、奶、盐、水温五者相互协调，才能煮出咸香适宜、美味可口的咸奶茶来。蒙古族人喝奶茶一定佐以盐、糖、炒米和奶豆腐，其中盐或糖可根据自己的爱好在茶中添加，炒米可放在奶茶中一起饮用，也可以单独吃，奶豆腐是一种耐饥食品，一般用来蘸白糖吃。

（三）维吾尔族香茶

主要居住在新疆天山以南的维吾尔族进食时总喜欢用香茶伴食，平日也爱喝香茶。他们认为，香茶有养胃提神的作用，营养价值极高。南疆维吾尔族煮香茶时，使用的是铜制长颈茶壶，也有用陶质、搪瓷或铝制长颈壶的，而喝茶用的是小茶碗，这与北疆哈萨克族族煮奶茶使用的茶具是不一样的。通常制作香茶时，先将茯砖茶敲碎成小块，同时，在长颈壶内加水加热。当水刚沸腾时，抓一把碎块砖茶放入壶中；当水再次沸腾5分钟时，则把预先准备好的适量姜、桂皮、胡椒等细末香料放进煮沸的茶水中，轻轻搅拌，3~5分钟即成。为防止倒茶时茶渣、香料混入茶汤，在煮茶的长颈壶上往往套有一个过滤网，以免茶汤中带渣。南疆维吾尔族喝茶，习惯一日三次，与早、中、晚三餐同时进行。通常是一边吃馕，一边喝茶。这种饮茶方式，与其说是把茶看成是一种解渴的饮料，还不如说把它当成是一种佐食的汤料，实是一种以茶代汤、用茶作菜之举。

（四）哈萨克族奶茶

主要居住在新疆天山以北的哈萨克族，还有居住在这里的维吾尔族、回族等兄弟民族，茶在他们的生活中占有很重要的地位，与吃饭一样重要，当地流行一句俗语："宁可一日无米，不可一日无茶"。在高寒、缺蔬菜、食奶肉的北疆，奶茶对于当地牧民来说是补充营养和去腻消食不可缺少的。哈萨克族煮奶茶使用的器具通常是铝锅或铜壶，喝茶用大茶碗。煮奶茶时，先将整砖茶打碎成小块状。同时，盛半锅或半壶水加热沸腾，然后抓一把碎砖茶入内，待煮沸5分钟左右，加入牛（羊）奶，用量约为茶汤的1/5，轻轻搅动几下，使茶汤与奶混合，再投入适量的盐巴，重新煮沸5~6分钟即可。讲究的人家，也有不加盐巴而加食糖和核桃仁的。这样，一锅（壶）热乎乎、香喷喷、油滋滋的奶茶就煮好了，可随时供饮。他们习惯于一日早、中、晚三次喝奶茶，中老年人还得上午和下午各增加一次。如果有客从远方来，那么，主人就会立即迎客入帐，席地围坐。好客的女主人当即在地上铺一块洁净的白布，献上烤羊肉、馕、奶油、蜂蜜、苹果等，再捧上一碗奶茶。如此，一边谈事叙谊，一边喝茶进食，饶有风趣。

（五）云南普洱茶

普洱茶是以云南大叶茶为原料制成的晒青毛茶，再经加工整理或渥堆发酵而成的云南特种茶，具体分为散茶和蒸压成型两大类。普洱茶是后发酵茶，汤色红浓，温和可口，具有独特陈香，不仅解渴、提神，还具有醒酒、清热、消食化痰、和胃养颜、减肥降压等药理作用。普洱茶茶艺重在"具、技、和、真"。具，一般以紫砂壶为宜，紫砂壶最能呈现普洱茶性；技，则是冲泡普洱茶必备的素质，包括掌握投

茶量、冲泡时间、茶汤浓淡、普洱茶知识等；和，就是平和、柔和，与人相处以和为贵，在品饮普洱茶时要求保持平和的心态；真，是指普洱茶要真，真的普洱茶不仅反映在其茶本身色、香、味、形等品质特征上，而且，还反映在储藏时间的长短上。冲泡前先要行礼、备具，涤具温壶。然后是鉴茶，让客人鉴赏普洱茶；投茶，把普洱茶置入壶中；润茶，在3~5秒钟内把壶中茶叶清润一次；养壶，用清润茶汤淋壶。冲茶时要根据茶叶年限、档次掌握冲泡时间。接着是温壶，冲泡普洱茶要求壶保持较高的温度。泡好茶后，将壶中茶叶先过滤于茶海中，再分别均匀地分入小杯中，再把小杯置于茶托分送给客人。品饮普洱茶时，第一口进入口中，稍停片刻，细细感受茶的醇厚；第二口，滚动舌头，体会普洱茶的润滑和甘厚；第三口，领略普洱茶的顺柔和陈韵。在品饮云南特有陈年普洱茶时，细细品味，会从中品情、品理、品德、品古茶风韵、品人生哲理，体会普洱茶的陈韵文化。

二、西南地区的少数民族的饮茶方式

（一）白族三道茶

白族散居在我国西南地区，主要分布在风光秀丽的云南大理白族自治州。白族人饮茶十分讲究，“三道茶”是热情好客的白族人待客的独特礼节，称为“一苦二甜三回味”，据说，这原来是白族人家接待女婿的一种礼节。制作三道茶时，每道茶的制作方法和所用原料都是不一样的。第一道茶，称为“清苦之茶”，寓意做人的哲理：“要立业，就要先吃苦。”制作时，先将水烧开，再由司茶者将一只小砂罐置于文火上烘烤。待茶罐烤热后，随即取适量茶叶放入罐内，并不停地转动砂罐，使茶叶受热均匀，待罐内茶叶“啪啪”作响，叶色转黄，发出焦香时，立即注入已经烧沸的开水，只听得“哧嚓”一声，罐内茶叶翻腾，泡沫涌起溢出罐外，像一朵盛开的绣球花。白族人认为这是吉祥的象征。等泡沫落下，又冲入沸水，茶便煨好了。少顷，主人将沸腾的茶水倾入茶盅，再用双手举盅献给客人。由于这种茶经烘烤、煮沸而成，看上去色如琥珀，闻起来焦香扑鼻，喝下去滋味苦涩，故而谓之苦茶。通常只有半杯，一饮而尽。第二道茶，称为“甜茶”。当客人喝完第一道茶后，主人重新在陶罐内加水，接着拿出几个茶盅，茶盅内放入切成薄片的核桃仁和少许红糖，等陶罐内的茶汤煮沸就倒入茶盅内，只见茶水翻腾，薄桃仁片抖动似蝉翼，此时沏成的茶清香扑鼻，味道甘甜，它寓意“人生在世，做什么事，只有吃得了苦，才会苦尽甘来”。第三道茶，称为“回味茶”。煮茶方法与前相同，只是茶盅内放的原料已换成半匙蜂蜜，再加上两三粒红色花椒、少许炒米花及一小把核桃仁，等茶水煮沸后注入茶盅，待七八分满时敬奉给客人饮用，客人边晃动茶盅边饮，只觉其味甜而微辣又略苦。有的地方还有放些乳扇在茶盅内，同时加入一些红糖。乳扇是白族特产，所以也有人把第三道茶叫“扇茶”。第三道茶又称之为“回味茶”，因为这杯茶喝起来甜、酸、苦、辣各味俱全，令人回味无穷，意思是说“凡事要多回味，切记先苦后甜”。

（二）傣族竹筒香茶

竹筒香茶是傣族人别具风味的一种茶饮，因原料细嫩，又名“姑娘茶”。傣族世代生活在我国云南南部和西南部地区，以西双版纳最为集中。傣族同胞，不分男女老少，人人都爱喝竹筒香茶。这种竹筒香茶的制作和烤煮方法很奇特，一般分为五道程序：一是装茶，就是将采摘细嫩，再经初加工而成的毛茶，放在生长期为一年左右的嫩香竹筒中，分层陆续装实。二是烤茶，将装有茶叶的竹筒放在火塘边烘烤，为使筒内茶叶受热均匀，通常每隔 4～5 分钟翻滚竹筒一次，待竹筒色泽由绿转黄时，筒内茶叶也已烘烤适宜，即可停止烘烤。三是取茶，待茶叶烘烤完毕，用刀劈开竹筒，就制成清香扑鼻、形似长筒的竹筒香茶。四是泡茶，分取适量竹筒香茶，置于碗中，用刚沸腾的开水冲泡，经 3～5 分钟即可饮用。五是喝茶，竹筒香茶喝起来既有茶的醇厚高香，又有竹的浓郁清香，所以喝起来有令人耳目一新的感觉。

（三）纳西族“龙虎斗”和盐茶

纳西族主要居住在风景秀丽的云南丽江地区。这是一个喜爱喝茶的民族，他们平日爱喝一种具有独特风味的“龙虎斗”。此外，还喜欢喝盐茶。纳西族喝的“龙虎斗”，制作方法也很奇特。首先用水壶将水烧开，另选一只小陶罐，放上适量茶，连罐带茶烘烤。为防止茶叶烤焦，还要不断转动陶罐，使茶叶受热均匀。待茶叶发出焦香时，向罐内冲入开水，烧煮 3～5 分钟。同时，准备茶盅，再放上半盅白酒，然后将煮好的茶水冲进盛有白酒的茶盅内。这时，茶盅内会发出“啪啪”的响声。纳西族认为“龙虎斗”是治感冒的良药，因此，提倡趁热喝下。如此喝茶，香高味醇，提神解渴。纳西族喝的盐茶，其冲泡方法与“龙虎斗”相似，不同的是预先准备好的茶盅内，放的不是白酒而是食盐。此外，也有不放食盐而改放食油或糖的，分别取名为油茶或糖茶。

（四）傈僳族油盐茶和响雷茶

傈僳族主要聚居在云南的怒江一带，散居于丽江、大理、迪庆、楚雄、德宏以及四川西昌等地。这是一个质朴而又十分好客的民族，喝油盐茶是傈僳族人广泛流传的一种古老饮茶方法。傈僳族喝的油盐茶制作方法奇特。首先将小陶罐在火塘（坑）上烘热，然后在罐内放入适量茶叶在火塘上不断翻滚，使茶叶烘烤均匀。待茶叶变黄，并发出焦糖香时，加上少量食油和盐。稍时，再加水适量，煮沸 2～3 分钟，就可将罐中茶汤倾入碗中待喝。油盐茶因在茶汤制作过程中加入食油和盐，所以喝起来“香喷喷，油滋滋，咸兮兮，既有茶的浓醇，又有糖的回味”。傈僳族同胞常用它来招待客人，也是家人团聚喝茶的一种方式。

喝响雷茶是傈僳族特有的饮茶习俗。其制法是：先将大瓦罐加入适量的水烧开，另准备一个小瓦罐，加入敲碎的饼茶，放在火上烤，待到茶香微透时，将大瓦罐里的开水加入小瓦罐熬煮，大约5分钟后滤去茶叶渣，将茶汁倒入酥油筒内，加入酥油以及事先已炒熟、碾碎的核桃仁、花生米、盐巴或糖、鸡蛋等，最有特色的就是将一块烧热的鹅卵石放入酥油筒内，鹅卵石和酥油筒内的茶水接触，发出"吱吱"、"嘭嘭"如雷鸣般的声音，响声过后马上用木杵使劲地上下捣打，使酥油呈雾状，均匀溶于茶汁中，此时倒出趁热饮用。

（五）拉祜族烤茶

拉祜族被称为"猎虎"的民族，主要分布在云南澜沧、孟连、沧源、耿马、勐海一带。烤茶又称"爆冲茶"，拉祜语叫"腊扎夺"，是他们古老、传统的饮茶习俗，沿用至今。饮烤茶通常分为四个程序。一是装茶抖烤，先将小陶罐在火塘上用文火烤热，然后放上适量茶叶抖烤，使之受热均匀，待茶叶叶色转黄，并发出焦糖香时为止。二是沏茶去沫，用沸水冲满盛茶的小陶罐，随即拨去上部浮沫，再注满沸水，煮沸3分钟后待饮。三是倾茶敬客，就是将罐内烤好的茶水倾入茶碗，捧茶敬客。四是喝茶啜味，他们认为烤茶香气足，味道浓，能振精神，是上等好茶，因此，喝烤茶总喜欢热茶啜饮。烤茶汤色清润微黄，带有焦香味，醇和中略带苦涩味，有解渴开胃的功能，久饮会使人精神倍增。

（六）怒族盐巴茶

盐巴茶是生活在云南怒江一带的怒族较为普遍的饮茶方法。茶叶是怒族人的生活必需品，怒族人每日必饮三次茶，有谚语说："早茶一盅，一天威风；午茶一盅，劳动轻松；晚茶一盅，提神去痛。一日三盅，雷打不动。"怒族人的盐巴茶，原料为当地生产的紧茶或饼茶，再加上少量盐巴；茶具是一个特制的小瓦罐和几只瓷杯。制作方法是：先掰下一块紧茶或饼茶，砸碎放入小瓦罐内，随即把瓦罐移入火上烘烤，当茶叶烘烤到"噼啪"作响并散发出焦香时，缓缓冲入开水，再煨煮5分钟，然后把用线扎紧的盐巴块（井盐）投入茶汤中抖动几下后移去，使茶汤略有咸味，最后把罐内浓茶汁分别倒在瓷杯中，加开水冲淡即可饮用。边饮边煨，一直到瓦罐中的茶味消失为止。盐巴茶汁呈橙黄色，喝起来咸中微带苦味，很受怒族人的喜欢。当地人喝盐巴茶的同时，还吃玉米粑粑或麦面粑粑。盐巴茶既有茶香，又有盐分，可以代替蔬菜。生活在高寒地区的各兄弟民族缺乏蔬菜，须臾离不开盐巴茶，往往全家每人一个茶罐，一日三餐，餐餐喝盐巴茶。

（七）基诺族凉拌茶和煮茶

基诺族主要聚居于云南西双版纳景洪基诺山。基诺山是著名的产茶区，驰名中外的普洱茶是当地的特产。他们的饮茶方法较为罕见，常见的有两种，即凉拌茶和煮茶。凉拌茶是一种极为罕见、较为原始的吃茶法，它的历史可以追溯到数千年以前。以现采的茶树鲜嫩新梢为主料,再配以黄果叶、辣椒、食盐等作料制作而成,一般可根据各人的爱好而定。做凉拌茶的方法并不复杂,通常先将从茶树上采下的鲜嫩新梢,用洁净的双手捧起,稍用力搓揉,把嫩梢揉碎,放入清洁的碗内;再将黄果叶揉碎,辣椒切碎,连同食盐适量投入碗中;最后,加上少许泉水,用筷子搅匀,静置15分钟左右即可食用。凉拌茶味道清凉咸辣,爽口清香,吃后能提神醒脑,有一定的营养价值。基诺族人把凉拌茶称为“拉拨批皮”。基诺族另一种较为常见的饮茶方式是喝煮茶。方法是先用茶壶将水煮沸,随即在陶罐内取出适量已经过加工的茶叶,投入到正在沸腾的茶壶内,经3分钟左右,当茶叶的汁水溶解于水时,即可将壶中的茶汤注入竹筒,供人饮用。就地取材的竹筒是基诺族喝煮茶的重要器具。

(八)德昂族酸茶

德昂族原名“崩龙族”,主要分布于云南德宏傣族景颇族自治州的潞西和临沧地区的镇康县等地。德昂族自古尚茶,因为德昂族人认为他们的祖先是由茶树变的。酸茶又叫“湿茶”、“谷茶”或“沽茶”,是德昂族人日常食用的茶叶之一。其制作方法是:将采摘下来的新鲜茶叶放入事先清洗过的大竹筒中,放满后压紧封实,经过一段时间的发酵后即可取出食用,味道酸中微微带苦,但略带些甜味,长期食用具有解毒散热的功效。德昂族人还有腌茶的习俗,一般选择在雨季将茶鲜叶采下后立即放入灰泥缸内,直到放满为止,再用厚重的盖子压紧,数月后即可将茶取出,与其他香料拌和食用。此外,也可用陶缸腌茶,将采回的鲜嫩茶叶洗净,加上辣椒、盐巴拌和后,放入陶缸内压紧盖严,存放几个月,即可取出当菜食用,也可作零食。

(九)哈尼族土锅茶

哈尼族主要居住在云南的红河、西双版纳及江城、澜沧、墨江、元江等地,喝土锅茶是哈尼族人的嗜好,这是一种古老而简便的饮茶方式。哈尼族人煮土锅茶的方法非常简单,一般凡有客人进门,女主人会先用土锅(或瓦壶)烧开水,随即在沸水中加入适量茶叶,待锅中茶水再次煮沸3分钟后,将茶水倾入竹制的茶盅内,一一敬奉给客人。用土锅煎煮的茶水清香可口,令人回味无穷。平日,哈尼族同胞也喜欢在劳动之余,一家人喝茶叙家常,享受天伦之乐。

(十)布依族姑娘茶

布依族主要聚居在中国西南地区的贵州、云南、四川、广西等省区。当地有一种茶不仅味道别具一格,名字也十分好听,这就是姑娘茶。清明前夕,姑娘上山采回嫩茶,热炒后保持一定的湿度,然后把茶叶一片一片叠成圆锥体,晒干,再经过加工,一卷卷圆锥体的姑娘茶就做成了。姑娘茶不仅形状优美,而且质量精良,是茶叶中的精品。这种茶布依族人只赠给亲朋好友。

（十一）景颇族腌茶

居住在云南德宏地区的景颇族，至今仍保持着一种颇为古老的、以茶作菜的食茶方法，这就是竹筒腌茶。腌茶一般在雨季进行，所用的茶叶是不经加工的鲜叶。制作时，姑娘们首先将从茶树上采回的鲜叶用清水洗净，沥去鲜叶表面的水分，砍取当地的竹筒，切成一节一节，洗净待用。腌茶时，先用竹匾将鲜叶摊晾，晒去少许水分，而后稍加搓揉，再加上辣椒、食盐适量拌匀，放入罐或竹筒内，层层用木棒舂紧，然后将罐（筒）口盖紧，或用竹叶塞紧，将竹筒倒置，滤出筒内茶叶水分，两天后用灰泥封住筒口，两三个月后，筒内茶叶发黄，剖开竹筒，将腌好的茶从罐内取出晾干，然后装入瓦罐随食随取。讲究一点的，食用时还可拌些香油，也有加蒜泥或其他作料的，味道就更鲜美了。

（十二）侗族、瑶族打油茶

居住在云南、贵州、湖南、广西毗邻地区的侗族、瑶族和这一地区的其他兄弟民族，他们世代相处，十分好客，相互之间虽习俗有别，但却都喜欢喝油茶。因此，凡在喜庆佳节，或亲朋贵客进门，总喜欢用作法讲究、作料精选的油茶款待客人。做油茶，当地称之为打油茶，一般经过四道程序。首先是选茶。通常有两种茶可供选用：一是经专门烘炒的末茶，二是刚从茶树上采下的幼嫩新梢，这可根据各人口味而定。其次是选料。打油茶用料通常有花生米、玉米花、黄豆、芝麻、糯粑、笋干等，应预先制作好待用。第三是煮茶。先生火，待锅底发热，放适量食油入锅。待油面冒清烟时，立即投入适量茶叶入锅翻炒。当茶叶发出清香时，加上少许芝麻、食盐，再炒几下，即放水加盖，煮沸 3 ~ 5 分钟，即可将油茶连汤带料起锅盛碗待喝。一般家庭自喝，这又香、又爽、又鲜的油茶已算打好了；如果打的油茶是作庆典或宴请用的，那么，还得进行第四道程序，即配茶。配茶就是将事先准备好的食料，如糯米、紫笋等先行炒熟，取出放入茶碗中备好，然后将油茶经煮而成的茶汤，捞出茶渣，趁热倒入备有食料的茶碗中，供客人吃茶。最后是奉茶。一般当主妇快把油茶打好时，主人就会招待客人围桌入座。由于喝油茶是碗内加有许多食料，因此，还得用筷子相助，因此，说是喝油茶，还不如说吃油茶更贴切。吃油茶时，客人为了表示对主人热情好客的回敬，要赞美油茶的鲜美可口，称道主人的手艺不凡，总是边喝、边啜、边嚼，在口中发出"啧、啧"的声响。

（十三）佤族烧茶

佤族主要分布在我国云南的沧源、西盟等地，在澜沧、孟连、耿马、镇康等地也有部分居住。他们自称"阿佤"、"布饶"，至今仍保留着一些古老的生活习惯，喝烧茶就是他们一种流传久远的饮茶风俗。佤族的烧茶冲泡方法很别致。通常先用茶壶将水煮开，与此同时，另选一块清洁的薄铁板，上放适量茶叶，移到烧水的火塘边烘烤。为使茶叶受热均匀,还得轻轻抖动铁板。待茶叶发出清香、叶色转黄时,随即将茶叶倾入开水壶中进行煮茶。约3 分钟后,方可开始喝茶。

(十四)布朗族青竹茶

布朗族主要分布在我国云南西双版纳以及临沧、澜沧、双江、景东、镇康等地的部分山区。喝青竹茶是他们一种方便而又实用的饮茶方法,一般在村寨务农或进山狩猎时采用。布朗族喝的青竹茶,制作方法较为奇特。首先砍一节碗口粗的鲜竹筒,一端削尖,插入地下,再向筒内加上泉水,当作煮茶器具。然后,找些干枝落叶,点燃于竹筒四周。当筒内水煮沸时,随即加上适量的茶叶。待 3 分钟后,将煮好的茶汤倾入事先已削好的新竹罐内,便可饮用。竹筒茶将泉水的甘甜、青竹的清香、茶叶的浓醇融为一体,所以喝起来别有风味,令人久久难忘。

三、其他地区的少数民族的饮茶方式

(一)苗族八宝油茶汤

居住在鄂西、湘西、黔东北一带的苗族人,以及部分土家族人,有喝油茶汤的习惯。有"一日不喝油茶汤,满桌酒菜都不香"的说法。如果有宾客进门,他们更会用香脆可口、滋味无穷的八宝油茶汤款待。八宝油茶汤的制作比较复杂,先将玉米(煮后晾干)、黄豆、花生米、团散(一种米面薄饼)、豆腐干丁、粉条等分别用茶油炸好,分装入碗待用。接着是炸茶,特别要把握好火候,这是制作的关键。具体做法是:放适量茶油在锅中,待油冒出青烟时,加入茶叶和花椒翻炒,待茶叶色转黄发出焦香时,即可倾水入锅,放上姜丝。一旦锅中水煮沸,再慢慢掺入少许冷水。等水再次煮沸时,加入适量食盐和少许大蒜、胡椒,用勺稍加搅拌,随即将锅中茶汤连同作料一一倾入盛有油炸食品的碗中,这样八宝油茶汤就做好了。待客敬油茶汤时,大凡由主妇用双手托盘,盘中放上几碗八宝油茶汤,每碗放上一只汤匙,彬彬有礼地敬奉客人。这种油茶汤,由于用料讲究,制作精细,一碗在手,清香扑鼻,沁人肺腑,喝在口中,鲜美无比,它既解渴又能充饥,还有特异风味,是我国饮茶技艺中的一朵奇葩。

(二)回族、苗族罐罐茶

居住在我国西北,特别是甘肃一带的一些回族、苗族、彝族同胞有喝罐罐茶的嗜好。走进农家,常会见到堂屋地上挖有一口大塘(坑),烧着木柴,或点燃炭火,上置一把水壶。清早起来,主妇就会赶紧熬起罐罐茶来。这种情况,尤以六盘山区的兄弟民族最为常见。喝罐罐茶,以喝绿茶为主,少数也有用油炒或在茶中加花椒、核桃仁、食盐之类的。罐罐茶的制作并不复杂。使用的茶具,通常一家人一壶(铜壶)、一罐(容量不大的土陶罐)、一杯(有柄的白瓷茶杯),也有一罐一杯的。熬煮时,将罐子围放在壶四周的火塘边上,倾入壶中的开水过半,待罐内的水重新

煮沸时,放上茶叶 8 ~ 10 克,使茶、水相融,茶汁充分浸出,再向罐内加水至 8 分满,直至茶叶又一次煮沸时,才算将罐罐茶煮好了,即可倾汤入杯开饮。也有些地方先将茶烘烤或油炒后再煮,目的是增加焦香味;也有的地方,在煮茶过程中加入核桃仁、花椒、食盐之类。但不论何种罐罐茶,由于茶的用量大,煮的时间长,所以茶的浓度很高,一般可重复煮 3 ~ 4 次。喝罐罐茶是当地迎宾待客不可缺少的礼俗。如果有亲朋进门,他们就会一同围坐火塘边,一边熬制罐罐茶,一边烘烤马铃薯、麦饼之类的食物,如此边喝酽茶、边嚼香食,可谓野趣横生。当地的少数民族同胞认为,喝罐罐茶至少有四大好处:提精神、助消化、去病魔、保健康。

(三)土家族擂茶

在湘、鄂、川、黔交界的武陵山区一带,居住着许多土家族同胞。千百年来,他们世代相传,至今还保留着一种古老的吃茶法,就是喝擂茶。擂茶,又名“三生汤”,是用从茶树上采下的新鲜茶叶、生姜和生米仁等三种生原料经混合研碎加水后烹煮而成的汤。相传三国时,张飞带兵进攻武陵壶头山(今湖南省常德境内),正值炎夏酷暑,当地正好瘟疫蔓延,张飞部下数百将士病倒,连张飞本人也不能幸免。正在危难之际,村中一位草医郎中有感于张飞部属纪律严明,秋毫无犯,便献出祖传除瘟疫秘方擂茶,结果茶到病除。其实,茶能提神祛邪,清火明目;姜能理脾解表,去湿发汗;米仁能健脾润肺,和胃止火。所以说,擂茶是治病良药。如今制作擂茶时,用料除茶叶外,再配上炒熟的花生、芝麻、米花等,另外还要加些生姜、食盐、胡椒粉等。制作十分简单,擂钵、擂棒清洗干净后,将茶和多种食品以及作料放在特制的陶制擂钵内,用硬木擂棍用力旋转,使各种原料相互混合,再取出一一倒入碗中,用沸水冲泡,用汤匙轻轻搅动几下,一钵香喷喷的擂茶就做好了。少数地方也有省去擂茶的环节,将多种原料放入碗内,直接用沸水冲泡的,但冲茶的水必须是现沸现泡。如果想加强其药用效能,还可在这些基本原料之外再加入金银花、黄菊花、甘草、陈皮等,可增加止咳化痰、清凉解毒之功效,成为地道的保健茶。土家族人都有喝擂茶的习惯。一般人们中午干活回家,在用餐前,总以喝几碗擂茶为快。有的老年人倘若一天不喝擂茶,就会感到全身乏力,精神不爽。不过,如果有亲朋进门,那么,在喝擂茶的同时,还必须设几碟茶点。茶点以清淡、香脆的食品为主,如花生、瓜子、米花糖、炸鱼片之类,以增添喝擂茶的情趣。

(四)回族刮碗子茶

回族主要居住在我国的大西北,以宁夏、青海、甘肃三省(区)最为集中。回族多居住在高原沙漠,气候干旱寒冷,蔬菜缺乏,以食羊肉、奶制品为主。而茶叶中存在大量维生素和多酚类物质,不但可以补充蔬菜的不足,而且还有助于去油除腻,帮助消化,所以自古以来,茶一直是回族同胞的主要生活必需品。回族饮茶方式多种多样,其中有代表性的是喝刮碗子茶。喝刮碗子茶的茶具俗称“三件套”,它由茶碗、碗盖和碗托组成。茶碗盛茶,碗盖保香,碗托防烫。喝茶时,一手提托,一手握盖,并用盖顺碗口由里向外刮几下,这样一则可拨去浮在茶汤表面的泡沫,二则使茶味与添加食物相融,刮碗子茶的名称也由此而生。刮碗子茶用的多为普通炒青绿茶。冲泡茶时,茶碗中除放茶外,还放有冰糖与多种干果,如苹果干、葡萄干、柿饼、桃干、红枣、桂圆干、枸杞子等,有的还要加上白菊花、芝麻之类,通常多达8种,故也有人美其名曰“八宝茶”。由于刮碗子茶中食品种类较多,加之各种配料在茶汤中的浸出速度不同,因此,每次续水后喝起来的滋味是很不一样的。一般来说,刮碗子茶用沸水冲泡,随即加盖,约5分钟后开饮。第一泡以茶的滋味为主,主要是清香甘醇;第二泡因糖的作用,就有浓甜透香之感;第三泡开始,茶的滋味开始变淡,各种干果的味道应运而生,具体依所添的干果而定。大抵说,一杯刮碗子茶,能冲泡5~6次,甚至更多。回族同胞认为,喝刮碗子茶次次有味,且次次不同,又能去腻生津,滋补强身,是一种甜美的养生方式。

(五)瑶族咸油茶

瑶族主要居住在广西,毗邻的湖南、广东、贵州、云南等山区也有部分分布。瑶族的饮茶风俗很奇特,喜欢喝一种类似菜肴的咸油茶,认为喝油茶可以充饥健身、祛邪去湿、开胃生津,还能预防感冒。对居住在山区的瑶族同胞而言,咸油茶是一种健身饮料。做咸油茶时很注重原料的选配。主料茶叶,首选茶树上生长的健嫩新梢。采回后,经沸水烫一下,再沥干待用。配料常见有大豆、花生米、糯粑、米花之类,制作讲究的还配有炸鸡块、爆虾子、炒猪肝等。另外,还备有食油、盐、姜、葱或韭等作料。制作咸油茶时,先将配料或炸、或炒、或煮,制备完毕,分装入碗。尔后起油锅,将茶叶放在油锅中翻炒,待茶色转黄、发出清香时,加入适量姜片和食盐,再翻动几下,随后加水煮沸3~4分钟。待茶叶汁水浸出后,捞出茶渣,再在茶汤中撒上少许葱花或韭段。稍时,即可将茶汤倾入已放有配料的茶碗中,并用汤匙轻轻地搅动几下。这样,香中透鲜、咸里显爽的咸油茶就做好了。由于咸油茶加有许多配料,所以与其说它是一碗茶,还不如说它是一道菜。由于敬咸油茶是一种高规格的礼仪,因此,按当地风俗,客人喝咸油茶一般不少于三碗,这叫“三碗不见外”。

(六)裕固族“三茶一饭”

西北的裕固族人每天吃一次饭,却要喝三次茶,这是他们三茶一饭的习俗。牧民们每天早起第一件事就是煮茶。用铁锅将水烧开,倒入捣碎的茯砖茶熬煮。直到茶汤浓酽时,再调入牛奶和食盐,用勺子在汤内反复搅动,使牛奶和茶汤搅和均匀。茶碗中先放入酥油、炒面、奶皮、曲拉等,搅拌而食。热茶倒入碗中,化开的酥油就像一块金色的盖子,盖住碗面;再用筷子一搅,炒面、奶皮、曲拉就成了糊状。这早茶就是他们的早餐了。午餐也饮茶,饮时与烫面烙饼同食。下午再喝一

次茶。一天总共喝三次茶。晚上放牧归来，全家才吃一顿饭，所以是“三茶一饭”。

综上所述，我国少数民族的饮茶方式大多为调饮，无论是烹煮、烘烤还是冲泡或凉拌，都要在茶中放各种配料或调味品。调味品有食盐、白糖、生姜、桂皮等。配料就更丰富了，芝麻、黄豆、核桃、蜂蜜、花生、糯米、牛奶、酥油、炒面等，都可与茶同食。

第三节　清饮和调饮的比较

一、从调饮到清饮的演变

饮茶是从调饮开始逐渐转为清饮的。所谓清饮就是直接用沸水冲泡茶，在茶中不加其他任何调味品，追求茶的真香实味，品尝茶的原汁原味。而调饮则是在茶的沏泡过程中添加一些既能调味又有营养的食品，以调味为主的有食盐、薄荷、柠檬等，以营养为主的有乳制品、蜂蜜、白糖等。调饮大多存在于少数民族中间，汉族只有极个别的地方尚存在。例如，浙江省湖州地区的烘豆茶，茶内放炒青豆、萝卜干、豆腐干等。湖南桃源县的擂茶，放老姜、芝麻、米、盐。汉族居住区内的调饮文化，大多有古老的历史。烘豆茶传说为大禹时期封禺地区的部落首领防风氏所喝的。擂茶据说是诸葛亮带兵至此时所喝的。这些传说虽说不可尽信，但可以说明这种调饮的方式是一种历史的遗存，对于我们考察饮茶方式的变化具有重要意义。

二、清饮的各种方式

汉族的饮茶方式，大致有品茶和喝茶之分。大抵说来，重在意境，以鉴别香气、滋味，欣赏茶姿、茶汤，观察茶色、茶形为目的，细啜缓咽，自娱自乐，注重精神享受者，称为品茶；在劳动之际，汗流浃背，或炎夏暑热，以清凉、消暑、解渴为目的，手捧大碗急饮者，称为喝茶。汉族饮茶，虽方法有别，却大都推崇清饮，认为清饮最能保持茶的“纯粹”，体会茶的“本色”，其基本方法就是直接用开水冲泡或熬煮茶叶，无须在茶汤中加入食糖、牛奶、薄荷、柠檬等其他饮料和食品，为纯茶原汁原味饮法。主要茶品有绿茶、花茶、乌龙茶、白茶等，而最有代表性的饮用方式，要数啜乌龙、品龙井、吃早茶、喝大碗茶、饮盖碗茶和泡九道茶了。

（一）潮汕啜乌龙

在闽南及广东的潮州、汕头一带，几乎家家户户、男女老少，都钟情于用小杯细啜乌龙茶。乌龙茶历来以香气浓郁，味厚醇爽，入口生津留香而著称，以往特别推崇武夷岩茶为贵，现则以安溪铁观音和武夷岩茶并列，同被视为中国乌龙茶中的两颗明珠。啜茶用的小杯，称之若琛瓯，只有半个乒乓球大。用如此小杯啜茶，实是汉族品茶艺术的展现。啜乌龙茶很有讲究。与之配套的茶具，包括风炉、烧水壶、茶壶、茶杯，被称为"烹茶四宝"。泡茶用水应选择甘洌的山泉水，而且必须做到沸水现冲。经温壶、置茶、冲泡，斟茶入杯，便可品饮。啜茶的方式更为奇特，先要举杯将茶汤送入鼻端闻香，只觉浓香透鼻。接着用拇指和食指按住杯沿，中指托住杯底，举杯倾茶汤入口，含汤在口中回旋品味，顿觉口有余甘。一旦茶汤入肚，口中"啧！啧！"回味，又觉鼻口生香，咽喉生津，回味无穷。这种饮茶方式，其目的已不仅仅在于解渴，主要在于鉴赏乌龙茶的香气和滋味，重在物质和精神的享受。

（二）杭州品龙井

龙井，既是茶的名称，又是种名、地名、寺名、井名，可谓"五名合一"。龙井茶向来以色绿、香高、味甘、形美"四绝"著称，与其说它是一种饮料，还不如说它是一种艺术珍品。杭州西湖龙井茶，用虎跑泉水冲泡，更是"杭州一绝"。品饮龙井茶，首先要选择一个幽雅环境。其次，要学会龙井茶的品饮技艺。沏龙井茶的水以80℃左右为宜，泡茶用的杯以白瓷杯或玻璃杯为上，泡茶用的水以山泉水为最。每杯撮上3～4克茶，加水至七八分满即可。品饮时，先应慢慢提起清澈明亮的杯子，细看杯中翠叶碧水，观察多变的叶姿。之后，将杯送入鼻端，深深地嗅一下龙井茶的嫩香，使人舒心清神。看罢、闻罢，然后缓缓品味，清香、甘醇、鲜爽应运而生。

（三）广州吃早茶

吃早茶是汉族的名茶加美点的另一种清饮艺术，多见于我国大、中城市，其中，历史最久、影响最深的是羊城广州。那里的人无论在早晨上班前，还是在下班后，抑或是朋友聚会，总爱去茶楼，泡上一壶茶，要上两件点心，美名"一盅两件"，如此品茶尝点，润喉充饥，风味横生。广州人品茶大都一日早、中、晚三次，但早茶最为讲究，饮早茶的风气也最盛。由于饮早茶是喝茶佐点，因此当地称饮早茶谓吃早茶。如此一口清茶，一口点心，使得品茶更加津津有味。现今，吃早茶已不再被单独地看作是一种用早餐的方式，而更重要的是把它看作一种充实生活和社交的手段。

（四）北京大碗茶

喝大碗茶的风尚，在汉族居住地区随处可见，特别是在大道两旁、车船码头、半路凉亭，直至车间工地、田间劳作，都屡见不鲜。这种饮茶习俗在我国北方最为流行，尤其早年北京的大碗茶，更是闻名遐迩。大碗茶多用大壶冲泡，或大桶装茶，大碗畅饮，热气腾腾，提神解渴。这种喝茶方式比较粗犷，颇有野味，但随意，

不用楼堂馆所，摆设也很简单，一张桌子，几张条凳，若干只粗瓷大碗即可。因此，它常以茶摊或茶亭的形式出现，主要供过往客人解渴小憩。大碗茶由于贴近社会、贴近生活、贴近百姓，自然受到人们的称道。即便是生活条件不断得到改善和提高的今天，大碗茶仍然不失为一种重要的饮茶方式。

（五）成都盖碗茶

在汉族居住的大部分地区人们都有喝盖碗茶的习俗，而以西南地区的一些大、中城市，尤其是成都最为流行。喝盖碗茶盛行于清代，如今在四川成都、云南昆明等地，已成为当地茶楼、茶馆等饮茶场所的一种传统饮茶方法。一般家庭待客也常用此法。饮盖碗茶一般有五道程序：一是净具，即用温水将茶碗、碗盖、碗托清洗干净；二是置茶，撮取的都是珍品茶，常见的有花茶、沱茶以及红、绿茶等；三是沏茶，一般用初沸开水冲茶，冲水至茶碗口沿时，盖好碗盖，以待品饮；四是闻香，泡 5 分钟左右，茶汁浸润茶汤时，用右手托起碗托，左手掀盖，随即闻香舒肺；五是品饮，用左手托住碗托，右手抵盖，倾碗将茶汤徐徐送入口中，细细品味，润喉提神，别有一番风味。

（六）昆明九道茶

九道茶主要流行于我国西南地区，以云南昆明一带最为普遍。泡九道茶一般用普洱茶，多用于家庭接待宾客，所以又称迎客茶。温文尔雅是九道茶的基本特色。因饮茶有九道程序，故名“九道茶”。一是赏茶，将珍品普洱茶置于小盘，请宾客观形、察色、闻香，并简述普洱茶的文化特点，激发宾客的饮茶情趣。二是洁具，迎客茶以选用紫砂茶具为上，通常茶壶、茶杯、茶盘一色配套，多用开水冲洗，这样既可提高茶具温度，以利茶汁浸出，又可清洁茶具。三是置茶，一般视壶大小，按 1 克茶泡 50 ~ 60 毫升开水比例将普洱茶投入壶中待泡。四是泡茶，用刚沸的开水迅速冲入壶内，至三四分满。五是浸茶，冲泡后，立即加盖，稍加摇动，再静置 5 分钟左右，使茶中可溶物溶解于水。六是匀茶，启盖后，再向壶内冲入开水，待茶汤浓淡相宜为止。七是斟茶，将壶中茶汤，分别斟入半圆形排列的茶杯中，从左到右，来回斟茶，使各杯茶汤浓淡一致，到八分满为止。八是敬茶，由主人捧茶盘，按长幼辈分，依次敬献。九是品茶，一般是先闻茶香清心，继而将茶汤徐徐送入口中，细细品味，以享饮茶之乐。

三、调饮在今天的延续

清饮讲求清雅怡和，茶叶冲以煮沸的清水，顺乎自然，清饮雅尝，寻求茶的固有之味，重在意境，与我国古老的“清静”的传统思想相吻合，我国江南的绿茶、北方的茉莉花茶、西南的普洱茶、闽粤一带的乌龙茶都属于清饮之列。调饮主要是地域性的，与历史传统和生活习惯有关，它是在烹茶时添加各种作料，讲求兼有作料风味，如酥油茶、盐巴茶、打油茶、擂茶、奶茶、香茶、三道茶、竹筒香茶、油盐茶、响雷茶、烤茶、凉拌茶、煮茶、酸茶、土锅茶、姑娘茶、腌茶、烧茶、青竹茶、八宝油茶、罐罐茶、刮碗子茶、咸油茶等。

饮茶，最早出现的是调饮，陆羽之后，受社会文化的影响发展出清饮，逐渐成为汉族饮茶的主流。汉民族区域现存的调饮多为一种历史遗存，而少数民族则一直延续了调饮的方式。清饮除了是一种习惯之外，更重要的是作为一种精神的滋润物，寄托着一种人生趣味与状态，周作人曾写道："喝茶当于瓦屋纸窗之下，清泉绿茶，用素雅的陶瓷茶具，同二三人共饮，得半日之闲，可抵十年的尘梦。喝茶之后，再去继续修各人的胜业，无论为名为利，都无不可，但偶然的片刻优游乃正亦断不可少。"①

第四节　茶　礼②

不同阶层的人，有着不同的饮茶习俗。不同阶层的茶俗，反映出不同人物的思想、情感、风致、行为，也成为不同时期的社会缩影的一个侧面。帝王饮茶，重在"茶之品"，讲究排场盛大、奢华享受，意在炫耀权力，夸示富贵；文人学士饮茶，重在"茶之韵"，意在托物寄杯，鉴赏艺术，追求雅致情趣；民间日常饮茶，重在"茶之趣"，虽淳朴平淡却蕴涵日常生活的哲理，在随意中不仅品味着茶的滋味，也在品味着生活的滋味。可见，中国茶文化对不同阶层的需求者，其作用和影响是不一样的，不同阶层的品茶观也情趣各异。

一、宫廷茶礼

唐宋以来，饮茶成为宫廷日常生活中的重要内容，有许多皇帝嗜好饮茶。在喜庆节日，宫廷还要举行排场宏大的茶宴，君臣共聚一堂。皇宫饮茶表现的是皇家气象、陶然自得的心态，显示的是豪华贵重、君临天下的权势。茶本为清芬洁净之物，但宫廷饮茶却有着富丽堂皇、豪华贵重的特点，讲究茶叶的绝品、茶具的名贵、泉水的珍御、汤候的得宜，以及场所的豪华、服侍的惬意。皇室饮茶，喝得潇洒，喝得浪漫，但其情怀的核心，还是追求豪华贵重的极致，在于炫耀显赫的权势和无比的富有。

皇宫饮茶的起始源远流长。周武王于公元前1066年伐纣时接受巴蜀之地的供茶，即为典籍最早的记载；周成王留下实行"三祭"、"三茶"礼仪的遗嘱；三国时

① 陈平原，凌云凤．茶人茶话［M］．北京：生活·读书·新知三联书店，2007：210．

② 本节主要材料来自：姚国坤．茶文化概论［M］．杭州：浙江摄影出版社，2004．余悦．事茶淳俗［M］．上海：上海人民出版社，2008．

吴王孙皓常赐茶儒士韦曜以代酒；西晋惠帝司马衷逃难时都把烹茶进饮作为第一件事；隋文帝由原不喝茶到嗜茶成癖，说明饮茶风尚已流传于帝王豪门之中。但皇宫茶饮的成形当在唐代；宋代皇宫茶饮得到进一步发展；清代则是皇宫茶饮的黄金时期。帝王饮茶极尽奢华，对茶叶穷极精巧，采摘要精细，制作要精当，印模要精美，命名要精巧，包装要精致，运送要精心；所用茶具极为精致，崇金贵银。即使是自然天生、甘甜清冽的泉水，也成了皇宫茶饮重视排场、讲究气势的物品。唐文宗时有"名山递水"之举，派人到无锡惠山汲取泉水，运到陕西长安，运程几千里。

中国历代皇帝，大都爱茶，还有不少好茶之痴，最有代表性的就是宋徽宗赵佶。他在位期间不问朝政，不仅爱茶，品茶赋诗，还研究茶学，尤其对茶叶的品评颇有见地，写了一部洋洋洒洒的《大观茶论》，从茶叶的栽培、采制到烹煮、鉴品，从烹茶的水、具、火到品茶的色、香、味，从煮茶之法到藏焙之要，从饮茶之妙到事茶之绝，无所不及，一一记述。宋徽宗还经常在宫中召集群臣"斗茶"，直到将全体臣僚斗倒为止。徽宗荒于政事，却流连于香茗之中，御笔作茶书，古今中外，仅此一人。

茶宴源于唐代，唐代宫廷常举办茶宴。宫廷茶宴中最豪华的当属一年一度的"清明宴"。唐朝皇宫在每年清明节这一天，要举行规模盛大的"清明宴"，以新制的顾渚贡茶宴请群臣。当时在浙江湖州的顾渚山设有贡茶院，专门制作贡茶供皇宫饮用，规定清明节前一定要送到长安。其仪规大体是由朝廷礼官主持，有仪卫以壮声威，有乐舞以娱宾客，香茶佐以各式点心，出示精美的宫廷茶具，以茶事展现大唐威震四方、富甲天下的气象，显示君王精行俭德、泽被群臣的风范。宫廷的茶宴对唐代茶会之风的兴盛产生了极大的推动作用。当时，后宫嫔妃宫女也有饮茶的习惯，她们饮茶十分讲究，不光注重茶叶的质量、茶具的精美，也注重饮茶的乐趣和心境。对她们而言，饮茶具有消遣娱乐性。有时举办茶会，大家在一起品茗赋诗，消磨时间，具有自娱自乐的性质。茶叶还具有多种保健的功效，嫔妃们饮茶又有注重美容养身的目的。因此，后宫茶事有着别具魅力的特点。

宋代宫廷也常举行茶宴，但论茶宴之盛还是在清代。史载，清代在重华宫举行的茶宴就有60多次，此宴一般是元旦后三日举行，由乾隆钦点能诗的文武大臣参加，一边饮茶一边看戏，用的是茶膳房供应的奶茶，还要联句赋诗，是极为风雅的宴会，所享的只有"果盒杯茗"，饮茶作诗才是主要内容，没有真才实学是不好应付的。对于文臣来说，能参加这样的茶宴是无上的荣耀。清代不仅有专门的茶宴，而且几乎每宴必须用茶，并且是"茶在酒前"、"茶在酒上"。康乾两朝曾举行过四次规模巨大的"千叟宴"，饮茶也是一项主要内容，开宴时首先要"就位进茶"。酒菜人人有份，唯独"赐茶"只有王公大臣才能享用，饮茶成了地位、职务和尊崇的象征。

皇帝在饮茶的同时,还时常将茶作为颁赐臣下的礼品,将美好的事物与臣子分享,以示对他们的恩宠、褒奖、鼓励、关怀等,体现了皇帝笼络臣下的"恩泽"。皇帝赐茶是神圣高雅的事情,赐茶的对象有皇亲国戚、文武百官,也有民间布衣、文人墨客。凡是受茶者,无不欢欣鼓舞,珍爱有加。在赐茶时,还有着等级之分,宋代贡茶品类大增,以北苑官焙所出之茶为最,建州龙凤茶入贡后的分配,也是依官员而定。

二、文人茶礼

中国古代,文人墨客和士大夫们作为一个群体,和茶有着不解之缘,他们对饮茶颇有讲究,精益求精,为品茗技艺作出了贡献,而且有意识地把品茶作为一种能够显示高雅素养、寄托感情、表现自我的艺术活动,刻意追求、创造和鉴赏,提高了饮茶的地位,将这源于民间的饮料提升为至清至雅之物,饮茶由此走向艺术化。可以说,没有古代文士便不可能形成以品为主的饮茶艺术,不可能实现从物质享受到精神愉悦的飞跃,也就不可能有中国茶文化的博大精深。文士们饮茶,饮的不光是茶,更是蕴涵在茶中的哲理诗意。中国古代文士的品饮艺术,核心是从品茗中获得养性之修养、情操之陶冶、清静之心境、精神之滋养。文士们的雅兴风流,也成为中国茶俗中最有韵味的一章。文士们爱茶,在文学作品和绘画中多有表现饮茶的内容。

以茶相伴是文士的雅趣。文士们离不开茶,饮茶可激发灵感,促神思,助诗兴。明代朱权在《茶谱》中写道:"茶之为物,可以助诗兴而云山顿色,可以伏睡魔而天地忘形。"[①]饮茶使人心灵平静,静绝尘想,特别是和心投意合的知己一起喝茶,其乐融融,心情十分畅快,于是诗兴有如泉涌,妙句不断。诗有茶更清新,茶有诗更高雅。茶可助诗,这是文人墨客的同感共识。

唐代大诗人白居易一生与诗、酒、茶为友,晚年嗜茶更甚,自称"竟日何所为,或饮一瓯茗,或吟两句诗"。他不仅酷爱饮茶,对茶叶的鉴赏力高,而且茶艺精湛,鉴茗、品水、看火、择器均有高人一等的见地,讲究饮茶的境界。白居易的茶诗在唐朝诗人中是最多的,他在茶诗中较多地流露出散淡闲逸的生活情趣。如《食后》:"食罢一觉睡,起来两瓯茶。举头看日影,已复西南斜。乐人惜日促,忧人厌年赊。无忧无乐者,长短任生涯。"又如《琴茶》:"兀兀寄形群动内,陶陶任性一生间。自抛官后春多醉,不读书来老更闲。琴里知闻唯渌水,茶中故旧是蒙山。穷通行止长相伴,谁道吾今无往还。"前一首诗表现了诗人吃罢饭睡觉,睡觉起来喝茶,在无忧无乐中生活,让生命自然流逝的情形。而另一首诗则表现了诗人无论顺境还是逆境都以高雅的音乐和茶为伴,任性而为的人生态度。这与我们在《琵

① 陈彬藩.中国茶文化经典[M].北京:光明日报出版社,1999.

琶行》和《卖炭翁》中所看到的白居易是不同的。

文人饮茶对环境、氛围、意境、情趣的追求体现在许多文人著作中。在文人雅士眼中，茶乃至洁至雅之物，因此，应该体现出“清”、“静”、“净”的意境：窗明几净的房屋，品行高洁的友人，月照松林，秉烛夜谈，清丽女子，汲泉扫雪，船泊江上，边饮边行，竹影婆娑，悠然自得。此境此景，可谓深得品茗奥妙。文人饮茶还十分注重品饮人员，与高层次、高品位而又通茗事者款谈，才是其乐无穷。到了明代，连饮茶人员的多少和人品、品饮的时间和地点也都非常讲究起来。张源在《茶录·饮茶》中写道：“饮茶以客少为贵，客众则喧，喧则雅趣乏矣。独啜曰神，二客曰胜，三四曰趣，五六曰泛，七八曰施。”①

古代文人多风雅，很多人都是琴棋书画样样精通。雅事和饮茶有异曲同工之妙，文人的清趣与茶叶的清逸可谓是相得益彰，因此，文人多爱以茶辅雅兴，或以其他雅趣辅以品茗，他们追求的正是诗意的生活状态。如耶律楚材的《湛然居士文集·夜坐弹离骚》：“一曲离骚一碗茶，个中真味更何加。香销烛烬穹庐冷，星斗阑干月正斜。”②描述了诗人在晚上，一边喝茶一边弹奏《离骚》，在这种情况下，所有的心情真是无以复加。茶香已经飘散了，蜡烛也熄灭了，这时只看到清冷的夜空和夜空中稀疏的星星和斜挂着的月亮。这首诗在所有茶诗中是比较有特色的。以茶睹书，茶香，书也香。阅一卷古书，饮一杯清茶，实为兴趣盎然之事，若有知音在身边，更是人生一大乐事。南宋著名女词人李清照与其丈夫、金石学家赵明诚常常在一起品茶取乐，并经常采用“茶令”研讨学问，当沏好茶后，一人开始讲史书上记载的某一段史实，讲完后，另一人必须随即讲出这一史实在书中的某卷、某页和某行，如果答不上来，茶是不能品的，只允许闻一闻茶香，他们以饮茶作押、猜典述故以较胜负的故事，素来被传为美谈。此外，还有以茶助画、以茶助书法、以茶助琴等。品茗成为融会各种雅事的综合性文化活动，这些充满艺术审美性的雅事，和茶的内质是相通的，都谙于品鉴和审美，企望优雅和风致，融入感悟和心智。

中国传统文人自有着一股狷狂之气，他们生性清高孤傲，不肯苟同于流俗。奇才怪杰多爱茶，爱的最是茶之品性高洁清雅。饮茶能使人神清气爽，涤尽尘烦，达到空澈澄明、宁静淡泊的境界。宋代理学之集大成者朱熹，一生大部分时间在福州（今建瓯）和武夷山区度过，曾作《吟茶诗》：“武夷高处是蓬莱，采取灵芽手自栽。地僻芳菲镇长在，谷寒彩蝶未全来。红裳似欲留人醉，锦幛何妨为客开。咀罢醒心何处所，近山重叠翠成堆。”在朱熹看来，茶是文人精神的一个象征。它不仅和竹子一样，具有君子的品格，而且饮茶是可以空尘虑的，即忘却琐屑的生活杂

① 陈彬藩. 中国茶文化经典[M]. 北京：光明日报出版社，1999.

② 陈彬藩. 中国茶文化经典[M]. 北京：光明日报出版社，1999.

事和繁多的人生烦恼,进而达到一种"悦心目"的精神境界。清代"扬州八怪"之一的郑板桥生活贫困,却能苦中作乐,自得其乐。他饮茶注重的是那份怡然自得的清趣,虽居陋室,却有清风徐来,兰香袭人,这种雅趣,不是那种富贵人家所能体会到的。若有闲暇,对着碧竹幽兰,细细品茗,微风细雨,便引诗情至碧霄。往来的都是志同道合的好友,促膝长谈,实为人生美事。郑板桥虽自称不是安享之人,却颇得饮茶之真味,饮茶,重的就是这份内心的平和、自在、冲澹、悠然。

我国古代的文人墨客很早就与茶结下了不解之缘,正是他们发现了茶的物质与精神的双重属性,从而找到了人与茶的天然契合点。茶不仅可以激发他们的文思画意,也是他们的精神寄托。通过饮茶,他们得到了一种生理和心理上的愉悦。他们饮茶、爱茶、识茶,在他们的艺术创作中,茶是沟通天地万物的媒介,也是托物言志的方式。中国文士重视品茶,也懂得雅赏。他们不仅在品茗中获得极大的精神愉悦,也善于将这种自在适意的心情表现出来。茶犹如清丽婉柔的佳人,翩然起舞于美丽的艺术花园中。在诗词、散文、小说、绘画等各项艺术中,都有茶的俏丽身影。文士们将饮茶视为雅事,自然喜欢在诗词书画中表现难以言说的饮茶清兴。这些优秀的茶诗、茶画是我国艺术宝库里璀璨的明珠。

三、民间茶礼

饮茶真正的生命来自民间,源于民间,并根植于民间。平民化、大众化的饮茶,进入文人化、贵族化的品位,再由处于宝塔尖的宫廷化的小文化群落,转而返归到犹如松柏常青的大文化群落,才使中国的茶礼精致、精彩、精美、精巧,才使中国的茶文化蕴涵长盛不衰的生机。

日常家居饮茶,淳朴自在,随心所欲,老百姓们在日常饮茶中不仅品味着茶的清香滋味,也在品味着生活的甘甜滋味。有宾客上门时,饮茶则更为丰富,佐以各种特色茶点,大家聚在一起,谈笑风生,热闹非凡。吃茶自古有之,却颇为士大夫所不屑,但民间还保留着吃茶的古老遗风,茶叶配以丰富的作料,吃茶后满口余香,令人回味不已。随着季节的变化,民间还有着风格各异、妙趣横生的各种茶饮。世俗饮茶,具有姿态万千、醇厚绵长的特色。由于几千年来人们对茶的精神品格的深刻认识以及自然条件、社会环境、文化背景的差异,形成了多种多样的饮茶礼仪,主要体现在待客、婚俗、丧仪、祭祀等方面。

(一)客来敬茶

中国人自古以来就有以茶待客、以茶示礼的风俗。中国人有这样的习惯,凡有客来,主人定会捧出一杯热气腾腾的清茶,这是必到的礼仪,可以表敬意、洗风尘、叙友情、重俭朴,主客在饮茶时共叙情谊,其乐融融。这一传统礼仪至少已有上千年的历史。据史书记载,早在东晋,太子太傅桓温"用茶果宴客",吴兴太守

陆纳以茶招待来访的谢安。到宋代,因饮茶之风盛行,这种茶礼也就相沿成习了。客来敬茶特别讲究真诚淳朴,首先是注重茶的质量,有宾客上门,主人家往往将家中最好的茶叶拿出来款待客人。敬茶以沸水为上,"无意冲茶半浮沉",用未开的水冲的茶叶,一定浮在杯面,这被认为是无意待客,有不够礼貌之嫌。如果时间仓促,用温水敬茶或先端凉茶待客,主人会向客人表示歉意,并立即烧水,重沏热茶。其次讲究敬茶礼节。"客到一杯茶",主人敬茶时,无论是客人坐在对面还是左边或右边,按中国人的礼节,都必须恭恭敬敬地用双手奉上。讲究一些的,还会在茶杯下配上一个茶托或茶盘。奉茶时,"请"字当先,用双手捧住茶托或茶盘,切忌捏住碗口,举到胸前,轻轻说一声"请用茶!"这时客人就会轻轻向前移动一下,道一声"谢谢!"或者用右手食指和中指并列弯曲,轻轻叩击桌面,表示"双膝下跪"的感谢之意。如暂时不喝,放于茶几上,不可随意置于他处。客人为了对主人表示尊敬和感谢,不论是否口渴都得喝点茶。客来敬茶,体现的是以茶为"媒",首先是为了向来客示敬,其次也是为了让远道而来的客人清烦解渴,再者也表达了主人让客人安心入座和留客叙谈之意,使气氛更加融洽。

安徽徽州人的茶礼非常讲究,有民谚说:"上茶三分等"。有宾客上门,主人家首先端上醇香的热茶。给客人上茶,双手上为敬。茶满八分为敬,饮茶以慢和轻为雅。有贵宾临门或是遇上喜庆节日,讲究吃"三茶",就是枣栗茶、鸡蛋茶和清茶。大年初一、正月拜年、婚礼、新娘回门都要吃三茶。三茶又叫"利市茶",象征着大吉大利、发财如意。

在湖南怀化地区芷江、新晃侗族自治县的侗族同胞喜欢用甜酒、油茶招待客人,请人进屋做客,要用酒肉相待,对客人还有"茶三"(吃油茶要连吃三碗)、"酒四"(酒要连喝四杯)、"烟八杆"(烟要连抽八袋)的招待规矩。

西南人敬茶讲究"三道茶",每道茶都有含义。一道茶不饮,只是表示迎客、敬客;二道茶是深谈、畅饮;三道茶上来即表示主人要送客了。在喝茶的整个过程中,体现了人们从茶中悟到的交友之道。客初至,谈未深,茶尚淡,故仅示敬意而并非真饮;谈既洽,情益笃,茶亦浓,应细细品味,茶之甘甜香浓如同友情之真挚;谈既尽兴,茶亦淡,此时送客也在情理之中。

另外,在敬茶待客过程中,还有着许多基本的原则。例如,"嫩茶待客":在产茶区,茶农们多以上好的茶叶待客。茶农热情好客,平时自己多饮粗茶,客人上门则敬以细茶。闽西客家人家家备茶,有嫩、粗两种。粗茶置于暖壶内冲泡,自饮解渴;嫩茶为待客之用。客来,先递上一杯茶,以小茗壶冲泡,用小杯品茗。"礼遇长者":陕西农村如乡贤长者、至亲老人来家,主家多用烧小罐罐清茶的方式敬奉。因熬小罐罐清茶所用为好茶、细茶,烧大罐罐面茶,则用粗茶、大路茶。"因客制宜":江南饮茶,有在茶叶中另加搭配的习俗。若来客为老年人,加放几朵代代花,一是香气浓郁,二是祝福老人及子孙代代富贵;来客若为新婚夫妇,则杯中各放两枚红枣,寓有甜甜美美、早生贵子之意。

招待客人饮茶有着各种礼仪,受到隆重接待的客人,要想尽情体味茶之神韵、领略茶之精髓,还得了解各地的饮茶习俗。在湖北黄冈地区,“东家到西家,进门一杯茶”,若不懂这里的乡规,客人不将杯底茶叶渣倒去,主人就斟了又斟。在山东泰安,人们在走亲串友饮茶时,还要注意,客人不能随便将茶根倒掉,因为只要泼了茶根,主人就不再往杯里倒水了,认为你喝足了。而且倒茶根,特别是喝一杯倒一杯,对主人是不礼貌的,会引起别人的厌烦,说这种人没学问、没家教。福建、广东一带以工夫茶礼客,客人品尝,不可一饮而尽,应拿起茶盏,由远及近,由近再远,先闻其香,然后品尝,否则主人要嗔怪为“不懂规矩”。到藏民家喝酥油茶时,不能吹着喝,这样会让主人很难堪,因为主人会认为这样做的意思是他们家的茶里没有酥油只有茶。

(二)茶与婚俗

在我国,茶被看作是一种高尚的礼品,是纯洁的化身、吉祥的象征,从而被寄寓某种特定的含义,因此,茶与婚俗结缘很早。据《旧唐书·吐蕃传》记载,唐贞观十五年(641 年)文成公主入藏时,在陪嫁的礼品中就有茶叶,并由此开创了西藏饮茶之风。这一方面是因为唐代饮茶之风很盛,茶已在汉人日常生活中占有特殊的地位;另一方面,唐太宗以茶做嫁妆,是悟茶多子,其性不移,作为婚姻美满的象征。到了宋代,婚俗与茶的关系基本定型,茶叶已成为婚姻中不可缺少的礼品。明代许次纾在《茶疏·考本》中说:“茶不移本,植必子生。古人结婚必以茶为礼,取其不移植子之意也。”①可以看出,古人结婚以茶为礼是取其“不移志”之意。他们认为,茶树只能以种子萌芽成株,而不能移植,可用来表示爱情忠贞不渝;因“茶性最洁”,可用来表示爱情冰清玉洁;因茶树多籽,可用来象征子息繁盛、子孙满堂;因茶树四季常青,又可表示爱情永世常青。所以民间男女订婚要以茶为礼,茶礼成为男女之间确立婚姻关系的重要形式。尽管古人认为茶树只能用种子繁殖、移植就会枯死是一种误解,但祝愿男女青年爱情从一、至死不渝是符合中国传统道德的。在现代生活中,我国许多农村仍把订婚、结婚称之为“受茶”、“吃茶”,把订婚的定金称为“茶金”,把彩礼称为“茶礼”。

在婚嫁习俗形成过程中,我国南方地区形成了特殊的“三茶六礼”习俗。“六礼”在周代就已形成。《礼记·昏义》记载了传统婚姻的“六礼”,即纳采、问名、纳吉、纳征、请期、迎亲。“纳采”是男方托媒向女方提亲,女方答应后,男方执礼物向女方求婚;“问名”是男方问清女方的姓及出生年月日,回家后占卜吉凶;“纳吉”是男家卜得吉兆后,备下彩礼通知女方,决定联姻;“纳征”是订婚聘

---

① 陈彬藩.中国茶文化经典[M].北京:光明日报出版社,1999.

礼;“请期”指择定吉日,向女家征求意见;“迎亲”就是新郎迎娶新娘。“三茶”通常指下茶、受茶、合茶。南方地区的婚俗中少不了茶,在“纳吉”后即男方托媒人携茶礼向女方提亲后,男家客人入座,姑娘要有礼貌地按辈分高低、年龄长幼依次敬甜茶,称为“下茶”。通过姑娘敬茶的举止,男方可以评价姑娘的人品、仪表、素质;女方如果同意婚事,就收下礼物,称为“受茶”。“下茶”之后,男方就要择吉日大办婚宴,俗称“吃安心酒”。迎到男家后,就要举行“合茶”大礼,在浙江德清一带,新娘要带一包茶、一包米到男家,在婚礼上举行煮蛋熬粥的“奉茶认亲”仪式。“三茶六礼”成了“明媒正娶”的代名词,这一习俗一直延续到现在。

我国地域广阔,民族众多,茶在各地区各民族的婚俗中都占有重要的地位。由于各地民俗风情存在很大差异,所以与婚姻相关的茶俗也各有特色。

在浙江一带,举行婚礼时有“三道茶”的仪式。第一道茶是白果茶,新郎新娘接过茶,双手捧着,对着神龛和公婆作一深揖,然后将茶碗往嘴唇边一触而过;第二道茶是莲子、红枣茶,与第一道茶相似;第三道茶是清茶,新郎新娘对着神龛、公婆作揖,夫妻俩面对面一饮而尽。前两道茶是敬神灵和父母的,一是感谢神灵赐福,二是感谢父母的养育之恩,所以不能喝掉;第三道茶表示夫妻恩恩爱爱、白头偕老的意思,所以夫妻对拜后要一饮而尽。

湖南衡阳一带有“吃和合茶”、“吃抬茶”的婚姻习俗。大喜之日闹洞房时,围观的人让新郎新娘同坐一条板凳上,各自把左腿放在对方右腿上面,新郎用左手搭在新娘肩膀上,新娘则以右手搭在新郎肩膀上,空下的两只手,以拇指与食指共同合为正方形,旁边人则取茶杯放在其中,斟满茶后,闹洞房的人依次上去品尝,这种茶叫作“和合茶”,蕴涵着嘱咐新婚夫妇日后和和美美、阖家欢乐之意。“吃抬茶”是在婚礼上让新郎新娘两人共抬一只茶盘,上面摆着盛满茶水的杯子,新婚夫妇抬着茶盘按辈分大小依次走到客人面前,请大家饮用。

在湖南农村,男女订婚,要有“三茶”,即媒人上门,沏糖茶,表示甜甜蜜蜜之意;男青年第一次上门,姑娘送上一杯清茶,以表真情一片;结婚入洞房时,以红枣、花生、桂圆和冰糖泡茶,送亲友品尝,以示“早生贵子跳龙门”之意。

在安徽贵溪地区,青年男女订婚相亲之日,用大红木盆盛上佐茶果品和各家送来的礼品,传送到相亲的人家,款待亲家,称为“传茶”,是传宗接代的意思。

台湾地区举行婚礼时,除了拜公婆之外,还要向男方长辈举行敬奉甜茶的仪式。新郎的长辈在厅堂里依辈分坐定后,新娘端着茶盘由伴娘陪着走进厅堂,向长辈逐个敬献甜茶,表示日后家庭和睦相处,夫妻恩爱有加。

广东顺德一带,新娘初次从娘家回来,要举行“跪茶”仪式。当新娘未进门时,在厅堂先摆上一张四方桌,桌上摆放一把茶壶,茶盘上放两只小茶盅。新娘踏入门槛后,用双脚膝行至桌前方,向公婆叩头三拜,再膝行至桌后方,叩头三拜,然后起身给公婆敬茶,以示对公婆的孝顺。

在江西婺源地区,姑娘出嫁前,要亲手用丝线和最好的茶叶扎一朵茶花,出嫁那天,姑娘当着亲戚朋友的面用开水冲泡茶花,敬奉给公婆、宾客,这时,亲友们会评价茶花及茶水的品质,如果茶花外形漂亮,茶汤美味,就象征着这对新婚夫妇未来生活的美好。"喝新娘茶"是婺源地区的传统风俗。姑娘结婚那天,要亲自用铜壶烧一壶茶,在婚礼上按辈分大小依次给亲朋好友沏上一杯香浓可口的茶水,亲友们一边品饮新娘茶,一边相互交谈,共同祝福新郎新娘婚后生活美满。"喝新郎茶"是婺源地区的又一风俗。在新婚的头一年,老丈人家的亲戚朋友及邻里,要在来年农历正月接新郎官,俗称"接新客"。接新客这一天,主人一般要请几位酒量相当的宾客作陪,将珍藏多时的上等好茶给每人沏上一杯,边喝茶边叙旧,待茶过三巡后,酒菜也上桌,一般先敬新郎官一杯,后互相敬酒。按当地的风俗,新郎官须喝醉了才尽兴,但体贴的妻子会替新郎官泡上一杯浓茶,以表达夫妻之间互敬互爱之情。

湖南临武、桂阳、隆回、新宁诸县汉、瑶等民族,男方向女方"下茶"(即"送茶")除送其他礼物外,必须要有"盐茶盘",这是一种颇具地方特色的习俗。所谓"盐茶盘",就是用灯芯草染色组成"鸾凤和鸣"、"喜鹊含梅"等图案,同时以茶与盐堆满盘中空隙,称之为"正茶"。女方接受"盐茶盘",表示双方婚姻关系确定;如果女方拒绝接受"盐茶盘",表示女方不接受这段婚姻。

贵州的侗族姑娘如果对父母包办的婚姻不满意,不愿出嫁,就用纸包一包干茶叶亲自送往男家,把茶叶包放在堂屋桌子上,转身就走,只要不被男家人抓住,婚约就算废除。这就是所谓的"退茶",就是指退掉了定亲礼。

云南白族青年男女订婚或结婚,男方送女方钱物可不论多少,但一定要送以茶为主的四样彩礼,即茶、酒、糖、盐,每样都要是六包、十六包或六瓶、十六瓶。因"六"与"禄"、"乐"谐音,借以讨口彩。在婚礼仪式上,白族人的"闹茶"很有文化气息,通常是对歌、猜谜、联对、赋诗等,花样繁多。有时由客人出题,让新人以歌作答;或者出个连环谜,叫新郎新娘双双回答;或者出了上联,让新郎新娘对下联;或者限题作诗、步韵奉和等。若是新郎新娘不依从,客人们则不饮他们斟上的茶;若是新郎或新娘回答得文不对题,自然会引起哄堂大笑。至今在大理的白族婚礼上还可以见到"闹茶"的习俗。

云南怒江畔的德昂族以茶求婚,就是小伙子征得姑娘同意后,约定好时间和地点,把姑娘接到自己家中,并把一包茶悄悄地挂到女方家门口,以示姑娘已离家去男方家。一般两天后,男方会请媒人去女方家说媒,并再带上一包茶叶、一串芭蕉和两条咸鱼。如果女方家同意这门亲事便收下礼品,否则只得将姑娘送回家。另外,德昂族青年男女举行婚礼时,贺客还要特意送上一棵茶树。因为德昂族人

认为自己的民族起源于一棵茶树，视茶为民族之魂。[①]

云南独龙族男青年如果找到了自己心仪的姑娘，会请一个能说会道且有威望的已婚男子当媒人，媒人要提上茶壶到姑娘家，并以最快的动作将茶壶灌上水烧开，然后在姑娘家碗架上取下碗，把茶水倒入碗内，按姑娘家的辈分顺序每人面前放一碗，接着开始说婚事，说到深夜，茶水从热到冷又从冷到热，姑娘家的人一个也不喝；说婚人第二天晚上又来。连续三个晚上，若茶水仍没有人喝，就说明姑娘家不同意这门亲事；如果姑娘家的人都喝了茶，这门亲事就成了，双方可约定时间订婚。

贵州的侗族人有“吃油茶”的说法，这是侗族未婚青年向姑娘求婚的代名词。如果有媒人到某户姑娘家，说是“某家让我来你家向姑娘讨碗油茶吃”，言外之意就是向这户姑娘求婚，一旦女方父母同意，男女青年婚事就算定了，所以说“吃油茶”并非单纯的喝茶之意。

在甘肃裕固族人的婚俗里，婚礼的第二天天亮之前，由新娘首次在婆家灶房里点燃灶火，称为“生新火”。接着要用新锅熬煮第一锅新茶，叫“烧新茶”。茶烧好后，新郎即请来全家老小，按辈分向新娘一一介绍称谓。新娘则为全家每人舀一碗新茶（酥油奶茶）献上，以示尊老爱幼，全家幸福。

在西北地区的回族、东乡族、保安族聚居地，有送茶包的婚俗，即男方看准女方后，先请媒人去女方家说亲，若女方家长同意，男方就会用大红纸包茯砖茶或毛尖茶、沱茶等，外贴喜庆剪花，再用红盒装上冰糖、红枣等，扎上红线，由媒人送往女方家中，称为“送茶包”。女方一旦收了茶包，婚姻就算告成。

新疆的塔吉克族青年男女新婚一周后，新郎需在好友陪同下，去向岳父母请安。而当新女婿告辞时，岳父母回赠的礼品中，必定有一个精美的茶叶袋。这是因为塔吉克人爱饮茶，茶是富裕的象征，它是岳父母祝女婿成家后兴旺发达的意思。

浙江的畲族青年男女喜结良缘时，要行婚礼茶，即新郎新娘拜堂后，由新娘向长辈及来宾一一敬上甜茶。宾客在饮茶后，大都会在空茶杯中放上一个小红包，以回敬新娘。

在西南地区的拉祜族青年男女求爱时，男方去女方家求亲，礼品中须有一包自己亲手制作的茶叶，另加两只茶罐，女方通过品尝茶叶质量好坏来了解男方的劳动本领和对爱情的态度。

地处四川西北一带的羌族婚俗中有“吃茶”的习俗。先是男家带着彩礼到女家，当得到女家许婚后，男家会派人来迎亲，这时全村人都会跟着迎亲的队伍举行

---

① 德昂族民族史诗《达古达楞格莱标》（意为“最早的祖先传说”）中记载：大地上的植物与人类都是茶树创造的。参见：陈珲，吕国利．中华茶文化寻踪[M]．北京：中国城市出版社，2000：35－38．

“吃茶”的仪式,村村寨寨的人都出来给迎亲队伍献茶和祝福。等到沿途茶吃够了,祝福也载满了,吃茶的人才散去。

居住在内蒙古、辽宁一带的撒拉族青年男女相爱后,就由男方择定吉日,托媒人去女方家说亲,送“订婚茶”,其中包括砖茶和其他一些礼品。一旦女方接受“订婚茶”,就表明婚姻关系已定。

蒙古族姑娘在结婚后的第一件事,就是当着婆家众多亲朋好友的面,熬煮一锅咸奶茶,一则表示新娘家教有方,二则显示姑娘心灵手巧,技艺不凡,三则比喻姑娘对爱情专一。

藏族同胞一向将茶看作是珍贵的礼品,特别是在青年男女订婚时,茶更是必不可少的。结婚时,总要熬煮许多酥油茶来招待客人,并以茶的红艳明亮的汤色,比喻婚姻的美满幸福。藏族有些地区把饮茶聚会作为青年男女找对象的活动方式,称之为“茶会”。这一天,男女青年带着熬好的酥油茶到约定地点聚会,双方一边喝着酥油茶一边对歌,并通过互敬酥油茶的机会抢对方的帽子或头巾,被抢者就追赶讨还,避开人群后,两人找一个幽静的地方进一步交谈,如双方有意,就可结为良缘,如一方无意,则礼貌地要回自己的帽子或头巾。

(三)茶与丧俗

在中国古代祭祀及丧葬习俗中,茶的使用也非常普遍。以茶为祭的历史悠久,至少可以追溯到南北朝时期。现存用茶叶作祭的最早记载见于梁萧子显撰写的《南齐书·武帝本纪》,南朝梁武帝萧衍曾立下遗嘱:“我灵上慎勿以牲为祭,唯设饼、茶饮、干饭、酒脯而已。天下贵贱,咸同此制。”[①]自南朝齐武帝开了以茶为祭的先河之后,逐渐形成一定的形制,并把这一习俗保留了下来。茶可用来祭天、祭地、祭神、祭佛,也可用来祭鬼魂。上至皇宫贵族,下至庶民百姓,在祭中都离不开茶。

以茶祭祀,一般有三种方式:以茶水为祭,放干茶为祭,以茶壶、茶盅象征茶叶为祭。以茶水为祭是最常见的,江南地区除夕的晚上,还可见到以茶祭祖的传统习俗。大约在傍晚五时左右,家族的长辈(通常是男性长者)备好丰盛的祭品,当然少不了茶水一杯,放在祭桌上。祭祀开始时,一家之主嘴里念念有词,祈祷祖先保佑全家平安、子孙后代成才。祈祷完毕,主人会烧一些纸钱,借此与自己的祖宗对话,最后将茶水泼在地上,希望祖先也能品饮清香的茶水。也有一些地区祭祀时用干茶及借茶壶象征茶水。清代宫廷祭祀祖陵时也用干茶。而在我国民间,则历来流传着以“三茶六酒”(三杯茶、六杯酒)和“清茶四果”作为丧葬中祭品的习俗。例如,在广东、江西一带,清明祭祖扫墓时,就有将一包茶叶与其他祭品一起

---

① 陈彬藩.中国茶文化经典[M].北京:光明日报出版社,1999.

摆放于坟前或在坟前斟上三杯茶以祭祀先人的习惯。

此外,在我国南方的丧葬习俗中,有给死者用茶叶枕头的习惯。茶叶枕头的枕套用白布做成,里面用粗茶灌满,制成三角形。江苏南部一些地方在死者入殓时,棺材底先撒上一层茶叶、米粒,这样做的目的,一是让死者在阴间可以继续喝茶,二是有利于消除异味和保存遗体。在安徽寿县,人们认为死后手中放一包茶叶可避免过孟婆亭时饮迷魂汤。而浙江一带的葬俗中,死者临终前除口衔银锭外,另用甘露叶做一菱形的附葬品,再在死者手中置茶叶一包,当地风俗认为死者如有这两物,死后如口渴,就不需饮迷魂汤了。

丧葬时用茶叶,大多是为死者而备,但我国福建福安地区悬挂龙籽袋却是为活人而备。旧时福安地区,凡家中有人亡故,都得请风水先生看风水,选择"宝地"后再挖穴埋葬。在棺木入穴前,由风水先生在地穴里铺上地毯,口中念念有词,这时香烟缭绕,鞭炮声起,风水先生将一把把茶叶、豆子、谷子、芝麻及竹钉、钱币等撒在穴内地毯上,再由亡者家属将撒在地毯上的东西收集起来,用布袋装好,封好口,悬挂在家中楼梁式木仓内长久保存,名为"龙籽袋"。龙籽袋据说象征死者留给家属的财富:茶叶可驱妖除魔,保佑死者的子孙消灾祛病、人丁兴旺;豆子和谷子等则象征五谷丰登、六畜兴旺;钱币等则寓示子孙享有金银钱物,财源茂盛,吃穿不愁。

在少数民族地区,以茶祭神更是习以为常。湘西苗族居住区,旧时流行祭茶神,祭祀分早、中、晚三次:早晨祭早茶神,中午祭日茶神,夜晚祭晚茶神。祭茶神仪式严肃,说茶神穿戴褴褛,闻听笑声,就不愿降临。因此,白天在室内祭祀时,不准闲人进入,甚至会用布围起来。倘若在夜晚祭祀,也得熄灯才行。祭品以茶为主,也放些米粑及纸钱之类。住在云南景洪基诺山区的一些兄弟民族,每年正月间要举行祭茶树仪式,其做法是各家男性家长,在清晨时携一只公鸡,在茶树底下宰杀,再拔下鸡毛连血粘在树干上,并口中念念有词,说:"茶树茶树快快长,茶叶长得青又亮。神灵多保佑,产茶千万担。"据说这样做,会得到神灵保佑,期待茶叶有个好收成。

茶最初是作为药被中国人发现的,后来被用来做汤,即所谓羹,后来它从羹中彻底摆脱出来,成为完全独立的饮料。大约在宋代,就有了"开门七件事,柴米油盐酱醋茶"的说法,茶成了中国人日常生活的必需品。喝茶是一种生活习惯,但又不仅仅是生活习惯,它和人的精神生活有密切的关系。也就是说,喝茶既是生理的需要,也是精神的需要。茶所对应的是一种闲适的生活,一种心平气和的心理状态,一种理性和清醒的人生,一种更接近常人的人格。

唐代出现了对茶进行全面理论概括的《茶经》,而文人们也自觉地把饮茶当作表现自己的情趣和心境的一种生活艺术。可以说,饮茶从唐代开始已不再是简单地满足口腹之欲,而是赋予了茶和饮茶以更多的精神方面的内容。茶更多地成为一种文化符号。陆羽的《茶经》是对茶的产区、特点、用具、历史、品饮以及茶的精神内涵第一次进行了全面的概括和总结,他不仅开创了我国茶学专著的先河,也是第一个将饮茶从人的物质生活需要提升为精神生活需要的人。他将饮茶与儒家思想衔接起来,赋予了其修养品行、砥砺志节的功能。通过陆羽所制定的煮茶程序,我们可以看出这已经不是为了达到喝茶的目的而必需的一个操作过程,而是融技术与欣赏于一体的创造,是一种艺术活动、艺术创造。这种艺术活动的主要特点是精致。从煮水开始,就要求煮茶者细致地观察水的变化,准确地掌握稍纵即逝的时机。在一沸时加入适量的盐,在第二沸时出水一瓢,再用竹夹环绕着搅水,在形成的旋涡中心倒入茶末。当水再次沸腾时将盛出的水倒入,使汤上产生大量的泡沫。这里的每一个步骤操作都必须掌握得恰到好处。这就要求煮茶人技艺娴熟,全神贯注。当茶盛到碗里时,要使各个碗中的浮沫均匀,然后要会欣赏这些浮沫的千姿百态,利用想象营造出各种美妙的形象。这是一个审美的过程,即将茶上的浮沫作为一件艺术品来对待。这个审美对象是细小的,浮沫之间的差异是细微的,这就需要鉴赏者的审美感觉非常敏锐细腻,否则就不会因之产生那么多的联想,不会产生审美感受。每一次煮好的茶,又只能喝五碗,乘热连续喝下去。每一碗之间滋味的差别是很小的,这又要求饮者的味觉非常敏锐,否则就无法区分辨别每一碗茶之间的微妙差别。整个过程有技艺的美、视觉的美和味觉的美,同时还要求饮者心平气和,恬适自在。让精神处在一种放松与平静的状态之中,一种轻松愉悦的状态之中。可以想见,整个煮茶的过程是比较长的,但喝到的茶并没有多少。所以这种喝茶并不是为了解渴,而是品尝物质的美味并使之与精神的状态相一致。所以我们说,陆羽使饮茶达到了一种艺术化的高度。

更为重要的是,从陆羽开始,文人们开始有意识地对民间流行的饮茶方式加以改造,在这种改造后的饮茶方式中,往往寄托了文人们的社会理想、美学趣味和人生态度,使饮茶方式中具有了更加丰富的文化内涵。但我们也应该注意到,这种对饮茶方式的人为改造和设计,主要对汉民族的品饮方式发生了影响,而各少数民族的饮茶方式,更多的是自然形成的,保留了更为淳朴的生活习俗与情趣。

第三章 茶艺

第一节 茶艺的概念和分类

一、茶艺的概念

“茶艺”一词是台湾茶人在20世纪70年代后期提出的，台湾茶人当初提出“茶艺”是作为“茶道”的同义词、代名词。目前，“茶艺”一词已被海峡两岸普遍接受，但对“茶艺”的理解却有分歧。①

目前对茶艺的理解有广义和狭义两种，广义的界定是将“茶艺”理解为“茶之艺”，主张茶艺包括茶树种植、茶叶加工、茶的品饮之艺，将茶艺内涵扩大到与茶文化接近或等同，甚至扩大到整个茶学领域；狭义的界定是将“茶艺”理解为“饮茶之艺”，将茶艺限定在品饮以及品饮的准备——备器、择水、取火、候汤、习茶的范围内。因此，从狭义的角度讲，茶艺即饮茶艺术，是艺术性的饮茶，是饮茶的艺术化，一般包括备器、择水、取火、候汤、习茶的一系列程式和技艺，而习茶的技艺又包括选茶、投茶、泡茶、奉茶、品茶、续水、再品等。

本章主要介绍狭义的茶艺。通俗地讲，茶艺可以说是泡茶的技艺和品茶的艺术，也就是如何泡好一壶茶的技艺和如何享受一杯茶的艺术，其中以泡茶的技艺为主体，只有泡好茶之后才能谈得上品茶。泡茶不仅是一个技术问题，还要讲究审美艺术性。不但要掌握茶叶的鉴别、火候、水温、冲泡时间、动作规范等技术，还要讲求冲泡者在整个操作过程中的艺术美感。当饮茶不再是为了解决生理的需求，而是为追求精神的表现与情感的传达，以一种艺术的审美方式来进行时，这样的饮茶就可以称为“茶艺”了。有茶艺专家说茶艺包括两方面：一是技艺，科学地泡好一壶茶的技术；二是艺术，美妙地品享一杯茶的方式。

二、茶艺的分类

茶艺可以根据习茶法、主泡茶具、茶类、茶叶、发源地等进行分类。

中国古代先后形成了煎茶茶艺、点茶茶艺、泡茶茶艺。由于煎茶茶艺、点茶茶艺已经消失，当代中华茶艺主要为泡茶茶艺。

根据主泡茶具，当代茶艺划分为壶泡茶艺和杯泡茶艺两大类。从壶泡茶艺又

---

① 宛晓春. 中国茶谱[M]. 北京：中国林业出版社，2007.

分化出工夫茶艺，而杯泡茶艺又可再划分为盖杯泡茶艺和玻璃杯泡茶艺。这样，泡茶茶艺可细分为壶泡茶艺、工夫茶艺、盖杯泡茶艺、玻璃杯泡茶艺四类。若算上少数民族和某些地方的饮茶习俗——民俗茶艺，则当代茶艺共有5类。

根据茶类，壶泡茶艺又可分为绿茶壶泡茶艺、红茶壶泡茶艺等；盖杯泡茶艺可分为绿茶盖杯泡茶艺、红茶盖杯泡茶艺、花茶盖杯泡茶艺等；玻璃杯泡茶艺也可分为绿茶玻璃杯泡茶艺、黄茶玻璃杯泡茶艺等。

根据茶叶，还可划分为更具体的茶艺，例如，祁门红茶壶泡茶艺、六安瓜片盖杯泡茶艺、黄山毛峰玻璃杯泡茶艺等。

工夫茶艺则依发源地又可分为武夷工夫茶艺、武夷变式工夫茶艺、台湾工夫茶艺、台湾变式工夫茶艺。

第二节　品饮的主要技艺①

一、备器

俗话说“器为茶之父”，茶与茶具的关系非常密切，茶具的优劣，对茶汤质量以及品饮者的心境，都会产生直接的影响，好的茶具能够完美地衬托出茶的色、香、味、形。茶的种类繁多，对茶具的质地、大小、薄厚等都有一定的要求。茶具的材料也是多种多样，造型千姿百态，纹饰百花齐放。因此，要根据各地的饮茶风俗习惯和饮茶者对茶具的审美情趣，以及品饮的茶类和环境来选用茶具。

中国地域辽阔、民族众多，各地的饮茶习俗不同，对茶具的要求也不一样。北方地区的人喜饮花茶，往往用大瓷茶壶泡茶，以茶碗或茶盏分饮；广东、福建、海南一带人习惯饮乌龙茶，一般是以形体较小的陶制茶壶，特别是用宜兴紫砂壶泡饮；苏、浙、皖以及部分大中城市的人特别喜欢用玻璃杯冲泡细嫩名优绿茶，既可闻其香、啜其味，还可观其色、赏其形。一些少数民族所使用的茶具种类更具特色，如一些地方有用竹筒或竹制茶杯饮茶的习惯。

一般来说，现在通行的各类茶具中以瓷器茶具、陶器茶具最好，玻璃茶具次之。因为瓷器传热慢，保温适中，与茶不会发生化学反应，沏茶能获得较好的色香味，而且造型美观、装饰精巧，具有艺术欣赏价值。陶器茶具，造型雅致，色泽古朴，特别是宜兴紫砂为陶中珍品，用来沏茶，香味醇和，汤色澄清，保温性好，即使夏天茶汤也不易变质。

紫砂壶最适合用来冲泡乌龙茶。用紫砂壶泡出来的乌龙茶，香味能够持久不

---

① 本节和以下第三节主要材料来自：张忠良，毛先颉．中国世界茶文化[M]．北京：时事出版社，2006．柴奇彤．实用茶艺[M]．北京：华龄出版社，2006．

散，而且茶壶用的时间越久，泡出的茶香越浑厚。缺点是不透明，沏茶以后难以欣赏到壶中芽叶的美姿。在我国福建及广东潮汕地区品饮乌龙茶时还非常流行选用"烹茶四宝"来进行冲泡。所谓"烹茶四宝"指的是用潮汕风炉、玉书碨、孟臣壶、若琛瓯这四件茶具来泡茶，以鉴赏茶的韵味。潮汕风炉是一只缩小了的粗陶炭炉，专门用来加热；玉书碨是一把缩小了的瓦陶壶，高柄长嘴，架在风炉之上，专门用来烧水；孟臣壶是一把比普通茶壶小一些的紫砂壶，专门用来泡茶；若琛瓯是只有半个乒乓球大小的2～4只小茶杯，每只只能容纳4毫升茶汤，专门用来饮茶。这样专门用小杯来啜饮乌龙茶，与其说是解渴，还不如说是闻香玩味。这种茶具往往又被看作是一种艺术品。

玻璃茶杯也是常用的茶具，冲泡出来的茶汤、叶底一目了然，从中可以鉴别茶叶优劣。缺点是不透气、不保温，茶香也容易散失。品饮西湖龙井、洞庭碧螺春、君山银针、黄山毛峰等细嫩名茶，用玻璃杯直接冲泡最理想。因为用玻璃茶具冲泡，能够充分发挥玻璃器皿透明的优越性，便于观察细嫩的名茶在水中缓慢伸展、游动、变换的过程，观之令人赏心悦目。而冲泡一级炒青、珠茶、烘青、晒青等其他细嫩名优绿茶时，除选用玻璃杯冲泡外，也可选用白色瓷杯冲泡饮用。不论冲泡哪种细嫩名优绿茶，茶杯都是宜小不宜大。茶杯大了，水量多、热量大，一则会将茶叶烫熟，使茶叶失去绿翠的色泽；二则会使芽叶软化，不能在汤中林立，失去优美的姿态；三则会使茶香减弱，甚至产生"熟汤味"。

对于冲泡特别细嫩的特级茉莉花茶，因茶胚本身具有艺术欣赏价值，最好选用有盖的玻璃茶具，冲泡后，既可欣赏到细嫩的茶叶在水中飘舞、沉浮、开展的变幻过程，又因加盖，不会使花香散失。茉莉花茶，既有茶味又有花香，在泡饮时，以能维护香气不致散失和显示茶胚特质美为原则。泡饮一般的中高档花茶时，不强调观赏茶胚的形态，可选用白瓷盖杯或盖碗，冲泡后，既可闻到浓郁芬芳的花香，又可品尝到纯正的茶味。泡饮中低档花茶或茶末，北方叫"高末"，一般采用白瓷茶壶，因壶中水多，保温效果比茶杯好，有利于充分泡出茶味。

红茶，滋味醇厚鲜甜，汤色红艳，若用白瓷茶具泡饮，更可衬托出茶汤艳丽的本色。如果饮用普通红茶和绿茶，因要注重茶的韵味，可选用有盖的茶壶、茶杯或茶碗来泡茶。如果饮用红碎茶与工夫红茶，最好使用瓷壶或紫砂壶来泡茶，然后将茶汤倒入白瓷杯中饮用。

我国民间还有一种"老茶壶泡，嫩茶杯冲"的说法。这是因为较粗老的茶叶，如果用壶来冲泡，一则可以保持热量，有利于茶叶中的浸出物溶解于茶汤，提高茶汤中的可利用部分；二则较粗老的茶叶缺乏观赏价值，用来敬客，不太雅观，这样还可以避免失礼之嫌。而细嫩的茶叶，用杯冲泡，一目了然，叶底鲜嫩，在水中姿态优美，令人赏心悦目，可感受到物质享受和精神欣赏的双重之美。

除以上茶具以外，经常用到的还有搪瓷茶具、塑料茶具、保温茶具等，但因质地关系,都不适合泡茶。搪瓷茶具传热快,不容易保留住茶香;塑料茶具常带有一种异味,这是饮茶的大忌;保温茶具会将茶叶泡熟,使茶汤泛红,茶香低沉,失去鲜爽味,变得苦涩。

二、择水

唐代以前,尽管饮茶已经很普遍了,但那时人们习惯在茶中加入各种佐料,经煎煮后调饮。在这种情况下,人们对茶的色、香、味、形没有太多要求,对宜茶用水的品质也没有引起足够的重视。从唐代开始,茶的品种日益丰富,以及清饮雅赏饮茶之风的开创,使人们对宜茶用水有了较高的要求。明代田艺蘅在《煮泉小品·宜茶》中写到:"茶,南方嘉木,日用之不可少者。品固有媺恶,若不得其水,且煮之不得其宜,虽佳弗佳也。"[①]茶叶必须通过沸水浸泡才能为人们所享用,水质直接影响茶汤的质量,所以中国人历来非常讲究泡茶用水,自古就强调"水为茶之母"。

好茶是需要用好水来冲泡的,正所谓"好茶好水味才美"。虽然有了好茶,但如果泡茶的水质欠佳,茶叶中的许多内含物质就会受到污染,不能正确地反映茶叶的色、香、味,尤其对茶汤的影响很大,饮茶时既闻不到茶香,又尝不到茶味,还看不到晶莹的茶汤,那么喝茶带给人们的享受就无从谈起了。好茶择好水,宋徽宗赵佶在《大观茶论·水》中提出:"水以清轻甘洁为美,轻甘乃水之自然,独为难得。"[②]明代许次纾在《茶疏·择水》中说道:"清茗蕴香,借水而发,无水不可与论茶也。"[③]明代张大复在《梅花草堂笔谈·试茶》中更是提出:"茶性必发于水。八分之茶,遇水十分,茶亦十分矣。八分之水,试茶十分,茶只八分耳。"[④]特别强调了择水重于择茶。可见,选水对品茶非常重要。流行的"扬子江心水,蒙山顶上茶",就是茶与水的最佳组合。

古代茶人对宜茶用水说法很多,主要是"活"、"清"、"甘"、"轻"。

一是水源要"活"。用来沏茶的水要有好的水源,活水即流动的水最好,死水即静止的水次之。宋代胡仔《苕溪渔隐丛话后集·富沙溪水烹茶为绝》中说"茶非活水则不能发其鲜馥"。明代顾元庆在《茶谱·煎茶四要》中认为"山水乳泉漫流者为上"。这些都表明了沏茶用水要活。不过古人认为"活"并不等于瀑。如果水流湍急,就会缺少中和醇厚之感,与茶性不合。唐代陆羽在《茶经·五之煮》中说:"其水,用山水上,江水中,井水下。其山水,拣乳泉石池漫流者上;其瀑涌湍

① 陈彬藩.中国茶文化经典[M].北京:光明日报出版社,1999.
② 陈彬藩.中国茶文化经典[M].北京:光明日报出版社,1999.
③ 陈彬藩.中国茶文化经典[M].北京:光明日报出版社,1999.
④ 陈彬藩.中国茶文化经典[M].北京:光明日报出版社,1999.

濑勿食之,久食令人有颈疾。”[①]意思是煮茶的水以山水为最好,其次是江河的水,井水最差,要取用与江河之源相通的水,取其最清洁的部分,但反对用流速过急的水。明代张源在《茶录·品泉》中分析得更为具体:“茶者水之神,水者茶之体。非真水莫显其神,非精茶曷窥其体。山顶泉清而轻,山下泉清而重,石中泉清而甘,砂中泉清而冽,土中泉淡而白。流于黄石为佳,泻出青石无用。流动者愈于安静,负阴者胜于向阳。真源无味,真水无香。”[②]

二是水质要“清”。用来沏茶的水要水质清冽,无色、透明,无沉淀物。宋代大兴斗茶之风,强调茶汤以白为贵,更以清净为重,择水重在“山泉之清者”。明代熊明遇在《罗岕茶记·七则》中说:“色不能白。养水须置石子于瓮,不惟益水,而白石清泉,会心亦不在远。”[③]他用石子“养水”的目的就在于滤水。唐代陆羽《茶经·四之器》中所列的漉水囊,就是滤水用的,以使煎茶的水更清净。这些都可以看出前人们宜茶用水要求以“清”为上。

三是水味要“甘”。用来沏茶的水要甘甜,甘泉泡茶才能出味。宋代蔡襄在《茶录》中说“水泉不甘能损茶味”。明代罗廪的《茶解·水》中认为:“瀹茗必用泉,次梅水,梅雨如膏,万物赖以滋长,其味独甘。”[④]他们的叙述充分说明了只有水“甘”,才能出“味”。

四是水品要“轻”。用来沏茶的水,水品要轻。清代乾隆皇帝一生爱茶,可算得上是品茶行家,对宜茶水品颇有研究,在《御制文初集·玉泉山天下第一泉记》中说道:“水之德在养人,其味贵甘,其质贵轻。”[⑤]据清代陆以湉的《冷庐杂识·玉泉雪水》记载,乾隆每次出巡,都带一只精致银斗,“精量泉水”,然后精心称重,按水的比重从轻到重,依次排出优次。在他撰写的《玉泉山天下第一泉记》中,将北京玉泉定为天下第一泉,作为宫廷用水。

此外,“贮水”也要得法。明代许次纾在《茶疏·贮水》中指出:“水性忌木,松杉为甚,木桶贮水,其害滋甚,挈瓶为佳耳。”[⑥]明代张源在《茶录·贮水》中进一步指出:“贮水瓮须置阴庭中,覆以纱帛,使承星露之气,则英灵不散,神气常存。假令压以木石,封以纸箬,曝于日下,则外耗其神,内闭其气,水神敝矣。”[⑦]

从古到今,茶人为觅得一泓美泉花费了很大工夫,真是“得佳茗不易,觅美泉尤难”。“龙井茶,虎跑泉”俗称“天下双绝”,名泉配名茶,相得益彰。现代茶学工

---

① 陈彬藩. 中国茶文化经典[M]. 北京:光明日报出版社,1999.
② 陈彬藩. 中国茶文化经典[M]. 北京:光明日报出版社,1999.
③ 陈彬藩. 中国茶文化经典[M]. 北京:光明日报出版社,1999.
④ 陈彬藩. 中国茶文化经典[M]. 北京:光明日报出版社,1999.
⑤ 陈彬藩. 中国茶文化经典[M]. 北京:光明日报出版社,1999.
⑥ 陈彬藩. 中国茶文化经典[M]. 北京:光明日报出版社,1999.
⑦ 陈彬藩. 中国茶文化经典[M]. 北京:光明日报出版社,1999.

作者总结古人用水经验,结合现代情况,曾对宜茶水品做过多次分析测定和试验对比,分别用泉水、天落水、自来水、西湖水和井水冲泡同一品质的龙井茶,结果表明泉水最佳,天落水、自来水和西湖水居中,井水最差。

泉水一般称为软水,水源大多出自岩石重叠的山峦,或潜埋地层深处。山上植被繁茂,流出地面的泉水,不但富含二氧化碳和各种对人体有益的微量元素,而且经过山崖砂石过滤,一般水质洁净清澈晶莹,钙镁矿物质和氯化物等杂质很少,水的透明度高,受污染程度小,水质也比较稳定,因而用泉水沏茶能使茶叶的色、香、味、形得到最大限度的体现。但也不是所有泉水都是上等的,如硫黄泉就不适合泡茶。

江、河、湖水都是地面水,通常含有较多杂质,浑浊度较高,受污染严重,一般不是理想的泡茶用水。这类水是"暂时硬水",水中含有少量碳酸氢钙和碳酸氢镁等矿物质,一旦将水烧沸,这类物质分解成碳酸钙和碳酸镁而沉淀下来,水也就变为了软水,对沏茶不会有什么影响。所以,用江、河、湖水沏茶的品质虽然比不上泉水,但也比较好,特别在远离人烟、污染较少的地方,效果更好。唐代白居易在《萧员外寄新蜀茶》中写道"蜀茶寄到但敬新,渭水煎来始觉珍",认为用渭河水煎茶就很好,即使是混浊的黄河水,只要加以澄清处理,也能使茶汤香高味醇。

雪水和雨水被古人称为"天泉",用雪水和雨水泡茶,汤色鲜亮,色味俱佳,饮过之后,似有一种太和之气,弥留于齿颊之间,余韵不绝,尤其是雪水,洁净清灵,更为茶人所推崇。唐代大诗人白居易《晚起》诗中的"融雪煎香茗",宋代著名词人辛弃疾《六幺令》词中的"细写茶经煮香雪",还有元代诗人谢宗可《雪煎茶》诗中的"夜扫寒英煮绿尘",都是赞美雪水沏茶的优美诗句,也体现出用新雪烹香茗是雪天饮茶的一大乐事。清代陆以湉的《冷庐杂识·玉泉雪水》中写到:"又量雪水,较玉泉轻三厘,遇佳雪必收取,以松实、梅英、佛手烹茶,谓之'三清'。尝于重华宫集廷臣及翰林等联句,赋《三清茶诗》,天章昭焕,洵为升平韵事。"[①]至于雨水,因为季节不同,情况有别。一般认为,秋雨因天高气爽、空气中灰尘少,因此水味清冽,是雨水中的上品;梅雨因天气沉闷、阴雨连绵,会使水味沉滞,较为逊色;夏雨因雷雨阵阵,有时飞沙走石,会使水质不净,水味变差。无论雪水或雨水,只要不是在空气污染严重的情况下,与江、河、湖水相比,总是洁净的,不失为沏茶的上等水品。

城市的自来水,水质通常是符合卫生标准的,可用于泡茶。但有时因为过量使用漂白粉消毒,使自来水中含有较多的氯气,加之管道输送过程中会携带较多的铁质,用这样的水沏茶,会产生一股氯气或其他异味,严重损害茶叶的汤色、滋味及鲜度。氯化物与茶中的多酚类化合物发生作用,使茶汤表面形成一层"锈

① 陈彬藩.中国茶文化经典[M].北京:光明日报出版社,1999.

油”,饮茶时会有苦涩味。当水中的铁离子含量超过万分之五时,就会使茶汤变成褐色。因此,用自来水沏茶,最好提前将自来水盛放在水缸或水桶中静置一天,让氯气随着空气自然消失,待氯气等散发后再煮沸沏茶,也可以延长煮沸时间,然后离火静置一会儿,自来水煮沸后既可以使钙、镁、铁、铝等杂质沉淀,又能使水中的氯气挥发出来。如果用净水器过滤处理后的自来水泡茶,茶汤的滋味会比直接用自来水泡茶好得多。

井水多为浅层地下水,悬浮物含量少,透明度高,但含盐量和硬度比较大,特别是城市井水,容易受污染危害,用这样的水泡茶,会有损茶味。靠近工厂污染区域的水流,或污浊而有异味的井水,不宜用来冲泡茶叶。靠近山区的井水比城市、平原地区的要好些。深层地下水有耐水层的保护,周围环境干净、没有污染,水质洁净,用来泡茶还是不错的。用清洁的活井水沏茶,也会得到一杯佳茗,明代陆树声在《茶寮记·煎茶七类》中说“井取汲多者,汲多则水活,然须旋汲旋烹”①,指的就是用活井水沏茶。

在选择泡茶用水时,还要了解水的软、硬度,每升水中钙、镁离子含量低于8毫克的称为软水,超过8毫克的称为硬水。用软水泡茶,茶汤清澈甘洌,用硬水泡茶,会影响茶的本色。总之,不论用什么水泡茶,都必须符合以下几个条件:一是水质要无色、无味,没有杂质;二是大肠杆菌群总数在1毫升水中不超过100个;三是不能含有氯化物和铁离子。这样的水才可以说是适合泡茶的用水。

三、取火

饮茶除讲究选择名茶、名泉外,还讲究选好煮水的燃料,将燃料作为烹好茶的必备条件。唐代名士李约嗜好饮茶,精于烹煮,他总结的“茶须缓火炙,活火煎”成为历代煮水品茶的座右铭。所谓“缓火炙”,就是用文火“烘烤茶饼”;“活火煎”,就是要用有火焰、有火苗的“活火”煎水,用活火煎出的茶汤茶味醇厚。

宋代苏轼在《汲江煎茶》诗中提到:“活水还须活火烹,自临钓石取深清;大瓢贮月归春瓮,小杓分江入夜瓶;雪乳已翻煎处脚,松风忽作泻时声。”这里的活火指的是燃烧旺盛的燃料。古人认为,烧水燃料以无烟、无异味的坚木炭为好,否则开水会受烟味和异味的污染,其次是桑、槐、桐类的硬柴,但沾染了油腥气味的木炭,或柏、桂一类含有油脂的木柴,还有腐朽的木器都不适合用来烧水,否则会污染沏茶用水。在城市中,用木炭煮水并不容易,但“活火”及防止燃料异味损坏茶品的说法,一直为茶人所采用。

现在,煮水的燃料选择很多,有柴、炭、煤气、酒精、电等,但除电无异味外,其余燃料燃烧时多少会有气味产生。为使煮好的水不带有异味,不论采用哪种热能

---

① 陈彬藩.中国茶文化经典[M].北京:光明日报出版社,1999.

的燃料烧水,都要注意以下几点:一是周围环境不能有异味或异气,烧水的场所应通风透气,不使异味聚集,以防污染水质;二是热量要高,以用电、煤气、酒精为好,用柴、煤等燃料烧水时,必须要等燃料燃旺后才行,这样不仅可以避免文火久烧,还可避免烟气或其他气味的污染;三是不用沾染油、腥等异味的燃料;四是烧水壶除壶嘴外,要加盖密封;五是热源的燃烧性能要好,产生的热量要大而持久,这样不至于出现因热量太低或热量忽高忽低而延长烧水时间,导致烧出的水失去鲜爽清新之感。在条件允许的情况下,品茗煮水最好选用天然气、酒精、电等能源,既清洁卫生,又简单方便。

凡是经常喝茶的人都知道,用未沸的水沏茶显然不行;但如果用“大涛鼎沸”,或多次回烧,以及长时间煮沸、蒸汽大量挥发的水沏茶,由于留剩下的水中含有较多的亚硝酸盐和其他物质,致使茶汤失去鲜爽味而苦涩味加重,茶汤颜色变得灰暗,长期饮用更不利于身体健康。所以说“水老不可食”是有道理的。

四、候汤

只有煮水得法,才能引发茶的真味。泡茶的水质固然重要,但烧水时如果不讲究方法,即使上等的茶,也很难带给我们色、香、味、形的完美享受。明代田艺蘅在《煮泉小品·宜茶》中“有水有茶,不可无火。非无火也,有所宜也”[①]说的就是这个意思。好茶没有好水,就不能把茶的品质发挥出来;而有了好水,还需要有好的烧水方法才能泡出一杯好茶来。烧水掌握不好“火候”,也就显不出好茶、好水的风格来。

煮水煮到什么程度为宜?古人将煮水称作“汤候”,对汤候的要求,其实质就是对水温的要求。水温不同,茶汤中浸出的茶叶物质成分的多少就会不同,茶汤的色、香、味也会有很大差别。对于烧水,唐代陆羽在《茶经·五之煮》中谈到煎茶的三沸之法:“其沸如鱼目,微有声,为一沸。边缘如涌泉连珠,为二沸。腾波鼓浪,为三沸。已上,水老,不可食也。”[②]也就是说,当水煮到有鱼目一样大小的水泡大量上升并有细微的沸腾声时,称“第一沸”;边缘的气泡似珠玉连接不断涌出时,称“第二沸”;水从中心向四周翻滚,称“第三沸”。如果继续煮,则水已老,不能用来煎茶了。宋代苏轼的《试院煎茶》认为:“蟹眼已过鱼眼生,飕飕欲作松风鸣。”[③]明代许次纾在《茶疏·汤候》中提出:“水一入铫,便须急煮,候有松声,即去盖,以消其老嫩。蟹眼之后,水有微涛,是为当时;大涛鼎沸,旋至无声,是为过时;

---

① 陈彬藩.中国茶文化经典[M].北京:光明日报出版社,1999.

② 陈彬藩.中国茶文化经典[M].北京:光明日报出版社,1999.

③ 陈彬藩.中国茶文化经典[M].北京:光明日报出版社,1999.

过则汤老而香散,决不堪用。"[①]说的就是泡茶烧水要急火猛烧,以刚煮沸起泡为宜,用这样的水泡茶,茶汤香气、滋味皆佳。

辨别汤候,古人也有三条标准:一是形辨,看水沸时的气泡多少和大小;二是声辨,看水沸的声响;三是气辨,看壶(瓶)口蒸汽冒出的情形。最全面的辨别方法要属明代张源《茶录·汤辨》中介绍的:"汤有三大辨十五小辨。一曰形辨,二曰声辨,三曰气辨。形为内辨,声为外辨,气为捷辨。如虾眼、蟹眼、鱼眼、连珠皆为萌汤。直至涌沸如腾波鼓浪,水气全消,方是纯熟。如初声、转声、振声、骤声,皆为萌汤。直至无声,方是纯熟。如气浮一缕、二缕、三四缕,乃缕乱不分,氤氲乱绕,皆为萌汤。直至气直冲贯,方是纯熟。"[②]

张源总结出形、声、气三种方法来掌握火候。一是"形",就是观察煮水过程中的气泡,一开始气泡很小,称为"蟹眼";继续加热,气泡变大一些了,称为"鱼眼";再烧水就快开了,气泡一串一串的,称为"连珠"。这几种情况称为"萌汤",大多都根据茶叶的具体情况选择萌汤的某一个阶段来冲泡。再煮水就彻底翻江倒海地烧开了。二是"声",就是听烧水的声音,水烧开的过程中,声音是越来越大的。张源把水烧开过程中的声音也分四个阶段,即初声、转声、振声、骤声,等到声音从最大开始转小的时候,水就有点老了。三是"气",就是看水面蒸汽的形状,看见蒸汽缭绕杂乱的时候泡茶合适,等到蒸汽直冲的时候就烧过头了。

从古人总结的经验可以看出,水既要煮沸,又不宜过老,应做到"老"、"嫩"适度。如果水过沸,失之过老,就会减少水中、特别是泉水中含有的对人体有益的矿质成分和氧气,用这样的"老汤"泡茶,会使茶汤颜色不鲜明,味道不醇厚,而有滞钝之感;而用水温过低的水泡茶,失之过嫩,又会使茶叶中各种有效成分浸出不快、不完全,用这种"嫩汤"泡的茶,味淡薄,汤色差。有的高级绿茶更忌泡茶的水温过高,过高会将细嫩茶芽烫熟,而破坏茶叶的有益成分。而且,水以初沸为宜,要急火猛烧,切勿文火慢煮,久沸再用。烧水的时间,以"愈速愈妙",这样煮出的水才会"鲜嫩风逸",而不会"老熟昏钝"。

五、习茶

饮茶时,除了具备幽静清雅的品茶环境,优质的茶叶和高品质的茶具外,还应有高超的冲泡技术。习茶一般包括选茶、投茶、泡茶、奉茶、品茶、续水、再品等。

(一)选茶

饮茶要选用好茶。所谓好茶,应注意两个方面:一是茶叶的品质;二是要根据

---

① 陈彬藩.中国茶文化经典[M].北京:光明日报出版社,1999.

② 陈彬藩.中国茶文化经典[M].北京:光明日报出版社,1999.

个人的喜好。同时,为了迎合四季变化,增加饮茶的情趣,也可以根据季节选择茶叶,如春季饮花茶,万物复苏,花茶香气浓郁充满春天的气息;夏天饮绿茶,消暑止渴;秋季饮乌龙茶,乌龙茶不寒不温,介于红茶、绿茶之间,香气迷人,冲泡过程充满情趣,而且耐泡;冬季饮红茶,红茶味甘性温,能驱走寒气,有暖胃功能。

(二)投茶

沏茶时,在壶或杯中放置茶叶有三种方法。平常沏茶一般习惯先放茶叶,后冲入沸水,这称为"下投法";沸水冲入杯中约1/3容量后再放入茶叶,浸泡一定时间后再冲满水,称为"中投法";在杯中先冲满沸水后再放茶叶,称为"上投法"。不同的茶叶种类,应有不同的投茶法。对身骨重实、条索紧结、芽叶细嫩的茶叶,可采用"上投法";茶叶的条形松展、比重轻、不易沉入茶汤中的茶叶,宜用"下投法"或"中投法"。不同的季节,可用"春秋季中投、夏季上投,冬季下投"的方法。

(三)泡茶

在冲泡茶叶时,不但要遵循一定的程序,还要掌握好泡茶水温的高低,茶与水的用量,泡茶时间的长短和泡茶次数的多少等。

1. 水温

泡茶时,水温高低是影响茶叶水溶性内含物溢出和香气挥发的重要因素,是沏好一杯茶的关键。一是水温与茶叶中的有效成分的水中溶解度成正比,也就是水温越高,溶解度越大,茶汤也越浓;水温与茶叶中的有效成分在水中充分溶解所花的时间成反比,也就是水温越高,有效成分充分溶解所花的时间越短;如果水温过低,茶中的有效成分甚至花更长的时间也无法充分溶解。因此,要获得一杯浓淡适宜、有效成分完全的茶汤,必须掌握恰当的水温。二是水温与保持茶叶的色、香、味、形有关,如冲泡细嫩的名优绿茶,水温过高,茶叶被烫熟,会使茶叶颜色变黄,香味沉闷,因水中的二氧化碳挥发殆尽,茶中的维生素C大量破坏,而失去鲜爽味,使茶味苦涩,烫熟的茶叶也全无"身骨",无形可观;反之,水温过低,茶叶浸泡不充分,香味难以散发,滋味淡薄,甚至茶叶浮在水面,茶中的有效成分不易泡出,致使香气低、汤色浅、滋味淡,茶叶吸水后逐渐舒展、在水中沉浮翻滚的景象也无从观赏。

水温的选择因茶而异,不仅与茶的品种花色有关,还与茶的老嫩、松紧、大小有关。一般来说,粗老、紧实、整叶的茶叶要比细嫩、松散、碎叶的茶叶冲泡水温高。用较粗老的原料加工成的茶叶,宜用沸水直接冲泡;用细嫩原料加工成的茶叶,宜用降温后的水冲泡。用粗老原料加工成的砖茶,敲碎后使用100℃的沸水冲泡,茶汁也很难浸出,所以喝砖茶时要放在锅中熬煮后,才能饮用。

不同茶类对沏茶水温的要求也是不同的,具体如下:

一是绿茶。粗老绿茶要用100℃沸水冲泡,若水温低,则渗透性差,茶中有效

成分浸出较少，茶味淡薄。有些绿茶采鲜叶时大小适中，可用90℃～95℃沸水冲泡，如南京雨花茶、桂平西山茶用90℃沸水冲泡，黄山毛峰、顾渚紫笋、太平猴魁用95℃沸水冲泡。而鲜叶比较细嫩的绿茶，最好将水烧到100℃再降至80℃～85℃以后冲泡，如洞庭碧螺春用80℃沸水冲泡，西湖龙井用85℃沸水冲泡，只有这样泡出来的茶汤才清澈不浑、香气纯正、滋味鲜爽，如果用100℃的沸水冲泡，水温过高会使茶叶泡熟变色，茶叶中高含量的维生素C等对人体有益的营养成分遭到破坏，使名茶的清香和鲜爽味降低，叶底泛黄，汤色变黄，茶芽因"泡熟"而不能直立，不但失去欣赏性，还会降低茶的营养价值。

二是乌龙茶。乌龙茶因采用茶树新梢快要成熟时的茶叶加工而成，必须用100℃的沸水冲泡，冲泡时还要用专门的茶具和传统的冲泡方法。为了保持和提高温度，泡茶前要先用沸水把茶具淋洗一遍，接着把茶投入壶中，用沸水冲泡；冲泡时，沿壶口边作360°回旋缓冲法，当水溢出壶口和壶嘴时，立即将茶汤倒尽，然后立即冲入第二次水，水量约为壶容量的九成，盖上壶盖再用沸水淋壶身，一般浸泡1分钟后即可品饮。

三是花茶和红茶。冲泡花茶的水温通常为100℃，冲水后要马上加盖，以保持花茶的芳香；冲泡红茶的水温通常用100℃即可。

2. 茶水比

沏茶时，茶与水的比例称为茶水比。要泡好一杯茶或一壶茶，首先要掌握茶叶的用量。不同的茶水比，沏出的茶汤香气高低、滋味浓淡各异。茶水比过大，沏茶的用水量多，茶汤就味淡香低；茶水比过小，沏茶的用水量少，茶汤过浓，滋味就会苦涩，因此沏茶的茶水比应该适当。由于茶叶的香味、成分含量及其溶出比例不同，以及个人饮茶习惯的不同，对香味、浓度的要求不同等因素，对茶水比的要求也不同。每次茶叶放多少，没有统一标准，主要根据茶叶品类、茶具大小和个人的饮用习惯而定。

茶叶品类繁多，茶类不同，用量各异。一般来说，冲泡一般的红、绿、花茶的茶水比约可采用1∶60至1∶50为宜，也就是每克干茶冲泡50～60毫升沸水为好，通常一只200毫升的茶杯，放入3～4克茶叶就可以了，冲泡时，先冲上1/3杯沸水，过一会儿再冲到七八成满。冲泡普洱茶，每杯放干茶5～10克，如用茶壶冲泡，则视其容量大小，按以上比例适当掌握。用茶量最多的是乌龙茶，每次投入量往往是茶壶容积的1/2，甚至更多，而沸水的冲泡量则减少50%，冲泡时，先把乌龙茶冲泡在一只小壶内，再将壶内的茶汤倒入容量仅为4毫升的小茶杯内。

用茶量多少和饮用习惯也有很大关系。华北和东北地区的居民喜饮花茶，多用大壶冲泡，再斟茶到碗中，每个人的用茶量相对较少。江南地区的居民多饮龙井、毛峰等绿茶，使用小杯冲泡，用茶量也较少。福建、广东、台湾等地居民喜欢工夫茶，茶汤浓冽，用茶量较大。在西藏、新疆、青海、内蒙古等少数民族地区，当地缺少蔬菜,人们常以肉食为主,普遍饮用紧压后的砖茶,其主要作用是补充维生素,帮助消化,茶汤浓度很高,用茶量更多,通常 50 克左右捣碎的砖茶,加水 1.5 公斤左右,并在茶中加糖、奶或盐、酥油等。

茶叶用量的多少也要因人而异。饮茶人是老茶客,一般喜欢喝较浓的茶,茶量可以多一些;没有饮茶习惯的或喜欢口味清淡的人,可以少放一些茶叶。饮茶人是体力劳动者,可以适当加大用茶量,泡上一杯浓茶汤;饮茶者是脑力劳动者,可以适当少放一些茶叶,泡上一杯清香醇和的茶汤。如果不知道饮茶者的爱好,而又初次相识,可泡上一杯浓淡适中的茶汤。

3. 冲泡时间

当茶水比和水温一定时,溶入茶汤的滋味成分则随着时间的延长而增加。沏茶的时间和茶汤的色泽、滋味的浓淡爽涩密切相关。冲泡茶叶时,如果时间太短,茶汤会淡而无味,香气不足;如果时间太长,茶汤太浓,茶色过深,茶香也会因飘逸而变得淡薄。能否对茶叶内含成分充分利用,与茶叶冲泡时间有很大关系。在不同时间段,茶汤的滋味、香气也会不同。试验表明,茶叶经沸水冲泡后,首先从茶叶中浸出来的是维生素、氨基酸、咖啡因等,一般浸泡到 3 分钟时,上述物质在水中已有较高的含量,正是由于这些物质的存在,喝起来有鲜爽醇和之感,但美中不足的是缺少茶汤应有的刺激味。以后随着茶叶浸泡时间的延长,茶叶中的茶多酚类物质陆续被浸泡出来,当茶叶浸泡到 5 分钟时,茶汤中的多酚类物质已相当高了,这时的茶汤喝起来鲜爽味减弱,苦涩味等相对增加。因此,要泡上一杯既有鲜爽之感又有醇厚之味的茶,对一般大宗红、绿茶来说,经冲泡 3 ~ 4 分钟后饮用,就能获得最佳的味感。

茶叶中各种物质在沸水中浸出的快慢,不但与浸泡时间长短有关,还与茶叶的老嫩和加工方式有关。一般来说,细嫩的茶叶比粗老的茶叶容易浸出,松散型的茶叶比紧压型的茶叶容易浸出,碎末型的茶叶比外形完整的茶叶容易浸出,因此,前者的冲泡时间应该短些,后者应该长些。冲泡高级细嫩的绿茶时,浸泡时间不但要短,而且还要掌握茶具小、水量少、泡后不加盖等方法;乌龙茶和红茶,因加工时揉捻比较充分,茶汁较容易析出,因此冲泡时间不宜过长,最好掌握在 20 秒至 2 分钟,而且冲泡乌龙茶时,由于用茶量较大,第一泡 1 分钟就可将茶汤倒入杯中,第二泡起,每次应比前一泡增加 15 秒左右,这样可使茶汤浓度大致相同;白茶因加工时未经揉捻,细胞未曾破碎,茶汁很难浸出,所以冲泡时间应相对延长,一般冲泡 4 ~ 5 分钟后,茶叶才开始徐徐下沉,此时可先供欣赏,到 10 分钟后才开始品赏;花茶蕴涵清新浓郁的花香,为了不使香气散失,冲泡时不但需要加盖,而且时间不宜过长,一般 2 ~ 3 分钟即可饮用。

4. 冲泡次数

一壶或一杯茶,其冲泡次数也应掌握一定的“度”。茶叶中各种有效成分的

浸出时间不一样,茶叶冲泡第一次时,茶中的可溶性物质能浸出50%～55%;冲泡第二次时,能浸出30%左右;冲泡第三次时,能浸出约10%;冲泡第四次时,只能浸出2%～3%。所以,大宗红、绿茶中的条形茶,最好只冲泡2～3次;红茶中的红碎茶,加工时鲜叶经充分揉捻切细,只能冲泡1次;乌龙茶所用鲜叶较大,可连续冲泡4～6次;花茶香味谐调,茶引花香,使人闻之香气扑鼻,饮后满口生香,可以连续冲泡2～3次;白茶中的白毫银针和黄茶中的君山银叶,加工时不经揉捻,直接烘焙而成,只能冲泡1次,最多2次;目前市场上常见的袋泡茶,是由红茶、绿茶、花茶或普洱茶经切细后袋包而成的,一经冲泡,茶汁很容易浸出,最好只冲泡1次。

(四)奉茶

常用奉茶的方法一般是在客人左边用左手端茶奉上,而客人则用右手伸掌姿势进行对答礼仪;或从客人正面双手奉上,用手势表示请用,客人同样用手势进行对答,宾主都用右手伸掌作请的姿势。奉茶时要注意先后顺序,先长后幼、先客后主。斟茶时要注意不宜太满。我国有句谚语"茶满欺客,酒满心实",俗话说"茶倒七分满,留下三分是情分"。这既表明了宾主之间的良好感情,又出于安全考虑,七分满的茶杯非常好端,不容易烫手。同时,在奉有柄茶杯时,一定要注意茶杯柄的方向是客人的顺手面,即有利于客人右手拿茶杯的柄。

(五)品茶

品茶主要包括:一观茶形色泽(干茶、茶汤),二闻茶香(干茶、茶汤),三尝滋味。赏干茶,包括茶的外形、色泽、香气等品质特征的鉴赏。品尝茶汤的过程是先闻茶香,无盖茶杯可以直接闻茶汤飘逸出的香气,用盖杯、盖碗的话,就要取盖闻香,然后再观看茶汤色泽。茶汤色泽因茶而异,即使是同一种茶类,茶汤色泽也会有些不同。最后尝味,小口品茶,细品其味,同时也可在尝味时再体会一下茶的香气。茶叶中鲜味物质主要是氨基酸类物质,苦味物质是咖啡因,涩味物质是多酚类,甜味物质是可溶性糖。茶黄素是汤味刺激性和鲜爽的重要成分,茶红素是汤味中甜醇的主要因素。当然,品茶不光是品尝茶的滋味,品茶时也要注重精神的享受。

对于续水和再品,将在下面的内容中涉及和讲解。

第三节 品饮的一般程序

一、泡茶的一般程序

茶的冲泡,可根据不同茶叶的特点采取相应的方法,以发挥茶叶本身的特色,具体程序根据情况可繁可简。但要喝到一杯好茶,除了备茶、选水、烧水、配器以外，无论泡茶技艺如何变化，一般遵守以下的泡茶程序。

一是洁具。用热水冲淋茶壶，包括壶嘴、壶盖，同时烫淋茶杯，此为烫壶、烫杯（图4－1、图4－2）。然后将茶壶、茶杯沥干，这样不但可以清洁饮茶器具，还可以提高茶具的温度，使茶叶冲泡后温度相对稳定，不会因水、器温度不一而影响茶叶冲泡后的品质。

图4－1　烫壶

图4－2　烫杯

二是置茶。按茶壶或茶杯的大小，用茶匙将一定数量的茶叶放入茶壶或茶杯中，此为置茶（图4－3）。

三是润茶。往茶壶或茶杯中倒入少量温度适中的水，将茶叶全部打湿，滋润茶叶，有利于茶香的散发。

四是冲泡。按照茶与水的比例，将开水冲入茶壶或茶杯中（图4－4）。冲泡时，最好将温度适中的水，采用环冲高冲法倒入杯中，这样会使器皿中各个部位的茶叶充分均匀地受到滋润，有利于茶香更好地散发。在民间常用"凤凰三点头"的方法，也就是将水高冲入杯，并在冲水时上下移动茶壶，使水壶有节奏地三起三落，犹如凤凰向观众再三点头致意，这种方法不但可以表示主人向宾客点头，欢迎致意，还可以使茶叶和茶水上下翻动，使茶汤浓度一致。冲泡时，除乌龙茶冲水须溢出壶口、壶嘴外，通常以冲水七分满为宜。

图4－3　置茶

图4－4　冲泡

五是出茶。将壶中已泡好的茶水倒入公道杯或直接倒入茶杯中，以七分满为宜（图 4－5）。如无公道杯，应尽力使各茶杯中的茶汤浓淡一致。

图 4－5　出茶

六是敬茶。主人要脸带笑容将茶用茶盘送给客人，如果直接用茶杯奉茶，应避免手指接触杯口。正面上茶时，双手端茶，左手作掌状伸出，以示敬意。从客人侧面奉茶时，若左侧奉茶，则用左手端杯，右手作请用茶姿势；若右侧奉茶，则用右手端杯，左手作请用茶姿势。这时，客人可用右手手指轻轻敲打桌面，或微微点头，以表谢意。

七是赏茶。茶泡好后，趁热品尝，先观察汤色，嗅闻香气，然后细啜茶汤。尝味时，让茶汤从舌尖沿舌两侧流到舌根，再回到舌头，反复 2～3 次，以品尝茶汤清香和甘甜；或入口不咽，边吸气边用舌头打转，搅动茶汤，使口腔的每个部位均接触到茶汤，然后再徐徐咽下，细细领略甘美的回味。

八是续水。一般已饮去壶中 2/3 的茶汤时，就应该续水了，如果将茶水全部饮尽时再续水，续水后的茶汤就会淡而无味，续水通常 2～3 次即可。如果还想继续饮茶，就应该重新冲泡。

二、冲泡的主要方式

下面分别介绍传统式、宜兴式、潮州式、安溪式等四种冲泡方式。

（一）传统式泡法

传统式泡法的特色在于道具简单、泡法自由，并不十分苛求形式及道具，这是目前在我国比较普遍的一种泡茶法。此种泡法讲求效率及简朴，十分适宜普通大众。

一是备用具、备茶、备水。

二是烫壶。将热水冲入壶中，溢满为止。

三是倒水。将烫壶的水倒净，可以顺注口而出，也可以从壶口倒出。

四是置茶。先放一个漏斗在壶口上，然后倒入，这是比较讲究的置茶，自由一点的，用手抓茶叶放进壶里即可。

五是冲水。将烧开的水倒入壶中，直到泡沫满溢出壶口。

六是烫杯。既可保持茶汤的温度，不至于冷却太快，又利用烫杯的时间来计量茶汤的浓度。

七是倒茶。接受茶汤的器具叫公道杯。有了这种器具，就不会因为茶汤先倒较淡、后倒较浓，而导致你淡我浓的情况。

八是分杯。将公道杯的茶汤倒入小杯，以八分满为宜。如果不用公道杯，则先提茶壶，用壶底贴着茶船边缘刮去水滴，摇动茶汤，使茶汤均匀，因为一般壶都是红色的，此刻热气腾腾，有如关公之威风凛凛，故称为“关公巡城”。摇动只是使茶汤稍为中和，浓淡平均就要靠倒杯的技巧，不能一次倒满，如果有四杯，可以分成四次，递次倒1/4，这种倒法，也有人称为“韩信点兵”。

九是奉茶。自由取用，饮后归位。

十是去渣。一般茶过三巡为宜，泡过三次以后就要去渣。这个动作一般应在客人离开后再做。如果换另一种茶，应该准备另一把壶。

十一是还原。客人离开后，去渣洗杯洗壶，一切归位，以备下次再用。

(二)宜兴式泡法

宜兴式泡法是陆羽茶艺中心所整理以及提倡的一种新式泡法，比较适合泡高级包种茶、轻火类的茶，焙火重的使用这套泡法，时间必须缩短。这种泡法容纳融合了各地的泡法，然后研究出一套合乎逻辑的流畅泡法，并使用自创的茶具，最大的特点是讲究用水的温度。

一是赏茶。用来赏茶的器具叫茶荷，取其清新脱俗之意。宜兴式将手抓茶的方式改进为从茶罐直接倒入茶荷，茶荷还有引茶入壶的功用。

二是温壶。以半壶热水将壶身温热后，倒入茶池。

三是置茶。将茶荷的茶叶倒入壶中，用量为壶的1/2。

四是温润泡。往茶壶中倒满水，盖上壶盖后立即倒掉，目的是让茶叶吸收温度和湿度，处于含苞待放的状态，时间越短越好。

五是温盅。温润泡的水倒入茶盅，将茶盅温热。

六是第一泡。将适温的热水冲入壶中，计时1分钟。

七是淋壶。淋壶并备洗杯水。

八是洗杯。将茶杯倒放在茶池中旋转，烫热后取出，放在茶盘中。

九是倒温盅水。将温盅的水倒掉。

十是干壶。将茶壶底部在茶巾上沾一下，沾去壶底水滴。

十一是倒茶。将茶壶中浓度适当的茶汤倒入茶盅内。

十二是倒杯。持茶盅倒入杯中达八分满。

十三是去渣、倒渣。去渣第一动作，先漂洗壶盖。将茶渣倒出。

十四是洗壶。冲半壶水，以冲洗余渣，将余渣倒入池中。

十五是拨出壶垫、倒水。用渣匙拨出壶垫，倒掉池水。

十六是还原。宜兴式自创茶车，各种茶具用完后，可收藏其中，甚至茶渣也可贮存。

宜兴式泡法时间：第一泡，1 分钟；第二泡，1 分 15 秒；第三泡，1 分 40 秒；第四泡，2 分 15 秒。

宜兴式泡法温度：绿茶类，70℃；冻顶、文山、松柏长青、白毫乌龙等清茶类，80℃～85℃；铁观音、武夷茶类，90℃～95℃。

（三）潮州式泡法

潮州位于韩江下游，居民饮茶功夫细腻，负有盛名，很多喝茶的故事及传说都来自古老的潮州。潮州式泡法的特色是针对较粗制的茶，将价格不高的粗制茶，泡出来的风味不止如此。它讲究的是一气呵成，在泡茶过程中绝不讲话，避免任何干扰，精、气、神三者是其要求的境界，对于茶具的选用、动作的利落、时间的计算、茶汤的变化，都有极严格的标准。这类泡茶法都有师承，不能随意传授，下面介绍的，或已夹杂其他流派，或仅是台派潮州式。

一是备茶。泡者端坐，静气凝神，右边大腿上放包壶用巾，左边大腿上放擦杯白巾，桌面上放两块方巾；中间放中深茶池，壶宜用吸水性较强、音频较低的，壶盖绑细链，最好能自由旋转，盅宜用较大的，杯数根据人数而定。

二是温壶、温盅。用沸腾的水烫壶，视壶表面水分蒸散即倒入盅内，盅（公道杯）内水不倒掉。

三是干壶。潮式干壶有特殊意义，一般高级茶用湿温润，潮式则用干温润，也就是干烘。先持壶在大腿布上拍打，水滴尽了之后，轻轻甩壶，像摇扇般，手腕必须放软，直到壶中水分完全干尽为止。

四是置茶。用手抓茶，试其干燥程度，以决定烘茶时间的长短，茶量置壶的八分满。

五是烘茶。置茶入壶后，不是就火炉烘烤，而是用水温烘烤，烘烤能使粗制的陈茶气味消失，有新鲜感，香味上扬，滋味迅速溢出。潮式茶壶，质料不一定要好，但对壶口与壶盖的要求严，塞住气孔时要能禁水，在烘茶之前，用手指轻沾，抹湿结合处，以防冲水时水分侵进。烘茶的时间根据抓茶的感觉而定，如果没有受潮，不烘也可以，如果已经受潮了，就要一烘再烘。

六是洗杯。在烘茶时，以茶盅水倒水杯中。

七是冲水。烘茶后，把壶从池中提起，用壶布包起，摇动以便壶内温度配合均匀，然后放入池中冲水。

八是摇壶。冲满水后,迅速提起,放在桌面巾上,按住气孔,快速左右摇晃,若第一泡摇四下,第二泡、第三泡顺序减一,其用意也是使茶浸出物浸出量均匀。

九是倒茶。按住壶孔摇晃后,随即倒茶入盅。

第一泡茶汤倒尽后,随即用布包裹,用力抖动,也是为了使壶内上下湿度均匀。抖壶的次数与摇晃的次数恰恰相反,第一泡是摇多抖少,往后则摇少抖多。陈年茶最怕浸,久浸又苦又酸,所以浸的时间要逐次减短。

潮州式以三泡为止,要求的尺度是三泡水的茶汤浓淡必须一致,所以泡者在泡茶过程中绝不能分神,待三泡完成,才如释重负,与客人分杯品茗。

(四)安溪式泡法

安溪在福建省南安县西,濒蓝溪北岸。北武夷、南安溪,产茶自古著名。安溪式泡法适用铁观音、武夷茶之类的轻火茶,重香、重甘、重纯,茶汤九泡,以三泡为一阶段。第一阶段闻其香气高否,第二阶段尝其滋味醇否,第三阶段察其颜色变否。所以有口诀说:一二三香气高,四五六甘渐增,七八九品茶纯。

一是备茶具。茶壶的要求与潮州式相同,安溪式泡法以烘茶为先,另备闻香高杯。

二是温壶、温杯。温壶与潮州式没有差异,置茶还是用手抓,只是温杯时里外都要烫。

三是置茶。置茶量半壶。

四是烘茶。与潮州式相比,时间较短,因高级茶一般保存较好。

五是冲水。冲水后约五口气的时间即倒茶,并利用这时间将温杯水倒回池中。

六是倒茶。不用茶盅,而以点兵方式直接倒入高杯中,第一泡倒 1/3,第二泡再倒 1/3,第三泡倒满。

七是闻香。将空杯及高杯一齐放在客人面前,如果没有闻香的习惯,可以暗示其倒换另一闻香杯,高杯用来闻香。

八是抖壶。第一泡与第二泡之间,用布包裹,用力摇三次,以下泡与泡之间都是三次,九泡共 27 次。茶汤倒出后的抖壶是要壶的内外温度均匀,开水冲入后的不摇晃是为了使浸出物增多。这与潮州式在摇晃的意义上恰恰相反,是因为泡的茶品质一高一低的缘故。

安溪式泡法在杯与壶的选配上,必须自己斟酌搭配,才能称心如意。

第四节　不同茶类的品饮方法

茶叶中的化学成分是组成茶叶色、香、味的物质基础,其中多数能在冲泡过程中溶解于水,从而形成了茶汤的色泽、香气和滋味。由于每种茶的特点不同,泡茶时应根据不同茶类的特点,调整水的温度、浸润时间和茶叶用量,从而使茶的香

味、色泽、滋味得以充分发挥。因此，冲泡不同的茶叶，要使用不同的茶具，冲泡方法也不相同。但是有几个环节却是绝大多数茶叶冲泡过程中要共同做到的，其要求大体相同。

一是赏茶。这包括观色、赏形、闻香。从茶叶罐中取出茶叶放在白色瓷质的赏茶盘中。白色瓷质的赏茶盘可更加衬托出茶叶的翠绿色，显现出茶叶的形状。

二是备用。根据茶叶品种准备合适的茶具。

三是洁具。将茶具用清水冲洗干净。

四是烧水。用随手泡或水壶将水烧开。

五是温壶(杯)。用开水注入茶壶、茶杯(盏)中，以提高壶、杯(盏)的温度，同时使茶具得到再次清洁。

六是置茶。将待冲泡的茶叶放入壶或杯中。

七是冲泡。将温度适宜的开水注入壶或杯中，如果冲泡重发酵或茶形紧结的茶类时，如红茶、乌龙茶等，第一次冲水几秒钟后将茶汤倒掉，称之为温润泡，也称为洗茶，就是让茶叶有一个舒展的过程。

八是分茶。冲泡好的茶汤倒入茶杯中饮用。采用循环倾注法，一般以茶汤入杯七分满为标准。若分三杯茶汤，那么，第一杯先注1/3，第二杯注2/3，第三杯注七分满；再依二、一顺序将其余二杯注满。更多的分杯，以此类推。

茶的冲泡过程大致如此，具体到不同的茶叶和茶具，其冲泡方法各有特点，不尽相同，但是一些冲泡动作，如持壶的手法，却大体一致。掌握正确的持壶方法，既可以避免在泡茶过程中烫手，又可以让人看起来轻松，美观大方。持壶手法一般有提梁烧水壶持壶方法和紫砂壶持壶方法两种。

手提提梁烧水壶倒水时，如果用单手持壶，可以左(右)手四指并拢，轻握提梁，拇指从提梁上方抵住，再提壶倒水。如果用双手持壶，可以左右手轻握提梁，将壶提起，另一只手五指并拢，中指抵住盖钮，再提壶倒水。

紫砂壶持壶方法有多种。可以单手持壶，右手食指钩住壶把，拇指从壶把上方按住，中指抵住壶把下方，提壶倒水。也可以用单手持壶，右手中指和拇指捏住壶把，食指伸直抵住壶钮，但要注意不要堵住盖钮上的气孔。如果习惯用双手持壶，可右手食指钩住壶把，拇指从壶把上方按住，中指抵住壶把下方，左手中指轻轻抵住盖钮倒水。

如果是紫砂提梁壶，可单手持壶，用右手四指握提梁的后半部，拇指轻抵盖钮倒水。还可以双手持壶，右手轻握提梁，将壶提起，左手五指并拢，中指抵住盖钮。

总而言之，不同的茶类有不同的冲泡方法，即使是同一类茶叶，由于原料老嫩不同，也有不同的冲泡方法。在众多的茶叶品种中，由于每种茶的特点不同，或重香，或重味，或重形，或重色，或兼而有之，这就要求泡茶有不同的侧重点，并采取相应的方法，以更好地发挥茶叶本身的特色。

一、绿茶的泡饮方法

绿茶是我国生产地区最广、产量最多、品种最丰富、销量最大的茶类，无论在我国南方、北方，城市还是农村，以至于国外，都有很多人饮用。绿茶的饮用方法也是多种多样，较为普遍的饮用方法有玻璃杯泡饮法、茶壶泡饮法、瓷杯泡饮法、单开泡饮法四种。

（一）玻璃杯泡饮法

玻璃杯透明度高，能一目了然地欣赏到佳茗在整个冲泡过程中的变化，所以适宜冲泡高级名优绿茶。在欣赏名优绿茶时，应先干看外形，再湿品内质。

泡饮前，先欣赏干茶的外形、香气、颜色。取一定量的茶叶放在干净的白纸上，观看茶叶的形状，名茶的造型因品种不同，或条、或扁、或螺、或针等；接着察看茶叶的色泽，或碧绿、或深绿、或黄绿、或多毫等；再嗅干茶的香气，或奶香、或板栗香、或锅炒香、或清鲜香，还有各种花香夹杂着茶香等。充分领略各种名茶的天然风韵，称为“赏茶”，然后就可以冲泡了。

首先，要准备并清洁茶具。可选择无刻花的透明玻璃杯，数量可根据品茶人数而定。将玻璃杯一字摆开，依次倒入 1/3 杯的开水，然后从左侧开始，右手捏住杯身，左手托杯底，轻轻旋转杯身，将杯中的开水依次倒入废水盂。这样可以使玻璃杯预热，避免正式冲泡时炸裂。

然后，置茶。绿茶尤其是名绿茶，细嫩易碎，因此从茶叶罐中取茶时，应轻轻拨取。轻轻转动茶叶缸，将茶叶倒入茶杯中，这时茶叶受到杯子余温的熏蒸，茶香逐渐散发出来。

水烧开后，等到合适的温度，就可以冲泡了。拿着开水壶以“凤凰三点头”法高冲注水。这样能使茶杯中的茶叶上下翻滚，有助于茶叶内含物质浸出来，茶汤浓度达到上下一致。一般冲水入杯至七分满为止。

采用透明玻璃杯，便于欣赏高级细嫩的名茶在水中缓慢舒展、游动、变化的过程，人们称其为“茶舞”。不同的绿茶需要不同的冲泡方法。对特别细嫩的名茶采用“上投法”，如碧螺春、都匀毛峰、蒙顶甘露、芦山云雾、福建莲芯、苍山雪绿等。冲泡时，洗净茶杯后，先将 85℃ ~90℃ 的开水冲入杯中，接着将干茶投入杯中，茶叶吸收水分后，徐徐下沉，好像雪花飘落，此时可观赏到茶叶在杯中上下沉浮，千姿百态。下沉过程中，叶片逐渐舒展，显出一芽一叶、二芽、单芽、单叶的生叶本色，芽似枪、剑，叶似旗，汤面水气加着茶香缕缕上升，趁热嗅闻茶叶香气，令人心旷神怡。然后对着阳光观察茶汤颜色，或黄绿碧清、或碧绿明亮、或淡绿微黄、或乳白微绿，还可看到汤中有细细茸毫沉浮游动，闪闪发光。茶叶细嫩多毫，汤中散毫就多，这是嫩茶的一大特点。对外形松展的名茶采用“中投法”，如黄山

毛峰、太平猴魁、六安瓜片、西湖龙井等。冲泡时，先将干茶投入杯中，冲入90℃开水至杯容量1/3时，稍停2分钟，待干茶吸水伸展后，再冲开水至杯容量3/4满即可，这可观赏到茶叶在杯中的徘徊飞舞，或上下沉浮，别有情趣，这个过程也称为"湿看"欣赏。冬秋季冲泡圆炒青绿茶可用下投法。

等茶汤凉至适口，品尝茶汤滋味，宜小口品啜，缓慢吞咽，让茶汤与味蕾充分接触，细细领略名茶的风韵。此时舌与鼻的感觉充分接触，将口中余香从鼻腔呼出，顿觉沁人心脾。这是一开茶，着重品尝茶的鲜味与茶香。喝到杯中还剩1/3水量时，再续加开水，称为二开茶。一般二开茶滋味最浓，喝到三开，一般茶味已经淡了，续水再饮就显得淡薄无味了。

绿茶冲泡也可洗茶。就是在冲泡前将开水壶中适度的开水倒入杯中，注水量为茶杯容量的1/4左右，注意开水不要直接浇在茶叶上，应打在玻璃杯的内壁上，以避免烫坏茶叶。此泡时间应掌握在15秒以内。

（二）瓷杯泡饮法

瓷杯较适宜泡中高档绿茶，如一、二级炒青、烘青、晒青、珠茶之类，讲究的是品味或解渴，重在适口，不注重观形。一般先观察茶叶的外形、香气、颜色，然后入杯冲泡，采用下投法。用90℃～95℃的水冲泡，盖上杯盖，防止香气散溢，保持水温，加速茶叶舒展下沉，以利于茶汁浸出。待3～4分钟后即可开盖，嗅茶香，尝茶味。一般一开茶较浓，二开茶滋味略淡，饮至三开即可。

杯泡法的茶水比因人而定，一般200毫升水泡3克茶。喜欢浓饮的人可多加茶，喜欢淡饮的人可少加茶。

（三）盖碗泡饮法

赏茶后，准备好茶具，也就是几只盖碗。将盖碗一字排开，掀开碗盖。右手拇指、中指捏住盖钮两侧，食指抵住钮面，将盖掀开，斜搁于碗托内侧，依次向碗中注入开水，三成满即可，右手将碗盖稍加倾斜盖在茶碗上，双手持碗身，双手拇指按住盖钮，轻轻旋转茶碗三圈，将洗杯水从盖和碗身之间的缝隙中倒出，放回碗托上，右手再次将碗盖掀开斜搁于碗托右侧，其余茶碗用同样方法一一进行洁具。洁具的同时达到温热茶具的目的，冲泡时减少茶汤的温度变化。

然后，将干茶依次拨入茶碗中。通常一只普通盖碗放2克左右的干茶就可以了。

接着，将温度适宜的开水高冲入碗，水柱不要直接落在茶叶上，应落在碗的内壁上，冲水量以七八分满为宜，冲入水后，迅速将碗盖稍加倾斜，盖在茶碗上，使盖沿与碗沿之间有一空隙，避免将碗中的茶叶闷黄泡熟。

（四）茶壶泡饮法

"嫩茶杯冲，老茶壶泡"。茶壶泡饮法因水多，不易降温，会闷熟茶叶，使茶叶失去清香鲜味,一般不宜冲泡高档细嫩绿茶。对于中低档的绿茶,多纤维素,耐冲泡,茶味也浓,无论是外形、内质,还是色、香、味都略逊一筹,若用玻璃杯或白瓷杯冲泡,缺点尽现,有些不雅观,所以,可以选择使用瓷壶或紫砂壶冲泡法进行泡茶。饮茶人多时,用壶泡较好,因为主要不是欣赏茶趣,而是解渴,可饮茶聊天,或佐以茶食,畅叙茶趣。

首先,准备好茶壶、茶杯等茶具。将沸水冲入茶壶,将茶壶摇晃几下,依次注入茶杯中,再将茶杯中的水旋转倒入废水盂。在洁净茶具的同时温热茶具。

然后,将绿茶拨入壶内。茶叶用量根据茶壶大小而定,一般按照每克茶冲 50 ~ 60 毫升水的比例,将茶叶放入茶壶。

接着,将 100℃初开沸水先以逆时针方向旋转高冲入壶,等水没过茶叶后,改为直流冲水,最后用“凤凰三点头”将壶注满,必要时还需用壶盖刮去壶口水面的浮沫。茶叶在壶中浸泡 3 ~5 分钟后,将茶壶中的茶汤低斟入茶杯,就可以品饮了。

冲泡绿茶,以 2 ~3 次为宜,最多不能超过 3 次。经科学测定,第一次冲泡绿茶中含有的维生素、氨基酸和多种无机物浸出率为 80%,第二次达到 95%,可见大部分的营养物质在头两次冲泡中就已浸出,因此第一泡绿茶质量最好。

(五)单开泡饮法

单开泡饮法是指冲泡一次就能使茶汁充分浸泡出来,如袋泡茶。袋泡茶内装茶末,加入沸水后,茶汁能充分冲泡出来,可清饮,也可调味后饮用。调饮法是将泡好的茶汤单独倒出,将茶渣去除,然后在浓茶汤中加入白糖,或牛奶、柠檬之类,调兑后饮用。

二、红茶的泡饮方法

红茶色泽黑褐油润,香气浓郁带甜,滋味醇厚有甜香,汤色红艳明亮,性情温和,广交能容,既可清饮,又能调饮,饮用广泛。调饮时,酸可加柠檬,辛可加肉桂,甜可加砂糖,润可加奶酪,都可以相互融合,相得益彰,这正是红茶的可爱之处。红茶的泡饮方法,因个人爱好不同,不下百余种,常见红茶的品饮方法有杯饮法、壶饮法、调饮法、清饮法四种。

(一)清饮法

清饮法是我国大多数地区饮用红茶的方法,是指在冲泡红茶时不加任何调味品,使茶叶挥发固有的香味,仅品饮红茶纯正浓烈的滋味。如品饮工夫红茶,就采用清饮法。工夫红茶分小种红茶和工夫红茶两种,小种红茶中较著名的有正山工夫小种和坦洋工夫小种,工夫红茶中较著名的有祁门工夫、云南工夫、政和工夫。工夫红茶是条形茶,外形条索紧细纤秀,内质香高、色艳、味醇。先欣赏红茶的紧细纤秀的外形、油润的色泽,再闻其浓郁的茶香。然后将准备好的红茶 3 ~5 克放

入白瓷杯中，用沸水冲泡5分钟。品饮时，要在“品”上下工夫，先闻其香，再观其色，然后缓缓斟饮，慢慢品啜，在细细的体味和欣赏中，饮出茶的醇味，领会饮茶的乐趣。一杯茶通常可以冲泡2~3次。

红茶的清饮泡法也分杯泡和壶泡。清饮杯泡要准备白色带托有柄瓷杯数只。用开水冲杯，以洁净茶具，并起到温杯作用。清饮壶泡要准备紫砂壶或玻璃壶。品饮红茶，观色是重要内容（图4-6），因此，盛茶杯以白瓷或内壁呈白色为好，而且壶与杯的用水量要配套。

图4-6　观色

将开水倒入壶中，拿着壶摇几下，再依次倒入杯中，以洁净茶具。倒适量茶叶入壶，根据壶的大小，每克干茶需要水60毫升左右，红碎茶每克需水70~80毫升。将温度适宜的开水高冲入壶。静置3~5分钟后，提起茶壶，轻轻摇晃，待茶汤浓度均匀后，采用循环倾注法一一倒入茶杯。

（二）调饮法

调饮法只有在我国广东的少数地区流行，在欧美国家较为普遍，是指在茶汤中加入糖、牛奶之类的调味品，以佐汤味的一种方法。目的是为了增加茶的营养价值，一般使用红碎茶、或用红碎茶加工成的袋泡红茶等。红碎茶是一种颗粒状的红茶，体形小，细胞破损率高，茶叶内含物质易溶于水，一般冲泡1次，最多2次，茶汁就很淡了。

冲泡调饮红茶多采用壶泡法，与清饮壶泡法相似，只是要在泡好的茶汤中加入调味品。选用的茶具，除烧水壶、泡茶壶外，盛茶杯多用带柄带托瓷杯。接着将开水倒入壶中，拿着壶摇几下，再依次倒入杯中，以清洁茶具。按每位宾客2克的红茶量将茶叶放入茶壶。用温度适宜的水，以每克茶50~60毫升、红碎茶每克70~80毫升的用水量，从较高处向茶壶冲入。泡茶后，静置3~5分钟，滤去茶渣，将茶汤倒入杯中，随个人爱好，再加上牛奶和糖，或切一片柠檬插在杯沿，或洒上少量白兰地酒，或加入一两勺蜂蜜等，其调味用量的多少，可依每位宾客的口味而定。品饮时，须用茶匙调匀茶汤，然后闻香、品尝。还可将制作成不同口味的红茶放入冰箱，成为清凉饮料。

除清饮、调饮外，我国部分少数民族地区还流行着一种将红茶放入铜壶中煎煮的煮饮法。在铜壶中放入适量红茶，加水煎煮，煮沸后再从铜壶中倒入杯内，加糖、牛奶等饮用。俄罗斯人还有一种奇特的红茶饮法，他们将糖粒放在嘴里，喝一杯红茶，便把一颗糖连同茶水一起吞下。

调饮法适合袋泡茶，可先将袋茶放入杯中，用沸水冲1～2分钟后，去茶袋，留茶汤。品饮时可依据个人喜好加入糖、牛奶、咖啡、柠檬、蜂蜜，以及各种新鲜水果块或果汁。

（三）杯饮法

杯饮法适合工夫红茶、小种红茶、袋泡红茶、速溶红茶，可将茶放入白瓷杯或玻璃杯内，用沸水冲泡后品饮。工夫红茶和小种红茶可冲2～3次；袋泡红茶和速溶红茶只能冲泡1次。

（四）壶饮法

壶饮法适合红碎茶和片末红茶，低档红茶也可以用壶饮法。可将茶叶放入壶中，用沸水冲泡后，将壶中茶汤倒入小茶杯饮用。这些茶一般冲泡2～3次，适宜多人一起品饮。

三、乌龙茶的泡饮方法

我国福建、广东两地的人们都喜欢饮乌龙茶。乌龙茶的冲泡方法很讲究，冲泡时很费工夫，因而又称为“工夫茶”。在饮用过程中，一要下工夫选择茶具；二要在冲泡时下工夫侍弄茶水；三要花工夫细品慢饮，所以得名。工夫茶冲泡方法在广东潮汕和福建上州、漳州、泉州等地区非常流行，融乌龙茶的制茶工艺、冲泡技艺、品饮神韵、饮茶礼仪于一体。乌龙茶的品种很多，不同的乌龙茶冲泡后各有特色，如武夷岩茶冲泡后香气浓郁悠长，滋味醇厚回甘，茶汤橙黄清澈；铁观音茶冲泡后，香气高雅如兰，滋味浓厚而微带蜜蜂的甜香，且十分耐泡。

工夫茶的茶具都要配套。以前，一套工夫茶专用器具众多，有煮水、冲泡、品茗三大类。煮水用具有风炉、火炭、风扇、水壶等。风炉叫汕头风炉，在现代生活中，一般家庭都已改用方便清洁的电炉，风炉、火炭、风扇已不多见。煮水用的水壶俗称为玉书碨，一般是扁形的薄瓷壶，能容水200毫升，大约四两。闽南、粤东和台湾人将陶瓷质水壶通称为“碨”，以广东潮安出产的最为著名。“玉书”两字的来源有两个：一是水壶的设计制造者的名字；二是由于这种壶出水时宛如玉液输出，故称“玉输”，但“输”字不吉利，因而改为“玉书”。

工夫茶的冲泡用具主要有茶壶、茶船和茶盘。茶壶以宜兴紫砂壶最合适，叫

“孟臣壶”。真正的孟臣壶为明代惠孟臣所制，壶底刻有“孟臣”铭记，传世非常少，现在用的大多数是仿制品。孟臣壶造型独特，颜色浑厚，且吸水性强，泡出的茶香味能够持久不散，紫砂壶用得越久，泡出的茶香气也越醇厚，其最大特点是“壶小如香椽”，一般容水 50 毫升。

茶船和茶盘是用来盛冲泡时流出来的热水的，同时对茶壶、茶杯起到保温和保护作用，比一般的茶托要大得多，在台湾称茶池。

品茗用具主要是若琛杯。若琛杯，相传为清代江西景德镇烧瓷名匠若琛所作，为白色敞口小杯，杯薄如纸，白似雪，容水量只有 3、4 毫升，与小巧的紫砂壶十分相配。现代人更追求杯与壶在色调上的协调，将白色的若琛杯制成与紫砂壶同样的颜色。为了观赏汤色，又在杯中涂了一层白釉，与白色杯的效果差不多。

现在，工夫茶具逐渐简化为孟臣壶、若琛杯、玉书碨、汕头风炉（电炉）四件，也就是常说的“烹茶四宝”。

泡茶的水最好选用山泉水，将水烧到二沸似鱼目状时为宜，燃料可使用硬木炭，讲究的还有使用橄榄壳或干甘蔗的。

泡乌龙茶有一套传统方法：泡茶前先将茶壶、茶杯等用沸水冲洗一遍，冲泡过程中还要不停地淋洗，使茶具保持清洁和有相当的热度，然后将茶叶按粗细分开，先放碎末填壶底，再盖上粗条，把中小叶放在茶壶的最上面，以免碎的茶末堵塞茶壶口，阻碍茶汤畅顺流出。接着用开水冲茶，循边缘缓缓冲入，形成圈子，以免冲泡“茶胆”，当水刚漫过茶叶时，立即将水倒掉，称为“洗茶”，因为乌龙茶加工工序比较复杂，在加工过程中，难免会沾染上一些灰尘，所以一定要先洗茶。另外洗茶又称“温润泡”，先温润茶叶，以便更好地散发香气。茶洗过后，立即冲进二次水，盖上壶盖后，还要用沸水淋洗壶身，更好地保持并提高茶香。

冲泡的时间很重要，一般约 1 ~ 2 分钟左右，泡得时间太短，茶叶香味出不来，泡得时间太长，又会影响茶的鲜味。

斟茶的方法十分讲究。采用“关公巡城”的方法，将茶汤循环冲入每一个杯子，使每杯茶汤浓度均匀，然后以“韩信点兵”的方法将壶中留下的最浓部分点点滴下。这种泡法，茶汤极浓，往往是满壶茶叶，而汤量较少，倒入只能容少量茶汤的杯子中，仅有一两口，但细细品啜，满口生香，韵味十足。

品饮乌龙茶也别具一格。首先，拿着茶杯从鼻端慢慢移到嘴边，趁热闻香，再尝滋味。闻香时可拿杯从远到近，又由近到远，来回往返三四遍，顿觉阵阵茶香扑鼻而来，慢慢品啜，则茶之香气、滋味妙不可言。

品饮乌龙茶有三忌：一是忌空腹喝茶，容易引起“茶醉”，症状是头晕眼花，翻肚欲吐；二是忌睡前喝茶，否则会使人难以入睡；三是忌饮冷茶，乌龙茶冷后性寒，对胃不好。因为乌龙茶冲泡时置茶量比其他茶多，茶汤中所含咖啡因及茶多酚较多，这三忌对初饮乌龙茶的人来讲更须注意。

乌龙茶冲泡以潮汕工夫茶、福建工夫茶以及台湾乌龙茶泡法为代表。

(一)潮汕工夫茶冲泡

潮汕工夫茶始于清朝,是广东潮汕一带日常品饮、待客、表演等常用的泡茶方式,茶用乌龙茶,茶具是传统的“烹茶四宝”,古香古色,给人以美的精神享受。随着时代发展、生活方式的变化和生活节奏的加快,无论制茶、茶具还是泡茶方式都不可能完全拘泥古法,但是潮汕泡法追求一气呵成,精、气、神高度统一的最高境界仍然贯穿于每一泡茶当中。潮汕泡法以三泡为止,要求三泡茶汤的浓淡一致。

准备茶具(图4-7):烧水炉具,即风火炉,用于生火煮水,多用红泥或紫泥制成。为方便快捷,也可用电热壶烧水。盖碗或紫砂小壶,由于潮汕工夫茶多选用凤凰水仙系茶品,该种茶条索粗大挺直,适合用大肚开口的盖碗冲泡,尤以潮州枫溪产的白瓷盖碗为佳。品茗杯就是若琛杯。传统潮汕工夫茶多选薄胎白瓷小杯,只有半个乒乓球大小,无论多少人,都是三个杯。茶承,用来陈放盖碗和品茗的工具,分上下两层,上层是一个有孔的盘,下层为钵形水缸,用来盛接泡茶时的废水。

图4-7 备具

温具:泡茶前,先用开水壶向盖碗中倒入沸水(图4-8)。斜盖盖碗,右手从盖碗上方握住碗身,将开水从盖碗与碗身的缝隙中倒入品茗杯里(图4-9)。

图4-8 温具——盖碗

图4-9 温具——茶杯

赏茶:取适量茶叶放在赏茶盘上,欣赏茶的外形和香气。

置茶:将碗盖斜搁于碗托上,拨取适量茶叶入盖碗。

冲水:用开水壶向碗中冲入沸水,冲水时,水柱从高处直冲而入,要一气呵成,不可断续。水要冲至九分满,茶汤中有白色泡沫浮出,用拇指、中指捏住盖钮,食指抵住钮面,拿起碗盖,由外向内沿水平方向刮去泡沫(图 4-10)。

图 4-10　冲水

第一次冲水后,15 秒内要将茶汤倒出,即温润泡,可以将茶叶表面的灰尘洗去,同时让茶叶有一个舒展的过程。倒水时,应将碗盖斜搁于碗身上,从碗盖和碗身的缝隙中将洗茶水倒入茶承。

然后正式冲泡,仍以高冲的方式将开水注入盖碗中。如产生泡沫,用碗盖刮去后加盖保香。

接着是洗杯。用拇指、食指捏住杯口,中指托底沿,将品杯侧立,浸入另一只装满沸水的品杯中,用食指轻拨杯身,使杯子向内转三周,均匀受热,并洁净杯子。最后一只杯子在手中晃动几下,将开水倒掉即可。

第一泡茶,浸泡 1 分钟即可斟茶。斟茶时,盖碗应尽量靠近品杯,俗称低斟,可以防止茶汤香气和热量的散失。倒茶入杯时,茶汤从斜置的碗盖和碗身的缝隙中倒出,先以“关公巡城”法在一字排开的品杯中来回轮转,通常反复二三次将茶杯斟满;之后再以“韩信点兵”法将剩余茶汤一滴一滴依次巡回滴入各人茶杯。采用这样的斟茶法,目的在于使各杯中的茶汤浓淡一致,避免先倒为淡、后倒为浓的现象。

(二)福建工夫茶泡法

冲泡前,先要煮水。在等候水煮沸期间可将一应茶具取出放好,如紫砂小壶、品茗杯、茶船(茶洗)等。

洁具:用开水壶向紫砂壶注入开水,提起壶在手中摇晃几下,依次倒入品杯中,这一步也称为“温壶烫盏”。温壶又叫“孟臣淋霖”,不光要往壶内注入沸水,还要浇淋壶身,这样才能使壶体充分受热。烫盏也有讲究。茶杯要排放在茶船中,依次注满沸水后,先将一只杯子的水倒出,然后以中指托住杯底,用拇指来转动杯子360°,使杯沿在盛满沸水的杯子中完全烫洗,既消了毒又烫了杯。其余各杯用此法依次烫好备用。

置茶:拨取茶叶入壶,也称“乌龙入宫”。投放量为每克茶20毫升水,差不多是壶的三成满。放茶叶入壶前,可先观赏乌龙干茶的色泽、形状,闻其香味。投茶有一定的顺序,先用茶针分开茶的粗叶、细叶以及碎叶。先放茶末、碎叶,再放粗叶,最后将较匀称的叶子放在最上面。这样是为了防止茶的碎末或粗条将茶壶嘴堵塞,使茶汤不能畅流。

洗茶:用开水壶以高冲的方式冲入小壶,直到水满壶口,用壶盖由外向内轻轻刮去茶汤表面的泡沫,盖上壶盖后,立即将洗茶水倒入废水盂。

正式冲泡时用开水壶再次高冲,并上下起伏以“凤凰三点头”之式将紫砂壶注满,如产生泡沫,仍要用壶盖刮去,为“春风拂面”。然后,盖上壶盖保香。

用开水在壶身外均匀淋上沸水,可以避免紫砂壶内热气快速散失,同时可以清除沾附壶外的茶沫。

大约浸泡1分钟后,用右手食指轻按壶顶盖珠、拇指与中指提紧壶把,将壶提起,沿茶船四边运行一周,这叫“游山玩水”。目的是为了避免壶底的水滴落到杯子中,这样壶底的水会先落到茶船里。将壶口尽量靠近品茗杯,把泡好的茶汤巡回注入茶杯中。将壶中剩余茶汁,一滴一滴分别点入各茶杯中。杯中茶汤以七分满为宜。

注意,斟第二道茶之前仍要烫盏,将杯子用开水烫后再斟茶,以免杯凉而影响茶的色香味。以后再斟,同样如此。

20世纪80年代以后,在潮州、闽南工夫茶基础上,台湾人进行了一系列改革,形成了独具特色的台式乌龙茶泡法。台式乌龙茶与潮州工夫茶的最主要区别在于茶具的改革,也就是在原有工夫茶的基础上,为了更好地欣赏茶的色泽与香味,增加了闻香杯,与每个若琛杯配套使用。闻香杯杯体又细又高,将茶汤散发出来的香气笼住,使香味更浓烈,更容易让人闻到。

除了闻香杯之外,台式乌龙茶还发明了茶盅,即公道杯。用茶壶泡好茶后,在斟入若琛杯前,将茶壶中的茶汤先注入公道杯,再从公道杯中将茶汤倒入各若琛杯中。这样能使倒入每一杯中的茶汤浓度均匀,体现出公平合理的茶道精神。如果用茶壶直接将茶汤倒入若琛杯中,后倒出来的茶汤由于在茶壶中浸泡的时间较长,相对来说比先倒出来的茶汤要浓,这样对饮用先斟出茶汤的客人不公平。

闻香杯与公道杯的发明,使工夫茶的冲泡过程有了一定的改变。

(三)台湾乌龙茶泡法

传统的台湾泡法很接近潮汕、闽南泡法。20世纪80年代以后,随着台湾茶

文化的逐渐兴盛，传统的泡茶观念、方式和茶具都融入新的理念，使台湾人爱茶、饮茶的风气日盛，形成了比较适合现代人的台湾乌龙茶泡法。台湾乌龙茶艺的基本精神是和、静、俭、洁。注重茶叶本身、泡茶器具以及饮茶氛围的营造，最大特点是手法简捷、实用性强，使用公道杯均匀茶汤后，再分入闻香杯，茶汤由闻香杯再倒入品茗杯品饮。台式乌龙茶冲泡使用闻香杯、茶盅、滤网等，使品饮的享受更丰富细腻。

首先准备茶具（图 4－11）：茶盘，用来陈放泡茶用具。茶盘一般用木或竹制成，分上下两层，废水可以通过上层的箅子流入下层的水盘中。紫砂壶，可根据品茶人数，选择容量适宜的壶，如二人壶、四人壶等。还有公道杯、闻香杯、若琛杯等。将茶具摆放好，茶壶与公道杯并列放置在茶盘上，闻香杯与若琛杯对应并列而立。

温壶烫盏：将开水注入紫砂壶和公道杯中，持壶摇晃几下，以巡回往复的方式注入闻香杯和若琛杯中，再把杯中水倒入茶盘（图 4－12）。

图 4－11 备具

图 4－12 烫闻香杯

取出茶叶，可先观赏片刻再投入茶壶中。

洗茶：将沸水注入茶壶中，充满后盖上茶盖，淋去溢出的浮沫。

正式冲泡时仍以“凤凰三点头”之式将茶壶注满，用壶盖从外向内轻轻刮去水面的泡沫，再用开水均匀淋在壶的外壁上，以保证水温。静候 1 分钟后，将茶汤注入公道杯中。趁茶壶还烫时，再次冲入开水泡茶。

依次将闻香杯和若琛杯中的烫杯水倒掉，并一对对的放在杯垫上，闻香杯在左，若琛杯在右。杯身上若有图案或分正反面，应将有图案的一面或正面朝向客人。

将公道杯中的茶汤均匀注入各闻香杯中（图 4－13）。各闻香杯都斟满后，把若琛杯倒扣过来，盖在闻香杯上（图 4－14）。接着再依次把扣合的杯子翻转过来，将若琛杯放在下，闻香杯放在上（图 4－15）。

图 4－13　分茶

图 4－14　扣杯

品茶时，先将闻香杯中的茶汤轻轻旋转倒入若琛杯，使闻香杯内壁均匀留有茶香，送至鼻端闻香；也可转动闻香杯，使杯中香气得到最充分的挥发（图 4－16）。然后，用拇指、食指握住若琛杯的杯沿，中指托杯底，以“三龙护鼎”之式执若琛杯品饮。

图 4－15　翻转

图 4－16　闻香

需要注意的是，在乌龙茶第一泡后要逐渐增加冲泡时间，这样才能使茶的有效物质完全浸出。

冲泡乌龙茶，台湾二十一式茶艺表演具体步骤为：一是备具迎客；二是清泉出沸；三是孟臣淋霖；四是仙泉玉盅；五是温闻香杯；六是润品茗杯；七是乌龙入宫；八是净洗尘缘；九是一泡不饮；十是悬壶高冲；十一是推泡抽眉；十二是重洗仙颜；十三是若琛出浴；十四是玉叶琼枝；十五是关公巡城；十六是倒转乾坤；十七是三龙护鼎；十八是敬奉佳茗；十九是喜闻幽香；二十是细味佳茗；二十一是重赏余韵。

四、黄茶的泡饮方法

要冲泡好黄茶，首先需要选好茶，好的黄茶冲泡后，会使香气清幽，滋味醇和。品黄茶主要在于观其形，赏其姿，察其色，其次是尝味、闻香。冲泡黄芽茶，通常每

克茶的开水用量为50～60毫升。冲泡时，一般只能用70℃左右的开水冲泡，如果水温过高会泡熟茶芽，使饮茶者无法观赏茶芽的千姿百态。另外，由于黄芽茶制作时几乎没有经过揉捻，加上冲泡时水温又低，所以冲泡黄芽茶通常在10分钟后才开始品茶。

君山银针是一种较为特殊的黄茶，它有幽香、有醇味，具有黄茶的所有特性，但它更注重观赏性，因此冲泡技术和程序十分关键。

冲泡君山银针用的水以清澈的山泉为佳，茶具最好用透明的玻璃杯，并用玻璃片做盖。杯子高度10～15厘米，杯口直径4～6厘米，每杯用茶量为3克，具体冲泡程序如下：

赏茶：用茶匙取少量君山银针，放在洁净的赏茶盘中，供宾客观赏。

洁具：用开水预热茶杯，清洁茶具，并擦干杯，以避免茶芽吸水而不易竖立。

置茶：用茶匙轻轻地从茶叶罐中取出君山银针约3克放入茶杯。

高冲：用水壶将70℃左右的开水，先快后慢冲入盛茶的杯子，到1/2处，使茶芽湿透。稍后，再冲至七八分满为止。约5分钟后，去掉玻璃盖片。

赏茶：君山银针经冲泡后，可看见茶芽渐次直立，上下沉浮，并且在芽尖上有晶莹的气泡。

君山银针是一种以赏景为主的特种茶，讲究在欣赏中饮茶，在饮茶中欣赏。刚冲泡的君山银针是横卧水面的，加上玻璃片盖后，茶芽吸水下沉，芽尖产生气泡，犹雀舌含珠，似春笋出土。接着，沉入杯底的直立茶芽在气泡的浮力作用下，再次浮升，如此上下沉浮，妙不可言。打开玻璃杯盖片时，会有一缕白雾从杯中冉冉升起，然后缓缓消失。赏茶之后，可端杯闻香，闻香之后就可以品饮了。

五、白茶的泡饮方法

白茶是由鲜叶上多白色茸毛的茶树品种之茶叶采制而成，成品茶满披白色茸毛，色白隐绿。冲泡后，茶汤淡绿，滋味醇和。

白茶因产地、采摘原料不同，有银针、贡眉和白牡丹之分。银针主要产于福建的福鼎和政和两县，由政和大白茶和福鼎大白茶的壮芽采制而成，芽头肥壮，满披白毫，挺直如针，色白如银。政和产的滋味鲜醇，香气清芳；福鼎产的茶芽茸毛厚，色白有光，汤色杏黄，滋味鲜美。贡眉主要产于福建的建阳、建瓯、浦城等县，由一芽二叶为原料加工而成。优质贡眉毫心显露、色泽浅绿，汤色橙黄，叶底匀整明亮，滋味鲜爽，香气鲜纯。白牡丹也主要产于福建的福鼎和政和两地，其原料主要来自政和大白茶和福鼎大白茶的早春芽叶，要求芽和二片叶必须满披白色茸毛。白牡丹两叶抱一芽，叶态自然，色泽呈暗青苔色，叶张肥嫩，叶背遍布白毫，芽叶连枝。冲泡后，汤色杏黄或橙黄，滋味鲜醇，叶底浅灰柔软。

下面着重介绍银针白毫的泡饮方法。冲泡银针白毫的茶具通常是无色无花的直筒形透明玻璃杯，品饮者可从各个角度欣赏到杯中茶的形色和变幻的姿色。冲泡时，银针白毫的水温以70℃为好，其具体冲泡程序如下：

备具：多采用有托的玻璃杯。

赏茶：用茶匙取出少许白茶，放在茶盘供宾客欣赏干茶的形与色。

置茶：取白茶2克，放在玻璃杯中。

浸润：冲入少许开水，让杯中茶叶浸润10秒钟左右。

泡茶：用高冲法，按同一方向冲入开水100～120毫升。

奉茶：有礼貌地用双手端杯奉给宾客饮用。

品饮：白毫银针冲泡开始时，茶芽浮在水面，经5～6分钟后才有部分茶芽沉落杯底。此时，茶芽条条挺立，上下交错，犹如雨后春笋。约10分钟后，茶汤呈橙黄色，这时就可以端杯闻香和品尝。

六、黑茶的泡饮方法

主要介绍普洱茶的泡饮方法。历史上的普洱茶是用云南大叶种茶树的鲜叶，经杀青、揉捻、晒干而制成的晒青茶，以及用晒青茶以蒸压制成的紧压茶。由于最初是经云南的普洱销售到各地，于是称为普洱茶。人们在茶艺馆中饮用的袋泡普洱茶就是散茶的一个品种，根据普洱紧压茶规格不同，以及压制后的形状差异，又分为心形的紧压茶、圆形的饼茶、碗形的沱茶、正方形的方茶等。

现在的普洱茶主要将晒青茶用高温、高湿人工速成发酵处理的方法制成。但优质的普洱茶还要经过自然堆放，让其缓慢发酵、陈化处理，才具有普洱茶特有的韵味和陈香。

根据普洱茶的品质特点和耐泡特性，普洱茶一般选用盖碗冲泡，用紫砂壶做公道壶，最后用小茶杯品茶。其冲泡程序如下：

赏具：又称孔雀开屏，通常选用长方形的小茶杯，上置泡茶用的盖碗和品茶用的若琛杯，多用青花瓷，花纹和大小应配套，公道壶以大小相宜的紫砂壶为好。另外，还有茶匙等。

温茶：又称温壶涤器，就是用烧沸的开水冲洗盖碗、若琛杯。

置茶：俗称普洱入宫，就是用茶匙将茶放入盖碗，用茶量为5～8克。

涤茶：又称游龙戏水，就是用现沸的开水呈45°大小流冲入盖碗中，使盖碗中的普洱茶随高温的水流快速翻滚。

淋壶：又称淋壶增温，就是将盖碗中冲泡出的茶水随即淋洗公道壶。

泡茶：又称翔龙行雨，就是用现沸开水冲入盖碗中泡茶，开水用量约150毫升。冲泡时间分别为：第一泡10秒钟，第二泡15秒钟，第三泡后每次冲泡20秒钟。

出汤：又称出汤入壶，就是将冲泡的普洱茶汤倒入公道壶中，出汤前要刮去浮沫。

沥茶:又称凤凰行礼,就是把盖碗中的剩余茶汤全部沥入公道壶中,以“凤凰三点头”的姿势向宾客致意。

分茶:又称普降甘霖,就是将公道壶中的茶汤倒入杯中,每杯倒七分满。

敬茶:又称奉茶敬客,就是将杯中的茶放在茶托中,举杯齐眉,奉给宾客。

品饮:品饮普洱茶重在寻香探色,品饮时先观汤色,重在闻香,然后再啜味。

七、花茶的泡饮方法

花茶是我国北方人民喜欢饮用的一个茶类,既有花香,又有茶味,两者珠联璧合,相得益彰。

泡饮花茶,首先欣赏花茶的外观形态。取泡一杯的茶量,放在干净的容器上,干闻花茶香气,观看茶胚质量,欣赏干茶外形。闻香时要注意三点:一是香气的鲜灵度,也就是香气的新鲜灵活程度,与香气的陈、闷、不爽相对立;二是香气的浓度,也就是香气的浓烈深浅程度,与香气的淡薄、浮浅相对立,一般经过多次窨花,花香才能充分吸入茶身内部,香气较为浓厚耐久;三是香气的纯度,也就是香气纯正不杂,与茶味融合协调的程度,与杂味、怪味、香气闷浊相对立。

闻香过后就要正式冲泡了,花茶的冲泡方法与绿茶差不多,不同在于花茶更注重保持茶的外形完好以及防止香气的散发。瓷质有盖茶具密度大,保温性能良好,能有效地保持茶的芳香。特别是盖碗的碗口大,能清楚地观察到茶形。因此冲泡花茶适合用有盖的茶具,以白瓷盖碗或白瓷有盖茶杯为佳。常见的泡饮方法有玻璃盖杯法、茶壶泡饮法和白瓷盖杯法三种。

(一)玻璃盖杯法

玻璃盖杯法适合冲泡茶胚特别细嫩的高级茉莉花茶,如茉莉银毫、茉莉寿园、茉莉毛峰、茉莉春芽、茉莉东风茶。细嫩的茶叶具有较高的观赏性,通过透明玻璃杯冲泡可以观赏到茶叶在杯中徐徐舒展的过程。通过观赏、闻香、品味,花茶特有的茶味和香韵才能真正体现出来,给人以完美的享受。冲泡后的花茶一开盖就会顿觉香气扑鼻而来,愉悦的心情便会油然而生。

准备好茶具后要清洁茶具。花茶以独具花之芳香为特色,因此保有其真香是冲泡的重中之重。使用的茶具,甚至冲泡用水都要洁净无味,以免损害了茶原有的香味。而且,洁具与温具是同步进行的,事先冲烫茶具使其具有一定的温度能使茶香更快地被激发。冲烫盖杯,要先向杯中注入约三成沸水,然后双手托住盖杯,往顺时针方向旋转杯身,使杯内的水从下到上旋至杯口,让杯内壁充分被水清洗。然后将杯盖垂直放入杯中,在杯中将杯盖旋转一周,使杯盖全部被水浸洗。最后用杯中热水淋洗杯托。

将2～3克茶叶放入杯中,同时可赏茶。冲泡前先浸润,也就是先将一些初沸水凉至90℃左右，按同一方向高冲入杯，以浸润茶叶，约10秒钟后，再向杯中冲水至七八分满，随即加盖，避免香气散失。透过玻璃杯观察细嫩的茶叶在杯中上下飘舞、沉浮，以及茶叶徐徐开展、复原叶形、浸出茶汁汤色的变化过程。冲泡3分钟后，用左手托起杯托，右手轻轻将杯盖掀开一条缝，先深闻缝隙间香味，再揭开杯盖闻其上“盖面香”，细闻袅袅上升的香气，顿觉芬芳扑鼻，有兴趣者还可做深呼吸状，充分领略愉悦的香气。稍后，再用杯盖轻轻推开浮叶，从斜置的杯盖和杯沿的缝隙中品饮。先小口喝入，在口中稍微停留，以口吸气、鼻呼气相配合的动作，使茶汤在舌面上往返流动1、2次，充分与味蕾接触，品尝茶味及汤中香气后再咽下，只有这样才能尝到名贵花茶的真香实味。然后，就可以随意品饮了。

（二）茶壶泡饮法

茶壶泡饮法适合冲泡低档花茶或花茶末。冲泡低档花茶，茶叶外形没有多少观赏价值，可采用壶泡法，也就是用茶壶泡茶，因壶的保温性好，有利于充分泡出茶味。茶壶一般为白瓷茶壶，冲泡法与杯泡法相同。根据壶的大小和饮茶人的口味浓淡，放入适量的茶叶，用100℃的初沸水冲入壶中，加壶盖，5分钟后即可倒入茶杯饮用。泡好后分茶入杯，可使茶叶外形不与客人直接见面，人们看到的只是分茶后的茶汤，依然可以通过对茶汤的闻香和品尝得到花茶的香和味。壶泡可以多次冲泡，既方便卫生，又适合家人团聚或三五知己相聚，围坐品茶，和睦融洽。

（三）白瓷盖杯法

白瓷盖杯法一般选用中档花茶，强调茶味醇厚、香气芬芳，而不注重观赏茶胚形态。放上茶叶后，冲上100℃的沸水，加盖5分钟后即可揭盖闻香气、品茶味。此类花茶香气芬芳，茶味醇正，耐冲泡。

八、紧压茶的泡饮方法

紧压茶的饮用沿袭我国古老的饮茶方法，即将茶饼捣碎后，放入开水中烹煮。千百年来，这种方法一直受到我国边疆地区兄弟民族的欢迎。

我国的紧压茶大多为砖茶。由于砖茶与散茶不同，很紧实，用沸水冲泡难以浸出茶汁，饮用时必须先将砖茶捣碎，在铁锅中或铝壶内烹煮才行，而且在烹煮过程中，还要不断搅拌，以使茶汁充分浸出。由于地区不同、民族不同、风俗不同，紧压茶的调制方法也有所不同。

新疆各民族虽然大都喜欢饮紧压茶，但对紧压茶要求不一样，以致饮用方法也不一样，维吾尔族主要饮用的是茯砖茶。南疆地区的做法是将茯砖茶打碎，投入铜茶壶内，再加入少许研碎的桂皮、丁香、胡椒等作料调味，然后加上适量清水，煮沸后，成为香茶，一日三餐共饮；北疆地区的做法是将茯砖茶打碎后，投入锅中加适量清水，煮沸后再加入鲜奶或奶疙瘩以及少量食盐，调制成奶子茶饮用。哈

萨克族、柯尔克孜族、乌孜别克族等习惯喝米砖茶。做法是先将米砖茶打碎，投入壶中，加入清水，在火炉上煮成浓茶汁，然后将浓茶汁倒入茶碗，加上少许食盐和适量奶皮子，最后冲上刚沸的开水，做成咸香可口的奶茶。回族主要饮用茯砖茶和黑砖茶，方法是将砖茶捣碎成小块，放入壶中，加入清水煮沸3~5分钟即可饮用。这种茶称为喝清茶，有时也会在清茶中加入牛奶和少量的食盐，制作成奶茶。

藏族习惯将紧压茶调制成酥油茶饮用，但居住地区不同，对紧压茶的爱好也不同，拉萨一带爱喝四川的康砖和云南的紧茶，昌都地区爱喝四川的金尖。在调制酥油茶时，先将砖茶捣碎，放入锅中煮沸，滤出茶汁，倒入放有酥油和食盐的打茶桶内，再用一个特制的搅拌工具插入茶桶，不断地搅拌，使茶汁、酥油、食盐混合成白色浆汁，然后倒入茶碗，就可饮用了。一般逢年过节，人们一定要调制酥油茶。平时，藏族家庭则采用比较简单的饮用方法，只是将砖茶捣碎，放上清水，加些盐巴，煮沸10多分钟，再慢慢搅拌，待茶汁充分浸出后，倒入碗中饮用。这种茶被称为盐茶。

蒙古族饮用紧压茶的方法是，先将砖茶劈开砸碎，抓一把放入铝壶内，再加上清水煮开，然后加入奶子和食盐，稍微搅拌，即成咸奶茶。

由上可见，紧压茶的饮用方法主要有三点：一是饮用时先将紧压成块的茶叶打碎；二是不宜冲泡，而要用烹煮的方法，才能使茶汁浸出；三是烹煮时，大多加入调味料，采用调饮的方式喝茶。

第四章　茶馆文化

茶文化最初兴起的时候，虽然主要表现为文人、僧侣以及宫廷的文化，具有规范、清雅及崇尚自然的特点。但随着饮茶向民间的普及，茶馆大量出现，使得茶文化又具有了新的内容——市民茶文化。市民茶文化是独立于宫廷、文人、僧侣茶文化之外的、具有自身特色的茶文化，它与茶馆的社会功能相结合，逐渐形成茶文化的一个重要分支——茶馆文化。

作为茶文化重要组成部分之一的茶馆文化具有自身的特点，它的产生、发展、繁荣以及衰落具有明显的时代特征。同时，作为群众性的集会场所，它又受不同地域民风、民俗的影响。中国历史悠久、地域辽阔，茶馆文化自然就呈现出复杂而又丰富多彩的特征。

此外，茶馆文化虽衍生于茶，但有些时候，茶馆的功能性特征往往表现得更明显一些，而茶反倒退居其次了。在茶馆文化中，茶在有些时候只剩下了一个名目，例如，为大家所熟知的“吃讲茶”，以及古代联姻时的“下茶”等，而这正是茶馆文化的重要特征之一。如果说茶文化因文人精神的介入而呈现出脱俗的一面，而茶馆文化则从一开始就是从世俗层面体现出其与文人茶文化的不同。两者分途发展，但又并行不悖。

另外值得注意的一点是，茶的饮用历史虽渊源甚早，魏晋南北朝时茶文化已经萌芽，但据现有资料，最早的茶馆是在唐代才出现的，而唐代又正是茶文化渐趋成熟的时期——茶文化的诸多内容就是在这个时候确立并逐渐巩固下来的。

在与茶馆文化相关的资料里，人们对茶馆的称呼因时代、地域或功能的不同而不同，或称茶邸、茶肆、茶坊、茶舍，或称茶铺、茶亭、茶居、茶楼等。至于有些称呼如“茶邸”等是否就是今天意义上的茶馆，则还无法完全确定，但从资料记载的情形看，将其视为茶馆也未尝不可。而近代以来，尤其是当前的茶艺馆，与我们这里所谓的茶馆则又有了明显的不同。

一般说来，茶馆最初的功能主要体现在供人们饮茶与休息两个方面，即所谓“不问道俗，投钱取饮”。但既然是饮茶与休息的场所，其公共性是毋庸置疑的，而茶馆文化的所有内容正是从“公共”这一点上衍生出来的。唐代以后，随着时间的推移，茶馆的社会功能逐渐增强，除了吃茶、休息之外，人们还利用它来联系感情、交流信息、休闲娱乐，甚至借助茶之“和”的特性与茶馆的公共性特征来处理个人事物、解决社会纠纷，茶馆由单一功能向多元化功能发展。正是因为超越了饮茶与休息这一形而下的需求，茶馆文化也才随之形成。

因为茶馆文化所具有的世俗性、公共性特征,有人认为:茶馆只是提供饮食、休息或消遣的公共场所,置身于其间的多是社会闲散人员,而且有着很强的流动性;饮茶者囊括了三教九流,其社会地位、文化层次相对都不是很高,这样的人群,又有什么文化可言呢?这种看法貌似有理,但实际上是没有真正了解茶馆文化的特定内涵,而是把它混同于文人茶文化了。正如上面已经论及的,茶馆文化与文人茶文化是并行不悖的两条线,其精神有着很大的差异。正是特定的时代与人群决定了茶馆文化不同于文人茶文化,这个不同不仅仅是外在形式上的,也包括审美、功能以及价值取向等各个方面。仅就“和”之一个方面说,在我国传统文化里,注重人际关系的和谐是一个十分重要的内容,所体现出的是一种精神实质。而就中国传统社会的自然经济模式而言,宗法制下的聚族而居也使人们多注重讲求邻里关系的和睦。作为社会成员之一,人们都十分热衷于集体生活,并以在群体中找到自己的位置视为人生的莫大幸福,而作为公共性场所的茶馆,从它一出现,就十分自然地具备了促进人们社会交往的职能。

第一节　茶馆的历史与文化

一、唐代茶馆的出现

(一)唐代城市经济的繁荣

我国饮茶的历史虽然很早,但饮茶之风的真正盛行是在中晚唐时候。这从《新唐书·陆羽传》就可以知道。

陆羽的生卒年分别是公元733与公元804年,这个时期介于玄宗开元及德宗贞元年间。天宝十四载(755年)安史之乱爆发,至代宗宝应二年(763年)被平定,前后历时7年。陆羽《茶经》“四之器”曰:“风炉以铜铁铸之,如古鼎形……凡三足……一足云‘圣唐灭胡明年铸’。”陆羽倡导饮茶正是在安史之乱前后,属唐王朝由盛转衰的中晚唐时期。从《陆羽传》中“天下益知饮茶矣”与“其后尚茶成风”两句看,陆羽于唐代饮茶风气的盛行确实起到关键性作用,以致鬻茶者于“炀突间”供其神像,膜拜有加,而由此亦可见这一时期饮茶风气之一斑。茶肆就是在这样一种氛围下出现的。

关于唐代茶馆的记载,最早见于唐封演所作《封氏闻见记》一书。书中论及唐开元年间饮茶情形时写道:

开元中,泰山灵岩寺有降魔师大兴禅教,学禅务于不寐,又不夕食,皆许其饮茶,人自怀挟,到处煮饮。从此转相仿效,遂成风俗,自邹、齐、沧、棣,渐至京邑,城市多开店铺煎茶卖之,不问道俗,投钱取饮。

其中提到了"城市多开店铺煎茶卖之,不问道俗,投钱取饮",这应该是关于茶馆最早也最明确的记载。另外,文中言及饮茶之流行缘于泰山灵岩寺僧人的学禅"务于不寐",结合陆羽曾经寄居寺庙的经历,自然很容易看出其间的某种联系。"多开店铺,煎茶卖之",这就是早期的茶馆;"不问道俗,投钱取饮",这就是最早的茶客。

考察唐代茶文化史可以知道,茶馆在这一时期出现主要有两个方面的原因:一是饮茶之风的盛行;二是唐代城市经济的繁荣及市民茶文化的兴起。

唐首都长安方圆约35.5公里,人口30多万,规模之大罕有其匹。长安交通便利,有五条大道通往全国各地。水路则"旁通巴汉,前诣闽越","控引河洛,兼包淮海"。强大的国力吸引着来自中亚、波斯以及大食等国的客商。长安市内商业十分发达,南城商业区旅馆、店铺林立,商贾云集。

除长安外,当时的洛阳、扬州、广州、成都、凉州等城市也都非常繁华。

唐代城市经济的大发展首先带来的是市民阶层的崛起,这些人包括包括商人、手工业者、落魄知识分子以及为城市上层提供各种服务的形形色色的人们。他们要求城市能够提供一定的服务设施,饮食、娱乐与交流信息的需要是迫切的,因此,茶馆的出现成为势所必然。

(二)唐代茶馆的初兴

事实上,唐代直到陆羽《茶经》一书问世后,饮茶才在文人中间风行开来,而关于饮茶的记载也越来越多。究其原因,大约与当时社会环境的转换有很大的关系。安始之乱后,唐王朝由盛而衰,盛唐时期知识分子激扬奋发的意气逐渐消失。同时,因朝中政治斗争十分激烈,许多知识分子在政治上感觉失意,加之唐代佛教发达,相当大一部分知识分子深受佛教禅宗的影响,激扬蹈厉的精神一转而为崇尚内敛幽静,追求平淡、自然的境界。对佛教的推崇转而助长了饮茶之风的盛行。由于文人的介入,使我们得以看到许多与茶馆相关的文字材料,从而为考察唐代茶馆文化提供了可能。

除上文已经提到的《封氏闻见记》之外,还有一些著作也有与唐代茶馆有关的相关论述。据《旧唐书·王涯传》载,文宗太和七年(834年),司空兼领江南榷茶使王涯于李训事败后,"涯与同列归中书会食,未下箸,吏报有兵自阁门出,逢人即杀。涯等仓皇步出,至永昌里茶肆,为禁兵所擒,并其家属奴婢,皆系于狱"。此外,宋李昉等所修类书《太平广记》卷三百四十一"鬼二十六"有"韦浦"一条,文中有"俄而憩于茶肆"字样。按此则出自唐薛渔思所著《河东记》,"茶肆"而可以休憩,足证此处所谓的"茶肆"显然不是出售茶叶的店铺,而只能是卖茶水的茶馆。除茶肆外,同文中还记有"其主乃赏茶二斤,即进于浦,曰:'庸奴幸蒙见诺,思以薄伎所获,儆献芹者'",可见此时的茶早已成为生活中不可或缺之物。另外,《封

氏闻见记》还有关于茶邸的记载,文章说,唐朝长庆初年,杜陵韦元方出开远门数十里,逢裴璞跃马而来,裴“见元方若识,争下马避之入茶邸,垂帘于小室中,其从御散坐帘外”。这里的“茶邸”应该就是茶馆、茶肆的别称。

除了有关城市茶馆的记载之外,一些资料还记载了唐代的乡村茶馆。据日本僧人圆仁所著《入唐求法巡礼行记》,日本国承和五年七月廿日,“比至午时,水路北岸杨柳相连。未时到如皋,茶店暂停”。如皋当时为镇,实近于乡村。又唐会昌四年(844 年)六月九日,圆仁在郑州城郊十五里处,“回头望西,见辛长史走马赶来,三对行官遏道走来,遂于土店里吃茶”。[①] 这个“土店”应该就是乡野吃茶、歇脚的小茶馆。

另据吴旭霞《茶馆闲情》引证,唐时除了都城长安的茶肆之外,民间也有茶亭、茶棚、茶房等卖茶设施。由此可见,唐代中后期,茶馆数量颇多,遍及城市、乡村,其功能,多限于吃茶与休憩,偶作送别饯行之地,此外的功能,因资料上的匮乏,还不能描绘出较为清晰的面目。而茶馆文化,自然也处在萌芽时期。此后,随着两宋茶文化的发展,茶馆文化也渐趋于兴盛。

二、宋代茶馆文化的兴盛

(一)宋代茶馆兴盛的原因

宋代是茶文化的鼎盛时期,同时,也是茶馆文化的形成和快速发展时期。这一时期茶文化的一个重要特征就是茶文化的两个侧面——雅与俗——的分途发展。如果把文人茶文化与宫廷茶文化视为“雅”,那么,与之相对的市井茶馆文化就是“俗”。但雅与俗的分界并不表示两者是缺乏共通性的异质文化,而是统一在茶文化之下的两个侧面。

宋代茶馆文化的兴盛有多方面的原因,最主要的还是饮茶向日常生活的逐步渗透。在宋代,由于皇室的大力提倡,饮茶之风不但于文人中间蔚成风气,而且以极快的速度深入民间,使得茶成为人们日常生活的必需品之一。据吴自牧《梦粱录》载:“人家每日不可阙者,柴、米、油、盐、酱、醋、茶。”又据《宋史·食货志》所载叶清臣上疏曰:“茶为人用,与盐铁均。”由此可见,较之唐代,宋代饮茶最明显的一点就是它向下普及的深度,这也正是茶馆文化得以繁荣的最为深厚的基础。

在探讨宋代茶馆文化之前,先就这一时期茶馆兴盛的原因作一具体分析。

首先是社会环境方面的原因。与汉、唐盛世相比,南北宋虽都曾有过经济相当繁荣的时期,但因为特殊的统兵制度,使得军事实力受到很大削弱,在国防上一直采取守势,缺乏汉唐时期对外扩张的恢弘气度。由此,宋代文人也不像汉唐盛

① 圆仁. 入唐求法巡礼行记[M]. 上海:上海古籍出版社,1986.

世文人，有着投笔从戎、马革裹尸的豪情壮志，而是表现出较为内敛的精神特征。南宋偏安之后，虽有一批志在恢复中原的知识分子，但一味苟安的南宋朝廷并没有给他们提供施展抱负的机会，宗泽、岳飞如此，辛弃疾、陆游也如此。辛弃疾是“却将万字平戎策，换得东家种树书”，而“但悲不见九州同”的陆游呢？最终也只是“遗民泪尽胡尘里，南望王师又一年”。在这种极度的彷徨苦闷之中，最好的消遣莫过于“矮纸斜行闲作草，晴窗细乳戏分茶”了。

同时，由于农村耕地的扩大和农作物单位产量的提高，许多人脱离了农业生产，从事文化活动，知识分子人数激增。据《宋史·选举志一》记载，从宋代开国到嘉祐的近100年间（960—1056年），京城等待科举考试的读书人每年就有6 000~7 000人。苏轼在《谢范舍人启》一文中说，到宋天圣（1023—1032年）以后，蜀中“释耒耜而执笔砚者，十室而九”。话虽然有些夸张，但也说明当时知识分子人数之多。蜀中自古就是产茶之地，饮茶也早于中原各地，这些人进京，对饮茶的盛行不可能没有影响。面对人数如此之多的文人，北宋王朝对他们的待遇也是优厚的。除了优厚的俸给之外，文官离职时还可以宫观使的名义支取半俸，而武官则不能。宋太祖曾说宰相须用读书人，其实，不只宰相，就是主兵的枢密使、理财的三司使，下至州郡长官，也几乎都是由文人担任。但是，正是由于有着极高的政治地位，宋代文人容易脱离人民群众，习惯于书斋生活，追求幽静、平淡、冲和，精神和物质生活倾向纤弱、精致，而饮茶恰恰具备了这一特点。俗话说“上有所好，下必甚焉”，文人的饮茶成为下层百姓模仿的对象，为饮茶向市井的普及起了推波助澜的作用。

其次，宋代的茶叶种植已十分广泛，而且产量也大为增加。当时，淮南、江南、荆湖、福建诸路，都有不少州郡以产茶出名。由这些地区每年输送与北宋政府茶专卖机构的数量巨大；而淮南的产茶地则是官府自置场，督课园户茶民采制，其岁入数量尚不包括在上举数字之内；川陕路所产的茶，政府虽不许出境销售，但产量也很多。[①]

至南宋，栽培茶树的地区比北宋增加很多。

随着茶叶产量的增加，制茶技术也有了质的飞跃，而贡茶加工技术的进步，也促进了茶叶新品的不断涌现。据《宋史·食货志》，茶叶按其品质可分为若干等，品质不同，价格亦有较大差异。

宋代茶的分类已经十分细致，而贡茶制作技术的独特与高超催生了一批名茶品类的出现，“唯建、剑则既蒸而研，编竹为格，置焙室中，最为精洁，他处不能造，有龙、凤、石乳、白乳之类十二等，以充岁贡及邦国之用”。关于这一点，宋徽宗在

① 《宋史·食货志》下五，《茶》上；《续资治通鉴长编》卷一百，天圣元年正月癸未，中华书局，1985年版。

其所著《大观茶论》中也曾论及:“岁修建溪之贡,龙团凤饼,名冠天下。”继龙凤团茶之后,仁宗时蔡襄又创造出小龙团。据罗大经《鹤林玉露》载:“本朝开宝间,始命造龙团,以别庶品。厥后丁晋公漕闽,乃载之《茶录》。蔡忠惠又造小龙团以进。东坡诗云:‘武夷溪边粟粒芽,前丁后蔡相笼加’。”[①]大观年间,又创制出了三色细芽(御苑玉芽、万寿龙芽、无比寿芽)及试新铸、贡新铸。在各色茶中,据《宋史·食货志》、宋徽宗赵佶的《大观茶论》、宋代熊蕃的《宣和北苑贡茶录》和宋代赵汝砺的《北苑别录》等记载,宋代名茶大约有90多种。

茶叶产量的增加,名茶新品的出现,为饮茶之风的盛行创造了必不可少的条件。此外,宋代的商品经济和城市经济也比唐代有了更大的发展。

作为自然经济的补充,在北宋时期,南北各地的农村中,已出现了定期的集市——草市、墟市,或统称为坊场。苏轼有诗句说:“籴米买束薪,百物资之市。”可见市集已很普遍,也可见市集交易在当时各地居民的经济生活中也占有相当重要的地位。

据宋孟元老的《东京梦华录》所载,北宋都城开封“节物风流,人情和美”,是当时数一数二的繁华城市,所谓“正当辇毂之下,太平日久,人物繁阜”“新声巧笑于柳陌花衢,按管调弦于茶坊酒肆”。

唐代的长安和洛阳城内,坊巷只是住宅区,黄昏后坊门锁闭,禁止夜行;商店都集中在市里,所有的交易都只能在市里进行,而且只能在白天进行。北宋的各大城市中,既突破了坊和市的界限,也突破了白天和夜晚的界限,在当时北宋首都开封城内的街巷当中,随处可见商铺邸店和酒楼饭馆之类,繁华的夜市也早已在开封出现。当时的洛阳、扬州、成都等大城市,其情况也和开封相仿佛。

最后,市民阶层的兴起对宋代茶馆的兴盛起了最重要的作用。

两宋城市人口较多,来源也非常复杂,除了大量的商人、手工业者、挑夫、小贩之外,还有很多落魄文人、僧人、妓女等。众所周知,宋代官僚机构臃肿,官员、吏卒充斥大小衙门,这部分人也不少。此外,北宋王朝在军事部署上一反历代大一统王朝的做法,采取“守内虚外”的政策,把大部分军队驻屯在国内冲要地区,专力防范农民的反抗。为了防止农民迫于饥寒、铤而走险,北宋王朝每当荒年还大量招募饥民来当兵,从而使军队的规模不断扩大。这些人口都涌入城市,他们自然需要一个能够满足他们住宿、饮食、娱乐、交流信息的活动场所,茶馆、酒肆等服务性设施就是必不可少的了。

(二)宋代的茶馆及其社会功能

据史料记载,北宋都城东京汴梁(今河南开封)自五代时就有茶坊。北宋建

---

① 罗大经. 鹤林玉露[M]. 北京:中华书局,1983.

都开封后，都城门内的朱雀门大街、潘楼东街巷、马行街等繁华街巷，都是茶肆林立。宋人孟元老所著《东京梦华录》主要记载北宋都城开封的繁盛情形，其中关于茶馆的内容随处可见，如：

新声巧笑于柳陌花衢，按管调弦于茶坊酒肆。

其御街东朱雀门外，西通新门瓦子以南杀猪巷，亦妓馆。以南东西两教坊，余皆居民或茶坊。

潘楼东去十离街，谓之土市子，又谓之竹竿市。又东十字大街，曰从行裹角，茶坊每五更点灯，博易买卖衣服图画花环领抹之类，至晓即散，谓之鬼市。

又投东，则旧曹门街，北山子茶坊，内有仙洞、仙桥，仕女往往夜游，吃茶于彼。

马行北去旧封丘门外袄庙斜街州北瓦子……处处拥门，各有茶坊酒店，勾肆饮食。

除了数量极多之外，有些小茶馆在经营上也非常有特色，如《摭青杂记》所载："京师樊楼畔有一小茶肆，甚潇洒清洁，皆一品器皿，椅桌皆济楚，故卖茶极盛。"由此看来，茶肆在某种程度上已经有竞争意识了。此外，开封茶坊的细节我们还可以从宋张择端的《清明上河图》里看到一些。

南宋经济较北宋发达，城市也更加繁华。当时都城临安（杭州）十分热闹。明朝洪迈的《夷坚志》虽为志怪小说，但也反映了宋代（主要是南宋）社会生活的实际情形，其中，有多处提到当时全国各地的茶馆，如：

京师民石氏，开茶肆，令幼女行茶。（石氏女）

京师有道流，居城外……见一村民，急下驴语之曰："有妖鬼随汝，不可不除。"命俱至茶肆，市人千百聚观。（京师道流）

镇江金坛县吴干村，张郁二家邻居……至门外，见市廛邸列，与人世不异。遂坐茶肆。（郁老侵地）

李次仲季与小郗先生游建康市，入茶肆，见丐者蹒跚行前。（小郗先生）

邢州富人张翁，本以接小商布货为业，一夕闭茶肆讫，闻外有人呻痛声。（布张家）

乾道五年六月，平江茶肆民家，失其十岁儿。（茶肆民子）

琦从太尉刘锜信叔来临安，谒贵人于漾沙坑。琦坐茶肆，向来酒官者直入相揖。（奢侈报）

淮阴小民袁其女，经寒食节，欲作佛事荐严……既至、洁诚持诵，具疏回向毕，乃授钱归，遇向同行四人者于茶肆，扣其所得，邀与共买酒。（淮阴民女）

此类的记载还有许多。此外，诗人刘克庄在《戏孙季蕃》一诗中说："常过茶邸租船出，或在禅林借枕欹。"这种茶肆遍布大小城镇的情况在《水浒传》里也有

充分的反映,如有名的山东清河阳谷县的王婆茶坊。据范祖禹《杭俗遗风》所载,杭州城内还有所谓“茶司”,其实就是一种流动的茶担,是为下层百姓服务的。

宋代饮茶虽承唐代,但差别还是颇为明显的。陆羽的《茶经》要求茶中加盐,宋虽仍有此风,但已稍差。苏轼诗说:“老妻稚子不知爱,一半已入姜盐煎。”而这一时期饮茶风俗的一个明显的特点是先饮茶后饮汤,汤中加有药材,取其温、凉。据吴自牧的《梦粱录》载:“四时卖奇茶异汤。冬月,添卖七宝擂茶,或卖盐豉汤,暑天添卖雪泡梅花酒,或缩脾饮暑药之属。”《水浒传》里,王婆在开西门庆的玩笑时,说有和合茶、姜茶、泡茶、宽煎叶儿茶,在某种程度上反映了当时饮茶的一般情形,即宋代以佐料入茶的情况十分普遍。

如果与文人饮茶相比,两者有着极为明显的差异。这从一个方面说明,茶馆里的茶水主要还是满足实际生活的需要,与文人饮茶的精神层次上的需求不同。但若从茶馆的实际功能看,则又不仅仅是满足生理上的需要,它更多地被赋予了社会生活的内容。因此,较之唐代,宋代茶坊的社会功能有了很大发展。茶坊已经不再是单纯的饮茶解渴的场所,它增加了给人们提供精神愉悦的功能,这在茶馆的装饰上表现得较为明显。《梦粱录》形容杭州大茶坊的富丽堂皇时说:

汴京熟食店,张挂名画,所以勾引观者,留连食客。今杭城茶肆亦如之,插四时花,挂名人画,装点店面。四时卖奇茶异汤,冬月添卖七宝擂茶、馓子、葱茶,或卖盐豉汤,暑天添卖雪泡梅花酒,或缩脾饮暑药之属。向绍兴年间,卖梅花酒之肆,以鼓乐吹《梅花引》曲破卖之,用银盂杓盏子,亦如酒肆论一角二角。今之茶肆,列花架,安顿奇松异桧等物于其上,装饰店面,敲打响盏歌卖,止用瓷盏漆托供卖,则无银盂物也。

茶肆装点的目的虽为“勾引观者,留连食客”,但它确实美化了环境,增添了饮茶的乐趣。到今天,许多茶馆的装饰为饮茶营造了非常优雅的环境。

除装饰之外,许多茶坊还安排多样化的娱乐活动以满足不同层次人们的需要。还有许多茶坊以卖茶水为名,从事其他性质的活动。据《梦粱录》所载,南宋都城杭州的茶肆不但多,而且功能齐全:

夜市于大街有车担设浮铺,点茶汤以便游观之人。大凡茶楼多有富室子弟、诸司下直等人会聚,习学乐器、上教曲赚之类,谓之“挂牌儿”。人情茶肆,本非以点茶汤为业,但将此为由,多觅茶金耳。又有茶肆专是五奴打聚处,亦有诸行借工卖伎人会聚行老,谓之“市头”。大街有三五家开茶肆,楼上专安着妓女,名曰“花茶坊”,如市西坊南潘节干、俞七郎茶坊,保佑坊北朱骷髅茶坊,太平坊郭四郎茶坊,太平坊北首张七相干茶坊,盖此五处多有炒闹,非君子驻足之地也。更有张卖面店隔壁黄尖嘴蹴球茶坊,又中瓦内王妈妈家茶肆名一窟鬼茶坊,大街车儿茶肆、蒋检阅茶肆,皆士大夫期朋约友会聚之处。巷陌街坊,自有提茶瓶沿门点茶,或朔望日，如遇吉凶二事，点送邻里茶水，倩其往来传语。又有一等街司衙兵百司人，以茶水点送门面铺席，乞觅钱物，谓之"龊茶"。僧道头陀欲行题注，先以茶水沿门点送，以为进身之阶。①

就《梦粱录》所作的分类看，南宋茶馆大致有以下几种：

一类是纯粹的娱乐性茶馆，即《梦粱录》所谓"大凡茶楼皆有富室子弟，诸司下直等人，会聚习学乐器，上教曲赚之类，谓之挂牌儿"。孟元老《东京梦华录》亦有记载："新声巧笑于柳陌花衢，按管调弦于茶坊酒肆。"《武林旧事》卷六"歌馆"条曰：

平康诸坊，如上下抱剑营、漆器墙、沙皮巷、清河坊、融和坊、新街、太平坊、巾子巷、狮子巷、后市街、荐桥，皆群花所聚之地。外此诸处茶肆，清乐茶坊、八仙茶坊、珠子茶坊、潘家茶坊、连三茶坊、连二茶坊，及金波桥等两河以至瓦市，各有等差，莫不靓妆迎门，争妍卖笑，朝歌暮弦，摇荡心目。凡初登门，则有提瓶献茗者，虽杯茶亦犒数千，谓之"点花茶"。登楼甫饮一杯，则先与数贯，谓之"支酒"。然后呼唤提卖，随意置宴。赶趁祗应扑卖者亦皆纷至，浮费颇多。

这是以茶、乐为主的大茶坊，乃富家公子聚会寻欢作乐的场所。

此外还有"人情茶肆"，其主要目的似乎并非为着卖茶，而是把卖茶当作幌子，谋求更多的钱财而已。但何谓"人情茶肆"？吴自牧并没有作更具体的说明，使我们无法知道较为确切的情形。

除"人情茶肆"外，还有一些茶馆仿佛今天的劳务市场，专供务工的人们聚集求职，谓之"市头"。此种茶馆还是"五奴"专门的集合点。那么，何谓"五奴"呢？据唐崔令钦《教坊记》载，"五奴"乃"鬻妻者"之名：

苏五奴妻张四娘善歌舞，有姿色，能为《踏谣娘》。有邀迓者，五奴辄随之前。人欲得其速醉，多劝酒。五奴曰："但多与我钱，吃□子亦醉，不烦酒也。"今呼鬻妻者为"五奴"，自苏始。②

从崔令钦所述可以知道，"五奴"是指那些专门依靠出卖妻子色相挣钱的人。但在名义上似乎仅仅卖艺而非卖身，所以也就能够和那些"诸行借工卖伎人会聚"，而不是在"花茶坊"里谋生。

还有一类就是以卖茶水为名的妓院，即《梦粱录》所谓的"花茶坊"。这些茶馆皆以卖茶为名，实际上从事的是色情服务。关于这类茶馆，吴自牧提到五处，如"市西坊南潘节干、俞七郎茶坊，保佑坊北朱髑髅茶坊，太平坊郭四郎茶坊，太平坊

① 吴自牧．梦粱录[M]．卷十六．济南：山东友谊出版社，2001．
② 崔令钦．教坊记[M]．沈阳：辽宁教育出版社，1998．

北首张七相干茶坊”，这些茶馆生意似乎不错，但也容易产生纠纷，故而认为“非君子驻足之地”。这里所谓“君子”，大概是指那些洁身自好的读书人。那么，谁来消费呢？自然是那些富家公子、地痞无赖等社会闲杂人员。至于官吏、文人，也不能说没有，毕竟时代风气使然。

有些茶馆还是体育活动的场地，如张卖面店隔壁的“黄尖嘴蹴球茶坊”。“蹴球”在宋代是一项极为流行的娱乐活动，高俅就是因为在徽宗面前踢一脚好球而发迹，后来一直做到殿帅府太尉之职。面对这样的盛况，茶馆成为切磋技艺的场地也是十分自然的。

除以上功能各异的茶坊之外，也有说书的茶坊。宋代盛行在勾栏中说书，有小说、史部等类。有些茶坊为了招揽生意，就将说书引进茶坊里来。《梦粱录》提到“中瓦内王妈妈家茶肆，名一窟鬼茶坊”。“一窟鬼”即《西山一窟鬼》，是宋话本的名字，“一窟鬼茶坊”或许就是因说《西山一窟鬼》而得名。有人说南宋孝宗时，杭州茶坊中即有人说书，“四人同出嘉会门外茶肆中坐，见幅纸用绯贴，尾云：‘今晚讲说《汉书》。’”

据米芾《画史》载，宋代知识分子对茶馆似有偏见，他们认为那是引车卖浆者之流聚集的地方，士大夫一旦涉足于茶馆，即“不入吾曹议论”，而仅“足于茶坊酒肆遮壁”。不过，南宋落魄文人如戴复古、刘克庄等也有咏及其出入茶坊的诗句，如“一笑上茶楼”、“常过茶邸租船出”等。吴自牧虽认为茶馆“非君子驻足之地”，但仅是指“花茶坊”而言，故其下文又谓“大街车儿茶肆、蒋检阅茶肆，皆士大夫期朋约友会聚之处”。由此可知，宋代茶馆也是士流聚会的场所。

以上是就吴自牧在《梦粱录》中对茶馆所作的简单分类。另据洪皓《松漠记闻》所载，宋代部分茶馆中还有博弈活动：“燕京茶肆设双陆局，或五或六，多至五十。博者蹴局如南人茶肆中置棋具也。”这也是关于南人茶肆中置有棋具的一则材料。孟元老《东京梦华录》曰：“茶坊每五更点灯博弈，买卖衣服、图画、抹领之类，至晓即散，谓之鬼市。”这说明在当时，开封的茶馆除博弈之外，还兼有交易功能。

以上是两宋茶馆的大致分类。一般说来，茶馆是在饮茶已经十分普及的情况下才会出现，其最初目的是为解决人们的饥渴，但由于茶馆一开始就是面向大众的公共场所，因此，在不断适应公众需求的过程中，在饮茶这一基础上渐渐衍生出更多的功能，有些功能甚至成为茶馆的主要特征，而饮茶则仅具有媒介作用。就经常出入茶馆的茶客这一面看，可谓三教九流、形形色色，有士大夫，有富豪缙绅，也有落魄文人。这些人物之外，还有一大批靠茶馆谋生的社会下层百姓。如上文已经提到的妓女、求职的技术工人、说书先生以及小商小贩，等等。据《东京梦华录》载，茶馆里还有专门跑腿传递消息的人，名曰“提茶瓶人”。最初，这些人的服务对象主要是文人，后来，随着茶馆中各色茶客的出现，靠茶馆谋生者的范围也在逐步扩大，诸如媒婆、帮闲等也都跻身其间了。

由于茶馆的功能多、茶客的成分杂，茶馆往往也就成为一个时代社会生活的缩影。就宋代茶馆而言，不但对两宋的政治、经济、文化有所反映，尤其值得注意的是，其反映的是政治、经济、文化背景下的社会生活，其中所体现的民风民俗以及人的精神状态，无不栩栩如生，宛如揭开了两宋社会生活史的生动画卷，那五彩斑斓的生活场景仿佛穿越千年展现在我们的眼前。

那么，我们应该如何认识两宋的茶馆文化呢？

首先，茶馆最突出的一个特点是它的大众性，这也是茶馆最为基本的特征。从上文提到的各种各样的茶客中也可以看出这一点。如果说茶馆对三教九流来者不拒是其经营的原则之一，那么，它对各色人等的迎合则是在贯彻上述原则下的一个策略。无论是"市头"、"鬼市"还是"一窟鬼"、"花茶坊"，都是这一策略实施的结果。由此可知，实用性与娱乐性是茶馆文化的另两个重要特征。茶馆本身就是聚会、休闲的场所，是人们寻求交际、放松身心的所在，而在放松的同时追求感官上的愉悦似乎也无可厚非。而作为人群密集之所在，谋生的人们在此寻求主顾、交易货物，也可谓顺理成章。

其次，从宋代茶馆的大众性、娱乐性、实用性上，我们可以看到它的另一个特征，即海纳百川的包容性，这从茶客的成分与经营种类上也可以看出。而茶馆文化的包容性又体现为开放性，即茶馆文化的内涵是在不断丰富的。如果说唐代的茶馆还仅是"不问道俗，投钱取饮"的话，那么，宋代的茶馆已经远远超出解渴这一基本功能了，它被赋予了更多的社会内容。有时，茶馆的经营在某种程度上甚至背离了茶馆的基本原则，但恰恰是这样一种开放性成就了中国的茶馆文化，因此，茶馆文化从它一出现就不属于雅文化，大众性、娱乐性、开放性以及包容性是茶馆文化的精神。

与文人茶文化相比，适应时代发展的大众性茶馆文化有着更为强劲的生命力，与近代以来日渐没落的文人茶文化相比，茶馆文化虽也呈现出一定的衰微趋势，但它能够通过调节自身以适应新的需求，现代茶艺馆就是在这一基础之上发展起来的。当然，茶艺馆的趋雅与大众性茶馆的特征有着明显的不同，但能以不同的面目获得新生，也正是茶馆文化生命力的一种体现。这就是现代茶文化在许多领域出现了衰落的趋势后，代表市民茶文化的茶馆文化还能够一枝独秀、日益兴旺的原因。

以上是对两宋茶馆文化所作的简要分析与概括。宋代茶馆并不是茶馆文化发展的鼎盛时期，但我国茶馆的诸多特征都是在宋代确立下来的，因此，两宋茶馆文化基本上奠定了中国传统茶馆文化的基础，历元、明、清，直至近代，各时期的茶馆文化虽然呈现出不同的风貌，但大体上没有超出两宋茶馆文化的格局。

三、元代茶馆

上文已经说过，经过唐、宋两个时期，我国古代茶馆文化的诸多特征已基本确立下来。之后，历经元、明、清三代，又加以不断的丰富与发展，茶馆文化逐渐走向成熟。就元代茶馆文化来说，它有自己较为突出的特点：一是饮茶更加沦为日用；二是雅、俗界限的渐趋消泯；三是茶馆社会功能的进一步扩大。下面结合元代的历史概况分析其茶馆文化的成因及特点。

茶馆文化的繁荣需要一个相对持久的承平局面作为基础，同时，乡村以及城市经济的发达也是必不可少的物质条件。此外，商业的繁荣、市民阶层的壮大也同样会促进茶馆文化的发展。审视元代历史，这些条件大体上都是具备的。

金元之际，战乱不断。而后，蒙古铁骑攻进江南，烧杀抢掠，对经济造成巨大破坏。全国统一之后，蒙古贵族在相当长的一段时间内沿袭民族生产方式，大量圈占土地进行放牧，使得农业生产受到较大影响。直至中统及至元间，世祖忽必烈颁布诏书，严禁圈地，同时，兴修水利，减免赋税，招民垦荒，农业生产才开始恢复与发展。

随着农业的恢复、社会的安定，手工业与商业逐步繁荣起来。而且，由于元代朝廷重视商业发展，采取了不同于前代汉族政权传统的重农抑商政策，“以功利诱天下”，元代商人的社会地位有了很大提高。商业的繁荣使得许多城市的规模日益扩大，当时的大都，既是政治文化中心，又是商业中心，居民有四五十万之多。《马可·波罗游记》对元大都（汗八里）的规模与商业的繁华有十分细致的描述，书中写道：

十二座门外面各有一片城郊区，面积广大。每座城门的近郊与左右两边的城门近郊相互衔接，所以城郊宽度可达三四英里，而且城郊居民人数的总和远远超过都城居民的人数。每个城郊在距城墙约一英里的地方都建有旅馆和招待骆驼商队的大旅店，可提供各地往来商人的居住之所，并且不同的人都住在不同的指定的住所，而这些住所又是相互隔开的。

汗八里城内和相邻城门的十二个近郊的居民的人数之多，以及房屋的鳞次栉比，是世人想象不到的。近郊比城内的人口还要多，商人们和来京办事的人都住在近郊。在大汗坐朝的几个月间，这些人各怀所求从四面八方蜂拥而至。

凡是世界各地最稀奇最有价值的东西也都会集中在这个城里，尤其是印度的商品，如宝石、珍珠、药材和香料。契丹各省和帝国其他地方，凡有值钱的东西也都运到这里，以满足来京都经商而住在附近的商人的需要。这里出售的商品数量比其他任何地方都要多，因为仅马车和驴马运载生丝到这里的，每天就不下千次。我们使用的金丝织物和其他各种丝织物也在这里大量生产。

由马可·波罗所述可以看出元朝大都的政治与商业中心的地位。这么庞大的城市与繁荣的商业,市民阶层的壮大是显而易见的。《马可·波罗游记》也提到了元大都的人口以及职业情况。其中娼妓的众多令他吃惊,“新都城内和旧都近郊操皮肉生意的娼妓约有两万五千人”,而这25 000人因为“无数商人和其他旅客为京都所吸引,不断地往来,所以这样多的娼妓并没有供过于求”。此外,“在都城附近有许多城墙围绕的市镇,这里的居民大都依靠京都为生,出售他们所生产的物品,来换取自己所需的东西”。此外,“在汗八里的基督教教徒、萨拉森人和契丹人中,约有5 000名占星学者和预言家”。如果再加上众多的商人、官员、手工业者、文人、演员、军队,等等,元大都的人口确实可观。人口众多,经济、文化的繁荣对茶馆文化的促进作用是很大的。

除大都外,江南经济中心杭州,也是商贾云集,花柳繁华。《马可·波罗游记》在提到杭州时说:“这座城市的庄严和秀丽,堪为世界其他城市之冠。”元曲四大家之一的关汉卿在描写当时杭州的繁华景象时说:“普天下锦绣乡,寰海内风流地。大元朝新附国,亡宋家旧华夷。水秀山奇,一到处堪游戏。这答儿忒富贵,满城中绣幕风帘,一哄地人烟辏集……百十里街衢整齐,万余家楼阁参差,并无半答儿闲田地。”①此外,北方的真定、大同、汴梁、平阳,南方的扬州、镇江、上海、庆元、福州、温州、广州等城市,都有一定的规模。

随着城市规模的扩大,市民阶层也不断壮大,关汉卿所谓“一哄地人烟辏集”、“百十里街衢整齐,万余家楼阁参差,并无半答儿闲田地”,也并非就是杭州一地的实际情形,其他城市也基本是大同小异,如上文所提到的,当时都城大都人口有四五十万之多。乔吉在《杜牧之诗酒扬州梦》一剧中形容扬州景致时写道:

> 江山如旧,竹西歌吹古扬州,三分明月,十里红楼。绿水芳塘浮玉榜,珠帘绣幕上金钩。(家童云)相公,看了此处景致,端的是繁华胜地也。(正末唱)列一百二十行经商财货,润八万四千户人物风流。平山堂,观音阁,闲花野草;九曲池,小金山,浴鹭眠鸥;马市街,米市街,如龙马聚;天宁寺,咸宁寺,似蚁人稠。

这里说的虽然是唐代的扬州,但实际上却是元代扬州的情形。“一百二十行”、“八万四千户”、“龙马聚”、“蚁人稠”十分恰切地描绘出了扬州市民人数的众多以及所从事行业的多样性。正是由于市民阶层的壮大以及娱乐行业的发达,使得元代茶馆不但数量众多,而且功能齐全。乔吉在描写完扬州的人烟密集后,遂又极力形容扬州娱乐行业的发达:

> 茶房内,泛松风,香酥凤髓;酒楼上,歌桂月,檀板莺喉;接前厅,通后阁,马蹄阶砌;近雕阑,穿玉户,龟背球楼。金盘露,琼花露,酿成佳酝;大官羊,柳蒸羊,馔

① 关汉卿.南吕·一枝花·杭州景[M]//全元散曲.北京:中华书局,1981.

列珍馐。看官场,惯軃袖,垂肩蹴踘;喜教坊,善清歌,妙舞俳优。大都来一个个着轻纱,笼异锦,齐臻臻的按春秋;理繁弦,吹急管,闹吵吵的无昏昼。弃万两赤资资黄金买笑,拚百段大设设红锦缠头。

除经济、文化的发达为元代茶馆文化的繁荣奠定了坚实的基础之外,元代在科举制度上的变革也在某种程度上影响到茶馆文化,使其出现新的因素。其中,最显著的就是知识分子生活模式的变化以及由此引起的茶馆文化的雅与俗的共存。

元代科举考试时行时辍,儒生失去仕进机会,地位下降,世传"九儒、十丐"的说法虽不准确,但儒生被忽视,则是事实。其中,相当大一部分人不再依附政权,或隐逸于泉林,或流连于市井,人格相对独立,思想意识随即异动。特别是一些"书会才人",和市民阶层联系密切,价值取向、审美情趣更异于困守场屋的儒生。仕途失落的知识分子,或为生计,或为抒愤,大量涌向勾栏瓦肆,参与到市民文化中去。如上文所述,两宋时期,文人士大夫尚且普遍认为茶馆品位不高,"非君子驻足之地"。米芾于《画史》中说:"程坦崔白之流,皆足于茶坊酒肆遮壁,不入吾曹议论。"到南宋时,一些落魄文人如戴复古、刘克庄等有咏及出入茶坊的诗句,如"一笑上茶楼"、"常过茶邸租船出"等,但并不表示他们真正的态度,不过是玩世不恭的愤激之语。而元朝的社会情况不同于两宋,文人的观念也发生了较大的变化,茶馆已经成为他们最为主要的活动舞台。

此外,由于蒙古人秉性质朴,于饮茶上不好繁文缛节,而喜欢直接冲泡茶叶,因此,元代散茶大为流行。而散茶的流行简化了饮茶的程序,某种程度上更加有利于饮茶的普及,促进茶馆的大规模发展。

随着饮茶的简约化,元代茶文化出现了一个明显的趋势,即"俗饮"日益发达,饮茶与百姓生活结合得更为密切而广泛。而"俗饮"正是茶馆文化的主要精神之一。

为说明元代茶馆的数量很大,这里只举一个例子。元代由于"小钞极少",在民间就出现了以物易物的现象,其中就有所谓私下订立的"茶帖"。元延祐元年(1314年)年九月,"中书省近为街下构栏、酒肆、茶房、浴室之家,往往自置造竹木牌子及写帖子,折当宝钞、贴水使用"。如果不是茶馆已经有了相当程度的普及,把"茶帖"当钱使的现象是不会出现的。由此可见元代茶馆之盛。

元代茶馆的社会功能也是多样化的。元好问《续夷坚志》载:"东平人钱信中,案钱谱收古钱,凡得数十种,付之茶店刘六。"刘六大约是兼做代售古钱的生意。元陶宗仪《辍耕录》载:都下李总管在卜肆中算命寻子,"坐中一千户邀李入茶坊",告之其子下落。元人秦简夫《东堂老劝破家子弟》杂剧中,"柳隆卿、胡子传上,云:'……今日且到茶房里去闲坐一坐,有造化再弄个主儿也好。'"这里的柳隆卿、胡子传是戏中两个帮闲无赖人物，他们所说的“再弄个主儿”即寻找有钱人家的子弟，怂恿其挥霍，自己从中捞钱的意思。这几个例子说明元代茶馆较之唐宋，多元化倾向更加明显。

四、明清茶馆

经过唐、五代、宋、元的发展，到明清时期，中国茶馆走向成熟。

“茶馆”一词正式出现在明末清初。据明末张岱《陶庵梦忆》卷八记载：“崇祯癸酉，有好事者开茶馆。泉实玉带，茶实兰雪。汤以旋煮，无老汤；器以时涤，无秽器。其火候、汤候亦时有天合之者。余喜之，名其馆曰‘露兄’。”

明代茶馆较之以前各代有了比较明显的变化，其中最重要的是茶馆的档次有了区分，既有面对平民百姓的普通茶馆，也有满足文人雅士需要的高档茶馆。后者较之宋代，更为精致雅洁，茶馆饮茶对水、茶、器都有严格的要求。吴应箕《南都记闻》记述南京一家茶馆说：“金陵栅口有五柳居，万历戊午年(1618 年)，僧赁，开茶舍，宣壶锡瓶，时以为极汤社之盛。然饮此者，日不能数客，更皆胜士也。南中茶舍始此。”宣窑瓷壶极为名贵，拥有此种茶具的茶馆自然不是普通百姓可以出入的。

另外，因为明代出现资本主义萌芽，商品经济十分发达，因此，明代市井文化相当繁荣，“三言”、“两拍”等文学作品既是市井文化的反映，同时又是为广大的市井百姓服务的。在这一大的社会背景之下，明代的茶馆文化又表现出更加大众化的一面。其突出表现就是明朝末年北京街头出现了面向普通百姓的大碗茶。

雅俗共存突破了茶馆平民化的束缚，使社会各阶层都参与进来，从而使茶馆自身保持了旺盛的生命力，同时，也进一步体现了茶馆文化的开放性和包容性，丰富和发展了中国的茶馆文化。

明代茶馆除了茶水之外，还供应各种各样的茶食，仅《金瓶梅》一书提及者就有十余种之多。

元明以来，曲艺活动盛行。北方茶馆有大鼓书和评书，南方茶馆则盛行弹词。这为明代通俗文学的繁荣起了推波助澜的作用。

此外，据张岱《陶庵梦忆·二十四桥风月》所载，广陵(今江苏扬州)“歪妓多可五六百人，每日傍晚，膏沐熏烧，出巷口，依徙盘礴于茶馆酒肆之前，谓之‘站关’……沉沉二漏，灯烛将烬，茶馆黑魆无人声。茶博士不好请出，惟作呵欠，而诸妓醵钱向茶博士买烛寸许，以待迟客。或发娇声，唱《劈破玉》等小词，或自相谑浪嘻笑，故作热闹，以乱时候；然笑言哑哑声中，渐带凄楚。”妓女之众、茶馆之多可见一斑，而妓女与茶馆的共生关系更值得注意。

到了清代，统治者采取了一系列恢复经济的措施，效果显著，出现了所谓的康、雍、乾盛世，农、工、商业非常繁荣。单就茶来说，制茶业比以前更为发达，康熙

中叶，福建瓯宁一地就有上千的制茶作坊或工厂，大厂往往多达一百多人，小厂也有几十人。云南普洱所属的六茶山，雍正时已名重于天下，入山采茶制茶者很多。较为边远的西部地区有很多商业城市都经营茶叶生意，据乾隆《雅安府志》卷七《茶政》所载，西部城市打箭炉“商旅满关，茶船遍河”。而且当时的茶是从北京等地向少数民族地区批发的重要商品。可见当时茶叶的贸易之盛以及消费数量之巨大。

除了经济的繁荣之外，清朝的社会结构也有利于茶馆的发展。清朝是满族人统治的国家，旗人享有特殊的权利，在国家承平的局面下，八旗子弟游手好闲，频繁出入于茶馆酒肆之中，带动了茶馆业的繁荣。清代茶馆遍布全国各地，其数量之多为历代所仅见。据统计，当时北京有名的茶馆就有几十家，上海比北京还多出一倍，而产茶胜地杭州的茶馆也是鳞次栉比，在西湖周围，几乎到了步步为营的地步。清人吴敬梓所著《儒林外史》中有具体的描述，其第十四回《马秀才山洞遇神仙》写西湖茶馆之多道：“（马二先生）步出钱塘门，在茶亭里吃了几碗茶……又走到（面店）隔壁一个茶室，吃了一碗茶，买了二个处片嚼嚼……又出来坐在那个茶亭内，上面一个横匾，金书‘南屏’两字。”

清代民间茶馆的繁荣甚至波及了皇宫。乾隆年间，每到新年，朝廷即在圆明园福海之东的同乐园中设买卖一条街，街中即有模仿一般城市所设的茶馆，而且逼真如实，热闹异常。由此可见当时茶馆吸引力之大、影响之深。

清朝茶馆的社会功能与前代相比没有大的不同，茶馆仍然是供人们饮食、休息、娱乐、交流信息的活动场所。徐晓村《旧京茶事》一文说：“老北京的茶馆大约有三种，即清茶馆、书茶馆和茶饭馆。清茶馆只是喝茶；书茶馆则有艺人说书，客人要在茶资之外另付说书钱；茶饭馆除喝茶之外也可以吃饭，但提供的饭食都很简单，不像饭馆的品种繁多。”这里有一个值得注意的现象就是，讲唐宋茶馆时我们强调茶馆从饭馆或其他行业中独立出来，单独经营，而现在我们又谈“茶饭馆除喝茶之外也可以吃饭”，这两者之间并无冲突。因经营形式的不同，茶馆的功能从来就是多样化的，并不是说，茶馆越单一越好，这既不符合实际，也违背了茶馆开放与包容的基本精神。

清代的清茶馆一般说来是单为文人雅士所设，是非大众性的茶馆，所以不仅店堂布置得清雅别致，而且在饮茶上也十分考究，对水、茶、器都有一定的要求。

茶饭馆“提供的饭食都很简单，不像饭馆的品种繁多”。上文提及《儒林外史》中马二先生游西湖，茶室供应的食品就有橘饼、芝麻糖、粽子、烧饼、处片、黑枣、煮栗子等，严格说来，这连简单的饭食都算不上，只是零用的点心，叫作茶食更为恰当。

至于书茶馆，清代非常盛行，北京东华门外的东悦轩、天桥的福海轩等就是有名的书茶馆，是人们娱乐的好地方。有些茶馆除了说书之外，还可以唱戏。梅兰芳在《舞台生活四十年》中回忆初期的剧场时说:“最早的戏馆统称茶园,是朋友聚会喝茶谈话的地方,看戏不过是附带的性质。”“当年的戏馆不收门票,只收茶钱。”可见茶馆与戏曲的关系。

清代,出入茶馆的人非常复杂,包括了社会各个阶层。这些人中,八旗子弟可说是最惹人注目的,清人有诗一首形容其泡茶馆的形象:“胡不拉儿架手头,镶鞋薄底发如油。闲来无事茶棚坐,逢着人儿唤呀丢。”活画出纨绔子弟百无聊赖的精神状态。

明清时期,人们进茶馆的主要目的已经不再是为了满足生理上的要求,这从茶馆社会功能的变化上就可以看得出来。不管是清茶馆还是书茶馆,满足的都是精神上的需求,这可以算是茶馆文化的更高层次吧。徐晓村《旧京茶事》说:“坐茶馆的乐趣不只在于喝茶,也在于其热闹。既可以融入其中,说一些可有可无的闲话;也可以出乎其外,在喧闹之中兀然独坐,品味生活的悠闲,使悠闲更加丰富和突出,这才是坐茶馆的真味所在。”这段话应该说是说出了茶馆的内在本质。

五、近现代茶馆文化的演变

(一)近代茶馆

中国近代的历史应该从1840年算起,是中国沦为半殖民地半封建社会的历史,但也是中国现代化的历史。这一时期的社会特点是政治动荡、民生凋敝,中外思潮边斗争边融合,军阀混战与民主革命此起彼伏,整个社会处于混沌状态。这一社会特点在文化上的表现就是文明与愚昧并存,先进与落后同在。中国的茶馆文化自然也要受这一社会大环境的影响。

近代茶馆的数量很大,据统计,从同治初年(1862年)到民国初年,上海有名的茶馆从几家发展到60多家,民国八年,已经达到160多家。这些茶馆装潢考究,规模较大。据记载,建于当时上海四马路一带的阆苑第一楼可以同时容纳1 000多人,这是非常惊人的。馆内的设施也很考究,常见的是用木槅扇分开一些雅座,挂着白布帘子,内放黑漆方桌,配设四把直靠背椅子和白斜纹布嵌红线套的椅垫子,高级的则是大理石面的茶桌和古色古香的红木椅,茶具多是瓷壶和盖碗。茶座的墙上多悬挂名家字画。此外,还供应便宜的早、午茶食,如酥烘饼、猪肉烧卖、饺子、蟹壳黄、生煎馒头等,还有瓜子、五香豆、金花菜、甘草梅子等风味小吃。除中国茶馆之外,上海还有日本人开的茶社,俗称东洋茶馆,如虹口与四马路一带的三盛楼、开东楼、登云阁等。

由于时代环境的影响,近代茶馆与前大为不同。其主要特点是陈设完备、功能多样,且融会中西,去俭而求奢。

就陈设上说,近代茶馆可说是应有尽有。《清稗类钞》说:“其后有江海、朝宗

等数家，益华丽，且可就吸鸦片。”畹香留梦室主的《淞南梦影录》在记述阆苑第一楼时说：“别有邃室数楹，为呼吸烟霞之地，下层则有弹子房。”这种茶馆自然备受欢迎，以至“初开时，声名籍籍，远方之初至沪地者，莫不趋之若鹜。”清末外国香烟输入后，茶馆中即开始出售香烟。吴趼人《新石头记》小说则说清末茶馆中还有汽水供人饮用。

就茶馆的功能说，既沿袭了过去而又有所发展。如说书、唱戏的娱乐功能还在，但近代茶馆更像一个小社会，一个特殊的、特征更加明显的小社会，仿佛经文人之手浓缩的社会生活画卷。关于近代茶馆的功能，其实看一看老舍先生的剧作《茶馆》就可以了，它是清末民国以来茶馆的代表。《茶馆》是以 1898 年左右的北京裕泰茶馆为蓝本，对清末至民国北京茶馆的兴衰及其原因做了极为细致的描述，而关于当时茶馆社会功能的描写也很形象、生动：

> 这里卖茶，也卖简单的点心和饭菜。玩鸟的人们，每天在遛够了画眉、黄鸟之后，要到这里歇歇腿，喝喝茶，并使鸟儿表演歌唱。商议事情的、说媒拉纤的也到这里来，那年月，时常有打群架的，但是总会有朋友出头为双方调解；三五十口子打手，经调人东说西说，便都喝碗茶，吃碗烂肉面（大茶馆特殊的食品，价钱便宜，作起来快当），就可以化干戈为玉帛了。总之，这是当日非常重要的地方，有事无事都可以来坐半天。

在这里，可以听到最荒唐的新闻，如某处的大蜘蛛怎么成了精，受到雷击。奇怪的意见也在这里可以听到，像把海边上修上大墙，就足以挡住洋兵上岸。这里还可以听到某京剧演员新近创造了什么腔儿，和煎熬鸦片烟的最好方法。这里也可以听到某人新得到的奇珍——一个出土的玉扇坠儿，或三彩的鼻烟壶。这真是个重要的地方，简直可以算做文化交流的所在。

这里说的遛鸟、议事、说媒拉纤在古代也是有的。至于所说调解打群架的，实际就是绍兴话所谓的“吃讲茶”。乡间街坊发生了纠纷（有关房屋、山林、水利、婚姻等），彼此觉得不值得上衙门，就去“吃讲茶”。具体的情形是：发生纠纷的双方约定时间，在茶馆外面临街的地方摆两张桌子，邀请当地最有声望的人（“某店王”）去坐，在场茶客，每人一碗茶水，听双方陈述始末，由茶客评议，最后由“某店王”裁决，众茶客附和，理亏者付清茶资，双方不得反悔，事情就算圆满解决。但也有因调解不成而使打架升级的。上海也有吃讲茶的风俗，从《茶馆》看，北京也有，这大约是由茶馆的特殊性质决定的。

《茶馆》中所说“在这里，可以听到最荒唐的新闻”，是说茶馆芜杂的信息，这也是茶馆的基本功能之一。鲁迅在《山民牧唱序》译后记中回忆说：“还记得中日战争（1894 年）时，我在乡间也常见游手好闲的名人，每晚从茶店里回来，对着女人孩子们大讲些什么刘大将军（刘永福）摆夜壶阵的怪话，大家都听得眉飞色舞。”

除了一些小道消息外,茶馆里也进行商品信息的沟通。据《茶馆里的上海滩》一书所说,民国初年,许多帮会都在茶馆聚会,久之,逐渐形成了茶会市场,即茶会。至1949年新中国成立前夕,上海27家茶楼有70多个行业茶会,几乎囊括了包括五金百货、建筑材料在内的各行各业,而且各茶会的活动都有不同的时间和地区。

近代中国,由于社会环境污浊不堪,茶馆也深受其影响,这表现在茶馆的一些服务功能上。茶馆中的娼妓依然存在,《清稗类钞》说:同芳茶居,“每未申之时,妓女联袂而至”。青莲阁茶肆,“每值日晡,则茶客麕集,座为之满,路为之塞。非品茗也,品雉也。雉为流妓之称,俗呼曰野鸡”。而日本茶社虽名为茶社,实为妓院,提供服务的都是从日本招来的妙龄少女。但后来因为有损日本声誉而被查禁。同时,黑社会在茶馆的活动也日益增多,从事窝藏土匪、私运枪支、贩卖毒品、绑架勒索、拐卖人口等罪恶活动。而当时出入茶馆的人也是三教九流,除社会闲杂人员之外,甚至有私访的官员、政府的密探,以至于茶馆“各处都贴着‘莫谈国事’的字条”。茶馆闲散的空气也因此时或变得紧张起来。

辛亥革命以后,尤其是五四新文化运动以后,整个中国社会发生了较大的变化,西方思潮大量涌入中国,传统文化日趋衰落,植根于中国传统文化之上的茶馆也日渐没落。此外,西洋各种饮料、食品大量输入中国,新兴娱乐设施越来越多,诸如舞厅、影院等吸引了大批的年轻人,座上客常满、杯中茶不空的鼎盛时代已经变得颇为寥落了。按老舍在剧本中所写,20世纪上半叶,北京茶馆只剩下一家,就是硕果仅存的裕泰茶馆,在抗日战争胜利后,由于国民党特务和美国兵的敲诈勒索也最终倒闭了。这虽然只是艺术的描写,却也可以看出当时茶馆业萧条的情景。

近代茶馆与古代茶馆有较大的区别,简单说来,就是茶在茶馆中的角色的转化问题。茶馆初兴时期,是为了解决饮食与休息,后来又兼有娱乐与交流的功能,但喝茶还是重要内容。尤其是文人进茶馆,讲究茶、水、器,使茶馆开始向高雅精致方面发展,与市民饮茶成为两大特色,并行不悖。随着茶馆的发展,茶馆又担负起更多的社会功能,茶水在其中只起了一个媒介作用,地位有所下降,如名为茶馆,志在其他,所谓醉翁之意不在酒。到了近代,茶馆似乎只是一个场所,饮茶变得可有可无了,有些茶馆甚至变成了藏污纳垢的地方,如上文所说的黑帮头子开茶馆从事犯罪活动等就是。但不管怎么说,茶馆从它最初产生的那一刻起,就是市民文化的结果,它是为普通大众服务的,满足他们的要求是茶馆经营的一个原则。茶馆文化是俗文化,不是雅文化。俗文化的特点就是它的开放性、平民性和包容性。近代茶馆,不论它的内容怎么污浊,但它仍然属于茶馆文化的内容,而且是茶馆文化的发展和补充。如果因为茶馆原有的清新、雅致、具有大众化文化气

息的特点逐渐减弱或者消失，从而断言茶馆文化已经衰败、式微，其实是不客观的。今天的茶馆已经变得非常精致，大众性的茶馆越来越少，茶馆所承担的社会功能也日渐单薄，这其实才昭示着传统茶馆文化的末路。

（二）现代茶艺馆

我国的茶艺馆于20世纪70年代首先出现在台湾地区。内地最早的茶艺馆是老舍茶馆，创办于1988年，被誉为“民间艺术的橱窗”。此后，全国各地相继开张了多家茶艺馆，而且在大中城市里蓬勃发展，方兴未艾。茶艺馆是茶与艺术的结合，据蔡泉宝先生的总结，其特点有三：

第一，茶艺馆虽以品茗为主，但特别强调文化气氛，既重外部环境，更重内部的文化韵味。除名家字画、民间工艺品、古玩以及名贵的茶叶、茶具外，还注重在优雅的茶艺表演中传播中华民族的传统美德。

第二，除洽谈事务、以茶会友外，茶艺馆强调形成一个着重精神层面的小型文化交流中心，类似文学、书法等的沙龙。

第三，强调社会责任。茶艺馆不同于茶馆，它是新社会、新时代的产物。茶艺馆不再是三教九流聚会的地方，出入其中的大多是文化界、学术界、工商界人士。现代茶艺馆一般的经营原则是：恢复弘扬华夏茶文化，振奋民族精神；研究推广茶艺，为人们提供高层次的精神享受，调节身心；普及健康之饮，振兴茶叶经济；提倡茶德，促进社会风气不断好转；树立国家形象，促进国际文化交流。

第二节　区域文化中的茶馆文明

要想非常清楚地说明区域文化中的茶馆文明，就必须讨论一下有关风俗与茶俗的问题。茶俗也是风俗的一个重要组成部分，但风俗的范围要宽泛得多。体现一地风俗的各因素，其彼此之间的关系是互相影响、互相制约的。风俗既是历史的，又是现实的，既受地理诸环境的影响，又受民族等遗传因素的影响。区域文化的基本要素是我们通常所说的“风土人情”。所谓“风土”，指的是自然环境与人文环境；“人情”是地域习俗或者说是生活方式的呈示状态。这几个重要因素的变化是缓慢的，因此，风俗的形成就应该是长期的，也是相对固定的。我国地理环境复杂，民族历史悠久，经过漫长的封建社会，加以长期融合的过程，是一个多民族聚居的国家，因此，也形成了不同的生活习惯、思维方式与民族心理。《史记·货殖列传》中即有对各地民风的描述。现今，区域文化研究正方兴未艾，但从整体上看，全国各地大致还属于传统儒家文化的范畴，只是生活方式稍有不同，也就是说大同小异。但现在人们强调地域上的差别，分出许多文化区域，如吴越文化、巴蜀文化、齐鲁文化、中州文化、燕赵文化等，强调差别研究。从这一划分看，强调的虽然是文化上的差别,但风俗的差别却更明显。茶俗是风俗的一部分,风俗诸因素又影响并决定茶俗,所以我们就有必要从文化差异上来看茶俗的异同。以点带面,这里只说饮茶历史久,且较为普遍的地区。

一、四川茶馆

(一)巴蜀文化

巴蜀文化是指以巴蜀地区为依托,北及天水、汉中区域,南涉滇东、黔西,生存和发展于长江上游流域,具有从古及今的历史延续性和连续表现形式的区域性文化。

巴蜀文明是长江上游的古文明中心,孕育于新石器时代,形成于青铜时代,融合于铁器时代。秦汉以后仍保持着自身的风格与神韵,在战国青铜器、汉代画像砖摇钱树、唐宋石刻造像,乃至现代造型艺术中,仍可见到巴蜀文化之遗风。长江文化与黄河文化是中华文明多元一体系统中两支各有悠久而独立的始源,并行生长、生存和发展,并互相交错影响和相互融汇的主体文化。长江文化作为源远流长、绵延不绝的文化体系,主要由上游的巴蜀文化、中游的楚湘文化和下游的吴越文化这三支主要文化构成。早在人类起源时代,就有巫山人和资阳人先后出现,可见其始源就具有悠久性和独特性。

特殊的地理环境,对巴蜀文明的发生、发展和演变具有重要影响。一方面,盆地四周有高山屏障,自成一个地理单元,古称“四塞之国”,使它的文化面貌具有显著的地方性,即古人所谓“人情物态,别是一方”;另一方面,良好的生态环境又是巴蜀文化生长、繁衍的温床,为巴蜀农业文明和城市文明的很早兴起创造了十分有利的条件。成都平原,古称“广都之野”,适宜于亚热带常绿阔叶林生长,这里自古就是山清水秀,林木葱郁,夏无酷暑,冬无严寒,适于农耕的美丽富饶之地,故有“天府之国”的美称。晋人左思《蜀都赋》曾生动地描绘巴蜀古代生态是“原隰坟衍,通望弥博,演以潜沫,浸以绵雒,沟洫脉散,疆里绮错,黍稷油油,粳稻莫莫”,“邑居隐赈,夹江傍山,栋宇相望,桑梓接连,家有盐泉之井,户有橘柚之园”的理想的“农业国”。两者都使得巴蜀文化不可避免地具有农业文明的封闭性和静态性,但封闭中有开放的活力,开放中有封闭的观念。

(二)蜀中茶史

土地肥沃、气候温和的天府之国培育了历史悠久的茶文化。据有关史料记载,中国茶业最初兴起于巴蜀。唐朝陆羽的《茶经》载:“巴山、峡川有两人合抱者,伐而掇之。”直至唐朝中期,这种野生的大茶树在四川还是到处可见。中原饮茶亦是由巴蜀传入,据《华阳国志·巴志》载:“武王既克殷,以其宗姬于巴,爵之以子……鱼盐铜铁、丹漆茶蜜……皆纳贡之。”

关于巴蜀茶业在我国早期茶业史上的突出地位，直到西汉成帝时王褒的《僮约》才始见诸记载。《僮约》有“脍鱼炰鳖，烹茶尽具”，“武阳买茶，杨氏担荷”两句。前一句反映成都一带，西汉时不但饮茶已成风尚，而且在地主富家，饮茶还出现了专门的用具。后一句，反映成都附近，由于茶的消费和贸易需要，茶叶已经商品化，还出现了如“武阳”一类的茶叶市场。至西晋，诗人张载的《登成都楼》诗云：“芳茶冠六清，溢味播九区。”所谓“六清”是指古代六种饮料，就是《周礼·天官·膳夫》所谓“引用六清”。张载说成都“芳茶冠六清”，可知当时成都饮茶风气之盛。

清初学者顾炎武在其《日知录》中考证说：“自秦人取蜀而后，始有茗饮之事。”由此可知，北方饮茶是秦统一巴蜀以后的事情。那么，巴蜀饮茶始于何时呢？对这个问题茶界持有不同见解，或认为始于“史前”，或认为是“西周初年”，迄今尚无定论。

四川是茶的故乡，具有几千年文明的巴蜀大地将中华民族的茶文化演变发展成独具特色的四川茶文化。底蕴丰富的中国茶文化源远流长，它不但融合了儒、道、佛诸家的思想精髓，更将儒家的和、敬、廉、美表现得淋漓尽致。这一切都体现在四川的“茶馆文化”中。

（三）四川茶馆

四川茶馆多是尽人皆知的，俗话说“头上晴天少，眼前茶馆多”即指此。在四川，不论是风景名胜之地，还是闹市街巷以及村镇之中，茶馆随处可见。这些茶馆不但价格低廉，而且服务周到，一杯香茗、一碟小吃即可消半日清闲。在与亲友纵论畅谈之中，巴蜀大地的茶文化也被体现得淋漓尽致。四川不但茶馆多，而且生意都很兴旺。

没有进过四川茶馆就不能说是到过四川。在四川，饮茶既可看作文化，但又是生活的一部分。文化常需要在伦常日用中寻求，伦常日用就是生活，而生活往往是实在而又琐碎的、充满随意性和市井气息。在别的地方，去茶馆叫作“坐茶馆”或雅称为“品茗”，而在四川，则被叫作“泡茶馆”，一个“泡”字，很形象说明茶几乎是生活的全部。巴蜀文化所特有的农业文明的封闭性和静态性与茶馆文化的生活气息极为契合，形成独具特色的茶馆文明。

四川茶馆大多以竹为棚，桌、椅也多为竹制，取材方便固然是一个理由，而竹的清韵与茶的清香也是相映生辉的，清风徐来，茶香弥漫，仿佛天上人间。有些茶馆还张贴名人字画供饮茶者欣赏，据说，这一高雅习惯始于宋代。

川人饮茶多选龙井、碧螺春以及茉莉花茶等，茶具则用较为讲究的盖碗。盖碗茶具分茶碗、茶船、茶盖三部分，各有其独特的功能。茶船既防烫坏桌面，又便于端茶。茶盖则有利于泡出茶香及刮去浮沫，若将其置于桌面，则表示茶杯已空，示意茶博士过来续水；倘有茶客将茶盖扣置于竹椅之上，表示暂时离去，少待即归。由此可知,精巧的盖碗茶具不仅非常美观,而且实用。

除环境的清雅、茶具的精巧外,四川茶馆中茶博士的斟茶技巧也是一道独特的风景。凡见过者,无不叹为观止。水柱临空而降,泻入茶碗,翻腾有声;须臾之间,戛然而止,茶水恰与碗口平齐,碗外无一滴水珠。在川茶馆里看茶博士斟茶实在是一种难得的艺术享受。

以上所说是四川茶馆文化中较为外在的东西,其实,四川茶馆之所以引人注目,是因为它具有更为丰富的社会功能——休闲娱乐、社交活动及调解纠纷。

四川人泡茶馆的目的之一是"摆龙门阵",借此获得精神上的满足,饮茶倒还在其次。把自己的新闻告诉别人,再从别人那里获得更多的社会信息,家长里短、国际大事都是佐茶的谈资。在熙来攘往的茶馆之中,一边品茶,一边谈笑风生,人生之乐,至此极矣。

此外,四川茶馆还是休闲娱乐场所。到了晚上,若无处消遣,就可以到茶馆去,要一杯茶,边饮茶边欣赏具有浓郁地方特色的曲艺节目,如川剧或者四川扬琴、评书、清音、金钱板等。

茶馆除了休闲娱乐之外,也是重要的社交场所。在旧中国,三教九流相聚于此。不同行业、各类社团也在这里了解行情、洽谈生意或看货交易。黑社会的枪支、鸦片交易也多选在茶馆里进行,因为这里的嘈杂、喧闹可以提供相对安全的交易环境。袍哥组织的"码头"也常设在茶馆里。每当较有势力的人物光顾时,凡认识的都要点头、躬腰,为付茶钱争得面红耳赤,青筋毕露。这时,谙于人情世故且又经验丰富的堂倌就会择"优"而取,使各方满意。

至于调解纠纷,通谓之"吃讲茶",是老成都人解决日常纠纷的一种办法。每逢茶铺里出现吃讲茶的,看热闹的最多,而最忙的要数堂倌了。茶碗一摞摞地抱来摆开,见坐下来的就泡一碗,手脚极为麻利。"吃讲茶"的关键在于当事双方各自"搬"来什么人。如果"后台"硬,即使无理也会变得"有理";如果地位低于对方,有理也说不清楚,那只好认输把全部茶钱付了。也有双方势均力敌、僵持不下的,出面的"首人"便采取各打五十大板的办法,让双方共同付茶钱;或者他装起一副准备掏钱的架势,意在"将"双方"一军",此刻,双方只好"和解"了事。偶尔也有一言不合,茶碗乱飞,头破血流的,最后赔偿时,打烂的茶碗、桌椅,都一齐算到"输理"者账上。

新中国成立后,四川茶馆还增加了打牌、下棋、读书看报、赏花赛鸟,甚至于唱卡拉 OK、看录像节目等,内容越来越时髦、新颖,但茶馆作为民间传统社交活动场地的功能始终没变。

总之,四川茶馆是多功能的,集政治、经济、文化功能为一体,大有为社会"拾遗补缺"的作用。因此,四川茶馆可以说是社会生活的一面镜子,虽然少了些儒雅,但茶的文化社会功能却得到充分体现,这也应该算是四川茶馆文化的一大特点。

二、杭州茶馆

(一)吴越文化

历史上,吴越的范围大致包括长江三角洲一带,但通常所说的吴越文化则仅指以浙江为中心的区域性文化。《宋史·地理志》说浙人“人性柔慧,尚浮屠之教”。这应该算是吴越文化最核心的内容,因为就吴越文化看,其物质、行为、制度、精神等各层次的文化都体现了这一总的特质。

吴越文化有两大源头,一是江苏的马家浜文化,一是浙江的河姆渡文化。春秋战国时期吴越文化曾经一度兴盛,但公元前333年楚灭越后,吴越文化陷入低谷。可以说,在东晋以前,吴越文化较之中原文化属于劣势文化,吴越百姓被看作“茹毛饮血,断发文身”的蛮夷之人。吴越文化的真正崛起是在西晋灭亡之后,尤其是以永嘉南渡为开端的三次北人南迁,为吴越文化的繁荣奠定了基础。

第一次大规模迁移在公元317年前后。这一年西晋灭亡,司马睿在建康(今南京)建立东晋政权。据《晋书·王导传》载,由于当时北方战乱,“中州士女避乱江东者十六七”,这就是历史上所说的永嘉南渡。南渡的北方移民不但人数众多,而且多是皇室贵族、官僚地主、文人学士,具有很高的文化素质,他们对南方的影响是巨大的。

寓居会稽的北方士人,多为文化名流、高僧隐士,主要集中于远离政治中心的剡溪——上虞江流域。会稽离政治中心较远,文化底蕴也还深厚,文人学士都喜欢流连其间。南渡的北方名士高僧集中会稽,使会稽形成独特的文化小气候,诗赋唱和,曲水流觞。这批会稽名士的生活,还有点竹林七贤的遗韵,这里孕育出书圣王羲之、王献之父子,山水诗人“二谢”,后来,江南第一大佛教天台宗即诞生于会稽东部。魏晋南北朝是中国历史上典型的乱世,但从文化思想史角度而言,则堪称为仅次于春秋战国的盛世,吴越地区(主要指江东)尤其如此。

由于这一特殊的历史原因,东晋南朝时期,吴越地区曾一度成为全国文化中心。

隋统一中国后,中原的传统优势很快恢复,中国文化中心随即北移。

从安史之乱(755—762年)到五代十国(907—960年),历时两个世纪,中原人口第二次大规模南迁。安史之乱是中国历史人口南北比重的分水岭,在此以前北方人口占全国的半数以上,在此以后南方占半数以上,而且南方人口进一步向东南地区集中。北宋时期的经济重心已移到南方,吴越地区是重中之重。但由于北宋建都开封,全国文化活动中心仍在中原。

第三次人口迁移是在1126年后。这一年金灭北宋,史称“靖康之难”。1132年,宋高宗定都杭州,改杭州为临安。靖康之难期间,北方难民大量南迁,所迁地域分布甚广,其中以江南路最为集中。当时的江南路即“吴越文化区”。由于这里是南宋首都所在地,又是南方经济文化最发达地区,移民中的精英分子多聚集于此,文化中心遂转移到东南地区。自此以后,吴越地区作为中国经济文化的重心,就成为定局。

经过元代的融合与发展,到明清时期,吴越文化在消化了外来因素之后达到鼎盛、成熟的状态。从明清时起,吴越与中原的经济文化交流,主要是江南影响中原,这时的吴越文化,其区域特色表现得较为纯正。才子佳人多于江鲫,丝绸、书画如花飞草长。柔、细、雅的文化个性,在明清时表现得淋漓尽致。

(二)吴越茶文化

吴越地区是我国产茶胜地,江南茶业之盛,甲于天下。就浙江来说,茶叶历史可以追溯至东汉末年道士葛玄在华顶植茶,隋代以后,日渐有名。至唐,陆羽的《茶经》分全国为八大茶区,吴越有其二,分别是浙西与浙东茶区,包括今浙江吴兴、杭州、建德、绍兴、宁波、金华、临海及今江苏武进、吴县等地。宋、元、明三朝,两浙路仍旧是主要的产茶区,至清,由于国内茶叶消费的增长及对外茶叶贸易的开展,植茶范围日趋扩大,中国茶区形成以茶类为中心的栽培区域,浙江杭州、绍兴及江苏苏州虎丘和太湖洞庭山形成了绿茶生产中心。

吴越地区不仅产茶普遍,而且名茶众多。历史上最著名者如顾渚紫笋、阳羡茶、龙井茶、洞庭碧螺春、莫干黄芽、温州黄汤等。现代,除历史名茶外,又增加了许多新的品种。

独特的区域文化、优美的自然环境以及丰富的茶叶种类造就了吴越地区丰富多彩的茶文化。

安史之乱爆发后,陆羽随流亡难民流落到浙江湖州,江南秀丽的山水,再加上他自幼随积公大师在寺院采茶、煮茶,对茶学一直怀有浓厚的兴趣,而湖州又恰好是名茶产地,一部思想与格调都颇为幽深清丽的著作渐渐在他的心头酝酿成熟。这就是陆羽在他 28 岁时写出的茶文化专著——《茶经》。

(三)杭州茶馆

吴越茶馆文化的典型代表是杭州茶馆文化。

杭州茶馆文化的兴起与其经济、文化的繁荣是同步的,时间也是在南宋。南宋定都“临安”(今杭州)后,给杭州茶馆业发展带来了巨大契机。杭州不仅环境优美,而且经济繁荣,城市商品经济十分发达,市民文化兴盛,加之饮茶风习的广泛普及,这一切都促进了杭州茶馆文化的繁荣。

南宋时,杭州茶馆星罗棋布,极一时之盛。南宋吴自牧所著《梦粱录》专有“茶肆”一卷,记录了当时的盛况。其中有云:“汴京熟食店,张挂名画,所以勾引观者,留恋食客。今杭城茶肆亦如此,插四时花,挂名人画,装点店面。四时卖奇

茶异汤，冬月添卖七宝擂茶、馓子、葱茶，或卖盐豉汤；暑天添卖雪泡梅花酒，或缩脾饮暑药之属。向绍兴年间，卖梅花酒之肆，以鼓乐吹《梅花引》曲破卖之，用银盂勺盏子，亦如酒肆论一角二角。今之茶肆，列花架，按顿奇松异桧等物于其上，装饰店面，敲打响盏歌卖，止用瓷盏漆托供卖，则无银盂物也。夜市于大街有车担设浮铺，点茶汤以便游观之人。大凡茶楼多有富室子弟，诸司下直等人会聚，习学乐器，上教曲赚之类，谓之'挂牌儿'。人情茶肆，本非以点茶汤为业，但将此为由，多觅茶金耳。又有茶肆专为五奴打聚处，亦有诸行借工卖伎人会聚行老，谓之'市头'。大街有三五家开茶肆，楼上专安著妓女，名曰'花茶坊'，如市西南潘节干、俞七郎茶坊，保佑坊北朱骷髅茶坊、太平坊郭四郎茶坊、盖此五处有吵闹，非君子驻足之地也。更有张卖面店隔壁黄尖醉蹴球茶坊，又中瓦内王妈妈家茶肆名一窟鬼茶坊，大街车儿茶肆，蒋检阅茶肆，皆士大夫期朋约友会聚之处。"

寥寥数百字就刻画出了南宋杭州茶馆业的全貌。由此可知，南宋时杭州居民成分复杂，为适应不同需要，茶馆种类繁多，功能齐全，三教九流都可以找到与自己地位和喜好相适合的去处。市民阶层的产生，市民文化的兴起，促进了茶馆业的蓬勃发展。茶馆逐渐成为人们日常活动的一个重要场所，因此社会百态，尽汇其中。这一时期，茶馆业的发展格局基本确定，以后历代都没有超出过这个总体框架。

晚清及民国末年，由于市民阶层的进一步扩大，杭州茶馆得到了迅猛发展，最多的时候颇具规模的大型茶馆就达300多家，小型茶馆、茶摊更是不计其数，空前繁荣。

杭州城内，各水陆码头，交通要道，商贸集市地，是茶馆密集之处。清末，西湖游船码头多在涌金门一带，这里的"三雅园"、"藕香居"两茶馆很有名气。其中"藕香居"系某尼姑所开，门对西湖，三面临水，多栽荷花，远山近水一览无余，为非常清静高雅的品茗场所。据许善长的《谈尘》载，此处有两幅非常有名的茶联，茶室中一联云："欲把西湖比西子，从来佳茗似佳人。"外边茶亭柱上一联云："四大皆空，坐片刻无分尔我。两头是路，吃一盏各自东西。"

在茶馆数量众多的情况下，如何招徕顾客，各家都有自己的高招。最主要的一类是在茶馆中安排曲艺表演，这是从宋代流传下来的方式，到了近代，随着一些曲艺品种的成熟而更为兴盛。曲艺有多种，杭州茶馆中表演最多的是评话艺人的说书。清同治、光绪年间，茶馆书场发展很快，较有名的有前面提到的三雅园、藕香居及四海第一楼、雅园、迎宾楼、碧露轩、补经楼、醒狮台等。到了民国时，整个杭州茶馆书场多达200余家，较大的有望湖楼、得意楼、雅园、碧雅轩、松声阁等。可以说稍大一点的茶馆都设有专门书场，请说书艺人进馆表演。茶馆老板和曲艺艺人之间利益分成有约定成俗的规定，一般情况下，来茶馆书场的茶客须购票入座，门票里就包括茶资和听书费两部分，茶资当然全入茶馆老板囊中，听书费则双方分成。如果有人另行点唱,收入则全归艺人。除了评话说书外,还有不少曲艺品种也选择茶馆作为表演场所,例如:说唱评词的有水沟口巷的涌昌茶馆、祠堂巷的宝泉居、新娘子茶馆、闹市口的杨冬林茶馆;演唱杭摊的有湖滨的宴宾档、昭庆寺前的望湖楼等茶馆;演唱杭州地方曲种杭曲的也有数十家之多。总之,曲艺选择茶馆作为生存场所和立足之地,而茶馆也把曲艺作为招徕生意的手段。

还有一些茶馆具有专业性或行业性,同一行业或爱好相同的人,每天上特定茶馆聚会,谈生意、找工作、交流技艺。例如,南班巷茶馆就是曲艺艺人们指定的聚会之所,住在上城区的艺人们每天上午都来此吃茶、商议业务、交流说书唱曲技艺。周围的一些茶馆书场老板也会按时赶来,寻找需要的艺人并商定场次与节目安排。这一类的茶馆还有万安桥下的水果行茶店,堂子巷、城头巷等处的木匠业茶店等,也是特定行业聚会之所,在当时杭城都小有名气。此外,不少茶馆也有自己的特色,有的以出售特色商品或精美茶食出名;有的以娼妓吸引好色之徒;有的兼营澡堂业,江浙一带人素有"白天皮包水,晚上水包皮"的喜好,此类茶馆二美兼得,惬意无比。尤以清泰门火车站旁的一家出名,茶馆中有幅楹联,乃刘蒋良撰,贴切生动堪称佳作,曰:"正瓯越销兵沪杭同轨之时,借胜境涤尘嚣,在明圣湖六桥以外;问陆公茶灶屈子兰汤何处,有层楼矗云表,距清泰门百武而遥。"

然而,最有特色的还是"鸟儿茶会"。清末以降,杭州喜欢养鸟的人不少,他们拎着鸟笼到特定的茶馆聚会,叫作鸟儿茶会,当时较著名的有三处:一即涌金门外的三雅园,一在官巷口与青年路之间的胡儿巷,另一处是鸟雀专业交易市场,开在今解放路西段明湖池边,叫"禾园茶楼"。

近代杭州规模最大,也是最具有代表性的茶馆当属"湖山喜雨台"。此茶馆为嵊县人裘子才在1913年前后创办,开在前延龄路花市路口。二层高楼,规模宏大,气势超凡。底层开设各种商店,二楼全是卖茶场所,总面积约在1 000平方米以上。室内布置考究,前沿一排光线明亮的长窗,后壁张挂着名人字画。摆设的台桌椅凳都是红木或花梨木制作,大八仙桌还镶嵌着大理石台面,一桌八凳,布满全楼,美轮美奂,古色古香。

喜雨台由于地处商业中心,加之规模宏大,一开设即声名远扬,原来分散在各处的同行茶会多转到喜雨台来,一时间,行业汇聚,如古玩、书画、纺织、粮油、房地产、营造、水木作、柴炭、竹木、砖瓦、饮食、水产、贳器、花鸟虫鱼等,包罗万象。这些茶会多有特定的座位,同行业的人围坐在一起,洽谈生意,等候招揽。可以说,喜雨台成了当时杭州市民生活的一个重要场所。

喜雨台里也汇聚了各种文娱活动,每天下午和晚上,都要聘请较有名望的艺人表演评书、评弹、歌曲、京剧等。有的一个场子不够,就分场同时演出。另外还开辟有弹子房、象棋间、围棋间,供不同爱好的人娱乐。因此喜雨台生意兴隆,每天进出的人络绎不绝,有的茶客一大早就来到这里,直到晚上11点后打烊时才回

家。一日三餐都在里面，一楼即有点心店，各种精致的茶点乃至酒菜等都有供应，非常方便。

随着旅游业的兴起，各风景点也成了茶馆密集之处。西湖边除了周围大大小小数十家茶馆外，各风景点均有茶室，且一年四季皆有独特去处：冬去春来，乍暖还寒时，最宜于柳浪闻莺处的“莺馆”品茗，四面樱花，桃花重重，嫩柳青青，莺啼声声，春光扑面。暮春时节则可于“镜湖厅”小坐，此处有紫藤数株，繁花似锦，垂璎挂络，芬芳扑鼻，品茗其间，自可阅尽人间春色。夏日炎炎，则云栖、烟霞等处茶室，清静怡人，自有玉篁修竹抵挡难耐的暑气，香茗在手，别有一番清凉感受。秋季则可到白堤之平湖秋月，月圆时分，恍若置身琼楼玉宇，令人情不自禁想以茶代酒，举杯邀明月。若是秋雨霏霏之际，可往曲苑风荷处的“湛碧楼”，凭窗四望，湖山烟雨蒙蒙，边品茗边聆听雨打荷叶之声，令人思绪万千。冬日就应该去昭庆寺的茶楼了，尤其是雪后更妙，楼内红灯高悬，茗香满室，暖意融融；楼外湖山银妆素裹，一望无际，恍如仙境。孙席珍的散文《西子湖上》曾说到在西湖放鹤亭品茗的情形：“姑娘为我们煮茗，画了梅兰的碗，映了新绿的茶叶，分外鲜明好看。”

然而更为别具一格的是西湖水面上的“船茶”。旧时西湖上有一种载客的小船，摇船的多为青年妇女，当地人称为“船娘”。小游船布置得干净整洁，搭着白布棚，既可遮阳，又可避雨。舱内摆放一张小方桌和几只椅子，桌上放有茶壶、茶杯。游客上船，船娘便先沏上一壶香茗，然后荡开小船，便成了一座流动茶馆了。

除了西湖，旅游点中茶馆最多的地方要算灵隐。灵隐的茶馆很有特色，很少有大型的，多为茶摊，设施简易。从头山门到大殿沿路遍布，去三天竺的路上也为数不少。这些茶摊较大的也不过十来把竹制的躺椅。游客走得体乏口渴之时，喝茶歇脚两全其美，很受欢迎。

吴山也是赏景品茗的绝佳处。吴山俗称城隍山，风景迷人，寺观很多，四季游人不绝。清人范祖述的《杭俗遗风》中说：“吴山茶室，正对钱江，各庙房头，后临湖山，仰观俯察，胜景无穷。下雪初晴之时候，或品茗于茶室之内，或饮酒于房头之中，不啻置于琉璃世界矣。”吴山脚边的“鼓楼茶园”，环境清幽，冬暖夏凉。山上的“茗香楼”亦为养鸟爱好者聚会之所，都是当年有名的茶馆。清代小说家吴敬梓在乾隆年间来杭州游玩，对吴山茶室印象很深，在《儒林外史》中花了大量笔墨描述了“马二先生”上吴山品茗的情况。虽为小说，但真实地描绘了当年吴山茶事之盛况。

需要指出的是，近代杭州茶馆并不都是这样充满诗情画意的。旧时茶馆有“五方杂处”、“百口衙门”之称，三教九流，百行杂业，尽汇其中。茶馆成了传播新闻消息的场所，也是议论国家大事、评价人物是非和民间琐事，以及散布奇闻逸事甚至谣言的地方。衙门捕快、密探便衣，混迹其中，如猎犬般四下打探消息，常常一拥而上，当场抓人，殴打斥骂，场面混乱不堪。因此，许多茶馆怕茶客惹是生非，常在醒目处贴上“莫谈国事”的纸条。一些茶客终日混迹于茶馆中，无所事事，萎靡不振，养成散漫的性情，不思进取混日子。而一些王孙公子，老板阔少，上茶馆并非为了品茗，而是寻找刺激，吃喝玩乐，奢侈浮靡，甚至嫖娼狎妓，争风吃醋，闹得乌烟瘴气。茶馆里还有各种形式的赌博，打牌搓麻、掷骰划拳，赛鸟斗蟋蟀，终日吆五喝六，吵闹不休。旧时茶馆还常有人来吃讲茶，当事双方常会因一言不合争执起来，甚至双方各带许多帮手当场大打出手，砸坏许多茶壶茶杯乃至桌椅，并时常会殃及无辜。许多黑社会、帮派团伙也把茶馆当作好去处，甚至有的茶馆就是黑道人物所开，以茶馆掩饰各种犯罪活动。若黑势力在茶馆中为非作歹，茶馆就更是危险的去处了。但不管怎样，近代杭州茶馆富有鲜明浓郁的地域特色，是吴越地区茶馆文化的典型的代表，真实地反映了近代杭州社会状况和人情风物，堪称观察近代杭州的一个绝好窗口。

近代以来，中国发生了天翻地覆的变化，杭州自然也在其中。由于经济、政治制度的变迁以及外来文化的冲击，人们的精神生活、物质生活以及生活方式都发生了极大的变化，源远流长的中国茶文化受到程度空前的冲击。全国许多地方，包括茶文化曾经非常发达的地区，饮茶的习俗虽然还在，但古风遗韵却早已荡然无存了，而在杭州，我们还能够找到古老茶文化的踪迹。

而今日，杭州城又是茶室遍布，在湖上各风景点都有品茗小憩之所。据吴旭霞的《茶馆闲情》所讲，现今的杭州还办起了各种专题茶座。例如：在吴山顶上有专供退休老人围坐清谈的“老人茶座”；青年宫为年轻人举办了啜茗听乐的“音乐茶座”；企业家俱乐部内为企业家们开设了沟通信息、洽谈合作的“信息茶座”；科学会堂里特地为科技人员开辟了自由交流学术和新技术的“科技茶座”；灵隐道上，有供中外茶业界人士聚会恳谈和品评名茶的“茶人之家”，等等。

中国吴越网有林锡旦所作《水天堂茶赋》一篇，颇能传杭州茶馆文化的精神，故引录如下：

十全街南，有高楼迎面耸立；带城桥畔，布茶座醒目列阵；名曰“茶文化”，额云“水天堂”。天堂水兮水天堂；天堂水好，好水天堂。君不闻：震泽底定，江南自古为泽国；河港并行，姑苏从来是水城。水港小桥多，人家尽枕河；沿街民居少，茶旗都临风。门外巍然，令人刮目相看；门内灿然，逢客笑脸相迎。今有水天堂，何不常登临。

天堂水美，环境优美而赏心悦目；好水天堂，陈设雅好而风情宜人。潺潺流水，进屋一弯碧波；低低小桥，出水数尾锦鳞。天官坊、碧凤坊，二楼引人入胜；学士街、吉庆街，三楼更上一层。看点缀着：老井、棋台、骆驼担；见装饰着：案几、砖雕、石库门。装扮样式兮老茶馆；展示内涵兮新茶人。有银耳、玉米、茶叶蛋，新旧交汇；西芹、泡菜、香辣肉，南北兼容。荤的素的中的洋的，营养俱全；甜的咸的酸

的辣的，五味调成。梅花、海棠，却为糕点俗称；芙蓉、怡红，都是雅座嘉茗。干果茶点，任君随意挑选；书画屏条，由我称心赏评。茶则红茶、花茶、风味茶，炒青、龙井、碧螺春；丰俭自由、红绿自定。浓浓的红，深深浅浅；嫩嫩的绿，浮浮沉沉。茶盏飘香，一桌清风邀客；琼楼含晖，半帘彩霞撩人。

若清茶一杯，看槛外白云，凭大浪淘沙，宠辱皆忘，真乃情悠悠也；或茶友三五，谈天下大事，叙人间情谊，嬉怒俱有，岂止乐陶陶乎？若生日聚会，情侣派对，均可获舒适享受；或相亲说媒，商务洽谈，亦能添几分温馨。校友会、庆功会，不妨请到水天堂集会；怨气生，怒火生，更应早去水天堂养生。茶能舒心畅气，醒脑益智；茶可清心寡欲，抒怀怡神。喝茶是休闲，喝茶是联谊，茶水穿肠过，烦闷化烟云。真喝茶，淡淡雅雅，细品茶香茶韵；老茶客，浓浓烈烈，喜喝茶苦茶醇。喝茶有茶道，喝茶有窍门。温茶淡茶暖胃，烫茶冷茶伤身。卢仝茶诗曾放歌：一碗喉吻润；二碗破孤闷；三碗搜枯肠，惟有文字五千卷；四碗发轻汗，平生不平事，尽向毛孔散；五碗肌骨清；六碗通仙灵；七碗喝不得也，惟觉两腋习习清风生。更有背景音乐，烘托气氛；绵绵古筝，传高山流水之雅意；幽幽洞箫，引怀旧思古之柔情。水天堂呵天堂水，雅俗文化雅俗之源；天堂水兮水天堂，一方风土一方之魂。

三、广东茶馆

（一）岭南文化

岭南是一个地理概念，主要指现在广东一带。据现有的资料考证，岭南的历史可以追溯到两三千年以前。历史上，就地理位置而言，岭南处于中国最南端，远离政治中心，被看作“烟瘴”之地，经济文化比较落后，文化的区域性较为明显。作为一种本根性的地域文化，岭南有自己相对独立的历史。它具有不同于我国其他区域文化的特质，诸如重商、开放、兼容、多元、远儒、受用等，富有地方特色。

最早从汉代开始，作为“海上丝绸之路”的发祥地，以广州为中心的岭南地区就成为沟通中外关系的重要门户，岭南文化“得风气之先”的品格即肇源于此。岭南社会经济迅速发展是在唐特别是明末以后。随着经济社会的发展，岭南文化也随之发展起来。

近代以后，作为中国唯一的对外窗口，岭南文化完成了由“得风气之先”到“开风气之先”的历史性飞跃，代表了近代中国新的文化发展方向，兼收包容与经世致用的功利性特征日益明显。

兼收包容是现代岭南文化的生命所在。岭南文化是土著文化、各个时期的移民文化以及海外文化在交流、碰撞、激荡、整合的过程中形成的。岭南文化在漫长的发展过程中，吸收了百越文化以及中原文化、荆楚文化、吴文化、巴蜀文化的因子，也接受了外来文化如佛教、基督教、伊斯兰教文化的一些影响，在这个基础上形成了包容的特征。这决定了岭南文化面对外来的、异质的文化总能够积极主动地加以引入、吸收和消化。

岭南文化的兼容性不是一个独立存在,它与岭南文化的其他特色相辅相成。近代岭南文化的融通性的必然结果便是兼容并蓄,择善而从。特别是西方的生活方式和习俗引进岭南之后,很快与当地生活方式结合起来,传统的与现代的、本土的与外来的、中国的与西方的同时并存。

正是由于岭南文化能对各种不同的文化流派甚至异质文化保持较为开通的态度,敢于和善于吸收各种文化的养分以丰富自己,所以得到了不断的充实和发展,这在粤、港文化的交流中表现得尤其明显。香港虽然与广东处于不同的社会制度之中,但是却与广东有着千丝万缕的有形或无形的关联,岭南文化受香港文化影响较深,对于岭南文化的现代性审视离不开对香港的认识。

香港在20世纪六七十年代的崛起,使香港文化在重“实”的广东人心目中成为一种高位文化。改革开放以来,广东从香港获得了大量投资,在香港找到了走向世界的码头,而且在从香港学得管理模式、理财方法的同时,也搬来了香港的生活方式,香港的饮食、服饰总是能够一浪接一浪地在广东流行。与此同时,香港文化品格中的突出经济、注重享受的特点等也深深影响着广东。改革开放以来,许多物质领域的或者精神领域的舶来品就是在广东这个码头登岸,然后渐次走向内陆,走向中国的腹地。比如说,香港的衣着、发型及娱乐方式、消费潮流等都是经广东这一座“桥”走进来的。

(二)广东茶文化

茶是茶文化的物质基础。岭南茶文化历史悠久,陆羽的《茶经》记载全国有八大茶区,岭南居其一。清朝屈大均的《广东新语》云:“西樵号称茶山,自唐曹松移植顾渚茶其上,今山中人率种茶。”屈大均还列举广东茶的产地,如广州的河南三十三村、西樵山、鼎湖山、罗浮山、潮阳凤山、琼州等。清广东按察使张渠的《粤东闻见录》指出,广州名茶除河南茶外,还有珍品如“肇庆之鼎湖茶,惠州之罗浮茶,化州之琉璃茶”等。由此可见,岭南产茶自唐始,至近代已有茶叶出口。岭南人“嗜食茶”,成为茶叶生产发展的内在动力,而茶叶的丰富,又为岭南茶文化的发展提供了可靠的条件。

岭南茶文化,其产生与发展由特定的地理气候条件所决定,同时也是岭南经济与文化发展所使然。渴,需要喝水,这是人的本能,但人们对喝水的要求却随社会的发展而提高,由生存的需要,到追求舒适和享乐,人们也就从喝生水,到喝白开水,再到喝茶,岭南的茶文化的产生同其他地区的茶文化一样有着相同的原因。

自有茶文化始,茶与佛教就结下了不解之缘。岭南茶文化的发达与这一地

区佛教的兴盛是分不开的，宗教也是构成岭南文化的一个重要内容。岭南历史上曾有过佛教、道教、伊斯兰教、天主教和基督教的传播，其中佛教思想最为盛行。

据《牟子理惑论》所记，东汉末年岭南的佛教已经相当兴盛："今沙门剃头发，被赤布，日一食，闭六情，自毕于世。""沙门捐家财，弃妻子，不听音，不视色"，等等。西晋以后，大量外国僧人来到岭南传教和翻译佛经，民众对佛教的信仰十分普遍。六朝时期，岭南地区兴建的佛寺计 37 所，其中广州 19 所，始兴郡 11 所，罗浮山 4 所，且涌现出不少著名的僧人，使得岭南成为中国当时少数几个佛教重地之一。唐代为岭南佛教的鼎盛时期，其突出的表现是惠能南派禅宗的创立及其广泛的传播。南派禅宗的创立，使岭南佛教进入一个鼎盛时期。唐代，岭南寺院、佛徒大增。而唐代正是茶文化兴起并在佛教寺院广泛传播的时候。

当然，广东沿海一带浓郁的商业氛围也使岭南茶文化更加富有特色，明清以后尤其如此。较明显的例子就是广州人的"饮早茶"和潮州人的"工夫茶"，它们都是岭南社会文化生活中重要的文化现象。

（三）广州茶馆

广州茶文化属于饮食文化的一种。在广州，饮茶之风极盛，饮茶习俗已渗透到生活的方方面面。

广州人称茶馆为茶楼或茶居。广州第一家茶馆出现在什么时候没有确切的记载，依照广东饮茶的历史看，应该在唐以后，其时，北方已经出现了茶肆。据可以考证的资料看，广州最早的茶肆名目繁多，如茶室、茶馆、茶寮、茶居、茶楼等，但茶肆的繁荣是在清代。

清朝末年，广州最多的是"二厘馆"，即只收二厘钱的廉价茶馆。这种茶馆陈设较为简陋，一般只有几张桌子、几条凳子，饮茶者也多为下层劳动人民，属于大众化茶馆。茶馆里也有廉价的点心出售，据说这就是后来广州"早茶"的源头。

清光绪年间，广州出现了较有档次的茶馆，三元楼就是一个。三元楼茶馆装饰豪华，体现了广州茶文化的商业气息，在当时影响很大，以前关于茶馆的多种叫法也多随之改为"茶楼"了。

后来又出现了一批以"居"命名的茶馆，如怡香居、陆羽居、陶陶居等，因此，茶馆也多称茶居。与三元楼一样，这些茶馆大都建筑豪华，铺陈富丽，做浮雕彩门，挂镜屏字画，摆时花盆景，极尽奢华之能事。或许也想营造高雅的文化气息，但终究掩不住广州茶文化中特有的商业氛围和追求享受的心理。后来的南园、北园、西苑与泮溪等茶馆的风格大致相似，但也有别具匠心之处，如模仿园林式风格等，或清流深池，或假山翠竹，相当别致。广州茶馆的另一体现文化之处是比较注重门联，较之其他地方的茶馆尤其突出，这大约是古风浓郁的一种表现。现在，我们去名胜之地,印象最为深刻的大概就是随处可见的对联了,它与风景或古迹相得益彰,具有浓厚的文化气息。匾额、对联是古代文化最重要的表现形式之一,生命力至今不衰,而广州的茶馆可以说继承了它的形式与精神。清末,广州大同茶楼出巨款征联,规定上、下联内须有"大"、"同"二字,并寓品茗之意。后得一联,曰:"好事不容易做,大包不容易卖,针鼻铁薄利,只想微中剥;携子饮茶者多,同丈饮茶者少,檐前水点滴,何曾倒转流。"将卖茶微利、饮茶之乐寓于联中,质朴而又自然。广州著名茶馆陶陶居的门联是:"陶潜善饮,易牙善烹,饮烹有度;陶侃惜分,夏禹惜寸,分寸无遗。"此联的妙处就是将"陶陶"二字嵌于上下联之首。据说亦有因茶联攀比而滋事者,似乎去风雅较远了。

到了民国时期,广州茶馆保持了兴旺的发展势头。据资料记载,1921 年广州有茶馆 380 家,1928 年增至 446 家。现在,虽然饮食方式变化很大,但广州茶馆仍然很多,高级茶楼有 30 多家,中档茶楼 60 多家,低档的也有数百家,而且供不应求。不过,广州较有影响的老字号茶楼,大多创于清代,至今仍有相当大的号召力,始终宾客如云。

广州茶馆分很多档次,最初的"二厘馆"就属于档次较低的茶馆。低档茶馆多设在市民集中的地方,建筑、器具、茶叶都不甚讲究,价格自然也低,目的不过是供劳苦百姓休息、解渴,但生意一样红火。

为有钱人开设的高档茶馆相对来说要讲究得多。高档茶馆的建筑可以说是金碧辉煌,陈设上自然也不遗余力,如上面提到的三元楼,镜屏字画、奇花异草应有尽有。器具、茶叶当然也很名贵,多用瓷盏沏名茶,佐以高级点心、名伶唱曲,既显示了身份,也得到了极大的享受。

清末、民国年间,广州的茶馆往往有较大空间,茶台为大四方桌,凳为条凳,盏用烛盅。到 20 世纪初,广州茶馆的座位主要有四种形式:散座、厅座、卡座和完座。散座是大众茶座,价格低廉;厅座比散座稍好,云石圆台茶桌,茶厅四壁挂有中国书画;卡座是经由香港传播过来西方咖啡座式的茶座,消费较厅座高;完座类似现在的包间,茶水钱比以上三种座位贵得多,主要供官僚和大商人接待客人饮茶或欢宴之用。

在广州,茶馆的规矩颇多。其中,较特别的是客人如要添水时,须自己打开壶盖,架在壶上,服务员不为客人揭壶盖冲水。部分茶楼还有收"小费"的习气,这也许是舶来品之一,但也体现了广州浓厚的商业氛围。此外,当服务人员端上茶或点心时,客人用食指和中指轻轻在台面上点几点,以示感谢,外地茶客多有不知者。据说,这是乾隆下江南时流传下来的礼俗,真假与否无从考证,但在港澳地区及东南亚华侨中传播甚广。

广州茶馆实行"三茶两饭"。所谓"三茶",即在一天之内有早、午、晚茶三次,"两饭"则指午、晚饭各一。

广州的“三茶”以早茶最为热闹,“饮早茶”是广州茶文化最具特色的内容,突出体现了岭南文化“早”的特色。广州各阶层都有饮早茶的习惯,凌晨四五点钟店门一开,客人就纷至沓来,瞬间即座无虚席。

广州人饮早茶与别处不同,饮茶的同时,一定要伴以可口的茶点,一般是两种,这就是广州茶馆中最著名的“一盅两件”。这既是广州早茶的特点,也是广州茶系异于其他茶系的突出之处。以点心佐茶,其原因还难以确知,亦不知始于何时,是否是受到西方饮食的影响也无从考究。

清代,茶馆点心由茶客自取,吃完结账。种类不多,仅有蛋卷、酥饼之类。清末民初,广州成为中西文化交汇的窗口,茶馆自然也受到西方的影响,出现了面包、蛋糕等洋味点心。民国时期,茶馆点心日趋多样化,增加了各种富有岭南特色的糕点,如豆沙包、椰蓉包、叉烧包、腊肠卷,以及干蒸烧卖、虾饺烧卖等。20世纪30年代后期,还出现了李应、余大苏等技艺超群的点心“四大天王”。广州点心,兼收中西点心制作之优长而形成自身的特色,主要特点是:选料广博,造型独特,款式新颖,制作精细,皮松馅薄。茶点,也成为广州美食的重要组成部分。广州配茶点心的丰富多彩,不仅体现广州人饮茶有着丰富的文化内涵,而且标志着广州茶文化逐渐进入兴盛时期。

广州茶馆的社会功能与中国其他地方没有太大的区别,一般说来主要有三个方面:休闲娱乐、交流信息和洽谈事务。

广州早茶较为单纯,娱乐活动较少,茶客们主要是谈天,交流信息,因为早茶之后还有很多工作要做,穷人更需要养家糊口。而午茶和晚茶,大都有节目演出,供饮茶的人们消闲娱乐。据统计,20世纪30年代,广州市内大约有40余家茶馆设有歌台,女伶唱戏大受欢迎。当时的演唱内容主要是粤曲,茶客们一边品茗,一边吃点心,一边欣赏唱歌。这种曲艺茶座,费用一般都比较高。抗战胜利后,广州的闹市区模仿西方咖啡馆、酒吧,出现了一种专业性茶座——音乐茶座。这种茶座因较为时尚,又有西洋气息,所以光顾者多是年轻学生或文化人,商人、政客较少涉足其间。音乐茶座的布置非常讲究,简洁、和谐是其突出特点。茶座备有麦克风和播音室,并备有大量曲艺唱片以便茶客点播。

近代以来,广州茶馆成为重要的社会交际场所,三教九流充斥其间,或谋职业,或谈商务,甚至黑社会的流氓打手也于此开展业务。老舍话剧《茶馆》写旧社会北京茶馆的混乱、乌烟瘴气,广州茶馆亦有与此相似者。此外,广州经济发达,有钱人多,许多有钱有闲的人们在百无聊赖时就将茶馆当作寄托,待在茶馆的时间比待在自己家的时间还要多。

改革开放后,随着经济的发展,人们的生活也日渐富足,广州的各种茶馆也更加兴旺起来。“饮茶粤海未能忘”,这大约是到过广州茶楼的人最深刻的感受吧。

四、北京茶馆

(一)京城文化

北京是辽、金、元、明、清五朝定鼎之地,有悠久的文化历史。

作为首都,京城文化自有其特色,它是历史形成的。不从历史的角度考察北京文化,就不能对其有正确的了解。

首先,北京的文化底蕴厚重,具有鲜明的融通性。可以说,从古至今,北京都是中外文化撞击、渗透和融汇的中心。近代以来,北京更成为中西文化相互渗透的主要城市之一。

从历史上看,北京自古就不是经济发达的地区,这既有自然环境诸因素的影响,也为国家经济政策所制约。就元、明、清三朝的经济政策看,北京物资供应依赖地方供给,不重视"就近生产",故缺乏自给自足的能力。但京城又是物质生活极为奢华的地方,属于典型的消费城市,因此有四方转运以供"京师"的现象。这一经济特点使北京文化较少具有地域色彩。

其次,京城人口较为密集,成分复杂,流动性也比较大。一般说来,北京的主导人口是政府人员,其次是服务性行业人口,再有就是往来京城求取仕进的文人。由于这些人口来自全国各地,流动性又非常之大,故而使北京文化有集大成性,"五方杂处"是最为恰当的描绘。

最后,在接受地方文化的同时,由于京城具有政治上的强势地位,使京城文化也具有示范性作用,从而也影响着地方文化。但另一种情况是,京城文化又有不平衡性,宫廷、官僚、文人、普通百姓等虽然构成京城整体文化,但不同的政治地位、经济实力以及文化素养又对京城文化的取向具有不同的影响。清代市井文化极为发达,就和当时旗人的优越地位及游手好闲的作风有很大的关系。

北京的茶文化就是在以上的文化背景下形成和发展起来的。

(二)北京茶文化

作为北京文化的一部分,茶文化自然不能例外地具有北京整体文化的部分特征。总的说来,北京茶文化主要表现为:内涵丰富、层次复杂、功能齐全。

很多人对北京人饮茶颇多微词,也不太承认北京有所谓茶文化,理由是北京缺乏形成茶文化的条件。首先,北京地处北方,气候条件非常恶劣,不是茶叶产地,缺乏产生茶文化的自然条件——物质与环境基础。其次,北京虽是五代帝都,人文荟萃,但饮茶的平民化倾向严重,缺少茶文化应有的儒雅之风。最后,北京人饮茶太不讲究,陆羽的《茶经》所说10条,北京人几乎都达不到,茶是花茶,器用大碗,根本不知饮茶真意。

以上所说看似很有道理,但若细加考察,其实并无根据。不是茶叶产地与是

否有茶文化并没有必然的联系,对此对茶文化稍有认识的人都能理解。北京饮茶的平民化倾向确实非常突出,这从北京茶馆的功能性上就可以看出。但北京的宫廷与文人饮茶的文化内涵同样十分突出,只是因居处过高,真相被市民茶文化所掩盖罢了。至于说北京人爱用大碗喝花茶,其实也不妨看作是北京茶文化的特点。也有人探究过北京人爱喝花茶的原因,或说是北京地下水质不好,花茶香气较浓,可以盖住水味的苦涩。也有人说因过去交通不便,南方新茶运至北京要一个多月,路上风吹雨淋,茶叶往往都变质了,用花窨过之后,变质的茶味就喝不出来了。实际上,这两种说法都未必可靠,山东水质没什么问题,四川是重要的茶产地,而这两处的人也喜欢花茶,因此,更为合理的猜测就是与口味有关。爱喝花茶的人口味都比较重,绿茶的滋味对他们来说过于清淡。

如此看来,北京茶文化的存在是不争的事实。北京茶文化主要由三个方面的内容构成,即市民茶文化、文人茶文化与宫廷茶文化。市民茶文化更多地反映在茶馆文化中,而北京文人茶文化是中国文人茶文化的组成部分,由于传统文化的一脉相承,文人茶文化相对来说具有较大的稳定性,其中的精神并没有很大的不同。

宫廷饮茶起源于唐代,当时已经产生了独特的宫廷茶俗。以后各朝相沿成习,至宋而大盛,清代臻于极盛。饮茶成为宫廷日常生活内容之后,管理国家的皇帝和官员很自然地将其用之于朝廷礼仪,茶文化也就成为整个宫廷文化的重要组成部分。茶在这里脱离了它原本所具有的象征符号,即陆羽《茶经》所谓“茶宜精行俭德之人”,因皇家的尊崇而成为富贵、秩序、恩惠与荣耀的象征。茶与政治结缘这一特征是其他地方的茶文化所不具备的,同时也是北京茶文化内涵丰富的表现之一。

(三)北京茶馆

北京的茶馆最早出现在元朝,明清两代发展很快。因为北京是全国政治、经济、文化的中心,故而北京茶馆的区域性特征也不明显,总的来说,以大众茶馆为最典型。

旧北京的茶馆很多,这需要两个条件:一要爱喝茶的人多;二要有闲的人多。恰好这两个条件北京都具备。北京人喝茶的风气很盛,上至达官贵人,下至平头百姓,都有每天喝茶的习惯。穷困如拉黄包车者,日暮收工时也要买一包茶带回。高碎或高末是北京所特有的。其实,这是茶叶店筛茶时筛出的茶叶末,在别的地方弃之无用,因北京的穷人买不起好茶,所以茶叶店就以高级茶叶末的名义出售。北京茶叶店包茶,一两茶可以分为五份,原因自然是穷人每次所买茶叶量较小,借此适应他们的需求。不少北京人早晨起来的第一件事就是泡茶、喝茶。烧水的专用工具叫汆,用白铁皮制成,直径约一寸半,细长筒状,径口处有长柄,加水后可直接插入炉火中,使水能很快烧开。茶喝够了才吃早饭,所以老北京人早晨见了面要问候:喝了没有?如问吃了没有,就有说对方喝不起茶的嫌疑,是很不礼貌的。

老北京的茶馆以大茶馆、清茶馆、书茶馆和茶饭馆几种为最有名。

大茶馆茶价低廉,在清代曾经盛行一时,茶客多为旗人。大茶馆以喝茶为主,因人员杂而多,所以成为信息交流的中心,极具大众性。大茶馆的繁荣与北京特殊的城市特色有关:关心政治,注重清谈,生活悠闲,以服务性消费为主。大茶馆又可以分为红炉馆、窝窝馆、搬壶馆、二荤铺四种,都有各具特色的佐茶食品。

清茶馆只是喝茶,茶客多为闲散老人和纨绔子弟。沏上壶茶,谈论家常琐事,消磨时光。也有茶客在这里谈论买卖,互通信息。

书茶馆里则有艺人说书,客人要在茶资之外另付听书钱。所说评书主要有长枪袍带书、侠义书、神怪书等。书茶馆培养了许多著名艺人,如女艺人良小楼、花小宝、小岚云等。书茶馆里的常客多为失意的官僚、商号老板、账房先生等。

茶饭馆除喝茶之外也可以吃饭,但提供的饭食都很简单,不像饭馆的品种繁多。老舍先生的名剧《茶馆》里的裕泰茶馆就是一家茶饭馆,所备食物似乎只有烂肉面一种。

除以上三种茶馆外,北京还有许多颇具特色的茶馆,如野茶馆、棋茶馆以及季节性茶棚等。

野茶馆是指设在北京郊外的茶馆,以自然风光为主,极富田园风味。旧时北京的郊区与现在不同,具有纯粹的乡村特征,而茶馆也是农家小院的模样。土墙草顶的房子,支着芦箔的天棚,院墙上有四季野花,按时开放。茶馆的设置也很粗陋,茶水亦非上品,多是紫黑色的浓苦茶,但情趣却是城市茶馆所没有的。这种风格的野茶馆既适合乡村野老体力劳动之后的休息、闲话,也能投合文人士大夫对野趣的追求,故而曾经红火一时。北京较著名的野茶馆有麦子店茶馆、六铺炕野茶馆等。前者位于朝阳门外麦子店东窑,四面芦苇环绕,非常幽僻,可以喝茶,也可以垂钓。后者在安定门外西北一里多地,四面全是菜园,花开之时,蜂缠蝶绕,几不知身在何处。

由此可见,野茶馆主要以环境清幽、格调古朴为特色,主要目的是供人休闲、遣闷,也可做临时的歇脚点,喝茶倒是在其次的。

棋茶馆多集中在天桥市场一带,茶客以普通百姓为主,而且多是闲人。纪果庵在《两都集·北平的"味儿"》中说:"请放弃功利的观点,有闲的人在茶馆以一局围棋或象棋消磨五十岁以后的光阴,大约不算十分罪过吧。"大多数棋茶馆设备简陋,多用长方形木板铺于砖垛或木桩上,上画棋盘格,茶客可以边饮茶边对弈,茶馆只收茶资不收租费。也有专门的棋茶馆,如什刹海二吉子围棋馆、隆福寺二友轩象棋馆等,都很有名。

季节性茶棚以什刹海最有名,是消夏的好去处。旧时的什刹海不是现在的样

子，夏季不仅有荷花，还有各种水生植物，如菱、茨等，甚至还有不少稻田。坐在茶棚下喝茶，可饱览江南水乡般的荷塘景色，有一种“江南可采莲，莲叶何田田”的韵味。

旧京什刹海的季节性茶棚让很多人回味不已。纪果庵在《两都集 · 北平的“味儿”》一文中提到：“北平是老年人好的颐养所在了。好唱的，可以入票房，或是带玩票的茶馆，从前像什刹一溜河沿的戏茶馆，坐半日才六至十个铜板，远处有水有山，有古刹，近处有垂杨有荷香有市声，饿了吃一套烧饼油条不过四大枚，老旗人给你说谭鑫培的佚史，说刘赶三的滑稽，说什刹海摆冰山的掌故。伙计有礼貌，不酸不大，说话可以叫人回味，‘三爷，您早，沏壶香片吧？您再来段，我真爱听您那几口反调！’亲切而不包含虚伪。”翁偶虹的《北京话旧》亦专门提及：“六十年前，夏季的北京酷热溽蒸，熬历三伏……生活上的要求，促使人们别出心裁，自发地开辟了几处消夏园地：一为什刹海，一为葡萄园，一为菱角坑，一为二闸，时称‘消夏四盛’。什刹海之所以能消夏，主要是有夹堤而立的茶棚。茶棚在靠北的一段堤上，东西相列。东边靠着左海，海塘广莳荷花，香远益清，茶资高些；右海无荷，芦苇丛生，输却一番，茶资低些。茶棚都是广袤地伸入海塘，上横木板，如坐水上。清风拂水，凉气袭人，夹有荷香，沁人心脾。人们可以从午后一二时起，沏壶好茶，娓娓清谈，目送落日。”

季节性茶棚往往兼卖佐茶的点心，但似乎没有“茶食”这名目。茶棚对面有卖风味小吃的席棚，种类多而且做工精致，较有名的是莲藕菱角、豌豆黄等京城特产。

这种时令性的茶棚虽设施简陋，但在环境与情趣上却是十分适合吃茶的，因此，让当时的人们留恋不已。

北京茶馆的伙计都是青壮小伙子，没有用女招待的。如果用女招待，客人如不规矩，则使主客都不快。这是一种行规。《茶馆》中的王利发在茶馆经营不下去时，说到自己打算请女招待，要自己掌嘴，原因就在于破坏了行规。茶馆伙计提水壶的手势有专门的讲究，要手心向上、大拇指向后。茶谱写在特制的大折扇上，客人落座后，展开折扇请其点茶。

以上所说是北京的老式茶馆。20 世纪初，北京新式茶馆曾经繁盛一时。新式茶馆是以茶社、茶楼命名的南式茶馆。庚子祸乱后，北京前门外建造了几处新式市场，如劝业场、青云阁等，茶社就开设在新式市场中。南式茶馆均有各具特色的点心，北京的新式茶馆当然也不例外。这种茶社的鼎盛时期是在清末民初前后十三四年中，在 20 世纪 30 年代中叶，因公园茶座的冲击而日渐凋落直至最后销声匿迹。

第五章　中国茶具

茶具，古代文献中又称为茶器，通常是指人们在饮茶过程中所使用的各种器具。

在中国茶文化中，饮茶器具的文化特性是极其重要的组成部分。虽然“因茶择器”是茶具艺术的起点，但随着时代的发展，茶具艺术最终突破了这一原则，在某种程度上具有了自身独特的美学特征。当然，茶具毕竟是因茶而存在，即使茶具艺术的审美出现了某种偏离的倾向，但其最本质的美学特征仍然是与茶紧密地联系在一起的，忽略或否认这一点，就失去了探讨茶具艺术的基础。

虽然茶具是随着饮茶的出现而出现的，但作为茶文化构成要素的茶具，其应该具有一定程度的审美价值，其标志应该是陆羽在《茶经》中对饮茶器具的规范。此前的饮茶器具即使已经有了很高的艺术品位，但都不能称之为茶具艺术。陆羽在《茶经》“四之器”中说：“若邢瓷类银，越瓷类玉，邢不如越一也；若邢瓷类雪，则越瓷类冰，邢不如越二也；邢瓷白而茶色丹，越瓷青而茶色绿，邢不如越三也……越州瓷、岳瓷皆青，青则益茶，茶作白红之色。邢州瓷白，茶色红；寿州瓷黄，茶色紫；洪州瓷褐，茶色黑，悉不宜茶。”从茶“色”论碗的“宜”与“不宜”，显然是从茶色悦目的角度来看的。而明许次纾的《茶疏》论煮水器则曰：“茶滋于水，水藉于器，汤成于火，四者相须，缺一则废。”这又是就烹茶的综合要求而言，兼及了“色”与“味”。由此可见，茶具艺术在本质上是与茶密切相关的。

但茶具艺术的魅力仅从这一面看并不充分，与明清以来茶具艺术的发展也不相符。回顾茶具艺术的发展史，茶具艺术自身特有的审美价值在明清之后变得日益突出，而且突破了因茶论器的原则，甚至成为茶具艺术的主要发展趋向。佘彦焱在《中国历代茶具》中说：

> 茶具是实用器具，因饮水品茗而生，盛水灌茶是其最初的功能，随着茶道、茶艺的流行，人们对茶具的质地、设计、制作也越发讲究，因为这直接影响到茶水的品质、人们的口感。但是，这个原因还不足以使茶具具有历千百年而不衰的魅力。茶具的魅力，更在于她的素雅，当然，也有可能是通“俗”的、大巧若拙的，总之，是适合了一部分人的审美情趣的。这样，茶具的制作、观赏，无疑是一种美的追求，品茗与赏器同时进行，这才符合茶艺的要求。①

---

① 佘彦焱.中国历代茶具[M].杭州：浙江摄影出版社，2001.

这段话比较准确地说明了茶具艺术的两个方面。

除上述较为基本的审美特性之外，茶具艺术的发生和发展也与时代、地域、习尚以及使用者的喜爱与追求相一致。茶具的使用在最初是有选择的，比如茶碗，有"宜"与"不宜"之分，但随着饮茶的普及以及茶文化的发展，饮茶器具渐渐从饮食器具中剥离出来，到宋已经确立下来，饮茶器具获得独立。此后，饮茶器具的使用和生产范围都逐渐扩大，从而与地域、习尚等的联系日益密切，使得茶具艺术因着时代、地域、习尚等的不同而不同，可谓异彩纷呈、争奇斗艳。

就时代性上说，上述其实就是中国茶具艺术的发展史。茶具艺术的时代特征具体表现为两个方面，一个方面是与饮茶密切联系在一起的，即茶自被发现、利用以来，制茶技术的改进以及饮茶方式的变化都对茶具有着决定性的影响，即茶具是随着制茶技术与饮茶方式的变化而变化的，较明显的佐证是唐的煎饼茶、宋的点茶以及明的冲泡散茶都极大地影响了饮茶器具。《中国古代茶具》中说：

唐及唐以前，人们饮的主要是饼茶，习惯用煎茶法饮茶，茶具包括贮茶、炙茶、碾茶、罗茶、煮茶、饮茶等器具；宋代，随着"斗茶"的兴起，人们时尚用点茶法饮茶，与此相应的有碾茶、罗茶、候汤、点茶、品茶等器具；元代以后，特别是从明代开始，人们普遍饮用散茶，采用直接冲泡法饮茶，这样碾茶、罗茶等器具就成了多余之物，因而这些器具也就随之淘汰，饮茶器具渐趋简便，一把烧水的壶，一个贮茶的罐，一只沏茶的盏（壶），就是饮茶的全部用具了。[①]

另一个方面，茶具的时代性还表现在茶具艺术是在继承与发展的基础上演变的。作为茶文化的一个重要组成部分，茶具艺术在最基本的审美原则上是相通的，即精神上是相通的，但作为被使用、被鉴赏的有形的"器"，茶具艺术自身也处在发展与演变的进程之中，这也正是茶具艺术的时代性特征之一。佘彦焱在《中国历代茶具》中说：

如果你进入一座艺术史博物馆，循着历史的足迹，按年代由远而近参观浏览的话，在陶瓷馆里，一定会先看到土陶，再看到硬陶、釉陶、瓷器，这是因为人类对陶瓷烧制火候的掌握有一个由低到高的过程。首先映入眼帘的陶罐、陶碗，虽与后来意义上的茶具有别，但却是后世茶具的鼻祖，有一种古朴之美，风格简洁、稚拙。东汉时期，浙江上虞一带首先出现了较为成熟的青釉瓷器，越窑、龙泉窑所产青瓷成为流行于汉晋的代表作，北方则出现了洁白如雪的邢窑瓷具。另外，汉代的铅釉陶、彩绘陶，唐代的三彩陶器也很著名，但总的趋势是瓷器的推广普及。唐、五代的瓷器，可以概括为"南青北白"，即南方以越窑青瓷为代表和北方以邢窑白瓷为代表的瓷器工艺最高成就。同时，南方还出现了长沙窑的釉下彩绘，并

① 姚国坤，胡小军. 中国古代茶具[M]. 上海：上海文化出版社，1998.

非是单色青瓷一枝独秀；北方也出现了黄瓷、黑瓷、花瓷、绞胎瓷，并也有青瓷。这种丰富多彩的工艺生产局面，导致宋代名窑的出现。自宋代开始的陈列，可谓名窑并存、争奇斗艳。官窑、哥窑、汝窑、定窑、钧窑五大名窑出品瓷质之精，釉色之纯，造型之美，都达到了空前的地步。那哥窑瓷器釉面的开片，纹理匀整，曲曲折折，别有风味；而钧窑窑变烧成的釉色或如彩霞，或似玫瑰，交融晕染，令人赏心悦目。另有深受斗茶者喜爱的建窑、吉州窑黑釉茶盏（如著名的兔毫盏、油滴盏等）。元代，江西景德镇窑崛起，先后烧制成青花、釉里红、枢府（卵白釉）瓷、高温红釉及兰釉等系列新品，在色彩表现上突破了原先传统瓷器以青、白、黑为主色调的局面。这样，发展到明清两代，釉下彩瓷和颜色釉品种更加丰富，色彩亦有特色。明代的青花、彩瓷茶具成为引人注目的器皿。清代的瓷器尤以康熙、雍正、乾隆三朝作品最为出色，粉彩、珐琅彩、胭脂彩、墨彩、广彩等新品种扩大了色彩领域，其他如豇豆红、桃红、宝石蓝、苹果绿及脱胎、玲珑等特殊工艺都为后来的制瓷工艺开辟了新途径。在装饰上，有大量的文字资料（如题画诗）和传说故事、风景名胜、吉祥图案等画面。紫砂茶具在清代与瓷茶具形成竞争局面，开辟出另一个新天地。总之，在整个陶瓷艺术史陈列中，明清两代的茶具色彩纷呈，满目生辉，令人过目难忘。①

这一段话主要是就茶具（盏、碗、壶）的演变而言，虽是从茶具的角度着眼，但主要讲的还是瓷器自身的发展历史。从中可以看出，茶具在质地、色彩、造型、装饰等各方面都是有继承、有发展的，而非一成不变或横空出世，这是由饮茶需要、文化背景以及制作工艺的发展所决定的，而这些又都可以归结为茶具艺术的时代性特征。

此外，茶具因地域、习尚的不同而不同也表现得十分突出。我国产茶区域极为广阔，饮茶人更是遍及大江南北。俗话所谓“五里不同风，十里不同俗”，风俗的差异也造成了饮茶器具上的较大区别。首先，少数民族所使用的茶具不同于汉族，而同是汉族，南北方之间也存在着不容忽视的差异。这种情况在现代如此，而在交通甚是不便的古代就更是这样了。例如，在饮茶已十分风行的唐代，北方使用以邢窑产品为代表的白瓷茶具，而南方则使用以越窑产品为代表的青瓷茶具。

当然，茶具的发展、演变也与使用人的身份及其个人的追求、嗜好相一致。比如，民间茶具不同于文人茶具，而文人茶具又不同于宫廷茶具。作为文人饮茶的代表，陆羽强调“越州瓷、岳瓷皆青，青则益茶，茶作白红之色”，而法门寺所藏唐代宫廷茶具却是极尽奢华的金银器皿。因此，所谓的“宜”与“不宜”还不能单单就茶而论，还要考虑到其他方面的差异。而时代风尚左右之下的文人茶具也有着

① 余彦焱. 中国历代茶具[M]. 杭州：浙江摄影出版社，2001.

千姿百态的差异。唐、宋两代以瓷器为主，明清则紫砂茶具异军突起，成为时代的主流。到了《红楼梦》里，妙玉所使用的茶具已经带有明显的尚古倾向。由此看来，时代精神影响着个人风貌，而个人风貌又促使茶具不断向前发展，从而使得茶具的发展、演变打上了深深的时代烙印。

作为文化史的一个组成部分，饮茶器具产生、发展以及演变的历史也是中国茶文化发展的一个反映。不论茶具的发展演变具有什么样的特征，茶具都是为饮茶而发明的，所以茶具并不仅仅具有一般器物的特征，而是与茶及茶文化密切相关，单从器物而不是从茶文化的角度看待茶具未免本末倒置。"茶具的艺术美体现了茶艺、茶道崇尚自然、讲求谐调和平、规范生活礼仪等宗旨。除了实用功能外，茶具还是人们对美的一种追求，也间接反映出人们的修养、情趣甚至为人品德。"①本章即努力从茶文化的视角探讨茶具的发生、发展以及演变的过程，剖析茶具艺术中所凝结的文化内涵，尤其是茶文化内涵。至于茶具制造的材料、技术等物质因素在本章将不作为讨论的重点，只是在必要的时候有所提及。

第一节　古代茶具的起源

一、饮食器具的产生

（一）古代饮食器具的出现

茶最初被人们所利用主要是通过药用与食用两种形式，而后，茶在药用方面的功能衰减，于食用方面的功能加强，直至作为一种饮料固定下来。因此，最早的饮茶器具应该是从食用器皿开始的。

中国饮食器具的历史起源较早，据考古发掘证明，现存最早的生活用具是在距今10 000到4 000年前的新石器时代，证据是这一时期的古文化遗址中出土了大量陶器。

在长期制作与使用陶器的过程中，我国部分地区的制陶技术已经有了明显的提高。根据考古发掘的资料来看，新石器时代的仰韶文化中，制陶技术已经十分成熟，不但出现了萌芽状态的陶轮，而且还出现了以红色或红褐色为主的陶器，而烧成这种颜色的陶器约需摄氏950度左右的高温。此外，这一时期的陶器种类也很多，有瓮、罐、钵、盆、盘、碗、瓶等。更值得注意的是，红陶器物上往往施以黑色、赭红色或白色的彩绘，这就是所谓的彩陶。

表明制陶技术先进的还有龙山文化与大汶口文化。龙山文化时期，烧制陶器

① 余彦焱. 中国历代茶具[M]. 杭州：浙江摄影出版社，2001.

的技巧已有很大提高，不但轮制陶器增多，还出现了快轮。陶器器型有罐、瓮、盆、杯、豆、鼎、鬶、鬲、斝等，其中像鬶、鬲、斝是龙山文化中带有特征性的器物。在大汶口文化中，制陶技术发展到一个很高的阶段，黑陶的高柄杯，器薄如蛋壳，是新石器时代陶业当中的杰出作品。① 在商代，施釉技术已经出现，这无疑是陶器史上一次质的飞跃。

这一时期的陶器门类众多，与饮食相关的有杯、斝、盉、觚、碗、钵、豆、簋等。若从其用途方面划分，有容器、食器、炊器、汲水器。不过，这些陶器在用途上还未作明确的区分，因此并不具备某种专门的功能。单从饮食这一方面说，远没有我们所想象的那么严格，为数不多的器具往往要派很多的用场，因此，它们大多都处在随时待命的状态，既可以盛饭，也可以盛汤，既用来装水，也用来囤粮。至于酒器、茶具之分，则更是无从提起了。

夏、商、周三代是我国青铜器发展的鼎盛时期，尤其是商代，青铜器的制造工艺已经臻于化境。青铜器制造工艺的提高为其普遍使用准备了条件，但从实际情形看，青铜器在生活方面的应用还是很少，大部分都是作为祭祀的神器来使用，或者只在贵族之家及宫廷里使用，而民间使用最多的还是陶器。

（二）早期茶具的特证

茶具是伴随着饮茶的出现而出现的，因此，探讨最早的茶具就不能不从饮茶的起源说起。关于饮茶起源说，在第一章茶文化史中已经给予了十分详尽的论述，即饮茶是在秦汉之际确立下来的，很多方面的资料都可以证明这一点。那么，饮茶器具在茶成为饮料之后是以怎样的形态出现的呢？这个问题事实上还不是特别清楚。因为茶从被利用到发展为单纯的饮料是一个十分漫长的过程。在这一段时期内，茶都是以食用、药用以及饮用的混合利用形式出现的，而茶具也因此具有综合性的功能——它或者就是饮食器具中的一种或多种。即使到了晋代，茶作为饮品的特征已较为明显，专门的茶具仍然没有出现。

魏晋时期属于我国茶文化的萌芽时期，茶的利用在当时可说是诸多方式并存，如食用、药用、饮用等，不过，根据相关资料，这一时期，茶作为饮料的功能已上升为主导地位。据陆羽的《茶经·七之事》引《广陵耆老传》载，晋文帝时集市上出现了专门以卖茶为生的老婆婆，而且“市人竞买”，生意十分红火。除此之外，饮茶已经逐渐上升到精神的高度，如陆纳将以茶待客视为“素业”②，强调了茶性简朴的一方面。齐武帝同样信佛尚俭，叮嘱在他死后用茶作为贡品。茶由形而下的食用、药用上升到形而上的精神需求，而这种精神层次上的升华绝不是一朝一

① 翦伯赞. 中国史纲要[M]. 北京：人民出版社，1983.

② 李昉，李穆，徐铉，等. 太平御览[M]. 卷八六七. 北京：中华书局，1960.

夕可以达到的。

但是,茶文化的萌芽似乎并没有带来饮茶器具的同步发展,也就是说,没有资料能够说明饮茶器具已经从饮食器具里独立出来。那么,是什么原因使得饮茶已经有所普及,然而专用茶具并没有同步出现呢?或许其中的原因并不复杂,最可能的解释大约是茶的利用方式仍不明确。此外,就一般的生活常识而言,在饮食器物品种较少、数量有限的情况下,明显的分工是不可能的,加之茶文化在当时还处于萌芽阶段,茶还不是人们日常生活的一部分,专用茶具是不可能出现的,更不要说茶具艺术了。不过,魏晋时期有些资料也透漏出有关茶具的其他方面的一些信息。《三国志·吴志·韦曜传》有一段关于饮茶的记载:"(孙)皓每飨宴,无不竟日,坐席无能否率以七升为限,虽不悉入口,皆浇灌取尽。曜素饮酒不过二升,初见礼异,为裁减,或密赐茶荈以当酒,至于宠衰,更见逼强,辄以为罪。"这里有一点非常值得注意,即"密赐茶荈以当酒"。这句话至少透露了这样一个消息,即当时的茶从表面上看应该类似于酒,属于清饮,而非通常认为的羹饮,但这一饮茶形式究竟是偶一为之还是经常的情形,目前还难以确定。另据唐杨晔《膳夫经手录》载:"近晋宋以降,吴人采其叶煮,是为茗煮。"这其实又等于说,晋宋以来,茶的饮用形式类似于蔬菜,由此,专用的饮茶器具就不是特别地必需了。另据西晋左思《娇女诗》,其中有"心为茶荈剧,吹嘘对鼎䥶"的句子,那么"鼎䥶"就应当兼具茶具的作用,但是否是煮茶的专用器具,因为没有实物作证,也很难作出更明确的解释。

但是,汉以后,随着饮茶的日渐普及,部分饮食器具已经越来越频繁地被用于饮茶,文献记载中关于饮茶用具的资料也渐渐增多。现存最早的文字资料,一是汉宣帝时人王褒所作《僮约》中有"烹荼尽具"的句子;一是在浙江湖州一座东汉晚期墓葬中发现了一只高33.5厘米的青瓷瓮,瓷瓮上面书有"荼"字。"烹荼尽具"四字中的"尽具"二字其真实的意义究竟是什么到目前为止也还没有更加准确的阐释,这个"具"是否就是茶具也不好说。不过,既然"尽具"与"烹荼"连用,若"荼"就是"茶",则"具"为茶具也可看作比较合理的解释。可惜,此条材料属于单文孤证,缺乏足够的说服力。至于浙江湖州汉墓中出土的带有"荼"字的青瓷瓮,我们不妨把它看作贮茶而非饮茶的器具。同样的道理,仅发现一只写有"荼"字的青瓷瓮似乎也说明不了什么问题。近年来,在浙江上虞又出土了一批东汉时期的瓷器,内中有碗、杯、壶、盏等器具。[①] 但这些器具的具体用途是什么,还有待于进一步的考证、研究。

以上是对早期饮食器具的简单梳理,综合上述各方面的材料可以知道,在晋以前,饮茶虽然已经逐渐普及,而且茶文化也已经开始萌芽,但真正的茶具还没有

① 姚国坤,胡小军.中国古代茶具[M].上海:上海文化出版社,1998.

出现，饮茶器具并没有完全从饮食器具中分离出来。不过，随着茶由食用、药用向饮料的转变，一些饮食用具已较为频繁地作为饮茶器具来使用，这就为饮器向专用茶具的过渡打下了基础。

二、专用茶具的确立

（一）唐前期的饮茶之风

中国茶文化各方面内容的确立是在唐代，其标志就是陆羽的《茶经》。从《茶经》所涉及的内容来看，全书共分上、中、下三卷十章，包括了茶的本源、制茶器具、茶的采制、煮茶方法、历代茶事以及茶叶产地等十个方面，十分完备。即使用今天茶文化的范畴衡量这部茶书，也可以说茶文化最基本的原则都已经规范下来，因此，《茶经》可说是中国茶文化的奠基之作，也是中国茶文化发展过程中的一个里程碑。

作为茶文化的开山之作，《茶经》对我国茶文化的贡献是毋庸置疑的。同时，作为茶文化的总结性著作，《茶经》也存在继承和发展的问题。不过，因为资料的匮乏，这个继承与发展的过程还不能十分清晰地勾勒出来。而且，其间转换的环节是怎样的一种情况目前也不知道。但有一点是非常明确的，即陆羽在写作《茶经》的时候，饮茶已经渗透到社会生活的各个方面，而且饮茶的方式亦相对固定，对其进行形而上的规范也已经成为一种共识，这个工作最终由嗜茶且解茶的陆羽来完成也是顺理成章的。

《茶经》的出现标志着茶文化的最终形成，但任何一种文化的形成都不可能是一蹴而就的，要有一个过渡阶段，这就相应说明，专用茶具在唐代的出现也是一个承前启后的结果。魏晋与唐之间，之所以有一个空白，并不意味着专用茶具的出现是一种偶然现象。这之间一定有一个过程，只不过因为材料缺乏，这个过程看起来不太明晰而已。下面我们就结合《茶经》来探讨一下唐代茶具。

依照唐封演《封氏闻见记》的说法，唐开元年间，“自邹、齐、沧、棣渐至京邑城市，多开店铺，煮茶卖之，不问道俗，投钱取饮”，而且达到“穷日尽夜，殆成风俗”的程度。唐前期，饮茶之风已盛行全国。可以肯定地说，在陆羽撰著《茶经》之前，唐朝的专用茶具已经出现，并且趋于稳定。可见，在陆羽之前，茶已经成为生活的必需品之一。这样的饮茶盛况必然影响到对饮茶器具的要求。从一般常识的角度看，随着生活水平的提高，人们在日常饮食上就会有更高的要求，茶从饮食上独立出来变成一种娱乐精神的消费品，自然也就要求茶具的相应独立以增加饮茶时的情趣。可以肯定地说，在陆羽撰著《茶经》之前，唐朝的专用茶具已经出现，并且趋于稳定。在陆羽之前，不但已经有了专门的茶具，而且人们对茶具的认识或许也已经达到相当高的程度，只不过没有人对它进行总结和规范，直到陆羽

出现。但值得注意的是，茶具在规格及质地方面存在着混乱现象，如茶器的多少、大小等。而就茶碗方面来说，越州、鼎州、婺州、岳州、寿州、洪州等各地所产的瓷器都在使用，无所谓优劣之分，只有到了陆羽，才明确提出“越州上，鼎州次，婺州次，岳州次，寿州、洪州次”，而且说明了之所以如此的理由。陆羽《茶经》撰著的年代大约在唐“安史之乱”前后，也就是说，在“安史之乱”前后，唐朝的茶具不但门类齐全，而且开始讲究质地、注意因茶而择器了，这也是茶具文化开始确立的重要标志之一。

（二）陆羽《茶经》中的茶具

介绍唐代茶具便不能不提唐代茶的种类与饮茶方法，因为后者对前者具有决定性的作用。

据陆羽《茶经》所载，当时“饮有粗茶、散茶、末茶、饼茶者”，其中最主要的是饼茶和末茶。而饮茶方法主要有两种：一是陆羽《茶经》中所谓的煎茶法；一为苏廙《十六汤品》中所说的点茶法。唐代以煎茶法为主，而点茶法只有到了宋代才大行其道。因此，饼茶、末茶与煎茶之法便决定了唐代茶具的大致发展方向。为避免重复起见，这里将饮茶方式对茶具的影响与陆羽对饮茶器具的规范放在一起讨论。

陆羽《茶经》是阐述茶文化的经典著作，其中关于饮茶器具的内容主要有两部分，一是卷上“二之具”，另一部分是卷中“四之器”。从这两部分内容看，“二之具”主要是讲制茶与贮茶工具，“四之器”才是饮茶器具。虽然制茶与贮茶工具不是我们讨论的重点，但为了论述的全面起见，这里有必要在一开始对其作一简单论述，在以后的章节中则作适当省略。在论述茶具时，陆羽对制茶、贮茶器具与饮茶器具的区别是有着明确的认识的，所以卷上三部分内容分别为“一之源”、“二之具”与“三之造”，卷中才谈饮茶器具，而且两者在详略上也大不相同，前者简略而后者则极为详尽。《茶经》卷上“二之具”的内容如下：

二之具

籯，一曰篮，一曰笼，一曰筥。以竹织之，受五升，或一斗、二斗、三斗者，茶人负以采茶也。

灶，无用突者。

釜，用唇口者。

甑，或木或瓦，匪腰而泥，篮以箄之，篾以系之。始其蒸也，入乎箄，既其熟也，出乎箄。釜涸注于甑中，又以谷木枝三亚者制之，散所蒸牙笋并叶，畏流其膏。

杵臼，一曰碓，惟恒用者佳。

规，一曰模，一曰棬。以铁制之，或圆或方或花。

承，一曰台，一曰砧。以石为之，不然以槐、桑木半埋地中，遣无所摇动。

檐,一曰衣。以油绢或雨衫单服败者为之,以檐置承上,又以规置檐上,以造茶也。茶成,举而易之。

芘莉,一曰赢子,一曰筹筤。以二小竹长三尺,躯二尺五寸,柄五寸,以篾织,方眼如圃,人土罗阔二尺,以列茶也。

棨,一曰锥刀,柄以坚木为之,用穿茶也。

扑,一曰鞭。以竹为之,穿茶以解茶也。

焙,凿地深二尺,阔二尺五寸,长一丈,上作短墙,高二尺,泥之。

贯,削竹为之,长二尺五寸,以贯茶焙之。

棚,一曰栈,以木构于焙上,编木两层,高一尺,以焙茶也。茶之半干升下棚,全干升上棚。

穿,江东淮南剖竹为之,巴川峡山纫谷皮为之。江东以一斤为上穿,半斤为中穿,四两五两为小穿。峡中以一百二十斤为上穿,八十斤为中穿,五十斤为小穿。"穿",旧作钗钏之"钏"字,或作"贯串",今则不然。如磨、扇、弹、钻、缝五字,文以平声书之,义以去声呼之,其字以"穿"名之。

育,以木制之,以竹编之,以纸糊之,中有隔,上有覆,下有床,旁有门,掩一扇,中置一器,贮煻煨火,令煴煴然,江南梅雨时,焚之以火。①

从上述所列之制茶与贮茶器具看,唐代的茶主要是饼茶与末茶,诸如甑、杵臼、规、承、棨、扑、焙、贯、穿等器具都是制作饼茶和末茶的工具。在这一系列器具中,从采茶到贮茶、防霉变都涉及了,而且还对各种器具具体的大小、做法、用途甚至流变都进行了详细的考证与论述,为我们能够较为详尽地了解唐代的制茶工艺提供了极大的便利。当然,唐代以后,各个朝代的制茶工艺都有改变,但在明代散茶大兴之前,基本的制茶方法还是有所传承。从这一点说,陆羽《茶经》中关于制茶、贮茶器具的规定为后来的制茶工艺确立了典范。

因为制茶与贮茶器具在后来茶文化发展的过程中没有能够进入审美的行列,而是作为技术层面的物质存在,所以这部分内容也就没有进入中国茶具艺术探讨的范畴。因此,这里仅作简单介绍,下面我们重点探讨一下陆羽《茶经》中的"四之器"。

若对中国茶文化的历史稍作考察就可以发现,中国古代茶文化中最为核心的内容和最基本的原则是由陆羽提出来的,而现在经常提起的"茶道"一词则是由陆羽的朋友诗僧皎然提出来的。就"茶道"这一概念的内涵与外延看,它其实就是现在所谓茶文化的另一种称谓,烹饮器具、煮茶方法、水质品第、品饮方式等都可以看作茶道的内容,而其中的饮茶器具是不容忽略的重要组成部分。古人所谓

① 陈彬藩.中国茶文化经典[M].北京:光明日报出版社,1999.

形而上者谓之道，形而下者谓之器，只有道器相宜，才能相得益彰。正是出于此种考虑，陆羽在考证茶之源、之具的同时，还用了整整一卷的篇幅对饮茶器具做了极其详尽的说明，包括茶具的种类、制作的质材、器具的规格，甚至还有装饰的图案与文字等。这种做法，初看确是显得有些繁琐，但正是这种繁琐才真正体现了饮茶之道。其实，茶具、水质、烹饮都可以看作一种仪式，而仪式背后恰恰是一种真正的文化内涵，这也就是所谓的“道”。茶具的材质、规格、样貌、用途其实都关系到饮茶背后的一种精神需求，各样茶具使用的过程就是一个求道、近道、悟道的过程。因此，形而上的道就寄寓在形而下的器之中。

陆羽《茶经》“四之器”共列茶具二十八种[①]，因《茶经》的创始之功，同时也为了论述的方便起见，现将“四之器”的三部分内容引录如下：

风炉以铜铁铸之，如古鼎形，厚三分，缘阔九分，令六分虚中，致其圬墁，凡三足。古文书二十一字，一足云“坎上巽下离于中”，一足云“体均五行去百疾”，一足云“圣唐灭胡明年铸”。其三足之间设三窗，底一窗，以为通飚漏烬之所，上并古文书六字：一窗之上书“伊公”二字，一窗之上书“羹陆”二字，一窗之上书“氏茶”二字，所谓“伊公羹陆氏茶”也。置墆嵲于其内，设三格：其一格有翟焉，翟者，火禽也，画一卦曰离；其一格有彪焉，彪者，风兽也，画一卦曰巽；其一格有鱼焉，鱼者，水虫也，画一卦曰坎。巽主风，离主火，坎主水。风能兴火，火能熟水，故备其三卦焉。其饰以连葩、垂蔓、曲水、方文之类。其炉或锻铁为之，或运泥为之，其灰承作三足，铁柈台之。

筥以竹织之，高一尺二寸，径阔七寸，或用藤作，木楦，如筥形，织之六出，固眼其底，盖若莂箧口，铄之。

炭挝以铁六棱制之，长一尺，锐上，丰中，执细，头系一小口，以饰挝也。若今之河陇军人木吾也，或作鎚，或作斧，随其便也。

火筴一名箸，若常用者圆直一尺三寸，顶平截，无葱台勾锁之属，以铁或熟铜制之。

鍑以生铁为之，今人有业冶者所谓急铁。其铁以耕刀之趄炼而铸之，内抹土而外抹沙。土滑于内，易其摩涤；沙涩于外，吸其炎焰。方其耳，以正令也；广其缘，以务远也；长其脐，以守中也。脐长则沸中，沸中则末易扬，末易扬则其味淳也。洪州以瓷为之，莱州以石为之，瓷与石皆雅器也，性非坚实，难可持久。用银为之，至洁，但涉于侈丽。雅则雅矣，洁亦洁矣，若用之恒，而卒归于铁也。

交床以十字交之，剜中令虚，以支鍑也。

---

① 陆羽《茶经》云：“但城邑之中，王公之门，二十四器阙一，则茶废矣。”但细数《茶经·四之器》一章所介绍茶器不止二十四种，根据不同的分类，可数出二十五种，或二十八种。

夹以小青竹为之，长一尺二寸，令一寸有节，节已上剖之，以炙茶也。彼竹之筱，津润于火，假其香洁以益茶味，恐非林谷间莫之致。或用精铁熟铜之类，取其久也。

纸囊以剡藤纸白厚者夹缝之，以贮所炙茶，使不泄其香也。

碾以橘木为之，次以梨、桑、桐、柘为之，内圆而外方。内圆备于运行也，外方制其倾危也。内容堕而外无余。木堕形如车轮，不辐而轴焉。长九寸，阔一寸七分，堕径三寸八分，中厚一寸，边厚半寸，轴中方而执圆，其拂末以鸟羽制之。

罗末以合盖贮之，以则置合中，用巨竹剖而屈之，以纱绢衣之，其合以竹节为之，或屈杉以漆之。高三寸，盖一寸，底二寸，口径四寸。

则以海贝、蛎蛤之属，或以铜、铁、竹、匕策之类。则者，量也，准也，度也。凡煮水一升，用末方寸匕。若好薄者减之，嗜浓者增之，故云则也。

水方以椆木、槐、楸、梓等合之，其里并外缝漆之，受一斗。

漉水囊若常用者，其格以生铜铸之，以备水湿，无有苔秽腥涩。意以熟铜苔秽、铁腥涩也。林栖谷隐者或用之竹木，木与竹非持久涉远之具，故用之生铜。其囊织青竹以卷之，裁碧缣以缝之，纽翠钿以缀之，又作绿油囊以贮之。圆径五寸，柄一寸五分。

瓢一曰牺杓，剖瓠为之，或刊木为之。晋舍人杜毓《荈赋》云："酌之以匏。"匏，瓢也，口阔胫薄柄短。永嘉中，余姚人虞洪入瀑布山采茗，遇一道士云："吾丹丘子，祈子他日瓯牺之余，乞相遗也。"牺，木杓也，今常用以梨木为之。

竹筴或以桃、柳、蒲、葵木为之，或以柿心木为之，长一尺，银裹两头。

鹾簋以瓷为之，圆径四寸。若合形，或瓶或罍，贮盐花也。

其揭，竹制，长四寸一分，阔九分。揭，策也。

熟盂以贮熟水，或瓷或沙，受二升。

碗，越州上，鼎州次，婺州次，岳州次，寿州、洪州次。或者以邢州处越州上，殊为不然。若邢瓷类银，越瓷类玉，邢不如越一也；若邢瓷类雪，则越瓷类冰，邢不如越二也；邢瓷白而茶色丹，越瓷青而茶色绿，邢不如越三也。晋杜毓《荈赋》所谓"器择陶拣，出自东瓯"。瓯，越也。瓯，越州上，口唇不卷，底卷而浅，受半升已下。越州瓷、岳瓷皆青，青则益茶，茶作白红之色。邢州瓷白，茶色红；寿州瓷黄，茶色紫；洪州瓷褐，茶色黑，悉不宜茶。

畚以白蒲卷而编之，可贮碗十枚。或用筥，其纸帊，以剡纸夹缝令方，亦十之也。

札缉栟榈皮以茱萸木夹而缚之。或截竹束而管之，若巨笔形。

涤方以贮涤洗之余，用楸木合之，制如水方，受八升。

滓方以集诸滓，制如涤方，处五升。

巾以绝为之，长二尺，作二枚，互用之，以洁诸器。

具列或作床，或作架，或纯木纯竹而制之，或木或竹黄黑可扃而漆者，长三尺，阔二尺，高六寸。具列者，悉敛诸器物，悉以陈列也。

都篮以悉设诸器而名之。以竹篾内作三角方眼，外以双篾阔者经之，以单篾纤者缚之，递压双经，作方眼，使玲珑。高一尺五寸，底阔一尺，高二寸，长二尺四寸，阔二尺。

为了便于读者进行直观的理解，下面附上日本学者布目潮风据《茶经》所绘的二十五器。

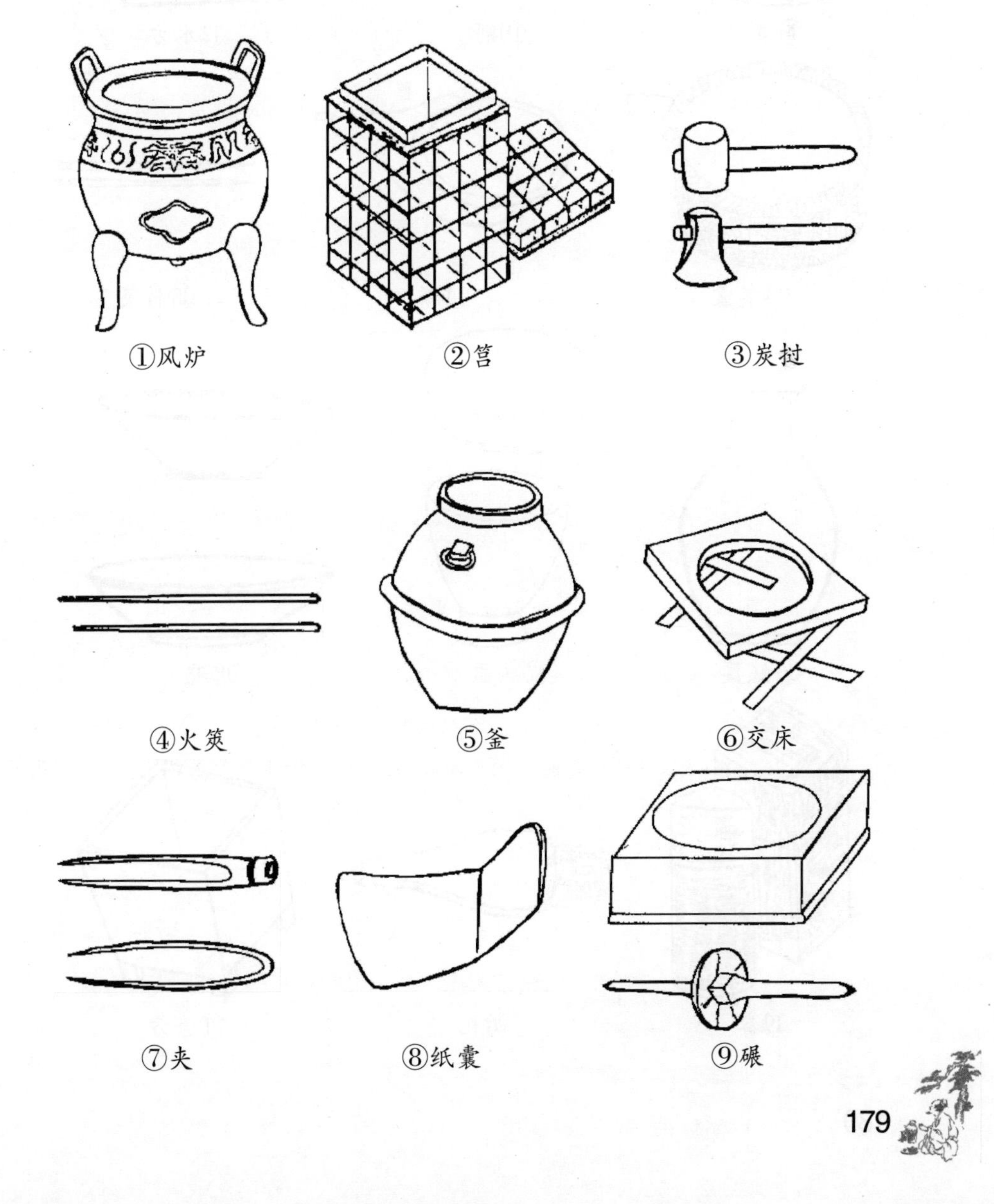

①风炉　②筥　③炭挝

④火筴　⑤釜　⑥交床

⑦夹　⑧纸囊　⑨碾

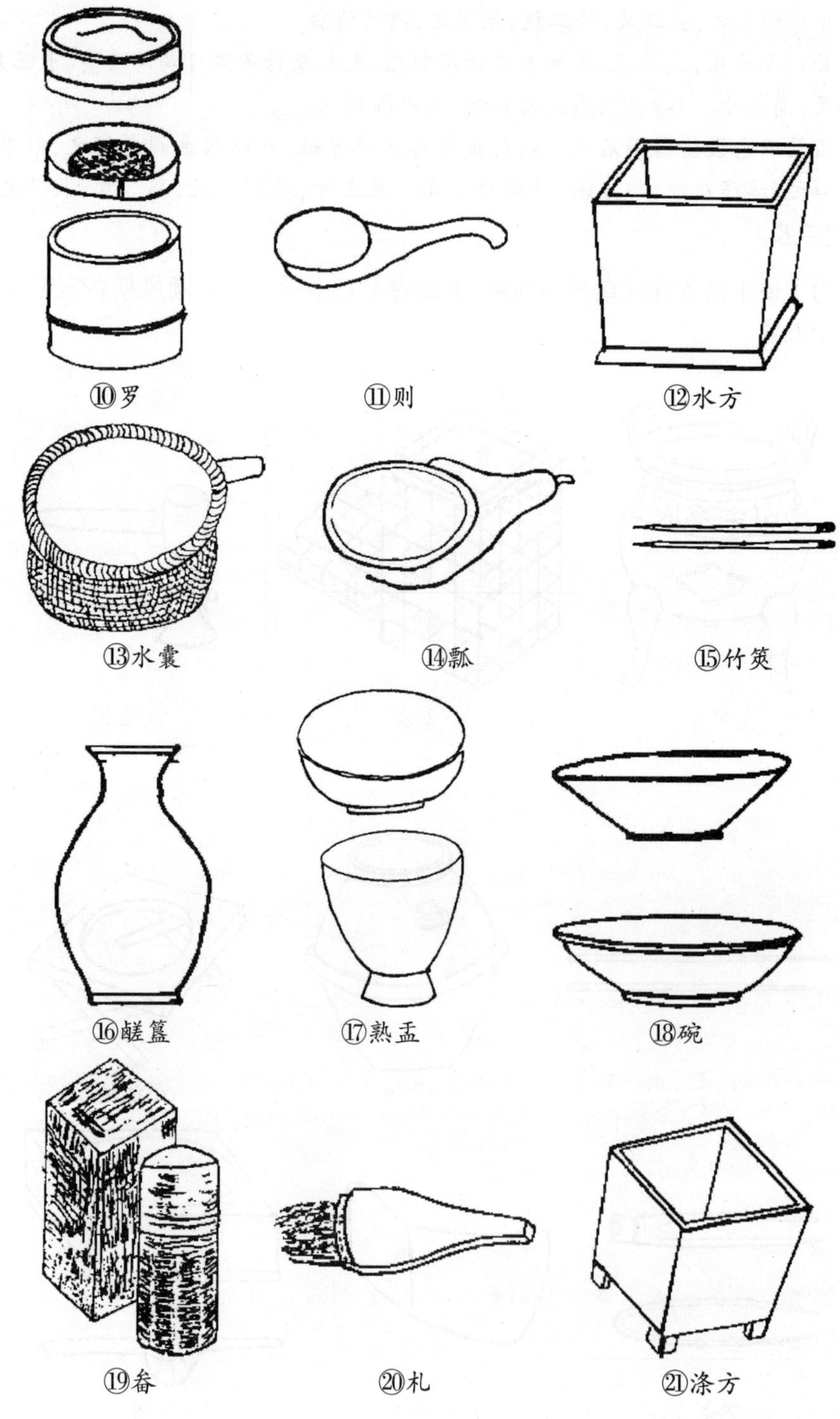
⑩罗
⑪则
⑫水方
⑬水囊
⑭瓢
⑮竹筴
⑯鹾簋
⑰熟盂
⑱碗
⑲畚
⑳札
㉑涤方

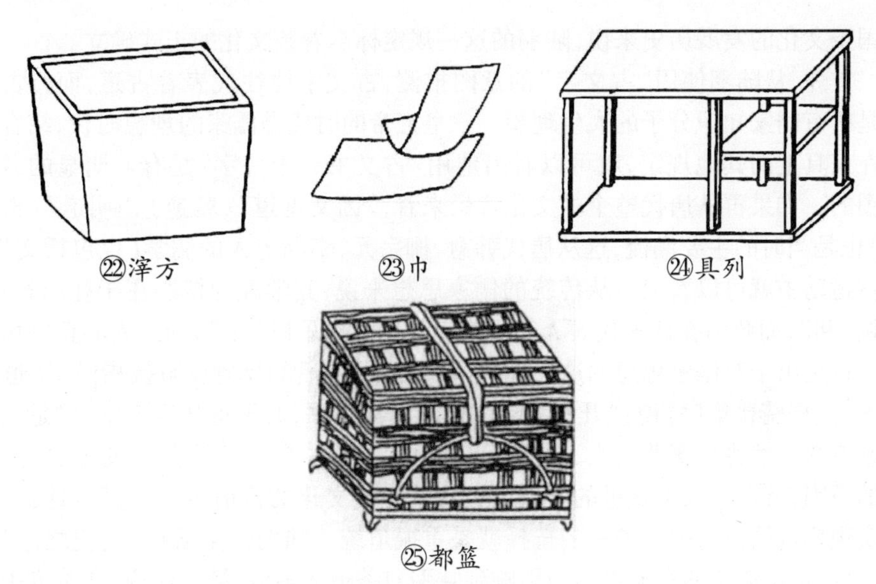

㉒滓方　㉓巾　㉔具列

㉕都篮

陆羽《茶经》中所列茶具分别是:风炉(灰承)、筥、炭挝、火筴、镀、交床、夹、纸囊、碾、罗、则、水方、漉水囊、瓢、竹筴、鹾簋、熟盂、碗、畚、札、涤方、滓方、巾、具列、都篮等。据其用途大致可分为这样几种:生火、烧水、煮茶器具,烤茶、量茶器具,盛水器具,盛盐、取盐器具,盛茶、饮茶器具,装茶具器具。从陆羽对茶具的要求看,主要的原则就是方便、不奢、宜茶、耐用几个方面。如关于“镀”的制作,“内抹土而外抹沙。土滑于内,易其摩涤;沙涩于外,吸其炎焰”,“脐长则沸中,沸中则末易扬,末易扬则其味淳也。洪州以瓷为之,莱州以石为之,瓷与石皆雅器也,性非坚实,难可持久。用银为之,至洁,但涉于侈丽。雅则雅矣,洁亦洁矣,若用之恒,而卒归于铁也”。又如夹的制作,“彼竹之筱,津润于火,假其香洁以益茶味,恐非林谷间莫之致。或用精铁熟铜之类,取其久也”。而漉水囊乃常用茶具,“其格以生铜铸之,以备水湿,无有苔秽腥涩。意以熟铜苔秽、铁腥涩也。林栖谷隐者或用之竹木,木与竹非持久涉远之具,故用之生铜”。至于碗的宜茶与不宜茶,更是有明确的规定。除了方便、宜茶之外,陆羽似乎更注重饮茶器具的“坚实”、“持久”、“恒”、“久”,即耐用这一品质,所以会在文中屡屡言及之所以用铜、铁的理由,而雅、洁还在耐用之下。

除了方便、耐用、宜茶等几方面外,更值得注意的是陆羽在茶具中所寄寓的道的内涵。这主要集中在对煮茶所用风炉的规定上。

陆羽设计的风炉形如古鼎,具三足两耳。风炉三足均铸有古文字,分别为:“圣唐灭胡明年铸”、“坎上巽下离于中”、“体均五行去百疾”。炉腹下身的三个通风孔上则分别铸有“伊公”、“羹陆”、“氏茶”字样,连读即为“伊公羹,陆氏茶”。这里,陆羽显然是想以茶具来体现儒家的“道”,即将儒家思想引入茶道之中。就中国茶文化的发展历史来说,陆羽的这一规定标志着茶文化的正式确立。

首先,从陆羽使用“古文字”的意图推测,古文字往往代表着古道,而行古道则是所有儒家知识分子的人生理想。三皇五帝的时代是儒家的理想时代,结合陆羽在茶具上的其他规定,就可以看出他用“古文书二十一字”是有着明显的载道意图的。如果再从唐代整个的文化背景来看,“因文见道”(韩愈)、“明道”(柳宗元)也是当时的主要潮流,这从唐代韩愈、柳宗元、李翱等人的儒学(也包括文学)复古运动中就可以看出。从传统的儒家思想来说,其学说的核心在于礼乐教化,强调“和”,而政治在儒家代表人物看来就是制礼作乐以“正”人心,人心正则风俗淳。正是出于对儒家思想的这一理解,“安史之乱”后的反省就直接指向了“道”。李华的《杨骑曹集序》说:“开元、天宝之间,海内和平,君子得从容于学,以是词人材硕者众。然将相屡非其人,化流于苟进成俗,故体道者寡矣。”[①]“安史之乱”发生的原因,就在于太平盛世的表象里失落了传统文化的价值核心“道”。缘此,如何实现盛世的再造呢?唯一的选择就是重振道统。陆羽恰生活在“安史之乱”前后,这一重振道统的潮流自然地影响到陆羽对茶道的理解,换句话说,在茶道中融进儒家思想对陆羽来说是一个自然而然的选择。

“圣唐灭胡”持儒家的正统观念,在这里有申华夷大防的用意。“用夏变夷”与“用夷变夏”是一个根本性的问题。此处所谓的“胡”就是指“安史之乱”的发动者安禄山、史思明等人。“坎上巽下离于中”出自《易经》,分别代表水、火、风,有循环相生之意,而水、火、风也是地球上最基本的物质形态及物质世界存在的形式。“体均五行去百疾”则引用了五行学说中相生相克的道理,其核心也就是一个“和”字。而“伊公羹”与“陆氏茶”的并列,表现出陆羽企及圣贤的宏大抱负以及积极的用世理念。伊尹为商代大臣,有佐命之功,《韩诗外传》说伊尹“负鼎操俎,调五味而立为相”。那么,陆羽在炉腹上书“伊公羹,陆氏茶”六字,显然有积极的入世思想。“负鼎操俎,调五味而立为相”寓意“治大国若烹小鲜”,饮茶虽为小道,但与治国的道理是相通的。此外,陆羽在叙述镀的制作时说:“方其耳以令正也,广其缘以务远也,长其脐以守中也。”“令正”、“务远”、“守中”皆是儒家的思想规范,是儒家知识分子立身、做人的基本准则与道德境界。陆羽这种寓道于器的思想以及他对茶的“利精行俭德之人”的论述从根本上确立了中国茶文化的核心思想,而茶道一旦被纳入儒家思想的规范之中,则其对茶文化的影响无疑是极为深远的。

其实,不但饮食、饮茶与道的关系密切,盖古来任何事情莫不可通于道,诸如《庄子》一书中通过轮扁斲轮、庖丁解牛两个故事,告诉人们由艺而进于道的途径和方法。关于道、艺相通,明代文学家唐顺之对此有一段较为透彻的阐述:

① 李华:《李遐叔集》,文渊阁四库全书本。

至于道德性命技艺之辨，古人虽以六德六艺分言，然德非虚器，其切实应用处即谓之艺；艺非麄迹，其精义致用处即谓之德。故古人终日从事于六艺之间，非特以实用之不可缺而姑从事云耳。盖即此而鼓舞凝聚其精神，坚忍操练其筋骨，沉潜缜密其心思，以类万物而通神明，故曰洒扫应对精义入神只是一理。艺之精处只是心精，艺之麄处只是心粗，非二致也。但古人于艺，以为聚精会神，极深研几之实；而今人于艺，则以为溺心玩物争能好胜之具，此则古与今之不同，而非所以为艺与德之辨也。①

唐顺之在这里是从儒家的六艺说起，进而谈到科举应试的八股文章写作，强调“道”与“艺”的相通，从而说明“德非虚器，其切实应用处即谓之艺；艺非麄迹，其精义致用处即谓之德。故古人终日从事于六艺之间，非特以实用之不可缺而姑从事云耳”这样一个道理。而饮茶正与此相同。仅仅是用于烹茶的一个风炉，在鼓风、取火、沸水之间，其实莫不有大道存在。这么繁琐的饮茶器具，在按部就班的使用中，蕴涵在其中的不也是“心之精”吗？细致的烹饮过程不也是“沉潜缜密其心思，以类万物而通神明”吗？由此可见，陆羽虽然是在论茶之器，但在他的心中，无时无刻不在究心于道。

二十八器之中，除风炉外，陆羽还对茶“碗”的要求倾注了大量笔墨，强调何者宜茶，何者不宜茶，原因何在。从陆羽所写的内容看，其对茶碗的论述开了因茶而择器和艺术鉴赏的先河。

陆羽对茶碗的第一要求是“宜茶”。

在《茶经》中，陆羽十分推崇浙江越窑所产的青瓷茶碗，其理由是：“若邢瓷类银，越瓷类玉，邢不如越一也；若邢瓷类雪，越瓷类冰，邢不如越二也；邢瓷白而茶色丹，越瓷青而茶色绿，邢不如越三也。”有人不同意陆羽这种单纯从瓷色与茶汤的关系来判别瓷质优劣的标准，但如果我们了解陆羽并不是单纯从瓷的角度而是从茶色与瓷色高度和谐的角度来判别瓷之优劣的话，我们就能够接受他这一判别标准了。作为一个茶人，陆羽首先注重的是茶器而非瓷器，判别茶器的好坏要依据其是否有助于衬托茶色，也就是所谓的“越州瓷、岳瓷皆青，青则宜茶，茶作白、红之色；邢州瓷白，茶色红。寿州瓷黄，茶色紫；洪州瓷褐，茶色黑，悉不宜茶”。就陆羽对茶色的要求来看，以绿、白、红之色为最佳，而紫、褐、黑皆非茶的正色，与之相应的瓷器自然也就属于下品了。

陆羽确立下来的因茶择器的标准对后来的影响非常大，即使宋元之后，茶的种类有所增加，饮茶方式也发生了较大的变化，但茶色对茶碗（盏）的要求基本没有发生大的改变。实际上，直至当前，在饮茶中欣赏茶色仍然是茶艺的一个不可

---

① 唐顺之：《唐荆川文集》卷之五《答俞教谕》，四部丛刊本。

或缺的重要环节。

不过，详审陆羽对茶碗的优劣之辨，则除“宜茶”这一要求之外，对碗自身的品质之美也是有所关注的。在越瓷与邢瓷的比较中，前两者其实都是对瓷具质地的对比：“或者以邢州处越州上，殊为不然。若邢瓷类银，越瓷类玉，邢不如越一也；若邢瓷类雪，则越瓷类冰，邢不如越二也。”抛开对茶色的探讨不说，单就从质地的对比上，也不能不说陆羽的审美已经不是仅仅停留在茶色上。就银、雪、玉、冰四者来说，玉、冰都是晶莹剔透之物，较之单纯白而不透明的银、雪二色自然是略胜一筹了，而且越瓷还给人一种切切实实的质感，不单是以晶莹剔透取胜。此外，尤其重要的一点是，在邢、越瓷的比较中，陆羽在“宜茶”之外，也确立了茶具自身的审美标准，这为后来茶具艺术的发展开辟了广阔的道路。

从茶器“碗”这一则内容看，在陆羽生活的时期，瓷器的烧造已经遍布全国各地，而且质地不同，各有特色。但从当时的茶诗看，越窑制造的瓷器确实受到更多人的欢迎，许多茶诗对越窑瓷器都是赞赏有加。郑谷《送吏部曹郎中免官南归》诗曰：“簇重藏吴画，茶新换越瓯。”[①]陆龟蒙《秘色越器》诗曰：“九秋风露越窑开，夺得千峰翠色来。”[②]在另一首《奉和袭美茶具十咏·茶瓯》诗中，陆龟蒙称赞茶具的温润而晶莹之美说：“岂如珪璧姿，又有烟岚色。光参筠席上，韵雅金罍侧。直使于阗君，从来未曾识。”[③]这些赞美越窑瓷器的诗歌是否是受到陆羽提倡越瓷影响的结果呢？从《茶经》在当时的影响看，不能不说两者之间有一定的关系。如《全唐诗》中陆龟蒙《奉和袭美茶具十咏·茶灶》诗中有一句解题，曰：“《经》云：‘茶灶无突’。”陆龟蒙所说的《经》其实就是陆羽的《茶经》，则其对茶瓯的赞赏显然是受陆羽影响的结果了。

凡饮茶二十八器必备，在某种程度上看来确实显得较为繁琐，而且，饮茶是一种随时随地都可进行的活动，在有些时候，要做到所有的饮茶器具必须完备似乎也是不太可能的事情。茶器完备虽然使得饮茶显得庄重，但它有时也会对饮茶活动形成某种程度上的限制，如何来解决这个问题呢？陆羽在《茶经·九之略》中对饮茶器具重新做了补充说明，从而在茶器上显示了较大的灵活性。《茶经·九之略》曰：

其造具，若方春禁火之时，于野寺山园，丛手而掇，乃蒸，乃舂，乃炙，以火乾之，则又棨、朴、焙、贯、棚、穿、育等七事皆废。

其煮器，若松间石上可坐，则具列废。

用槁薪、鼎鑼之属，则风炉、灰承、炭挝、火筴、交床等废。

若瞰泉临涧，则水方、涤方、漉水囊废。

---

① 曹寅，彭定求，沈立曾，等. 全唐诗[M]. 卷六七五. 北京：中华书局，1960.

② 曹寅，彭定求，沈立曾，等. 全唐诗[M]. 卷六二九. 北京：中华书局，1960.

③ 曹寅，彭定求，沈立曾，等. 全唐诗[M]. 卷六二〇. 北京：中华书局，1960.

若五人已下,茶可末而精者,则罗废。

若援藟跻岩,引絙入洞,于山口炙而末之,或纸包、合贮,则碾、拂末等废。

既瓢、碗、筴、札、熟盂、醝簋悉以一筥盛之,则都篮废。

但城邑之中,王公之门,二十四器阙一,则茶废矣。

由以上内容可以看出,所谓"九之略",其实就是针对茶具的繁简而言的。陆羽强调,随着时间、地点、条件的变化,茶具"二十四器"并非总是缺一不可,在条件变化的情况下,有些器具是完全可以省略的。但最后,他又再一次提出,"城邑之中,王公之门,二十四器阙一,则茶废"的主张,即在条件许可的情况下,"二十四器"仍须完备。那么,陆羽何以特别注重饮茶器具的完备呢?这其中又有着怎样的含义值得如此关注呢?这还是一个饮茶仪式的问题。结合茶文化的历史我们可以知道,在陆羽之前,饮茶虽已流行,关于茶的精神内涵也屡见提及,但茶文化其实还在萌芽之中。到陆羽《茶经》出现,才真正从理论上加以总结,将饮茶提到文化的高度。而饮茶之所以成为文化,除了必需的精神内涵外,一定的程序和规范也是不可或缺的。而文人茶文化的主要特征之一就是注重饮茶的过程,将精神活动贯穿在生火、烧水、煮茶、烤茶、量茶、盛水、饮茶等过程之中,诸多茶具的使用则是这一活动过程的具体体现,因此,茶具的完备是程式完整的一个最基本的要求,中间任何一个工序的缺失都会影响饮茶程式的完整,所以陆羽有"二十四器阙一,则茶废矣"之说。

（三）唐诗中的茶具

安史之乱以后,唐朝的国力开始走向衰落,开元、天宝时期的盛世局面一去不再复返。国力的衰微对当时知识分子的心态也带来了很大的影响。盛唐诗人所具有的"孰知不向边庭苦,纵死犹闻侠骨香"、"一身能擘两雕弧,虏骑千重只似无"以及"黄沙百战穿金甲,不破楼兰终不还"的豪情壮志在中晚唐诗人的身上已经不复可见。许多诗人空有报国之志,但现实的黑暗又使得他们报国无门,从前"兼济天下"的理想渐为"独善其身"的思想所取代。于是彷徨无计、吟风弄月的诗歌充斥着诗坛,苦闷与感伤的情绪笼罩了一切。在这种情况下,茶的精神内涵与文人的幽寂心态得以契合,于是,饮茶在文人中蔓延开来,茶成了文人精神的寄托。随着文人饮茶的日趋广泛,茶诗开始大量出现,这为研究唐代茶文化提供了重要资料。

据不完全统计,唐代茶诗有近500首之多,作者将近100多人,其中最著名的有李白、白居易、皎然、卢仝、皮日休、陆龟蒙等人。这些茶诗反映了唐代茶文化各方面的内容,许多茶诗也是对陆羽《茶经》的补充和发展,在中国茶文化史上有着积极的意义。

这500多首茶诗涉及面非常宽泛,很难找到一个统一的分类标准以对其进行科学的归类。余悦《茶路历程》一书中依照题材的不同将唐茶诗大致分为14类,其中茶具诗:如徐夤的《贡余秘色茶盏》,陆龟蒙的《茶鼎》、《茶灶》。

在唐茶诗中涉及茶具的有很多，最著名的则是皮日休的《茶中杂咏》十首以及陆龟蒙的《奉和袭美茶具十咏》。

皮日休《茶中杂咏》共有10首，分别描写茶坞、茶人、茶笋、茶籯、茶舍、茶灶、茶焙、茶鼎、茶瓯、煮茶十个方面：

闲寻尧氏山，遂入深深坞。种荈已成园，栽葭宁记亩。石洼泉似掬，岩罅云如缕。好是夏初时，白花满烟雨。——茶坞

生于顾渚山，老在漫石坞。语气为茶荈，衣香是烟雾。庭从懒子遮，果任獳师虏。日晚相笑归，腰间佩轻篓。——茶人

褎然三五寸，生必依岩洞。寒恐结红铅，暖疑销紫汞。圆如玉轴光，脆似琼英冻。每为遇之疏，南山挂幽梦。——茶笋

筤篣晓携去，蓦个山桑坞。开时送紫茗，负处沾清露。歇把傍云泉，归将挂烟树。满此是生涯，黄金何足数。——茶籯

阳崖枕白屋，几口嬉嬉活。棚上汲红泉，焙前蒸紫蕨。乃翁研茗后，中妇拍茶歇。相向掩柴扉，清香满山月。——茶舍

南山茶事动，灶起岩根傍。水煮石发气，薪然杉脂香。青琼蒸后凝，绿髓炊来光。如何重辛苦，一一输膏粱。——茶灶

凿彼碧岩下，恰应深二尺。泥易带云根，烧难碍石脉。初能燥金饼，渐见甘琼液。九里共杉林，相望在山侧。——茶焙

龙舒有良匠，铸此佳样成。立作菌蠢势，煎为潺湲声。草堂暮云阴，松窗残雪明。此时勺复茗，野语知逾清。——茶鼎

邢客与越人，皆能造兹器。圆似月魂堕，轻如云魄起。枣花势旋眼，苹沫香沾齿。松下时一看，支公亦如此。——茶瓯

香泉一合乳，煎作连珠沸。时看蟹目溅，乍见鱼鳞起。声疑松带雨，饽恐生烟翠。尚把沥中山，必无千日醉。——煮茶

诗前有序，说明创作此诗的缘起，序曰：

……

《尔雅》云：槚，苦茶。即不撷而饮之，岂圣人纯于用乎？抑草木之济人、取舍有时也？自周已降，及于国朝茶事，竟陵子陆季疵言之详矣。然季疵以前，称茗饮者必浑以烹之，与夫瀹蔬而啜者无异也。季疵之始为经三卷，由是分其源，制其具，教其造，设其器，命其煮，俾饮之者除痟而去疠，虽疾医之不若也。其为利也，于人岂小哉。余始得季疵书，以为备矣。后又获其《顾渚山记》二篇，其中多茶事。后又太原温从云、武威段碣之，各补茶事十数节，并存于方册。茶之事，由周至于今，竟无纤遗矣。昔晋杜育有《荈赋》，季疵有《茶歌》，余缺然于怀者，谓有其

具而不形于诗，亦季疵之饮恨也。遂为十咏，寄天随子。[①]

皮日休自言其作《茶中杂咏》十首乃是因为“饮恨”于“有其具而不形于诗”，“十咏”乃弥补缺憾之作。序中皮日休对陆羽的《茶经》甚是推崇，从而也说明《茶经》对当时文人的影响之大。皮日休之作虽自言目的在于将茶具形之于诗，但从其诗歌内容来看，似乎并不都是单纯的吟咏茶具之作，在茶坞、茶人、茶笋、茶籝、茶舍、茶灶、茶焙、茶鼎、茶瓯、煮茶十者之中，茶坞、茶人、茶笋、茶舍、煮茶五个方面都不能看作典型的茶具，只有茶籝、茶焙、茶灶、茶鼎、茶瓯方才算得真正意义上的饮茶器具。揆之于陆羽《茶经》，皮日休所咏之物与陆羽《茶经》“四之器”所列也不尽相合，考察其间的缘由，大约是皮日休注重“趣”，他所选的题材都是较便于入诗者，而不是像陆羽一样，目的是在为饮茶制定规范。从皮日休的诗歌特征上看，他的诗题虽是茶具，但内容却都是借题发挥，极力描摹自己“以散淡自处，努力放神于自然，无拘束地过着自得其乐的生活”，而茶具在其中只起了某种象征性的作用。兹举《茶籝》为例，诗中所说的“沾清露”、“傍云泉”、“挂烟树”都是隐逸生活中的佳况，强调的是清、净、逸的超然之境，至于“茶籝”的规格、质地、制法自然也都不在作者的关注之列。我们不妨这样认为，陆羽是茶人而兼文人，而皮日休则是文人而兼茶人，茶仅是表示闲逸、启迪诗思的工具而已。

皮日休在《茶中杂咏》序文的最后说：“遂为十咏，寄天随子。”天随子乃陆龟蒙的别号。皮、陆志趣相投，唱和颇多，则皮作而陆和也是很自然的事情。文学史言皮、陆二人“连篇累牍地唱和，无非是酒、茶、渔钓、赏花、玩石等琐物、碎事和各种闲趣，两人又逞强争胜，夸巧斗靡。一题之下，成诗数十首，都是类似的情味，不免既繁杂而又单调，甚至给人空虚无聊之感”。但就茶文化看，不但不能说是“空虚无聊”，甚至可以视为一段佳话。针对皮诗，陆龟蒙作了《奉和袭美茶具十咏》一组诗歌：

茗地曲隈回，野行多缭绕。向阳就中密，背涧差还少。遥盘云髻慢，乱簇香篝小。何处好幽期，满岩春露晓。——茶坞

天赋识灵草，自然钟野姿。闲来北山下，似与东风期。雨后探芳去，云间幽路危。唯应报春鸟，得共斯人知。——茶人

所孕和气深，时抽玉苕短。轻烟渐结华，嫩蕊初成管。寻来青霭曙，欲去红云暖。秀色自难逢，倾筐不曾满。——茶笋

金刀劈翠筠，织似波文斜。制作自野老，携持伴山娃。昨日斗烟粒，今朝贮绿华。争歌调笑曲，日暮方还家。——茶籝

旋取山上材，驾为山下屋。门因水势斜，壁任岩隈曲。朝随鸟俱散，暮与云同宿。不惮采掇劳，只忧官未足。——茶舍

---

① 陈彬藩.中国茶文化经典[M].北京：光明日报出版社，1999.

无突抱轻岚,有烟映初旭。盈锅玉泉沸,满甑云芽熟。奇香袭春桂,嫩色凌秋菊。炀者若吾徒,年年看不足。——茶灶

左右捣凝膏,朝昏布烟缕。方圆随样拍,次第依层取。山谣纵高下,火候还文武。见说焙前人,时时炙花脯。——茶焙

新泉气味良,古铁形状丑。那堪风雪夜,更值烟霞友。曾过赪石下,又住清溪口。且共荐皋卢,何劳倾斗酒。——茶鼎

昔人谢坻埞,徒为妍词饰。岂如珪璧姿,又有烟岚色。光参筠席上,韵雅金罍侧。直使于阗君,从来未尝识。——茶瓯

闲来松间坐,看煮松上雪。时于浪花里,并下蓝英末。倾馀精爽健,忽似氛埃灭。不合别观书,但宜窥玉札。——煮茶

与皮日休的诗歌相比,陆龟蒙虽也注重寄托,但他对茶具的描述要具体得多,例如,写茶籯则曰"金刀劈翠筠,织似波文斜",说茶灶则曰"无突抱轻岚,有烟映初旭",谈茶鼎则是"新泉气味良,古铁形状丑",论茶瓯则说"岂如珪璧姿,又有烟岚色",象征性的意味减弱了许多。当然,即便如此,茶具在他的诗歌里也仍然是隐逸生活的一个象征,而这也正是茶文化的重要特征。

皮日休、陆龟蒙都是晚唐主张隐逸的文人,他们"不喜与流俗交,虽造门不肯见。不乘马,升舟设蓬席,赍束书、茶灶、笔床、钓具往来",过的是悠游自在的林下生活,如此,茶具作为诗材成为其摹写的对象是自然的,但他们饮茶、作茶诗都是把饮茶作为一种姿态,其角色是文人而不是茶人,因此,他们所作的茶具"十咏"主要还是从一个隐逸诗人的视角来看待茶具,象征的意味浓而具体的描写少。但也正是因为文人的介入,茶具的文化意蕴大大地增加了,而且逐渐发展成为单纯的审美对象。

皮、陆之外,唐代还有很多诗歌涉及饮茶器具,但总体来看,它们都没有超越陆羽以及皮日休、陆龟蒙写作的范畴,尤其是皮、陆的象征性范畴,所以这里就不再作过多的介绍。

第二节　茶具的演变

一、唐代茶具制造及宫廷茶具

(一)唐代茶具制造

陆羽之后,茶具又有小的革新。唐宪宗元和年间,出现了偏提和茶托子。据唐马鉴《续事始》载:"元和初,酌酒用樽杓,无何改为注子。其形如罃而盖嘴,柄其背。元和中,贵人仇士良恶其名同郑注,乃去其柄,安系著茗瓶,而小异之,目曰偏提。"同书又载:"建中初,蜀相崔宁之女以金茶杯无储,病其熨指,取碟子盛之,

既啜而杯倾，乃以腊环碟子，使其杯遂定。即遣匠以漆环代蜡，进于相国，相国奇之，为制名托子。是后传者，更环其底。”这两点革新都是从实用的角度出发，但也能说明茶具发展的另一条途径。

陆羽《茶经》说：“碗，越州上，鼎州次，婺州次，岳州次，寿州、洪州次。”从这句话里我们不但知道茶碗须用瓷器，而且知道当时瓷器制造业已相当繁荣，也产生了明显的优劣之分。上文已经说过，我国的饮食器具是沿着从土陶到硬陶再到釉陶这么一条路发展过来的。秦汉之际，瓷器才刚刚起步，到了东汉末年，浙江东部一带出现了成熟的青瓷。到唐朝时候，瓷业真正蓬勃发展起来，在当时，有著名的七大窑口：越窑、邢窑、岳州窑、鼎州窑、婺州窑、寿州窑、洪州窑，其中越窑居众窑之首。综观唐代的瓷器制作，总的格局是“南青北白”。青瓷以越州窑为代表，而邢窑白瓷也风靡一时，唐李肇《国史补》形容说“天下无贵贱通用之”，可见几乎可以与青瓷并驾齐驱了。

越窑茶具对后世茶具生产影响深远，南北许多名窑皆受越窑影响，著名瓷都景德镇亦不例外。据史料记载，宋初景德镇烧造的青白瓷茶具多为花瓣口、瓜楞腹的仿越器。

（二）唐宫廷茶具

唐代饮茶之风大盛，除了诸多其他原因之外，还与朝廷的饮茶风尚大有关系。当时有“天子须尝阳羡茶，百草不敢先开花”①、“十日王程路四千，到时须及清明宴”②等诗句。其实宫廷饮茶最早可以追溯到三国时期。《三国志》载吴主孙皓优遇宠臣韦曜，因其酒力不胜而“密赐茶荈以当酒”，但这时的饮茶主要盛行于南方。到唐代，宫廷饮茶已经蔚成风气了。诗人张文规在《湖州贡焙新茶》一诗里描述了宫女们听到新茶到京后的喜悦心情：“凤辇寻春半醉归，仙娥进水御帘开。牡丹花笑金钿动，传奏湖州紫笋来。”

唐宫廷茶道是在文人茶道和寺院茶礼的基础上改造而成的。尤其是陆羽的《茶经》，对宫廷茶道的形成有决定性的作用。宫廷饮茶注重礼仪、讲究茶器，贵族气派非常明显。从文化的角度看，陆羽在《茶经·四之器》中对茶具有严格的要求，虽嫌繁琐但却是非此不足以体现茶道的一种手段。由于条件所限，这种茶道在社会底层的市场不是太大，而对王公贵族、宫廷皇室以及文人士大夫来说满足这些条件则不是什么困难的事情。除文献资料外，1987 年 4 月，陕西省扶风县法门寺秘藏地宫中出土了一套唐代宫廷茶具，可以说是对《茶经》有关茶具记载的最好的注脚，也使我们得以了解唐代宫廷茶道之精以及千余年前辉煌灿烂的茶

---

① 卢仝. 走笔谢孟谏议寄新茶[M]//全唐诗. 卷三八八. 北京：中华书局，1960.

② 李郢. 茶山贡焙歌[M]//全唐诗. 卷五九〇. 北京：中华书局，1960.

具艺术。

经研究确认,这批茶具大多在咸通九年至咸通十年制成,是唐僖宗的专用茶具,封藏于873年岁末,距陆羽去世只有69年。据同时出土的物帐碑载,出土茶具包括"茶槽子碾子茶罗子匙子一副七事共八十两"。对照实物,"七事"共包括:茶碾子、茶埚轴、罗身、抽斗、茶罗子盖、银则和长柄勺。除此之外,还有部分琉璃质的茶碗和茶盏以及盐台、法器等。[①]

地宫中还出土了两枚贮茶用的笼子,一为金银丝结条笼子,一为飞鸿毬路纹鎏金银笼子,编织都十分巧妙、精美。此外,还有一件鎏金银盐台更是独具匠心之作。本来是盛盐的日常生活用品,但它的盖、台盘、三足都设计为平展的莲叶、莲蓬,仿佛摇曳的花枝以及含苞欲放的花蕾,美不胜收。

法门寺出土的茶具不仅系列配套,而且质地精良,真实地再现了唐宫廷茶道繁缛奢侈的特点。

二、宋代茶具

中国饮茶史上有"茶兴于唐而盛于宋"的说法,究其原因约有两种。一是皇室的大力提倡。宋太祖赵匡胤即位第二年即下诏要求地方向朝廷贡茶,并且贡茶的样式必须是"取象于龙凤,以别庶饮"。咸平年间,丁谓研制出"大龙团",到庆历间,蔡襄又造出"小龙团",大小团茶成为当时的珍品。到北宋末年,在酷爱书画的艺术家皇帝宋徽宗赵佶的大力推动下,无论达官显贵还是文人墨客、市井百姓都加入了饮茶的行列,而且乐此不疲。二是宋朝社会环境比较特殊。在整个两宋时期,宋朝都面临着少数民族的威胁,内忧外患不断。但宋代经济的发达使得城市经济空前繁荣。同时,宋代政府对文人十分优待,因此,两宋文人的生活非常优越。在吏治腐败、国势衰微的局面下,宋代文人虽然生活优越,但那种报国无门的痛苦却比任何朝代都要来得强烈。在这样一种社会背景之下,宋代文人的心态日趋内敛,转而于寻常日用中寻求精神的满足,营造精巧雅致的生活氛围,而饮茶就恰恰满足了他们的这一要求。在文人与皇帝的共同参与下,宋代饮茶之风臻于鼎盛且穷极精巧。但宋代茶风在精巧的背后却又日渐流于纤弱。过分求精求巧的饮茶风气导致了宋人对茶质、茶具以及茶艺的过分讲求,从而日趋背离了陆羽崇尚自然,强调茶具方便、耐用、宜茶的基本原则。这是宋代饮茶的一个大致情况。

(一)斗茶之风的兴起

从现存资料来看,宋人饮用的大小龙团仍然属于饼茶,即茶的品类没有发生什么较大的变化,所以现存的宋代茶具与唐代茶具相比并没有明显的差异。但在

① 梁子.中国唐宋茶道[M].西安:陕西人民出版社,1994.

饮茶方法上，宋与唐则大不相同，最大的变化是宋代的点茶法取代唐的煎茶法而成为当时主要的饮茶方法。同时，唐代民间兴起的斗茶到了宋代蔚然成风，由此而来的分茶也十分流行。这种不同的饮茶法以及斗茶、分茶的风气极大地影响了宋代茶具的发展，使之与唐相比，在对茶具的要求上明显不同。这里我们主要是谈斗茶对茶具的影响。

斗茶在唐代就已经出现，据唐冯贽《记事珠》载："斗茶，建人谓斗茶为茗战。"当时斗茶就是福建建安一带茶人切磋茶艺的消遣性游戏，并不普遍。到了宋代，斗茶在内容和形式上皆有发展，尤其是宋徽宗撰《大观茶论》，鼓吹斗茶的妙处，使得斗茶之风更盛，一发而不可收。

宋人热衷于斗茶的原因很多，但就其实质说，仍然是寻找精神的寄托。但是，既然是斗茶，就要分胜负，为达到斗茶的最佳效果，就极力讲求烹瀹技艺，对茶水、器具也是精益求精，从而极大地影响了宋代茶具的发展。

宋人斗茶主要有三个评判标准：一看茶面汤花的色泽与均匀程度。汤花面要求色泽鲜白，俗称"冷面粥"，像白米粥冷却后凝结成块的形状；汤花必须均匀，又称"粥面粟纹"，要像粟米粒那样匀称。二看茶盏内沿与汤花相接处有无水痕。汤花保持时间长、紧贴盏沿而散退的叫"咬盏"；汤花如若散退，盏沿会有水的痕迹，叫"云脚乱"，先出水痕即为失败。三品茶汤。观色、闻香、品味，色、香、味俱佳方可取胜。宋人对茶色要求极高，以纯白为上等，而青白、黄白、灰白就大为逊色了。

另外，宋人改碗为盏以便于观看茶色，茶盏尚黑。唐代茶碗的颜色较为单纯，而宋代的茶盏则黑中带有斑纹。据蔡襄《茶录》说，因"茶色白"而"宜黑盏"，"建安所造者，绀黑，纹如兔毫，其胚微厚，熁之久热难冷，最为要用。出他处者，或薄或色紫，皆不及也。其青白盏斗试自不用。"宋徽宗《大观茶论》亦认为"盏色贵青黑，玉毫条达者为上，取其焕发茶采色也。"而《方舆览胜》则从斗茶须验水痕方面着眼，认为"入黑盏，其痕易验"。斗茶对宋代茶具的影响由此而可见一斑。

（二）宋茶具的特点

因斗茶之风的兴盛，建盏成为最受欢迎的茶具。建州窑所产的涂以黑釉的厚重茶盏称建盏。建窑在今福建建阳县水吉镇的后井池中村一带，初建于唐末五代，至宋始创烧黑釉盏，并因此名声大振。建盏品种不多，造型也很单一，其为当时所重者在于其色彩的美。因为建盏并非是单调呆板的黑色，而是黑中有着美丽的斑纹图案，即"兔毫斑"与"鹧鸪斑"。这里所说的"兔毫斑"就是《茶录》所说的"纹如兔毫"和《大观茶论》中所说的"玉毫条达"，是指黑釉中隐现的呈放射状、纤长细密如兔毛的条状毫纹。兔毫斑使本来黑厚笨拙的建盏显得精致而又极富动感。鹧鸪斑是指建盏黑釉中隐现的带云块状的线型斑纹，图案类似鹧鸪项上的毛纹。就烧造技术而言,建盏也可以釉面斑点的特点进行分类:釉面上有两个白毫般亮点的称"兔毫盏";而大小斑点相串,在阳光下呈彩斑的称"曜变盏";釉面隐有银色小圆点如水面油滴者称为"油滴盏"。

因黑盏适于斗茶而受到极大推崇,但由于兔毫盏与鹧鸪盏皆由窑变而成,并不易得,所以也就十分珍贵。宋祝穆《方舆览胜》卷十一说:"兔毫盏出瓯宁之水吉。黄鲁直诗曰:'建安瓷碗鹧鸪斑',又蔡君谟《茶录》'建安所造黑盏纹如兔毫,然毫色异者,士人谓之毫变盏,其价甚高,且艰得之。'"

从现存资料与实物来看,建盏受欢迎的原因主要是因其适于斗茶。拿兔毫盏来说,其釉色绀黑,与茶汤的颜色对比强烈,加以胎体厚重、保温性强,使茶汤在短时间内不冷却,同时又不烫手,受欢迎就是很正常的了。此外,建盏在外观上也独具匠心。其敞口如翻转的斗笠,面积大而多容汤花。在盏口沿下1.5~2厘米处有一条明显的折痕,称"注汤线",是专为斗茶者观察水痕而设计制造的,由此可见其设计制造的煞费苦心。

因建盏特别是兔毫盏的备受推崇,宋代诗文里赞誉之词不绝。苏轼的"来试点茶三昧手,勿惊午盏兔毫斑"、梅尧臣的"兔毛紫盏自相称,清泉不必求虾蟆"等,都是吟咏兔毫盏的名句。

除陶瓷茶具外,宋代上层人物在茶具上极力讲求奢华,争相以金银为茶具,奢靡的风气很浓。蔡襄《茶录》与宋徽宗《大观茶论》对茶具质地要求极高,认为炙茶、碾茶、点茶与贮水用具以金银为上,务求富贵气象。据资料记载,宋代还有专供宫廷用的瓷器,普通人不许使用。宋周辉《清波杂志》卷五载:"越上秘色器,钱氏有国日,供奉之物,不得臣下用,故曰秘色。又尝见北客言耀州黄浦镇烧瓷,名耀器。白者为上,河朔用以分茶。出窑一有破碎,即弃于河,一夕化为泥。又汝窑,宫中禁烧,内有玛瑙末为油,唯供御拣退,方许出卖,近尤艰得。"其实,这一奢靡风气在当时已经蔓延全国。据周密《癸辛杂识前集》载:"长沙茶具精妙甲天下,每副用白金三百星或五百星,凡茶之具悉备。外则以大缕银合贮之。赵南仲丞相帅潭日,尝以黄金千两为之以进上方。穆陵大喜,盖内院之工所不能为也。"而实际情况是,这种价值百金至千金的茶具只不过是士大夫夸耀富贵的摆设。宋周辉《清波杂志》卷四对此有明确记载:"长沙匠者造茶器极精致,工直之厚,等所用白金之数。士夫家多有之,置几案间。但知以侈糜相夸,初不常用也。"这可以看作是宋人某种心理的极端表现。当时也有主张俭朴者如司马光,上引周密《癸辛杂识前集》一段后又说:"因记司马公与范蜀公游嵩山,各携茶以往。温公以纸为贴,蜀公盛以小黑合。温公见之曰:'景仁乃有茶具焉?'蜀公闻之,因留合与寺僧而归。"然后作者大发感慨说:"向使二公见此,当惊倒矣。"但司马光所倡俭朴之风在当时并没有市场,在以富贵相炫耀的宋代,这一微弱的呼声立刻被淹没在了举国上下侈靡的洪流中。

（三）宋代主要茶著中的茶具

因宋人对茶具十分讲究，遂出现了系统论述茶具的几部著作，它们分别是蔡襄的《茶录》、宋徽宗的《大观茶论》以及南宋审安老人的《茶具图赞》。因这三部著作在宋代茶具史上的地位极其重要，故此作一简单介绍。

蔡襄（1012—1067年），北宋兴化仙游（今属福建）人，字君谟，为北宋著名茶叶鉴别专家。宋仁宗庆历年间，任福建转运使，负责监制北苑贡茶，创制了小龙团茶，闻名于当世。《茶录》是蔡襄有感于陆羽《茶经》“不第建安之品”而特地向皇帝推荐北苑贡茶之作。计上下两篇，上篇论茶，分色、香、味、藏茶、炙茶、碾茶、罗茶、候茶、熁盏、点茶十目，主要论述茶汤品质和烹饮方法。下篇论器，分茶焙、茶笼、砧椎、茶钤、茶碾、茶罗、茶盏、茶匙、汤瓶九目，是继陆羽《茶经》之后最有影响的论茶专著。现将其论述茶具的部分摘录如下：

茶焙　茶焙编竹为之，裹以箬叶，盖其上以收火也，隔其中以有容也。纳火其下，去茶尺许，常温温然，所以养茶色香味也。

茶笼　茶不入焙者，宜密封，裹以箬，笼盛之。置高处，不近湿气。

砧椎　砧椎盖以碎茶。砧以木为之，椎或金或铁，取于便用。

茶钤　茶钤屈金铁为之，用以炙茶。

茶碾　茶碾以银或铁为之。黄金性柔，铜及石皆能生鉎，不入用。

茶罗　茶罗以绝细为佳。罗底用蜀东川鹅溪画绢之密者，投汤中揉洗以幂之。

茶盏　茶色白，宜黑盏，建安所造者绀黑，纹如兔毫，其坯微厚，熁之久热难冷，最为要用。出他处者，或薄或色紫，皆不及也。其青白盏，斗试家自不用。

茶匙　茶匙要重，击拂有力。黄金为上，人间以银铁为之。竹者轻，建茶不取。

汤瓶　瓶要小者易候汤，又点茶注汤有准。黄金为上，人间以银、铁或瓷、石为之。

自唐至宋，饮茶方式发生了一些变化，前者为煮茶，后者为点茶，从而使茶器也发生了一些变化。宋代罗大经撰《鹤林玉露》中对此有如下的叙述：“《茶经》以鱼目、涌泉连珠为煮水之节。然后世瀹茶，鲜以鼎镬，用瓶煮水，难以候视，则当以声辨一沸、二沸、三沸之说。又陆氏之法，以末就茶镬，故以第二沸为合量而下末。若以今汤就茶瓯瀹之，当用背二涉三之际为合量。”《茶录》下篇“论茶器”中的“汤瓶”相当于陆羽说的“镬”。在“汤瓶”取代“镬”的同时，制造汤瓶使用的金属也趋于贵重。对此，《茶录》中也有论述。

赵佶（1082—1135年），即宋徽宗，我国历史上出名的骄侈淫逸的帝王之一。《大观茶论》是赵佶关于茶的专论，成书于大观元年（1107年）。全书共二十篇，对北宋时期蒸青团茶的产地、采制、烹试、品质、斗茶风尚等均有详细记述。其中,“罗碾”等五篇是关于茶具的论述。作为最高统治者的皇帝倡导饮茶,自然具有垂范性的作用,由此而形成举国若狂的局面也就容易理解了。宋徽宗的《大观茶论》不但从一个侧面反映了北宋以来我国茶业的发达程度和制茶技术的发展状况,而且也为我们认识宋代茶具留下了珍贵的文献资料。现将其论述茶具的部分摘录如下:

罗碾　碾以银为上,熟铁次之,生铁者非淘炼槌磨所成,间有黑屑藏于隙穴,害茶之色尤甚。凡碾为制,槽欲深而峻,轮欲锐而薄。槽深而峻,则底有准而茶常聚;轮锐而薄,则运边中而槽不戛。罗欲细而面紧,则绢不泥而常透;碾必力而速,不欲久,恐铁之害色;罗必轻而平,不厌数,庶已细者不耗。惟再罗则入汤轻泛,粥面光凝,尽茶之色。

盏　盏色贵青黑,玉毫条达者为上,取其焕发茶采色也。底必差深而微宽。底深则茶宜立而易于取乳,宽则运筅旋彻不碍击拂。然须度茶之多少,用盏之大小。盏高茶少则掩蔽茶色,茶多盏小则受汤不尽。盏惟热则茶发立耐久。

筅　茶筅以觔竹老者为之。身欲厚重,筅欲疏劲,本欲壮而未必眇。盖身厚重,则操之有力而易于运用;筅欲疏劲(当如剑瘠之状),则击拂虽过而浮沫不生。

瓶　瓶宜金银。小大之制,惟所裁给。注汤利害,独瓶之口嘴而已。嘴之口欲大而宛直,则注汤力紧而不散。嘴之末欲园小而峻削,则用汤有节而不滴沥。盖汤力紧则发速,有节而不滴沥,则茶面不破。

杓　杓之大小,当以可受一盏茶为量。过一盏则必归其余,不及则必取其不足。倾杓烦数,茶必冰矣。

同是论述茶具,蔡襄与徽宗所论稍有出入,但基本的精神还是一致的。除了因饮茶方式的改变而引起茶具的变更外,还有两点值得注意:一是陆羽所强调的茶具须俭朴耐用的原则不再被遵守,蔡襄以及徽宗都比较推崇金银制作的茶具。二是因茶择器的原则虽然得到贯彻,但对碗盏的要求却发生了根本的变化。蔡襄于“茶盏”条说:“茶色白,宜黑盏,建安所造者绀黑,纹如兔毫,其坯微厚,熁之久热难冷,最为要用。出他处者,或薄或色紫,皆不及也。其青白盏,斗试家自不用。”徽宗则曰:“盏色贵青黑,玉毫条达者为上,取其焕发茶采色也。”而陆羽茶色贵绿、白、红,碗则贵越窑之青、白瓷,与蔡襄、徽宗所尚形成了鲜明对比。

审安老人姓名无考。据《铁琴铜剑楼藏书目录》说:“茶具图赞一卷,旧钞本。不著撰人。目录后一行题‘咸淳己巳五月夏至后五日审安老人书’。以茶具十二,各为图赞,假以职官名氏。明胡文焕刻入《格致丛书》者,乃明茅一相作,别一书也。”

《茶具图赞》成书于宋度宗咸淳五年(1270年),集宋代点茶用具之大成。《茶具图赞》以白描的手法绘制了12件茶具图形,称之为“十二先生”,又依宋朝官制冠以职称,并赐以名、字、号,每一器皆有图有赞,十分别致。书中所称的“十

二先生”分别是:韦鸿胪、木待制、金法曹、石转运、胡员外、罗枢密、宗从事、漆雕密阁、陶宝文、汤提点、竺副帅、司职方。

为便于说明,现将图、赞分别抄录如下:

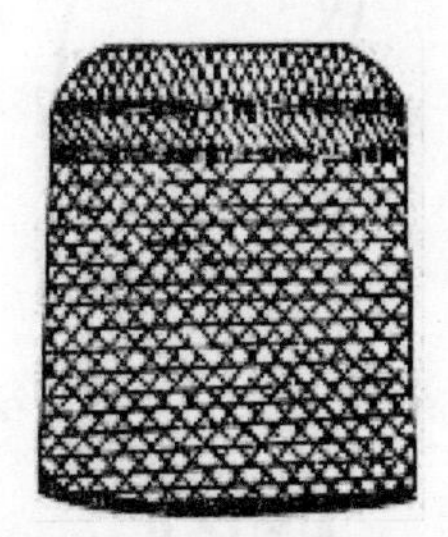

①韦鸿胪(文鼎、景旸、四窗闲叟)

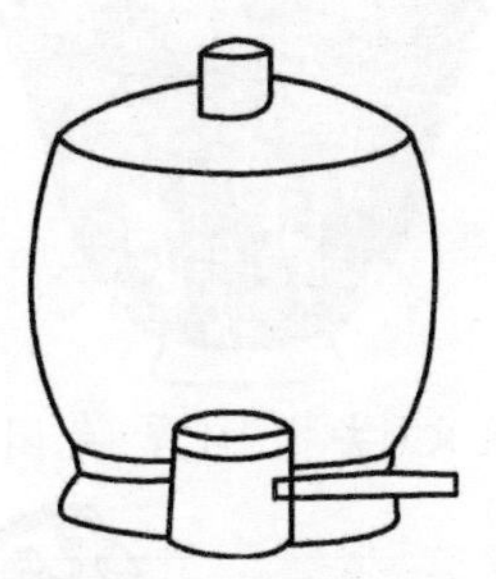

②木待制(利济、忘机、隔竹老人)

③金法曹(研古、元锴、雍之旧民、轹古、仲鉴、和琴先生)

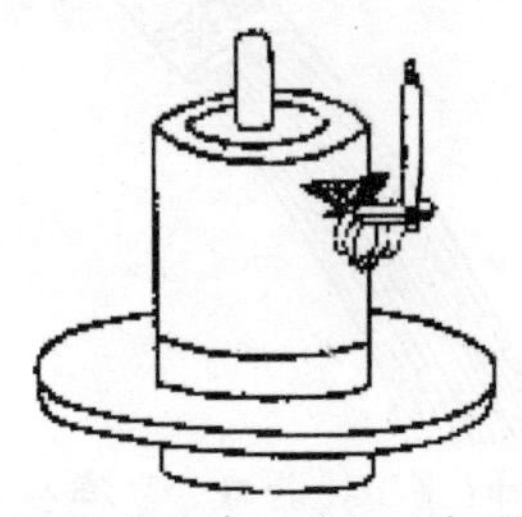

④石转运(凿齿、遄行、香屋隐居)

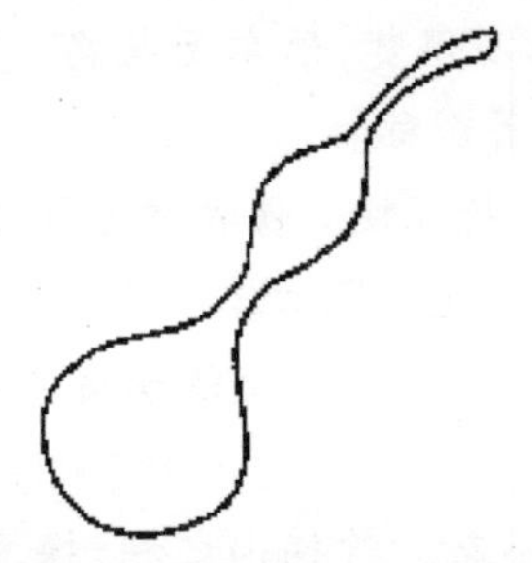

⑤胡员外(惟一、宗许、贮月仙翁)

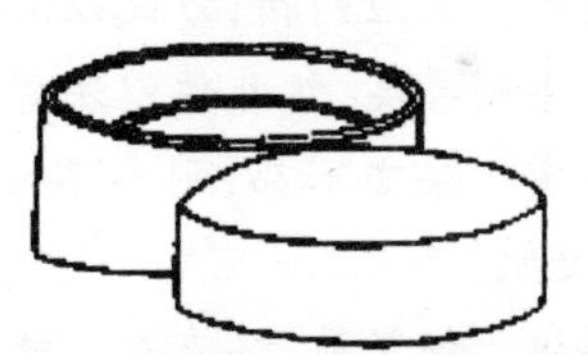

⑥罗枢密(若药、传师、思隐寮长)

⑦宗从事(子弗、不遗、扫云溪友)

⑧漆雕密阁(承之、易持、古台老人)

⑨陶宝文(去越、自厚、兔园上客)

⑩汤提点(发新、一鸣、温谷遗老)

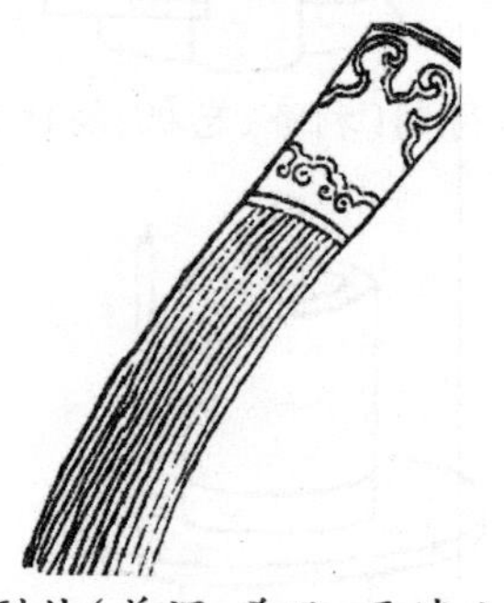
⑪竺副帅(善调、希默、雪涛公子)

⑫司职方(成式、如素、洁斋居士)

赞曰：

韦鸿胪　祝融司夏，万物焦烁，火炎昆冈，玉石俱焚，乐尔无与焉。乃若不使山谷之英，堕于涂炭，子与有力矣。上卿之号，颇著微称。

木待制　上应列宿，万民以济。禀性刚直，摧折强梗。使随方逐圆之徒，不能保其身。善则善矣，然非佐以法曹，资之枢密，亦莫能成厥功。

金法曹　柔亦不茹，刚亦不吐，圆机运用，一皆有法。使强梗者不得殊轨乱辙，岂不韪欤？

石转运　抱坚质，怀直心。啖嚅英华，周行不怠。斡摘山之利，操漕权之重，循环自常，不舍正而适他，虽没齿无怨言。

胡员外　周旋中规而不逾其闲，动静有常而性苦其卓。郁结之患悉能破之。虽中无所有而外能研，究其精微，不足以望圆机之士。

罗枢密　凡事不密则害成，今高者抑之，下者扬之，使精粗不至于混淆，人其难诸。奈何谨细行而事喧哗，惜之！

宗从事　孔门子弟，当洒扫应付。事之末者，亦所不弃。又凡能萃其既散，拾其已遗。运寸毫而使边尘不飞，功亦善哉！

漆雕密阁　出河滨而无苦窳，经纬之象，刚柔之理，炳其网中。虚己待物，不饰外貌。位高密阁，宜无愧焉。

陶宝文　危而不持，颠而不扶，则吾斯之未能信。以其弭执热之患，无坳堂之覆，故以辅以宝文而亲近君子。

汤提点　养浩然之气，发沸腾之声，以执中之能，辅成汤之德。斟酌宾主间，功迈仲叔圉。然未免外烁之忧，复有内热之患，奈何？

竺副帅　首阳饿夫，毅言东于兵沸之时。方今鼎扬汤，能探其沸者几希！独以身试。非临难不顾者，畴见尔。

司职方　互乡童子，圣人犹与其进。况端方质素，经纬有理，终身涅而不缁者，此孔子所以与洁也。

《茶具图赞》列"茶具十二先生姓名字号"，以朝廷职官命名茶具，赋予茶具以文化内涵，而赞语更反映出儒、道两家待人接物、为人处世之理。其实，就《茶具图赞》所列附图看，韦鸿胪指的是炙茶用的烘茶炉，木待制指的是捣茶用的茶臼，金法曹指的是碾茶用的茶碾，石转运指的是磨茶用的茶磨，胡员外指的是量水用的水杓，罗枢密指的是筛茶用的茶罗，宗从事指的是清茶用的茶帚，漆雕密阁指的是盛茶末用的盏托，陶宝文指的是茶盏，汤提点指的是注汤用的汤瓶，竺副帅指的是调沸茶汤用的茶筅，司职方指清洁茶具用的茶巾。

从上述宋代具有代表性的三部重要茶著可以看出，宋人的饮茶器具，尽管在种类和数量上与唐代大致相仿，但宋代茶具更加讲究法度，形制越来越精。如饮茶用的盏、注水用的执壶（瓶）、炙茶用的钤以及生火用的铫等，不但质地更为讲究，而且制作更加精细。但从另一方面看，宋代因点茶、分茶与斗茶之风的盛行，使饮茶的世俗味较浓，并因此也使茶具自身的艺术性部分丧失，沦为宫廷及士大夫们炫耀豪富的用品，这不能不说是宋代茶具艺术发展过程中的一个小曲折。《茶具图赞》所拟定的名称也多少反映出宋代茶饮实已形成一种道地的贵族饮料，给予茶具爵位、别号的也是宋代文人所为。不过，总的来说，宋代茶具艺术在继承唐代茶具艺术的基础上仍有发展。另外，宋代是一个朴素而有文采的时代，建盏拙笨而又精致、朴素却不失精美是符合宋人的审美追求的，与唐代茶具的自然清雅相比自具其鲜明的时代特色。

三、元明茶具

（一）元代茶具

元代统治中国不足百年，在茶文化发展史上，找不到一本茶事专著。由于资料的缺乏，元代的饮茶及茶具使用的状况我们已经难以完全了解，但仍可以从诗词、书画等零星的记载与考古发现中找到一些有关元代饮茶与茶具的踪影。

从饮茶上看，元代可以说是一个承前启后的时期。在当时虽然还有采用点茶法饮茶的，但采用沸水直接冲泡散形条茶饮用的方法已较为普遍，这可以从不少元人的诗作中找到依据。元代有名的文人耶律楚材《西域从王君玉乞茶因其韵七首》一诗说:"玉杵和云春素月,金刀带雨煎黄芽……红炉石鼎烹团月,一碗和香汲碧霞。"袁桷《煮茶图并序》云:"风向翠碾落晴花,汤响云铛滚珠蕊。"虞集《题苏东坡墨迹》云:"锦囊旧赐龙团在,谁为分泉落月中。"这些诗所描写的都是饮用团饼茶的情形。咏及散茶的诗文也不少,如蔡廷秀的《茶灶石》一诗:"仙人应爱武夷茶,旋汲新泉煮嫩芽。"李谦亨的《土铫茶烟》:"荧荧石火新,湛湛山泉冽。汲水煮春芽,清烟半如灭。"这里的"嫩芽"、"春芽"就是指可以直接冲泡的茶芽。这种情况还可从出土的元冯道真墓壁画中找到佐证。在壁画中,没有茶碾,当然也无须碾茶。再从采用的茶具和它们放置的顺序以及人物的动作,都可以看出人们是在直接用沸水冲泡饮茶。不过,散茶真正得以大行其道则是明代的事情了。另外,据部分学者研究,元代茶饮共分四类,即茗茶、末子茶、毛茶与腊茶。茗茶类似于近代的泡茶,末茶是将嫩叶焙干后直接磨细,毛茶则近于羹饮,腊茶为团饼茶。可见,元代饮茶继宋而启明,过渡性十分明显。

饮茶方法的过渡性直接影响了元代茶具。首先,宋代茶具至元仍然很受欢迎,如元人毛一相为南宋审安老人的《茶具图赞》作序,说:"而独耽味于茗。清泉白石可以濯五脏之污,可以澄心气之哲,服之不已,觉两腋习习,清风自生……乃书此以博十二先生一鼓掌云。""十二先生"乃宋人点茶之具,至元仍受欢迎。但因散茶冲泡的流行,部分点茶、煎茶的器具渐次消失,在内蒙古赤峰出土的元代墓道彩绘烹茶图中已经见不到茶碾了。从制瓷的历史来看,元代饮茶仍以瓷器为主,制瓷业虽受影响,但并未中断,只是所制器物较为粗糙、笨拙,具有鲜明的蒙古族特色。

(二)明代的饮茶特点与茶具

明朝建立后,平民出身的明太祖朱元璋深知百姓之苦,为稳定统治采取了休养生息的举措,其中之一就是"罢造龙团",时间在洪武二十四年(1391 年)。朱元璋废团茶改贡茶叶的本意是"国家以养民为务,岂以口腹累人",但另一方面,却促进了散茶的改进与流行,使饮茶复归于自然。由于皇帝的倡导,明代饮茶即以冲泡为正宗并沿用至今。据明沈德符所著《野获编补遗》载:"国初四方供茶,以建宁、阳羡茶品为上,时犹仍宋制,所进者俱碾而揉之为大小龙团。至洪武二十四年九月,上以重劳民力,罢造龙团,惟采芽茶以进,其品有四,曰探春、先春、次春、紫笋。置茶户五百,免其徭役。按,茶加香物,捣为细饼,已失真味。宋时又有宫中绣茶之制,尤为水厄第一厄。今人惟取初萌之精者,汲泉置鼎,一瀹便啜,遂开千古茗饮之宗。乃不知我太祖实首辟此法,真所谓圣人先得我心也。陆鸿渐有灵,必颊首服;蔡君谟在地下,亦咋舌退矣。"从沈德符这段话我们可以知道,当时朱元璋的这一改革是受到普遍欢迎的。

朱元璋对茶文化的贡献只是停留在政治的层面上，若从品饮变革与茶具革新的角度着眼，宁王朱权的革新也值得关注。

朱权强调饮茶不只是茶本身，而是“探虚玄而参造化，清心神而出尘表”，是表达志向和修身养性的一种方式。为此，朱权在其所著《茶谱》中对茶品、茶具等都重新规定，摆脱了此前饮茶中的繁琐程序，开明代清饮之风。

饮茶方式的变革自然会影响到茶具。明代茶具，相对唐、宋而言，可谓是一次大的变革，因为唐、宋时人们以饮饼茶为主，采用的是煎茶法或点茶法和与此相应的茶具。因明代条形散茶冲泡已在全国范围内兴起，唐、宋时的炙茶、碾茶、罗茶、煮茶器具成了多余之物，而一些新的茶具品种脱颖而出。明代对这些新的茶具品种是一次定型。从明代至今，茶具品种基本上没有多大变化，仅茶具式样或质地稍有不同。另外，由于明人饮的是条形散茶，贮茶、焙茶器具比唐、宋时显得更为重要。而饮茶之前，用水淋洗茶，又是明人饮茶所特有的，因此就饮茶全过程而言，当时所需的茶具，明高濂《遵生八笺》中列了16件，另加总贮茶器具七件，合计23件。但其中很多与烧水、泡茶、饮茶无关，未免牵强。文震亨的《长物志》认为明朝茶的烹试之法十分简便，“宁特侈言乌府、云屯、苦节君、建城等目而已哉。”明代张谦德的《茶经》中专门写有一篇“论器”，提到当时的茶具也只有茶焙、茶笼、汤瓶、茶壶、茶盏、纸囊、茶洗、茶瓶、茶炉八件。

与两宋相比，明朝在茶具上最明显的变化是黑色茶盏的废弃。宋代令举国若狂的斗茶到明已经基本绝迹，而为斗茶量身订制的黑盏自然就不再符合时代的要求，白色茶盏再一次大受青睐。

明代茶盏尚白的原因十分简单。明人的散茶冲泡与宋朝的点茶不同，所注重的不再是茶色的白，而是追求茶的自然本色，即绿色，而黑盏显然不能适应这一要求，只有白色茶盏可以衬托出绿色茶汤的自然之色，从而成为第一选择。其实，这也可以说是随着饮茶方法的改变，人们在饮茶观念、审美取向上也发生了较大的变化。明人屠隆《考槃余事》说：“宣庙时有茶盏，料精式雅，质厚难冷，莹白如玉，可试茶色，最为要用。蔡君谟取建盏，其色绀黑，似不宜用。”张谦德《茶经》：“今烹点之法与君谟不同。取色莫如宣定，取久热难冷莫如官哥。向之建安盏者，收一两枚以备一种略可。”都指出了随着饮茶方式的改变，人们的审美情趣也发生了变化。

明人对茶盏“莹白如玉”的要求使得明代的白瓷制造业快速发展，不同风格的瓷窑体系纷纷出现，江西景德镇以其白瓷茶具的极高的艺术性而广受欢迎，并逐渐发展成为全国的制瓷中心。

明代瓷器色彩斑斓，造型多样。据余彦焱的《中国历代茶具》所载，明釉下彩瓷器有青花、釉里红两类；釉上彩瓷器则有斗彩、三彩、五彩、刻填彩等多种；颜色釉瓷器有白釉、铜红釉、钴蓝釉、青釉、黄釉、矾红釉、孔雀绿釉等。而此时的民窑产品也不乏精品。

散茶的饮用除改变了对茶盏的要求外,对茶具也提出了新的要求,这便是贮茶、洗茶、烧水以及饮茶器具的出现与改良。

关于贮茶器具的要求,许次纾的《茶疏》有较为具体的说明:“收藏宜用瓷瓮,大容一二十斤。四围厚箬,中则贮茶。须极燥极新,专供此事。久乃愈佳,不必岁易。茶须筑实,仍用厚箬填紧瓮口,再加以箬,以真皮纸包之,以苎麻紧扎,压以大新砖,勿令微风得入,可以接新。”

其次是洗茶器具的出现,这是从前所没有的。洗茶的目的当然是除去茶叶中的尘滓,这在饼茶时期是不必要也不可能的。洗茶用具一般称为茶洗,质地为砂土烧制,形如碗,中间以带圆眼的箅子隔为上下两层,箅子上放茶叶,以热水淋之去尘垢,达到去尘垢和去冷气的目的。

明代的烧水器具主要是炉和汤瓶。炉有铜炉和竹炉,据文震亨《长物志》载,铜炉往往铸有饕餮等兽面纹。这多为好古者为之,明尚简朴,上追三代,也是不同于宋的一个方面。竹炉有隐逸之气,也为当时文人喜爱,谢应芳诗云:“午梦觉来汤欲沸,松风吹响竹炉边。”

明人在饮茶器具上较为突出的创新便是茶壶的出现和茶盏的改进。唐宋时茶具中有注子和执壶,是当时煎水煮茶的用具,其形制或以为类似于明代的茶壶,但实际上有很大的区别。明代茶壶是专用于泡茶的器具,这只有在散茶成为主要饮用形式的情况下才可能出现。明人对茶壶的要求是尚陶尚小。文震亨《长物志》云:“茶壶以砂者为上,盖既不夺香,又无熟汤气。”冯可宾《岕茶笺》云:“茶壶,窑器为上,锡次之……茶壶以小为贵。每一客,壶一把,任其自斟自饮,方为得趣。何也?壶小则香不涣散,味不耽搁。”这可能是当时大多数茶人的共同取向,所以小茶壶才得以发展和流行。

除茶壶外,茶盏也有所改进,即在原有的茶盏、茶托之外,茶盏之上开始加盖,现代意义上的盖碗正式出现,而且成为定制。

由上述内容可以看出,与唐宋相比,明朝茶具出现了返朴归真的倾向,而明人茶具在注重简约的同时,有重大的改进与发展而且成为定制,尤其是饮茶器具的创新,可说是一个划时代的标志,为中国茶文化和茶具艺术的历史写下了浓重的一笔。

(三)明紫砂壶的兴起

明代茶具除了景德镇瓷熠熠生辉外,宜兴紫砂茶具的崛起更是一件值得注意的事件,它使茶具艺术的发展达到了一个高峰而且影响深远。

宜兴紫砂陶器的历史可以追溯到宋代,但在当时并没有引起人们更多的注意,这和宋代饮茶的方式有关,因为“兔毫紫瓯”更适合斗茶。

明代散茶大兴，而且制茶工艺有所改进，出现了发酵茶类，这自然对茶具有新的要求，紫砂茶具便是在实践中渐渐被人们接受并在明中后期独树一帜的。

紫砂泥是一种水云母－石英－高岭石类黏土，含有较多的铁矿物。紫砂泥分紫泥、红泥和绿泥三种。紫泥是制作紫砂器最主要的原料，仅产于宜兴黄龙山，极为难得。一般研究者认为，紫砂壶在明代之所以大受欢迎是因为紫砂壶泡茶有其他陶瓷所不具备的优点。长期的实践证明，紫砂壶泡茶不失原味，不易变质，内壁无异味，而且能耐温度急剧变化，烹煮、冲泡沸水皆不会炸裂，传热慢而不烫手。据现有的资料看，明代赞美宜兴紫砂壶的诗文也确实如此。周高起《阳羡茗壶系》说："近百年中，壶黜银锡及闽豫瓷而尚宜兴陶，又近人远过前人处也。陶曷取诸？取诸其东山土砂，能发真茶之色、香、味。"文震亨《长物志》："壶以砂者为上，盖既不夺香，又无熟汤气。"但是，如果从晚明以来紫砂壶自身的发展趋向上来看，单纯从"宜茶"的角度似乎还不能完全说明人们喜爱它的原因，这其中，一定还会有其他的因素在起作用。据王玲《中国茶文化》说，由于晚明社会矛盾的复杂，文人士大夫在现实面前感到无能为力，遂走上独善其身的道路，加以王阳明"心学"的流行，文人士大夫一方面提倡儒学的中庸之道，尚礼尚简，同时推崇佛教的内敛、喜平、崇定，并且崇尚道家的自然、平朴及虚无。这些思想倾向与人生哲学反映在茶艺上，在崇尚自然、古朴的同时，又增加了唯美情绪，对茶、水、器、寮提出了更高的要求，而紫砂壶适应了这种审美心理，所以得以大行其道。

从时代背景与社会环境方面研究某一种现象或心理一般来说是正确、有效的，但一种风气的迅速形成往往有更为直接的因素在起作用，只不过是因为资料的贫乏而无法根究而已。

紫砂茶壶真正得到发展是在明代后期。正德、嘉靖时开始出现了名家名作。尽管这些作品很少流传下来，但是既然有了享有盛名的制壶专家，也就说明紫砂工艺已经获得了重大成就。到万历以后，随着李茂林、时大彬、徐友泉、李仲芳、陈仲美、惠孟臣等名家辈出，紫砂壶的造型艺术色彩纷呈，各具特色。

紫砂壶史上，被奉为始祖的是宜兴金沙寺的一名和尚。据明周高起等人所著《阳羡茗壶系》载："金沙寺僧，久而逸其名矣。闻之陶家云，僧闲静有致，习与陶缸瓮者处，团其细土，加以澄练，捏筑为胎，规而圆之，刳使中空，踵傅口柄盖的，附陶穴烧成，人遂传用。"据传其与陶工关系密切，偶然以废料随手捏制成壶，烧成后的陶壶颜色乌紫，扣之铿锵有声，于是仿制者蜂起，紫砂壶遂得以流行。

但是，这仅是传闻而已。史有记载的第一位使紫砂壶艺术化的人物是龚春（部分文献中为供春），其所制之壶名供春壶，艺术价值极高。《阳羡茗壶系》中说："供春，学使吴颐山家青衣也。颐山读书金沙寺中，供春于给役之暇，窃仿老僧心匠，亦淘细土团胚。茶匙穴中，指掠内外。指螺纹隐起可按，胎必累按，故腹半尚现节腠，视以辨办真。今传世者，栗色闇闇如古铁，敦庞周正，允称神明垂则矣。

世以其孙龚姓，亦书为龚春。”明遗民张岱于《陶庵梦忆》中说：“宜兴罐以龚春为上。”可见其为人所珍视的程度。

因年代久远，供春壶几乎不传，但在清朝时，吟咏龚春壶的诗文时或可见。朱昆田《碧川以岕茶见贻走笔赋谢》：“龚壶与时洗，一一罗器皿。”吴锡麒《天香·龚壶》：“细屑红泥，圆雕栗玉，乳花凝注多少。古色摩挲，空窑指点，可惜抟沙人老。”中国历史博物馆现藏有一把树瘿壶，因壶把下镌有“供春”两字篆书款识，因此认为为龚春所制。此壶壶盖已缺，20世纪初，为宜兴人储南强所得，请人配一南瓜盖，使壶顿然失色。龚春之后，制紫砂壶者以时大彬为最著名，影响也最为深远。

明代文人茶艺讲究自然、精致，于壶上亦要求小巧、朴拙。冯可宾《岕茶录》说：“茶壶以小为贵。”周高起《阳羡茗壶系》说：“壶供真茶，正在新泉活火，旋瀹旋啜，以尽色声香味之蕴。故壶宜小不宜大，宜浅不宜深；壶盖宜盎不宜低。”

据明周高起《阳羡茗壶系》所载，时大彬号少山，生活在明万历年间。其制壶，“或淘土，或杂硇砂土，诸款具足，诸土色亦具足”。其制壶所用的泥质地稍粗，使烧成后的紫砂壶上闪现出浅色的细小颗粒，被后世鉴赏家们称为“银砂闪点”。时大彬壶至今尚有不少真品传世，就品种说，有扁壶、线豆壶、提梁壶、瓜棱壶、僧帽壶、汉方壶、六方壶等。就其艺术特色来看，在造型上“不务妍媚而朴雅坚栗，妙不可思”。

据清吴骞《阳羡名陶录》记载，时大彬最初制壶主要是从模仿龚春入手，喜作大壶。后受娄东陈眉公等文人的影响，开始改制小壶。时大彬制壶求小求拙的道器合一的制壶理念加上精湛的制壶技艺使其作品迎得了当时文人士大夫的一致赞赏。时大彬结交文人，顺应时代审美潮流，终于成为制壶大家。周高起《阳羡茗壶系》说：“几案有一具，生人闲远之思。前后诸名家并不能及，遂于陶人标大雅之遗、擅空群之目也。”明陈贞慧于《秋园杂佩》中亦给以极高的评价：“时壶名远甚，即遐陬绝域犹知之。其制始于供春，壶式古朴风雅，茗具中得幽野之趣者。后则如陈壶、徐壶，皆不能仿佛大彬万一矣。”许次纾《茶疏》也说：“茶壶，往时尚袭（龚）春，近日时大彬所制，大为时人所重。”

因紫砂壶在当时为时人所重，以至壶价颇昂贵。据桐西漫士《听雨闲谈》载，“器方脱手，而价五六金”，“直跻于商彝周鼎之列，而毫无惭也”，在表示“岂非怪事”的同时，也不得不承认高价源于“品地”的优良。

陶壶铭款亦从明始。据资料记载，当时人陈共之擅长镌壶款，制壶者多假其手。时大彬为自己所制壶镌款，最初是请擅长书法的人先以墨写在壶上，然后自己用刀来刻。后来，直接下刀镌刻，“书法闲雅，在《黄庭》、《乐毅》帖间，人不能仿，赏鉴家用以为别”（周高起《阳羡茗壶系·别派》）。因时大彬所镌款识具有独特的艺术风格，许多人都模仿学习，“比于书画家入门时”，可见其艺术价值之高。

从明代茶文化看，虽然不能说紫砂壶可以代表明代茶文化，但说紫砂壶是明茶文化的一个重要象征似乎并不过分，尤其是时大彬所制紫砂壶更具有符号化的特征。《茶说》曰："器具清洁，茶愈为之生色。今时姑苏之锡注，时大彬之砂壶，汴梁之锡铫，湘妃竹之茶灶，宣城窑之茶盏，高人词客、贤士大夫莫不为之珍重。即唐宋以来，茶具之精，未必有如斯之雅致。"时大彬在这里被专门提及，由此亦可见他被人重视的程度，同时也说明了他在中国茶具文化史上的地位。

时大彬有弟子数人，李仲芳、徐友泉最为著名，以至当时陶肆有歌谣曰："壶家妙手称三大"，"三大" 即指时大彬、李（大）仲芳和徐（大）友泉。周高起《阳羡茗壶系》将时大彬归入大家，将李仲芳、徐友泉归入名家。

李仲芳在时大彬弟子中名列第一，所制陶壶渐趋文巧。李父对此很是不满，督促他向古拙一路转变。有一次，李仲芳制成一壶拿给他父亲看，问道："老兄，这个如何？"以此，人们就把李仲芳制作的紫砂壶称作"老兄壶"（周高起《阳羡茗壶系·名家》）。后来，李仲芳迁居金坛，制壶风格仍以文巧为主。因李仲芳制壶水平高，时大彬有时也在李仲芳所制壶上刻上自己的款识，以示提携后进之意。

徐友泉并非制壶出身，后跟时大彬学制紫砂壶，"变化其式，仿古尊罍诸器，配合土色所宜，毕智穷工，移人心目"（周高起《阳羡茗壶系·名家》）。其所制壶品种繁多，计有小云雷提梁卣、蕉叶、莲方、菱花、美人、垂莲等款式，变化多端，别出心裁。但在晚年，徐友泉常常自己叹息说，自己的精巧实在无法和时大彬的古拙相比。

由此可见，明代茶具比唐、宋时又有大的进步，简便而又同样讲究制法、规格，注重质地。明代茶具有两个最突出的特点：一是出现了小茶壶，二是茶盏的形和色有了大的变化。与前代相比，这一时期江西景德镇的白瓷茶具和青花瓷茶具、江苏宜兴的紫砂茶具获得了极大的发展，无论是色泽和造型、品种和式样，都进入了穷极精巧的新时期。不过，宜兴紫砂陶在明代，尤其是明末虽然获得极大发展，但并没有撼动景德镇瓷器的地位，其重要意义并不在于它取景德镇瓷器而代之，而是它的质地、造型迎合了当时文人的审美时尚，并在文人士大夫的影响下开始向工艺品转化，使其自身的艺术价值不断提高，并最终独树一帜，历数百年而不衰。

四、清代茶具

在茶文化史上，清代也是一个十分重要的时期。首先，六大茶类在清已经全部出现；其次，是茶具艺术在清达到了鼎盛并开始分化，到清朝末年开始渐趋没落。

清初文人承晚明余绪，在饮茶上力求精致，以茶打发时光，消磨精神，看似风流雅致，其实未免纤弱。在饮茶理论上，主张茶道合一，由契合自然转向探求内心世界，这表现在饮茶环境上的就是，文人饮茶的场所由室外搬到了室内。茶人盛会越来越少，聚而饮茶者多为翰墨卿客、缁衣羽士以及遗老散人。江山易主后的文人心态日趋幽隐，吊古伤今的情怀是在所难免的。至清末以至近代，天朝崩溃，国家危在旦夕。面对国破家亡，文人志士忧国忧民，救亡图存代替了吟风弄月，使文人领导茶文化主流地位的局面正式结束，代之而起的是民间饮茶，并因此使原来脱离人民大众的饮茶文化深入千家万户，开始走向伦常日用，为茶文化开辟了新的局面。

一个时代的茶具艺术与饮茶风气息息相关，有清一代，中国茶具艺术大致有两条路：一为普及实用器皿，一为以艺术欣赏为主。到今天，这种局面仍未改变。

（一）清代的紫砂艺术

清代，茶类有了很大的发展，除绿茶外，又出现了红茶、乌龙茶、白茶、黑茶和黄茶，形成了六大茶类。但这些茶的形状仍然属于条形散茶，所以无论哪种茶类，饮用时仍然沿用明代的直接冲泡法。在这种情况下，清代的茶具，无论是种类还是形式基本上都没有突破明人的规范。

起源于宋、兴盛于明的紫砂茶具，到了清代进入鼎盛时期，并渐渐成为贡品。当时紫砂茶具的造型风格多样，尤其是仿生技巧可说是达到了炉火纯青的地步。到嘉庆、道光时期，文人壶风行一时。清末，紫砂茶具制作在总体上走向衰落，但部分制壶名家在紫砂茶具日益商品化的情况下仍潜心钻研，不入俗流，使紫砂茶具在实用的基础上得到提炼与升华，从而达到完美的境界。

具体说来，紫砂茶具在清初及康、雍、乾几朝都没有更大的发展，只是由于陈鸣远的出现才稍有起色。而只有到了嘉庆、道光时期，文人陈曼生与制壶名家杨彭年创制了独树一帜的文人壶，才可以说紫砂茶具发展到了极致。自文人壶出现，紫砂茶具不但成了茶文化的载体之一，而且在本身的艺术内涵上也取得了前所未有的进步。其优秀作品可以看作茶具，但更是紫砂艺术品。对紫砂茶具的评价不再是仅从形状、风格等方面，镌刻在上面的诗文、书法以及绘画也同样受到重视。陈曼生就是促成这一转变的开拓性人物，也正是从陈曼生开始才有了固定的制壶者。

其实，早在陈曼生之前，康熙年间宜陶名家陈鸣远已经开始探索紫砂壶的风格创新，迈出了文人壶的第一步。陈鸣远是宜兴人，生于制壶世家，技艺全面，富有创新精神。他生活的时代，仿生类作品已逐渐取代了几何型与筋纹型类作品。陈鸣远的艺术成就主要表现在两个方面：一是取法自然，做成几可乱真的“象生器”，使得自然类型的紫砂造型风靡一时；二是在紫砂壶上镌刻富有哲理的铭文，增强其艺术性。其现存的梅干壶、束柴三友壶、包袱壶以及南瓜壶等，集雕塑装饰于一体，情韵生动，匠心独具，其制作技艺可以说是穷极工巧。

陈鸣远所做紫砂壶艺术性之高在当时即享有盛名,《宜兴县志》在他卒前就做了简单介绍:“而所制款识,书法雅健胜于徐、沈,故其年未老而特为表之。”清张燕昌在《阳羡陶说》中道:“然余独赏其款字有晋唐风格。”

陶器有款由来已久,但将其艺术化应该说是时大彬尤其是陈鸣远的功劳,而陈鸣远的款识超过壶艺,这大约是他自己也没有想到的。

继陈鸣远之后,文人陈曼生与杨彭年等人合作,正式将壶艺与诗、书、画、印结合成一个整体,创制出风格独特、意韵深邃的文人壶,将其推进到一个更高的层次,影响深远,至今不衰。

陈曼生,浙江杭州人,主要生活在嘉庆年间,工诗、书、画、印,为当时著名的“西泠八家”之一。陈曼生嗜紫砂,富收藏。据《前尘梦影录》记载,嘉庆年间,陈曼生“官荆溪宰”,当地著名的匠人杨彭年擅制紫砂壶,壶嘴不用模子而是用手捏制成,看似随意而成,但富有天然韵致,“一门眷属,并工此技”。陈曼生与杨氏兄妹来往密切,并且为其居所题名曰“阿曼陀室”。由于陈曼生参与紫砂壶的设计与制作,陈、杨联手才有了享誉海内外的“曼生壶”。

陈曼生为杨彭年兄妹设计的紫砂壶共有 18 种样式,即后来所谓的“曼生十八式”。陈曼生仿制古式而又能自出新意,其主要特点是删繁就简,格调苍老,同时在壶身留白以供镌刻诗文警句。其所刻诗文多与茶事有关而又精辟隽永,意味深长。陈曼生所刻砂壶铭文,大都出自幕中友人江听香、高爽泉、郭频伽以及查梅史等人之手,也有陈曼生自己作的。据桐西漫士《听雨闲谈》载,陈曼生壶铭文多富哲理,且意境悠远。其笠壶铭文曰:“笠荫暍茶去渴,是一是二,我佛无说。”瓢壶铭曰:“以挂树恶其声,以浮江恶其名,不如乐饮全我生。曼生铭。”此外还有如“平壶留小啜,余味待回甘”、“提壶相呼,松风竹炉”等,大致类此。

据清人金武祥《粟香三笔》记载,陈曼生曾经在紫砂壶上镌刻款识详述自己嗜茶之趣,并及饮茶变迁:“曼生自镌‘纱帽笼头自煎吃’小印,其跋云:‘茶饮之风盛于唐,而玉川子之嗜茶友在鸿渐之前。其新茶诗有云:‘闭门反关无俗客,纱帽笼头自煎吃’。后之人味其词意,犹可想见其七碗吃余两腋风生之趣。余性嗜茶,虽无七碗之量,而朝夕所啜,惟茶为多。自来荆溪,爰阳羡之泥,宜于饮器,复创意造形,范为茶具。当午睡初回,北窗偶坐,汲泉支鼎,取新茗烹之,便觉舌本清香,心田味沁,自谓此乐不减陶公之羲皇上人也。顾唐、宋以来之茶,尚碾尚捣,或制为团,或制为饼,殊失茶之真味,自明初取茶芽之精者采而饮之,遂开千古茶饮之宗。’”这段文字很可以当作一篇意味隽永的散文小品来看,从中透露出清代文人的散淡心绪。这种生活趣味同时也体现在紫砂壶中,也就是所谓的文人壶。

曼生壶大多是先由杨氏兄妹制作壶身,待泥坯半干时再由陈曼生用竹刀在壶上镌刻诗文或书画。近人丘逢甲《题陈曼生砂壶拓本为虞笙作》诗云:“绝代才人陈曼生,官闲检点到《茶经》。流传江上清风印,妙配砂壶手勒铭。”据清黄浚《花随人圣庵摭忆》记载,杨彭年所制壶值240文,若经陈曼生题款则加价三倍。

文人设计、工匠制作的"曼生壶"为紫砂茶具开创了新风,在当时已大受欢迎,烧造数量也颇为惊人,可说是文人介入壶业的成功之举。

自陈曼生、杨彭年开创了文人与工匠合作制壶的新局面后,文人、书画家们纷纷效仿,使紫砂壶艺术达到了一个更高的境界。从现存的资料来看,这一时期的书画家如瞿应绍、吴大澂、吴昌硕以及郑板桥等人也都曾为紫砂壶题诗刻字。瞿应绍想烧制紫砂壶,请邓符生到阳羡监督制造。瞿应绍擅长画兰竹,有诗书画三绝之称,而邓符生则擅长篆隶,所以他们制造的紫砂壶虽然比不上陈曼生,但也名动一时。郑板桥则在自己定制的紫砂壶上题诗说:"嘴尖肚大耳偏高,才免饥寒便自豪。量小不堪容大物,两三寸水起波涛。"也算是讽世之作。

除陈鸣远、陈曼生外,活跃在道光、同治年间的邵大亨也是一位制壶名家,他所创制的鱼龙化壶,龙头和龙舌都可以活动。他还以菱藕、白果、红枣、栗子、核桃、莲子、香菇、瓜子等18样吉祥果巧妙地组成一把壶式。高熙在《茗壶说》中予以极高的评价:"邵大亨所长,非一式而雅,善仿古……力追古人,有过之而无不及也。"

近代以来,由于饮茶主流走向民间,紫砂茶具日益向商业化方向发展,其制作也以实用为前提,但仍有制壶名家以艺术性为目的创制紫砂茶具,形成了截然不同的两条道路。

总之,清代紫砂茶具承明末余绪而又有所发展,尤其是文人与制壶名匠的合作为紫砂茶具开辟了一个全新的境界,从而使单纯的紫砂茶具变成了极具欣赏价值的工艺美术品。"文人壶"的重要意义是使壶脱离了实用器皿的束缚而使自身具备了独立的精神内涵,但就其实质来说,它与茶的精神仍然是一脉相承的。"伊公羹、陆氏茶"的铭文固然是儒家入世思想的体现,而"外方内清明,吾与尔皆亨"也仍然不脱儒家思想的范畴。壶艺技术与文人结缘最重要的成果即器与道完成了真正的统一,是古代茶文化的高峰,也是古代茶文化的终结。

(二)清代的瓷茶具

清代是我国陶瓷史上的黄金时期。就茶具而言,紫砂茶具在艺术化方面得到了极大发展,而瓷茶具则在技术上臻于成熟,产品质量近于完美。就现存清代各朝的瓷器看,既有共同风格,又有不同的时代特征。

经过明末清初短时间的衰落后,瓷器生产很快就得以恢复发展,康雍乾三朝是我国瓷器发展的最高峰。康熙瓷造型古朴、敦厚,釉色温润;雍正瓷轻巧媚丽,多白釉;乾隆瓷造型新颖,制作精致。此后,随着饮茶的日益世俗化,民间的茶具生产渐趋繁荣,内中虽有精品,但也夹杂市井味、乡土气。

较之明代瓷器,清瓷的发展可以从造型、釉彩、纹样以及装饰风格等几个方面

明显看出。在釉彩方面,清代创造出达几十种之多的带中性的间色釉,使得瓷绘艺术更能发挥出其独具的装饰特点。据乾隆时景德镇所立"陶成记事碑"载,当时掌握的釉彩已达57种之多。就纹样说,清瓷取材广泛,或以花草树木,或以民间风习,或以历史故事作为绘制的内容。就技法来说,或用工笔,或用写意,内容丰富,技法亦相当娴熟。

清代,青花瓷茶具在茶具中独占魁首,成了彩色茶具的主流。青花瓷茶具属于彩瓷茶具之列,是彩瓷茶具中一个最重要的花色品种,始于唐,元代开始兴盛,清朝达到顶峰。

景德镇是我国青花瓷茶具的主要生产地。据史料载,明代景德镇所产瓷器,"诸料悉精,青花最贵"。特别是明永乐、宣德、成化时期的青花瓷茶具,清新秀丽达到了无与伦比的境地。到了清代康雍乾时期,青花瓷茶具在古陶瓷发展史上又进入了一个历史高峰,它超越前代,影响后代。尤其是康熙年间烧制的青花瓷器,史称"清代之最"。清陈浏在《陶雅》中说:"雍、乾之青,盖远不逮康窑。""康青虽不及明青之浓美者,亦可独步本朝矣。"较之明代,康熙年间,青花瓷茶具的烧制以民窑为主,而且数量非常可观。这一时期的青花瓷茶具被称之为"糯米胎",以其胎质细腻洁白,纯净无瑕,有似于糯米也,主要品种有茶壶、茶碗、茶盅及茶盒等。

清代瓷业烧造仍是江西景德镇独领风骚,清代景德镇发展最盛时从业人员达20万人,成为"二十里长街半窑户"的制瓷中心,国外人形容曰:"昼则白烟蔽空,夜则红焰烛天"。除民窑外,清代官窑生产成就也不小。清官窑可分御窑、官窑和王公大臣窑三种,在景德镇官窑中,"藏窑"、"郎窑"、"年窑"以及"唐窑"影响较大。

综观清代瓷业的发展,尤其是瓷茶具制造的繁荣昌盛,其原因是多方面的。一是制瓷技术的提高与社会经济的发展,二是对外出口的扩大。但最重要的原因还是饮茶的大众化和饮茶方法的改变。上文说过,清代茶类,除绿茶外,又出现了红茶、乌龙茶等发酵型茶类,在色彩上,对茶具提出了更高的要求,从而刺激了瓷茶具的迅速发展。

饮茶的需求使清代陶瓷茶具飞速发展,而陶瓷工艺上的登峰造极,反过来又促使茶艺所追求的品茗境界达到新的高度。尤其是文人对饮茶的别样幽情,将茶具文化带进一个全新的发展阶段。他们既钟情于诗文书画,又陶醉于山涧清泉、松壑风声,听琴品茗,使"文士茶"渐趋至精至美的境地。

清代对饮茶及茶具最经典的描述应该说是曹雪芹在《红楼梦》中关于妙玉侍茶的一段话,说的虽然是贵族人家的饮茶气派,而实际所反映的却是"文士茶"的情结,这从妙玉的不同流俗及孤高自傲中就可以看出:

当下贾母等吃过茶,又带了刘姥姥至栊翠庵来。妙玉忙接了进去……只见妙玉亲自捧了一个海棠花式雕漆填金云龙献寿的小茶盘，里面放一个成窑五彩小盖钟，捧与贾母……然后众人都是一色官窑脱胎填白盖碗。

那妙玉便把宝钗和黛玉的衣襟一拉，二人随他出去，宝玉悄悄地随后跟了来……又见妙玉另拿出两只杯来。一个旁边有一耳，杯上镌着"分瓜瓟斝"三个隶字，后有一行小真字是"晋王恺珍玩"，又有"宋元丰五年四月眉山苏轼见于秘府"一行小字。妙玉便斟了一斝，递与宝钗。那一只形似钵而小，也有三个垂珠篆字，镌着"点犀䀉"。妙玉斟了一䀉与黛玉。仍将前番自己常日吃茶的那只绿玉斗来斟与宝玉。宝玉笑道："常言'世法平等'，他两个就用那样古玩奇珍，我就是个俗器了。"妙玉道："这是俗器？不是我说狂话，只怕你家里未必找得出这么一个俗器来呢。"宝玉笑道："俗说'随乡入乡'，到了你这里，自然把那金玉珠宝一概贬为俗器了。"妙玉听如此说，十分欢喜，遂又寻出一只九曲十环一百二十节蟠虬整雕竹根的一个大盏出来，笑道："就剩了这一个，你可吃的了这一海？"

这里所说妙玉拿出的镌"晋王恺珍玩"的"分瓜瓟斝"以及"形似钵而小"的"点犀䀉"显然都不是真正的茶具，两者多是作为酒器来使用；或者这两者根本就不存在，只是作者为塑造妙玉的离世绝俗的性格而杜撰出来的。但从上述的一段话里我们则能够看出，茶具实际上已经在某种程度脱离茶而单独存在了。到了清代，茶具已经不再像宋代一样有追求奢华的倾向，在文人的眼里，更多注重的是它的文化内涵，如宝玉所说的"把那金玉珠宝一概贬为俗器了"。中国古代文人好古成风，创作则"文必秦汉，诗必盛唐"，书法则"隶宗秦汉，楷法晋唐"，以至于饮茶都要是器具愈古愈好，茶在这里反倒退居到次要地位了。但如果从另一个方面看，这其实未必不是另一种奢侈。

以上是就我国古代茶具艺术的确立以及发展历程所作的简要论述，因篇幅所限，这里只能勾勒出一个大致的轮廓。至于近代以来的茶具艺术，较之传统饮茶器具，有继承也有发展，基本上没有脱离传统的茶具文化，所以这里也就从略了。而我国的茶具艺术源远流长，随着历史的发展，必将创造出新的辉煌。

第六章　中国茶文化的美学意韵

千百年来，随着社会的发展，在中国，茶不仅成为人们生活的必需品，而且逐渐形成了丰富多彩的茶文化。茶文化的出现，把人类的精神和智慧提升到了一个新的境界。这是一种与物质生活密切联系，又与人类文化精神融为一体的审美世界。

第一节　作为审美对象的茶

在探讨茶本身(外在形式)作为审美对象这个问题时，首先，我们必须弄清楚"美"这个词的含义是什么?

古希腊伟大的思想家、哲学家柏拉图在《大希庇阿斯篇》中借苏格拉底与希庇阿斯的一系列对话，提出并阐释论证了"美是什么"的命题。两千多年来，无数哲人、思想家前赴后继，一直苦苦思索并希望找到或给出"美是什么"这一千古之谜的最理想的答案。但至今却仍然莫衷一是。

如果我们对"美"这个词作词源学的探究，就会发现:由篆书"美"字的写法，我们可以看出"美"字由上下两部分组成，上面是"羊"而下面是"大"。汉代学者许慎编纂的《说文解字》中作如下解释:"美，甘也。从羊从大。"当然还有另一种解释:"羊人为美。"

"羊大为美"这种观点认为:羊作为美的对象和社会生活中畜牧业的出现是分不开的。认为羊长得肥大就是美，这是一种感性意义上的解释;而"羊人为美"是一种社会意义上的解释，从原始艺术、图腾舞蹈的材料看，人戴着羊头跳舞才是"美"字的起源。

由此两点出发，笔者认为在美学范围内，"美"这个词至少有这样几种或几层含义:①指审美对象;②指审美性质(素质);③指美的本质、美的根源。在探讨中国茶文化的美学意韵时，我们既要将茶叶、茶汤、茶具以及饮茶活动作为审美对象来考察，也要将茶文化活动作为审美活动来认识，同时，还要探讨茶文化之美的本质和根源。

一、茶叶之美

中国是茶叶大国，其中的一个表现就是茶的品种特别多。现在全国能够叫得出名的茶叶就有1 000多种。而每一种茶无论在茶叶外观、茶汤的色泽、茶具的选择以及品饮的过程中,都呈现出不同的地区不同的人相同或不同的审美趣味。尤其是我国的名茶是多年来形成的,它们身上更寄托着人们对茶的认识和审美体验。

(一)中华名茶的自然之美与历史文化之美

在我国的十大名茶中,西湖龙井享有很高的声誉。宋代诗人苏东坡曾有"欲把西湖比西子"、"从来佳茗似佳人"这样的诗句。西湖龙井茶产于西湖四周的群山之中,历史悠久,名声远播。其品质特点是:外形扁平挺秀,色泽绿翠,内质清香味醇,泡在杯中,芽叶色绿,好比出水芙蓉,栩栩如生。西湖龙井茶素以"色绿、香郁、味甘、形美"四绝著称。

龙井茶优异的品质离不开其精细的采制工艺。采摘一芽一叶和一芽二叶初展的芽叶为原料,经过摊放、炒青锅、回潮、分筛、辉锅、筛分整理去黄片和茶末、收集贮存数道工序而制成。凡观看过炒制龙井茶全过程的人,都会认为龙井茶确实是精工细作的手工艺品。

"碧螺春"产于我国著名风景旅游胜地江苏苏州市的吴县洞庭山。唐代陆羽《茶经》中有关茶产地中提到"苏州长洲县洞庭山"①。洞庭山所产的茶叶,因香气高而持久,俗称"吓煞人香",后来清代康熙皇帝品尝此茶后,得知是洞庭山碧螺峰所产,改名为"碧螺春"。

碧螺春采制工艺精细,采摘一芽一叶的初展芽叶为原料,有"一嫩(芽)三鲜(色、香、味)"之称,炒制要点是"手不离茶,茶不离锅,炒中带揉,连续操作,茸毛不落,卷曲成螺"。碧螺春的品质特点是条索纤细,卷曲成螺,茸毛披覆,银绿隐翠,清香文雅,浓郁甘醇,鲜爽生津,回味绵长。

品尝碧螺春茶,在白瓷茶杯中放入茶叶,先用少许热水浸润茶叶,待芽叶稍展开后,续加热水冲泡2~3分钟,即可闻香、观色、品评。碧绿纤细的芽叶沉浮于杯中,香气扑鼻而来,鲜爽怡人。

黄山毛峰产于黄山地区,由于山高,土质好,温暖湿润,"晴时早晚遍地雾,阴雨成天满山云",云雾缥缈,很适合茶树生长,产茶历史悠久。据史料记载,黄山茶在400余年前就相当著名。《黄山志》称"莲花庵旁就石隙养茶,多清香,冷韵袭人断腭,谓之黄山云雾"②。黄山云雾茶即黄山毛峰的前身。

黄山毛峰分特级和一、二、三级,特级黄山毛峰形似雀舌,白毫显露,色似象牙,鱼叶金黄。冲泡后,清香高长,汤色清澈,滋味鲜浓、醇厚、甘甜,叶底嫩黄,肥壮成朵。其中"鱼叶金黄"和"色似象牙"是特级黄山毛峰外形与其他毛峰不同的

① 陆羽.茶经·八之出[M]//罗庆芳.中国茶典.贵阳:贵州人民出版社,1982.
② 陈宗懋.中国茶经[M].上海:上海文化出版社,1992.

两大明显特征。

祁红是祁门红茶的简称。产于安徽省祁门、东至、贵池、石台、黟县，以及江西的浮梁一带。祁红采制工艺精细，采摘一芽二、三叶的芽叶做原料，经过萎凋、揉捻、发酵，使芽叶由绿色变成紫铜红色，香气透发，然后进行文火烘焙至干。红毛茶制成后，还须进行精制，精制工序复杂耗时，经毛筛、抖筛、分筛、紧门、撩筛、切断、风选、拣剔、补火、清风、拼和、装箱而制成。高档祁红外形条索紧细苗秀，色泽乌润，冲泡后茶汤红浓，香气清新芬芳、馥郁持久，有明显的甜香，有时带有玫瑰花香。祁红的这种特有的香味，被国外不少消费者称之为"祁门香"。

祁红在国际市场上被称之为"高档红茶"，特别是在英国伦敦市场上，祁红被列为茶中"英豪"，每当祁红新茶上市，人人争相竞购，他们认为"在中国的茶香里，发现了春天的芬芳"。

中国茶之美除了色、香、味等自然美的方面，以及众多的茶诗茶文等历史文化遗存，还有着许多美好的传说，如乌龙茶中关于铁观音和大红袍的传说。

铁观音原产安溪县西坪乡，已有 200 多年的历史。关于铁观音品种的由来，在安溪还流传着两种历史传说：一说是西坪茶农魏饮做了一个梦，梦见观音菩萨赐给他一株茶树，挖来栽种而成；另一说是安溪尧阳一位名叫王士谅的人在一株茶树上采叶制成茶献给皇上，皇上赐名"铁观音"而得。铁观音茶的采制技术特别，不是采摘非常幼嫩的芽叶，而是采摘成熟新梢的二、三叶，俗称"开面采"。采来的鲜叶力求新鲜完整，然后进行凉青、晒青和摇青(做青)，直到自然花香释放、香气浓郁时进行炒青、揉捻和包揉(用棉布包茶滚揉)，使茶叶蜷缩成颗粒后进行文火焙干。制成毛茶后，再经筛分、风选、拣剔、匀堆、包装制成商品茶。铁观音是乌龙茶的极品，其品质特征是：茶条卷曲，肥壮圆结，沉重匀整，色泽砂绿，整体形状似蜻蜓头、螺旋体、青蛙腿。冲泡后汤色金黄浓艳似琥珀，有天然馥郁的兰花香，滋味醇厚甘鲜，回甘悠久，俗称有"音韵"。铁观音茶香高而持久，可谓"七泡有余香"。

"大红袍"是武夷岩茶中的名品，生长在武夷山高岩峭壁上。这里日照短，多反射光，昼夜温差大，岩顶终年有细泉浸润。这种特殊的自然环境，造就了大红袍的特异品质。大红袍茶树都是灌木茶丛，叶质较厚，芽头微微泛红，阳光下，由于岩光反射，红灿灿十分醒目。关于"大红袍"的来历，有一段动人的传说。传说古代天心寺和尚用武夷山岩壁上的茶树芽叶制成的茶治愈了一位赶考遇病的秀才，这位秀才后来考中状元，特意来武夷山将身上穿的红袍盖在茶树上以表感谢之情，红袍将茶树都染红了，"大红袍"茶名也由此而来。

"大红袍"的品质特征是外形条索紧结，色泽绿褐鲜润，冲泡后汤色橙黄明亮，叶片红绿相间，典型的叶片有绿叶红镶边之美感。大红袍品质最突出之处是香气馥郁，有兰花香，香高而持久，"岩韵"明显。大红袍很耐冲泡，冲泡七八次仍有香味。品饮“大红袍”茶,必须按“工夫茶”小壶小杯细品慢饮的程式,才能真正品尝到岩茶之巅的韵味。

中国茶种类繁多,它们身上不仅有着悠久的历史和美丽的传说,而且这些历史和传说也寄托着人们对大自然和美好生活的一种祈愿。

(二)茶叶的工艺学分类及其不同的审美特性

如果我们对茶叶不从产地上来划分,也不从历史上去考证,而是从茶叶的色泽、外观、香味等作一区分,可以对茶叶进行工艺学的分类,也可以总结出它们不同的审美特性。

1. 红茶

红茶属发酵茶类,基本工艺过程是萎凋、揉捻、发酵、干燥。我国红茶种类较多,产地较广,有我国特有的工夫红茶和小种红茶,也有与印度、斯里兰卡相类似的红碎茶。红茶的品质特点是红汤红叶。优质红茶的干茶色泽乌黑油润,冲泡后具有甜花香或蜜糖香,汤色红艳明亮,叶底红亮。红茶有祁红、滇红、川红、闽红等多种名茶。

2. 绿茶

我国绿茶生产历史最久,品类最多,外观造型千姿百态,香气、滋味各具特色,清汤绿叶,十分诱人。绿茶的种类很多,品质优良的绿茶,其特点是干茶色绿,冲泡后清汤绿叶,具有清香或熟栗香、甜花香等,滋味鲜醇爽口,浓而不涩。

绿茶名品如龙井,干茶外形扁平,嫩绿光滑,茶汤清香明显,汤色黄绿明亮,滋味鲜甜淳厚,有鲜橄榄的回味。“旗枪”外形与龙井相似,但扁平、光滑的程度不及龙井,显得比较毛糙。特级旗枪冲泡后一芽一叶,形似一旗一枪,因而得名,香味也类似龙井。珠茶的干茶为圆形颗粒状,很重实,有“绿色珍珠”之称,色泽乌绿油润,冲泡后汤色、叶色均黄绿明亮,滋味浓厚,耐冲泡。

其他如碧螺春干茶条索纤细匀整,呈螺形卷曲,白毫显露,色绿,汤色碧绿清澈,清香、味鲜甜。六安瓜片,叶成单片,形似瓜子,叶色翠绿起霜,滋味鲜甜。安化松针,外形细紧挺直似松针,披白毫,叶色翠绿,味甜醇。信阳毛尖,条索细紧圆直,翠绿色,白毫显露,有熟板栗香,滋味鲜醇。凌云白毫,条索壮实披白毫,滋味浓厚鲜爽、清香。庐山云雾,外形条索细紧,青翠多毫,香气鲜爽,滋味醇厚。黄山毛峰,外形芽肥壮,形似“雀舌”,带有金黄片,因而叶色嫩绿金黄油润,密披白毫,滋味鲜浓,冲泡后芽叶成朵。太平猴魁,干茶形如含苞待放的白兰花,肥壮重实,色苍绿,叶脉微泛红,冲泡后略带花香,滋味鲜醇。

3. 白茶

白茶属轻微发酵茶类,基本工艺过程是晾晒、干燥。白茶的品质特点是干茶外表满披白色茸毛。色白隐绿,汤色浅淡,味甘醇。白茶是我国特产,有白银针、

白牡丹、贡眉、寿眉等品种。白茶最主要的特征是茶叶颜色银白,有“绿妆素裹”之美感,芽头肥壮,汤色黄亮,滋味鲜醇,叶底嫩匀。

明代田艺蘅所著《煮泉小品》对白茶有这样的描写:“茶者以火作者为次,生晒者为上,亦近自然……青翠鲜明,尤为可爱。”①

4. 黄茶

黄茶属轻发酵茶类,基本工艺近似绿茶,但在制作过程中加以闷黄,因此具有黄汤黄叶的特点。黄茶制作历史悠久,有不少名茶都属此类。黄茶的最显著的特征是“黄汤黄叶”,多数芽叶细嫩,显毫,香味鲜醇。黄茶中的名茶有:君山银针、蒙顶黄芽、沩山毛尖等。

5. 乌龙茶

乌龙茶又名青茶,属半发酵茶类,基本工艺过程是晒青、晾青、摇青、杀青、揉捻、干燥。其品质特点是,既有绿茶的清香和花香,又有红茶醇厚的滋味。乌龙茶种类因茶树品种的特异性而形成各自独特的风味,产地不同,品质差异也十分显著。乌龙茶的冲饮别具特色,后文将专门予以论述,于此不赘。

6. 花茶

花茶,又名窨花茶、熏花茶、香片茶等。茶叶吸收了花香,饮之既有茶味又有花的芬芳,是我国北方非常适销的一种再加工茶类。花茶有茉莉烘青、珠兰大方、桂花绿茶、玫瑰红茶等品类。

花茶是诗一般的茶叶,是融茶味之美、鲜花之香于一体的茶中艺术品。花茶,茶叶滋味为茶汤的味本,花香为茶汤滋味之精神,茶味与花香巧妙地融合,构成茶汤适口、芬芳的韵味,两者珠联璧合,相得益彰。

二、茶汤与茶具——天作之美

人们对美满的婚姻有一个说法叫作“天作之合”,而茶汤与茶具的关系就有点与婚姻类似,好茶要有好的茶具才相配。茶具对茶的冲饮非常重要,因此,笔者把茶汤与茶具的关系喻之为“天作之美”。

我们首先对中国人的饮茶文化做一个历史的考察。

中国和世界的茶叶文化最初起源于中国的巴蜀地区,到了西汉时期,巴蜀地区已饮茶成风,并在这一地区形成了贸易场所,同时还有了专门的饮茶用具。

公元前59年,西汉王褒的《僮约》已有“烹茶尽具,已而盖藏”、“牵犬贩鹅,武阳买茶”这样的句子,这说明,在汉代,饮茶已经是一件很重要的事情了。

唐代,随着国力的强盛,茶文化获得了前所未有的发展。在种植上,实现了茶树的人工种植;在饮茶方式上,有了专门的烹茶方法;在茶具的使用上,进行了系

---

① 陈宗懋. 中国茶经[M]. 上海:上海文化出版社,1992.

列化的分类,使之从食具中分离出来。茶圣陆羽在其《茶经·四之器》中就列举了共计28种茶具。唐代的文人聚在一起饮茶做诗,僧侣们办茶会、行茶礼、写茶诗、著茶书、颂茶德。可以说,唐代是一个茶文化大普及、茶艺大提高、茶文学大繁荣的时代,从这时起,饮茶开始讲究意境,同时也具有了道与德的标准。

宋代茶文化在唐代的基础上继续有所发展,其成就不仅体现在贡茶的茶饼表面印有图案,采制技艺更加精细、茶书荟萃、斗茶盛行,而且在宋代,饮茶成为一种注重情趣、追求艺术的审美活动。

元代尽管非常短暂,但对饮茶风尚的发展贡献很大,当时散茶逐渐开始代替饼茶。而到了明代,民间茶馆文化勃兴,斗茶之风消失,人们尤其是士大夫阶层对饮茶艺术的追求和审美又达到了一个新的层次,文人雅士更注重自然美、环境美、茶具美、水质美。

茶在清代的最大特色是:茶馆之多历史少有,并且类型繁多。其中有:文人雅士饮茶的清茶馆;供茶客听书的书茶馆;附设赌场的茶馆;附带提供点心、小吃的茶馆及调解、聊天的吃讲茶。茶与各种文化艺术形式结合在一起,使清代茶文化得到了空前的发展。

综上所述,在饮茶的历史上,无论是饮茶习俗还是烹沏茶方式,都是在不断变化的,作为饮茶之用具——茶具也是不断发展变化的。

茶具在中国茶人中是最为讲究的,饮什么茶用何种茶具是有严格的区分的,一般根据茶具就可看出喝什么类的茶。用金、银、铁、瓷、玻璃等材质紧密、表面光滑的茶具喝茶,是喝茶香清淡的绿茶、白茶类,如龙井、君山银针等。用质地较软的陶制茶具来喝茶,是喝茶香浓厚的乌龙茶类,如观音、普洱等。用造型较大的可直接在火上烧的茶具则是喝黑茶等必须烹煮的茶。喝什么茶用什么茶具,这是配套的协调美。

茶具的美要从质、型两个方面来评品。

质:在我国茶具发展史上,根据当时人们的审美观和所喝茶的种类不同,用作茶具的分别有陶器、瓷器、铜器、锡器、金器、银器、玉器、漆器、铁器、搪瓷器、玻璃器等。从现代人的角度来说,金器、银器、玉器表现出富丽、高贵的美;陶器表现出古朴、纯真的美;瓷器则给人以恬静、清雅的感觉。

型:茶具的造型与质地相关。金器、银器除重视造型外很注重纹饰美;瓷器、漆器讲究线条的流畅;陶器的造型最为多种多样,且以古朴、雅致为主。

下面,我们以乌龙茶和绿茶为例来看茶的冲泡以及茶汤与茶具的巧妙搭配。

(一)乌龙茶的冲泡

乌龙茶属于半发酵茶,制工精细,综合了红、绿茶初制的工艺特点,使之兼具红茶之甜醇,绿茶之清香。其味甘浓而馥郁,无绿茶之苦,乏红茶之涩,性和而不

寒，久藏而不坏，香久愈精，味久益醇。高级乌龙更有特殊“韵味”（如武夷岩茶具有岩骨花香之“岩韵”，铁观音之“观音韵”），使得乌龙茶特别引人注目。

乌龙茶的品饮，以闽南人和广东潮汕人最为考究，因其冲泡时颇费工夫，亦称之为“工夫茶”。地道的潮汕工夫茶，所用的水需山坑石缝水，而火必以橄榄核烧取，罐则用酥罐，选用上品乌龙茶，经复杂的冲泡程序，才能充分发挥出乌龙茶特有的色、香、味。正所谓茶鲜、水活、器美、艺宜，缺一不可。

1. 茶鲜

“饮茶贵乎茶鲜”，所谓茶鲜，即保持茶叶色、香、味、形的品质风格，较长时间（通常要求近新，12 个月左右）维持其固有的新鲜状态。乌龙茶的贮存，较绿茶容易，保藏良好的乌龙，时间稍长滋味反而醇厚；若疏于保存，茶叶很容易陈化变质，茶味淡薄不爽，香气渐失。因此，藏茶，保持茶鲜，是饮茶人之要紧大事。

影响茶叶变质的环境条件，主要是温度、水分、氧气和光线。温度越高，氧化聚合等化学反应速度越快，陈化速度越快；茶叶水分含量超过 6%，化学反应亦激烈，而茶叶吸湿性极好，一旦超过安全含水量（高级名茶 5 %，一般是 10%），就会发霉变质，失去饮用价值；氧气是氧化反应的必要条件，应隔离；光能促进植物色素或脂质的氧化，特别是叶绿素易受光的照射而褪色，所以茶叶应置于阴暗处。由此可见，藏茶之要旨在于干燥、低温（至少要求室温）、隔绝空气和光线，此外还需不受挤压和撞击，包装和贮藏材料要洁净无异味，以保持茶的原形、本色和真味。

2. 水活

品茶必先试水。蔡襄《茶录》言道：“茶者，水之神。水者，茶之体。非真水莫显其神，非精茶曷窥其体。”可见，再好的茶，无好水衬托配合，茶的优异品质也无法体现。

据现代科学理论，饮用或泡茶，以软水为宜。软水泡茶，汤色明亮，香气清高，滋味鲜爽；硬水泡茶，汤色浑暗，滋味带涩。除了蒸馏水、雨水和雪水属于软水外，江水、河水、湖水、泉水、井水都属硬水，但多为暂时硬水，煮沸则变为软水。

山水和泉水（不含硫黄的水）源出山岩，经过砂石过滤，清澈洁净，甘美清冽，加上活水漫流，可吸收新鲜空气。煮沸后的开水为软水，用之泡茶，色香味俱佳。但是，如《茶经》所言，瀑涌湍急的山泉不能饮，泉不流者亦不可用，否则疾病暗生。

现如今的城镇自来水因经消毒处理，增加了氯的含量，对泡茶不利。可将自来水贮于盛水器具内，静置一昼夜，让氯气散尽，再煮沸泡茶。

有了好水，将之烧至沸腾亦有讲究。所谓“活水还需活火煎”，活火是指有焰而无烟，古时候用炭，所以特别强调这点。现代用煤气、液化气、电等，都适宜烧水，使用时仍应注意“有焰而无烟”。关于开水沸腾程度，茶书多有精辟阐述，简单来说,水刚沸,边缘如涌泉连珠即可,此时温度刚好100℃,再继续烧,水就老了,不适于泡茶。

3. 器美

品饮乌龙,首重风韵,慢斟细啜方能领略,故对茶具亦特别讲究,堪称六大茶类之最。茶具要求小壶小杯,玲珑别致,配套成趣。传统的工夫茶,所谓的"茶室四宝",缺一不可。四宝即玉书碨、潮汕炉、孟臣罐、若琛瓯。①

除了这四种必备茶具外,乌龙茶的冲泡中,还要用到其他名目繁多的茶具,具体包括以下几种:

茶船和茶盘。茶船形状有盘形、碗形,茶壶置于其中,盛热水时供暖壶烫杯之用,又可用于养壶。茶盘则是托茶壶茶杯之用。现在常用的是两者合一的茶盘,即有孔隙的茶盘置于茶船之上。这种茶盘的产生,是因为乌龙茶的冲泡过程较复杂,从开始的烫杯热壶,以及后来每次冲泡均需热水淋壶,双层茶船,可使水流到下层,不致弄脏台面。茶盘的质地不一,常用的有紫砂和竹器。

茶海。茶海形状似无柄的敞口茶壶。因乌龙茶的冲泡非常讲究时间,就是几秒十几秒之差,也会使得茶汤质量大大改变。所以即使是将茶汤从壶中倒出的短短十几秒时间,开始出来以及最后出来的茶汤浓淡都非常不同。为避免浓淡不均,要先把茶汤全部倒至茶海中,然后再分至杯中。同时,可沉淀茶渣、茶末。

茶荷。茶荷形状多为有引口的半球形,瓷质或竹质,用作盛干茶,供欣赏干茶并投入茶壶之用。好的瓷质茶荷本身就是工艺品。

闻香杯。闻香杯是供闻香之用,细长,是乌龙茶特有的茶具,多用于冲泡台湾高香的乌龙茶时使用。与饮杯配套,质地相同,加一茶托则为一套闻香组杯。

茶匙。茶匙多为竹质,如今亦有黄杨木质,一端弯曲,用来投茶入壶和自壶内掏出茶渣。

4. 艺精

茶鲜、水活、器美,还要有相宜的泡茶技艺,才能泡出好茶来。泡茶技艺对茶汤色香味的影响很大。

乌龙茶的冲泡程序之繁复考究,居六大茶类之冠。中国茶道表演,乌龙茶当是首选。在那缓慢的一道道程序中所感觉到的宁静安详,是其他茶类无法替代的。

乌龙茶的冲泡技艺,潮汕地区流传五项口诀:温壶烫杯,高冲低斟,刮沫淋盖,关公巡城,韩信点兵。这是乌龙茶冲泡的关键之所在。下面简介一下冲泡要点。

(1)孟臣淋漓。孟臣淋漓即温壶,是为了提高茶壶温度,避免壶吸收热量而

---

① 玉书碨即烧开水的壶。潮汕炉是烧开水用的火炉。孟臣罐即泡茶的茶壶,为宜兴紫砂壶,以小为贵。孟臣即明末清初时的制壶大师惠孟臣,其制作的小壶非常闻名。若琛瓯即品茶杯。

降低泡茶的水温,可使茶香充分发挥。

(2)仙泉浴盅。仙泉浴盅即烫杯,可使茶汤不致很快冷却,杯边接近茶汤温度,口感较好。

(3)高山流水。高山流水即指"高冲低斟"之高冲。提起盛水器于稍高处,并使水柱上下升降三次,将开水倒入壶中。此即"凤凰三点头",有向客人致敬之意,向内打圈表示欢迎客人,向外则有赶客之嫌。这种做法,一方面利用水柱的冲力使茶叶翻转,均匀打湿,便于冲泡,同时可促使茶叶散香;另一方面,则是出于传统文化的意涵。

(4)内外夹攻。内外夹攻是指再次注水入壶,盖好后,再用一泡的茶汤淋壶身。这时如使用无盖的茶船,茶船内积水涨到壶的中部,正所谓"内外夹攻"。茶汤淋壶,是养壶必做之程序。紫砂壶身经过茶汤的润泽,会焕发出紫砂特有的光泽和神韵。

(5)关公巡城。内外夹攻一段时间后,茶汤即可饮用。此时为避免分茶时茶汤浓淡不均,分茶采取巡回式,从茶壶将茶汤倒入茶杯,不要一次倒满,开始每杯先倒一点,然后巡回均匀加满,使每杯茶汤浓度一致。

(6)韩信点兵。韩信点兵是指从茶壶倒茶入杯将尽时,以"点"状滴入茶杯,每杯要滴得均匀,以求每杯茶汤浓度一致,戏称"韩信点兵"。

从上述乌龙茶的冲泡要诀可以管窥中国茶文化的博大精深,仅仅这些冲泡步骤和名称就让人心向往之,优美的茶艺流程更能让人得到一种美的熏陶。

(二)绿茶的冲泡

绿茶在色、香、味上,讲求嫩绿明亮、清香醇爽。在六大茶类中,绿茶的冲泡,看似简单,其实极考功夫。因绿茶不经发酵,保持茶叶本身的鲜嫩,冲泡时略有偏差,易使茶叶泡老闷熟,茶汤黯淡、香气钝浊。此外,又因绿茶品种最丰富,每种茶,由于形状、紧结程度和鲜叶老嫩程度不同,冲泡的水温,时间和方法都有差异,所以没有多次的实践,恐怕难以泡好一杯绿茶。

1. 水质

古人在茶书中大多论及用水。所谓"山水上,江水中,井水下"等,终不过是要求水甘而洁,活而新。从科学理论上讲,水的硬度直接影响茶汤的色泽和茶叶有效成分的溶解度,硬度高,则色黄褐而味淡,严重的会味涩以致味苦。此外,劣质水不仅无法沏出好茶,长期使用生成严重水垢,还会损坏茶具。所以泡茶用水,应是软水或暂时硬水,煮沸后再用。

2. 水温

绿茶用水温度,应视茶叶质量而定。高级绿茶,特别是各种芽叶细嫩的名贵绿茶,以80℃左右为宜。水温过高,易烫熟茶叶,使茶汤变黄,滋味较苦;水温过低,则香味低淡。至于中低档绿茶,则要用100℃的沸水冲泡,如水温低,则渗透性差,茶味淡薄。

3. 茶具

冲泡绿茶,比较讲究的可用玻璃杯或白瓷盖碗。玻璃杯比较适合于冲泡名茶,如西湖龙井、碧螺春、君山银针等细嫩绿茶,可观察到茶在水中缓缓舒展、游动、变幻。特别是一些银针类,冲泡后芽尖冲向水面,悬空直立,然后徐徐下沉,如春笋出土,似金枪林立。上好的君山银针,可三起三落,极是美妙。

古人使用的是盖碗。相比于玻璃杯,盖碗保温性好一些。一般来说,冲泡条索比较紧结的绿茶,如珠茶、眉茶,盖碗较好。好的白瓷,可充分衬托出茶汤的嫩绿明亮,且盖碗比较雅致,手感触觉是玻璃杯无法可比的。此外,由于好的绿茶不是用沸水冲泡,茶叶多浮在水面,饮茶时易吃进茶叶,如用盖碗,则可用盖子将茶叶拂至一边。

4. 冲泡方法

绿茶的冲泡,相比于乌龙茶,程序非常简单。第一步先要烫杯,烫杯之后,先将合适温度的水冲入杯中,然后取茶投入,不加盖。此时茶叶徐徐下沉,干茶吸收水分,叶片展开,现出芽叶的生叶本色,芽似枪叶如旗;汤面水汽夹着茶香缕缕上升,如云蒸霞蔚。如是碧螺春,此时则似雪花飞舞,叶底成朵,鲜嫩如生,叶落之美,有“春染海底”之誉。

第二节　艺术化和审美化的茶艺

饮茶习惯在中国人身上根深蒂固,已有上千年历史。自宋代始,茶就成为开门“七件事”之一:“盖人家每日不可阙者,柴米油盐酱醋茶。”[①]这从一个侧面说明:茶是中国人日常生活中不可缺少的一部分。

中国人崇尚自然谦和,不重形式。人们一般将饮茶作为生活的一部分,没有什么仪式,没有任何宗教色彩,茶是生活必需品,高兴怎么喝,就怎么喝。

茶在人们的日常生活中首先被当成饮料,利用茶的自然功能,用以清神益智、助消化等。另外,茶除了这自然功能外的又一重要功能是精神方面的。人们在饮茶过程中讲求精神享受,对水、茶、器具、环境都有较高的要求;同时以茶培养、修炼自己的道德品质,在各种茶事活动中去协调人际关系,求得自己思想的自信、自省,也沟通彼此的情感,以茶会友。在品茶过程中,人们与自然山水结为一体,接受大地的雨露,领悟茶中之趣。

茶本身存在着一种从形式到内容,从物质到精神,从人与物的直接关系到成

① 吴自牧. 梦粱录[M]. 卷十六. 济南:山东友谊出版社,2001.

为人际关系的媒介的过程，逐渐形成传统东方文化的一个独特分支——中国茶文化。饮茶所讲究的是情趣，“寒夜客来茶当酒”的境界，不但表露出宾主之间的和谐欢愉，而且孕育着一种高雅的情致。特别是中国古代的文人以茶激发文思，道家以茶修身养性，佛家以茶解睡助禅等，物质与精神相结合，使人们在精神层次上得到了一种升华。

一、茶艺与茶道的观念

在中国茶文化发展历史进程中，茶艺与茶道无疑占据着非常重要的地位。

所谓茶艺，包括茶叶品评技法和艺术操作手段的鉴赏以及整个品茶过程所体现的美好意境，是人们在长期饮茶活动中形成的特殊文化现象。尽管茶艺这个词出现比较晚，但茶艺活动历史悠久，文化底蕴深厚。它包括：选茗、择水、烹茶技术、茶具艺术、环境的选择创造等一系列内容。茶艺背景是衬托主题思想的重要手段，它渲染茶性清纯、幽雅、质朴的气质，增强艺术感染力。不同风格的茶艺有不同的背景要求，只有选对了背景才能更好地领会茶的滋味。茶艺，主要体现为泡茶的技艺和品尝的艺术。其中，又以泡茶的技艺为主体，因为只有泡好茶之后才谈得上品茶。但是，品茶是茶艺的最后环节，如果没有品尝，泡茶就成了无的放矢，泡的目的本来就是为了要品。而且，只有通过品尝过程中的各种感受和遐想，产生审美的愉悦，才有可能进入诗化的境界，达到哲理的高度，才可能升华为茶道。

中国的茶道精神至少可以追溯到西晋杜育的《荈赋》，但是直到唐代中期才出现“茶道”概念，最早见于诗僧皎然的《饮茶歌·诮崔石使君》。

然而，纵观中国古代茶学史，虽然出现了众多的茶书，如《茶经》《茶述》《茶谱》《茶录》《茶论》《茶说》《茶考》《茶话》《茶疏》《茶解》《茶董》《茶集》《茶乘》《茶谭》《茶笺》，等等，但就是没有一本叫《茶道》，也没有一本茶书中有专门谈论“茶道”的章节。“茶道”概念在我国出现很早，但是传承却时断时续，其中原因，恐与茶圣陆羽有关。身为茶人和诗僧的皎然，第一个提出茶道观念，其挚友陆羽定然不会不知道。但是稍晚出现的陆羽《茶经》却闭口不谈“茶道”一词，也没有正面叙述茶道精神的段落或词句。这似乎只能有一个解释：陆羽并没有接受皎然“茶道”的观念。从小在寺院长大而最后离开寺院还俗的陆羽在《茶经》中重点阐述的是煮茶技艺（茶艺）和对茶汤的观赏，对茶具的实用性和艺术美非常重视，而对于从宗教意味或从“形而上”角度来思考茶道问题，显然没有皎然那样的兴趣。

中国文人真正接近于揭示茶道实质的是明末清初的杜濬，他在《茶喜》一诗的序言中曾经指出：“夫予论茶四妙：曰湛、曰幽、曰灵、曰远。用以澡吾根器，美吾智意，改吾闻见，导吾杳冥。”

所谓茶之四妙，是说茶艺具有四个美妙的特性。“湛”是指深湛、清湛；“幽”

是指幽静、幽深；“灵”是指灵性、灵透；“远”是指深远、悠远。这些都与饮茶时生理上的需求无关，而是品茶意境上的不同层面，是对茶道精神的一种概括。所谓“澡吾根器”是说品茶可以使自己的道德修养更高尚；“美吾智意”是说可以使自己的学识智慧更完美；“改吾闻见”是说可以开阔和提高自己的视野；“导吾杳冥”则是使自己彻悟人生真谛，进入一个空灵的仙境。这正是现代茶人们所要追求的茶道精神境界。

中国的茶文化最早是在民间土壤上发育起来的。在中国是先有庶民茶文化，后来才被统治阶级所接受，形成宫廷以及贵族茶文化。在唐代，民间的饮茶风习之盛已达到“茶为食物，无异米盐”、“远近同俗”、“难舍斯须”、“田闾之间，嗜好尤甚”[1]的程度。茶叶已成为百姓们日常生活“开门七件事之一”的必需品，以茶提神解乏，以茶养生，以茶自娱，以茶敬客，以茶赠友，以茶定亲，以茶祭祀，等等，均早已形成风俗习惯。然而，整日里为生活忙碌奔波的劳苦大众，不可能去自觉地追求什么茶道精神。文人雅士们追求所谓“达则兼济天下，穷则独善其身”，仕途得意时忙于政务，无心也无暇来过问茗饮之理，失意时则隐退山林不问政事，只以茶来排忧解闷，寻求解脱。即便是一些闲适文人醉心于品茗技艺的探研，醉心于品茶时追求诗意的审美境界，也不愿将其过度仪式化，从而失去了生活的本真之趣。也许，儒、道、释三教合一，已解决了尘世、人间与天国的争执，而这是否就是中国茶道观念始终不能彰显的一个重要原因呢？值得我们三思。

二、中国茶艺的发展历程

中国人饮茶饮了几千年，开始是将茶作为食物，然后作为药物，后来成为饮品。在中国古代，茶汤不单单是一种饮料，而且还具有审美价值。对茶汤泡沫的欣赏则完全是为了满足人们的审美要求。唐代是中国古代茶文化的辉煌时期，这个时期有一大批文人介入茶事活动，撰写了众多的茶诗，提升了饮茶的文化品位，使品茗成为一种艺术享受。其中，如孟浩然、王昌龄、李白、皎然、卢仝、白居易、元稹、杜牧、齐己、刘禹锡、皮日休、陆龟蒙等人，都留下许多脍炙人口的茶诗，对唐代品茶艺术的发展产生了积极的影响。唐代诗人们品茶，已经超越解渴、提神、解乏、保健等生理上的满足，着重从审美的角度来品赏茶汤的色、香、味、形，强调心灵感受，追求达到天人合一的最高境界，这从他们的众多茶诗中可以得到印证。如卢仝在《走笔谢孟谏议寄新茶》中描写的“七碗茶”就很典型：“一碗喉吻润，两碗破孤闷。三碗搜枯肠，惟有文字五千卷。四碗发轻汗，平生不平事，尽向毛孔散。五碗肌骨轻，六碗通仙灵。七碗吃不得也，惟觉两腋习习清风生。”这样的品茶已经不再把茶汤当作是一种饮料，而是作为艺术欣赏的对象或者是诗人们审美

① 刘昫. 旧唐书 · 李珏传[M]. 北京：中华书局，1975.

活动的一种载体。

陆羽的《茶经》对唐代的品茗艺术进行了全面总结："一曰造，二曰别，三曰器，四曰火，五曰水，六曰炙，七曰末，八曰煮，九曰饮"，涉及茶叶采造、鉴别、茶具、用火、用水、炙茶、碾末、煮茶、饮用九个方面。唐代盛行煮茶法，陆羽特别重视煮茶时要培育出美丽的"沫饽"，称之为"汤之华"。陆羽用了枣花、青萍、鳞云、绿钱、菊英、积雪、春藪等一连串美丽的名词来形容茶汤的泡沫，可见他对此是何等的重视。其实，唐代的诗人们也都是很欣赏汤华的，常常用乳、花等美好字眼来形容："沫下麴尘香，花浮鱼眼沸"（白居易《睡后茶兴忆杨同洲》）、"铫煎黄蕊色，碗转麴尘花"（元稹《一字至七字诗·茶》）、"白云满碗花徘徊"（刘禹锡《西山兰若试茶歌》）。可以想象一下，唐代流行用青绿色的秘色瓷茶碗，茶汤是金黄色，汤华又是"焕如积雪"的白色，一碗在手，真是令人赏心悦目，难怪诗人们会产生那么多美丽的联想。

唐代茶人们对"汤华"的追求对宋代饮茶风尚的影响很大，宋代的点茶法的最大特点正是对泡沫（汤华）的追求。斗茶时是以泡沫越多越白而取胜的，即所谓"斗浮斗色倾夷华"（梅尧臣《次韵和永叔尝新茶杂言》）。当宋代的茶人们发现将茶粉直接放在茶盏中冲点击拂会产生更多、更美的泡沫时，自然就会放弃唐代的煮茶方式。宋代的点茶法将"瓶缶"改为茶盏，将茶粉放入茶盏中用少量开水调匀后再冲点开水，然后用茶筅击拂使之产生泡沫。显然，用茶筅击拂产生的泡沫肯定比煮茶法要多也更美观。

宋代茶人们除了追求美丽的茶汤泡沫外，也讲究茶汤的真味。陆羽在《茶经》中虽然反对民间传统煮茶加进葱、姜、枣、橘皮、茱萸、薄荷等佐料，但是他还是保留了加盐的习惯。宋代的点茶则连盐也不用，单纯品尝茶叶的芳香和滋味。宋代的诗人们也写了大量歌颂茶汤色、香、味的诗句，经常三者并提，如"味触色香当几尘"（黄庭坚《送张子列茶》）、"色香味触映根来"（黄庭坚《奉同六舅尚书咏茶碾煎烹三首》）、"色味新香各十分"（葛胜仲《谢通判惠茶用前韵》）、"色香味触未离尘"（刘才邵《方景南出示馆中诸公唱和分茶诗次韵》）。而且还将三者称为"三绝"："遂令色香味，一日备三绝"（苏轼《到官病倦，未尝会客，毛正仲惠茶，乃以端午小集石塔，戏作一诗为谢》）。

宋代的茶书就将色香味列为三大标准。如蔡襄《茶录》指出："茶色贵白……以青白胜黄白"；"茶有真香……民间试茶皆不入香，恐夺其真"；"茶味主于甘滑"。[①] 宋徽宗的《大观茶论》则将"味"摆到第一位："夫茶以味为上，香甘重滑为味之全"；"茶有真香，非龙麝可拟"；"点茶之色，以纯白为上真"。[②]

---

① 陈彬藩．中国茶文化经典［M］．北京：光明日报出版社，1999．

② 陈彬藩．中国茶文化经典［M］．北京：光明日报出版社，1999．

明代品茶时更看重茶汤的滋味和香气,对茶汤的颜色也从宋代的以白为贵变成以绿为贵。明代的茶书如罗廪的《茶解》专门谈到"品",除了讲"茶须色香味三美具备",还主张品尝茶汤要徐徐啜咽,细细品味,不能一饮而尽,连灌数杯,毫不辨别滋味如何,等于是佣人劳作、牛饮解渴。真正的茶人品茶,最好是山堂夜坐,亲自动手,观水火相战之状,听壶中沸水发出像松涛一般的声音,香茗入杯,茶烟袅袅,恍若置身于云光缥缈之仙境,这样的幽人雅趣是难以和俗人讲清楚的。品茶讲究"幽趣",是明清文人在品茗活动中所追求的艺术情趣,也是中国茶艺的一大特色。

不仅如此,明清文人品茶还讲究环境的幽雅。徐渭在《徐文长秘集》中对品茗环境有概括性的论述:"品茶宜精舍,宜云林……宜永夜清谈,宜寒宵兀坐,宜松月下,宜花鸟间,宜清流白云,宜绿藓苍苔,宜素手汲泉,宜红妆扫雪,宜船头吹火,宜竹里飘烟。"许次纾的《茶疏》对品茗环境谈得更详细:"心手闲适,披咏疲倦,意绪棼乱,听歌拍曲,歌罢曲终,杜门避事,鼓琴看画,夜深共语,明窗净几,洞房阿阁,宾主款狎,佳客小姬,访友初归,风日晴和,轻阴微雨,小桥画舫,茂林修竹,课花则鸟,荷亭避暑,小院焚香,酒阑人散,儿辈斋馆,清幽寺观,名泉怪石。"①其中,"心手闲适"、"听歌拍曲"、"鼓琴看画"、"宾主款狎"、"访友初归"等等是属于品茗的人文环境,"明窗净几"、"洞房阿阁"、"儿辈斋馆"、"清幽寺观"等等是属于品茗的室内环境,而"风日晴和"、"轻阴微雨"、"小桥画舫"、"茂林修竹"、"荷亭避暑"、"小院焚香"、"名泉怪石"等等则是属于室外的自然环境。品茶品到这种地步,完全变成一种充满审美情趣的艺术行为,也标志着中国的茶艺至此已经高度成熟。

综上所述,对茶叶的色、香、味及艺术意境的追求一直是中国茶艺的重点。从唐、宋到明、清,泡茶方式是朝着自然、简约、生活化的方向发展的。与此同时,茶叶的制作方法也从蒸青、压汁、制饼发展为烘青、炒青以至摇青等方法,制作出能显示茶叶自然形态、色泽、香味的绿茶、黄茶、白茶和青茶等产品,形成了千奇百态、异彩纷呈的茶的世界。从中国茶艺的发展历程来看,中国人越来越追求茶叶本身天然的色、香、味、形,越来越注重品茶所带来的丰富的审美情趣。

三、茶艺与茶道的美学

美学理论认为:只有审美主体和审美客体形成一种对象性关系——审美关系,审美主体和审美客体相互作用在审美主体那里产生精神上的特殊体验——审美体验,这样的活动才是审美活动。

审美活动作为人把握世界的特殊方式,是人在感性与理性的统一中,按照"美

① 罗庆芳. 中国茶典[M]. 贵阳:贵州人民出版社,1982.

的规律"来把握现实的一种自由的创造性实践。在审美活动中，对生活与生产劳动过程及其结果的把握，更多是从感性形式方面进行的。换句话说，审美活动从直观感性形式出发，始终不脱离生活与生产劳动过程及其结果的直观表象和情感体验形式。但由于美的合规律性与合目的性的统一，所以审美活动又总是同时伴有一定的理性内容，会在理性层面上引发人们的深入思索。只是与那种一般认识活动不同，审美活动中的理性内容并不以概念为中介，即不是以概念形式出现，而是以情感、想象为中介，以形象为载体。正是由于这样，审美活动才得以保持着自由的独立品格。

饮茶活动之所以能够成为一种特殊的审美活动，恰恰是体现在茶艺上。即便是日常生活中的饮茶，也因为其具有精神的内涵而具有审美的性质。

这里我们还要注意茶艺与茶道的区别和联系。茶道是以修行得道为宗旨的饮茶艺术，包含茶礼、礼法、环境、修行四大要素。茶艺是茶道的基础，是茶道的必要条件，茶艺可以独立于茶道而存在。茶道以茶艺为载体，依存于茶艺。茶艺重点在"艺"，重在习茶艺术，以获得审美享受；茶道的重点在"道"，旨在通过茶艺修身养性、参悟大道。茶道的内涵大于茶艺，茶艺的外延大于茶道。我们这里所说的"艺"，是指制茶、烹茶、品茶等茶艺之术；我们这里所说的"道"，是指饮茶过程中所贯彻的精神。茶艺与茶道结合，艺中有道，道中有艺，是物质与精神高度统一的结果。茶艺、茶道的内涵、外延均不相同，应严格区别二者，不要使之混同。

"茶道"一词最早见于唐代诗僧皎然的《饮茶歌·诮崔石使君》一诗，唐封演的《封氏闻见记》卷六"饮茶"条中也有记载，可见，早在我国唐代，就已经饮茶有"道"了。但作为一种宗教则是最早出现于15世纪的日本。日本学者冈仓天心在《茶之本》一书中写到："在中国，8世纪时茶成为一种优雅的娱乐，甚至进入了诗歌领域。至15世纪，日本将此上升为一种审美主义宗教——茶道。"①

如果说，茶人通过品饮而悟道，这种过程就称作茶道，那么，中国早就有了茶道。但在中国，并没有出现宗教意义上的茶道。笔者以为，茶文化作为中国传统文化的一个重要组成部分，经过几千年的历史积淀，融汇了儒家、道家及佛家思想，是东方文化艺术殿堂中一颗璀璨的明珠，虽没有形成为宗教，但并非憾事。

自唐以来，中国出现了许多热衷于品茗艺术的文人雅士，如唐代的皎然、陆羽、卢仝、陆龟蒙、皮日休、白居易，宋代的蔡襄、欧阳修、苏轼、黄庭坚、陆游，以及明清时期的朱权、陆树声、许次纾、张源、张岱、罗禀、冒襄、袁枚等。甚至连一些帝王贵胄也加入茶人行列，为茶文化的发展推波助澜。如宋徽宗以帝王之尊，曾亲自碾茶、点茶、布茶，并写有一部茶学专著《大观茶论》。

美学意义上的美，不是日常意义上的美或漂亮，而是事物所呈现的另一种样

---

① 滕军. 日本茶道文化概论[M]. 北京：东方出版社，1992.

态,中国美学常用“意象”、“意境”、“境界”等词来指称,是一种境界美。每个人都有自己的境界,都生活在有一定意义的境域或意境之中,也可以说都诗意地栖居于一定的境界中,亲自经历和体验着自己的意境,正所谓“如鱼饮水,冷暖自知”。中国茶道之美有点类似于古人所讲的“理趣”,如“水中盐、蜜中花”,可体悟而不一定能直观得之。

由此来看,中国茶道恰恰体现的是一种境界,我们可以把中国茶道美学称之为关于茶的美的哲学,其根源可追溯到先秦和魏晋南北朝。奠定中国古典美学理论基础的宗师们不是佛学大师,而是大哲学家,如老子、孔子、庄子等。他们为茶道的理论打下了哲学性的基础,如“和”、“道”、“气”、“神”等,都是以哲学思想来发端和命题,而不是源于一些具体的饮茶活动。

从茶艺到茶道,并进而提出中国茶道美学,这已提升到了学科的层面。这种理论思考所形成的不仅是一门理论学科,更是一门理论和实践相结合的学科。它研究人们在茶道实践过程中对美的认识和创造,以及由此而产生的审美趣味和精神追求等。

中国茶道美学在发展过程中吸收了儒、道、佛三家的哲学理念。这种美学并不是强调从一般的表现形式上去欣赏和理解茶道的美,而是从中国哲学的“天人合一”理念出发,“涤除玄鉴”、“澄怀味象”,从小小的茶壶中去探求宇宙的玄机,从淡淡的茶汤中品悟人生的百味。

中国茶道美学不仅仅是茶事活动中追求美感的理论指导,更重要的是从哲学的高度广泛地影响茶人,特别是知识分子茶人的思维方式、审美情趣、艺术想象以及人格的形成。

四、诗僧皎然的美学观

作为最早觉悟到茶道的人——皎然,是唐代一位嗜茶的僧人。他,不仅知茶、爱茶、识茶趣,更常与茶圣陆羽以诗文酬赠唱和,成为莫逆,共同提倡“以茶代酒”的品茗风气,对唐代及后世的茶艺文化的发展有莫大的贡献。

皎然,俗姓谢,字清昼,湖州(今浙江吴兴)人,南朝谢灵运十世孙。生卒年不详,活动于上元、贞元年间(760—804年),是唐代著名的诗僧。

皎然早年信仰佛教,天宝后期在杭州灵隐寺受戒出家,后来徙居湖州乌程杼山山麓妙喜寺。皎然博学多识,不仅精通佛教经典,又旁涉经史诸子,为文清丽,尤工于诗,著作颇丰,有《杼山集》十卷、《诗式》五卷、《诗评》三卷及《儒释交遊传》、《内典类聚》、《號呶子》等著作流传于世。他不仅是一个诗僧,又是一个茶僧。他善烹茶,作有茶诗多篇,并与陆羽交往甚笃。

(一)诗僧、茶圣的莫逆之交

陆羽于唐肃宗至德二载(757年)前后来到吴兴,住在妙喜寺,与皎然结识。

陆羽曾在妙喜寺旁建一茶亭，由于皎然与当时湖州刺史颜真卿的鼎力协助，于唐代宗大历八年(773年)落成，由于落成当日正好是癸丑岁癸卯月癸亥日，因此取名为“三癸亭”。皎然并赋《奉和颜使君真卿与陆处士羽登妙喜寺三癸亭》以为志，诗云：

秋意西山多，列岑萦左次。
缮亭历三癸，疏趾邻什寺。
元化隐灵踪，始君启高诔。
诛榛养翘楚，鞭草理芳穗。
俯砌披水容，逼天扫峰翠。
境新耳目换，物远风烟异。
倚石忘世情，援云得真意。
嘉林幸勿剪，禅侣欣可庇。
卫法大臣过，佐游群英萃。
龙池护清澈，虎节到深邃。
徒想嵊顶期，于今没遗记。

该诗记载了当日群英齐聚的盛况，并盛赞三癸亭构思精巧，布局有序，将亭池花草、树木岩石与庄严的寺院和巍峨的杼山自然风光融为一体，清幽异常。时人将陆羽筑亭、颜真卿命名题字与皎然赋诗，称为“三绝”，一时传为佳话，而三癸亭更成为当时湖州的胜景之一。

皎然与陆羽，共同的爱好和志趣不仅体现在日常的饮茶谈禅论道上，更体现在他们的友谊中。皎然现存诗作中的名篇是《寻陆鸿渐不遇》，诗云：

移家虽带郭，野径入桑麻。
近种篱边菊，秋来未著花。
叩门无犬吠，欲去问西家。
报道山中去，归来每日斜。

在皎然的诗中，陆羽的隐士风韵和诗人的仰慕之情跃然纸上。后人有关茶圣陆羽的形象，不仅是从其所著《茶经》中获得，更从皎然的诗中得到了印证：

远客殊未归，我来几惆怅。叩关一日不见人，绕屋寒花笑相向。寒花寂寂偏荒阡，柳色萧萧愁暮蝉。行人无数不相识，独立云阳古驿边。凤翅山中思本寺，渔竿村口忘归船。归船不见见寒烟，离心远水共悠然。他日相期那可定，闲僧著处即经年！(《往丹阳寻陆处士不遇》)

陆羽隐逸生活悠然自适，行踪飘忽，使得皎然造访时常向隅，诗中传达出皎然因访陆羽不遇的惆怅心情，以情融景，更增添心中那股怅惘之情。

闲阶雨夜滴，偏入别情中。断续清猿应，淋漓候馆空。气令烦虑散，时与早秋同。归客龙山道，东来杂好风。（《赋得夜雨滴空阶，送陆羽归龙山》）

在《送陆羽归龙山》的诗中，语虽含蓄，却情深义重。

太湖东西路，吴主古山前，所思不可见，归鸿自翩翩。何山赏春茗？何处寻春泉？莫是沧浪子，悠悠一钓船。（《访陆处士羽》）

“赏春茗”、“弄春泉”、“悠悠一钓船”寥寥数语，将陆羽隐逸时的生活情调鲜明地勾勒出来。从皎然与陆羽交往期间所写下的许多诗句中，除了可以了解到这两位“缁素忘年之交”的深厚情谊外，这些诗作更可作为研究陆羽生平事迹的重要资料。

皎然是陆羽一生中交往时间最长、情谊亦最深厚的良师益友，他们在湖州所倡导的崇尚节俭的品茗习俗对唐代后期茶文化的影响甚巨，更对后代茶艺、茶文学及茶文化的发展产生了莫大的作用。

（二）淡泊名利的文人品格

皎然淡泊名利，坦率豁达，不喜送往迎来的俗套，《赠韦卓陆羽》：“只将陶与谢，终日可忘情。不欲多相识，逢人懒道名。”诗中将韦、陆二人比作陶渊明与谢灵运，表明皎然不愿多交朋友，只和韦卓、陆羽相处足矣，“不欲多相识，逢人懒道名”，其个性率真若此，大有陶渊明“我醉欲眠，卿且去”的真性情。

品茶是皎然生活中不可或缺的一种嗜好，《对陆迅饮天目山茶因寄元居士晟》一诗写到：“喜见幽人会，初开野客茶。日成东井叶，露采北山芽。文火香偏胜，寒泉味转嘉。投铛涌作沫，著碗聚生花。”友人元晟送来天目山茶，皎然高兴地赋诗致谢，叙述了他与陆迅等友人分享天目山茶的乐趣。

《湖南草堂读书招李少府》诗中有这样的句子：“削去僧家事，南池便隐居。为怜松子寿，还卜道家书。药院常无客，茶樽独对余。有时招逸史，来饭野中蔬。”饮茶、读书、饭野蔬，生活形态虽然简单，却是皎然养生的秘诀，从中也充分体现出他淡泊名利的文人品格。

（三）诗助茶香格自高——皎然的意境说

意境是中国哲学和美学中非常重要的一个范畴。而在意境理论中，皎然是一个不能被遗忘的人。

皎然由茶入诗，由诗入禅，又由禅悟出了意境。皎然的意境理论不仅是一种文艺审美的理论，更是一种人生的境界。

中国哲学在谈到人生境界时，往往借鉴佛家的说法表述为三个层次：第一层次是“见山是山，见水是水”；第二层次是“见山不是山，见水不是水”；最后一个层

次，也是最高层次——“见山还是山，见水还是水”。[①] 在皎然那里，人生境界是意境很重要的一个方面。作为诗人的皎然，对出世、入世也许并没有刻意地去追求，但对于人生的意境，他有着独特的理解。每个人都有自己的境界，都生活在有一定意义的境域或意境之中，也可以说都诗意地栖居于一定的境界中。如诗如茶，淡淡地去品味生活，这便是皎然的境界。

我们知道，唐代王昌龄首创了“意境”这个词。但是将比兴说、意象说、诗味说进一步融合起来，真正从本质上揭示意境范畴的却是皎然。皎然的《诗式》中明确将诗歌构思作为立意和“取境”过程。他认为诗歌韵味是超越于文字和诗人形象之上的。“诗人之思初发，取境偏高则一首举体便高，取境偏逸则一首举体便逸。”[②]

皎然不仅在理论上有所得，而且更在艺术实践中实现着自己的主张。他是这一时期茶文学创作的能手，他的茶诗、茶赋鲜明地反映出这一时期茶文化活动的特点和咏茶文学创作的趋向。“何山赏春茗？何处寻春泉？莫是沧浪子，悠悠一钓船。”皎然描写陆羽品茗时的悠然自乐，更体现了陆羽的与众不同。皎然所描写的是一种超然脱俗、遗世独立的美妙境界，这或许就是他心中所向往的“意境”吧。

“九日山僧院，东篱菊也黄；俗人多泛酒，谁解助茶香。”（《九日与陆处士羽饮茶》）

诗中提倡以茶代酒的茗饮风气，俗人尚酒，而识茶香的皎然似乎独得品茶三昧。

“晦夜不生月，琴轩犹未开。城东隐者在，淇上逸僧来。茗爱传花饮，诗看卷素裁。风流高此会，晓景屡徘徊。”（《晦夜李侍御萼宅集招潘述、汤衡、海上人饮茶赋》）

诗中描写了隐士逸僧品茶吟诗的娴雅情趣。

皎然追求美好的意境，然而他并不是一个只知谈玄论道的人。他推崇饮茶，是因为饮茶有着实实在在的好处，他有一首饮茶歌《饮茶歌送郑容》，诗云：

丹丘羽人轻玉食，采茶饮之生羽翼。
名藏仙府世莫知，骨化云宫人不识。
云山童子调金铛，楚人茶经虚得名。
霜天半夜芳草折，烂漫缃花啜又生。
常说此茶祛我疾，使人胸中荡忧栗。
日上香炉情未毕，乱踏虎溪云，高歌送君出。

---

① 普济. 五灯会元[M]. 卷十七. 北京：中华书局，1984.
② 许连军. 皎然《诗式》研究[M]. 北京：中华书局，2007.

皎然在诗中提倡禁酒饮茶,说茶不仅可以除病祛疾,荡涤胸中忧患,而且可以踏云而去,羽化飞升。“茶道”一词最早就是皎然在《饮茶歌·诮崔石使君》一诗中明确提出来的。他的《饮茶歌·诮崔石使君》,赞誉剡溪茶(产于浙江嵊县)清郁隽永的香气,生动描写了一饮、再饮、三饮的感受。

越人遗我剡溪茗,采得金芽爨金鼎。
素瓷雪色飘沫香,何似诸仙琼蕊浆。
一饮涤昏寐,情思爽朗满天地;
再饮清我神,忽如飞雨洒轻尘;
三饮便得道,何须苦心破烦恼。
此物清高世莫知,世人饮酒多自欺。
愁看毕卓瓮间夜,笑向陶潜篱下时。
崔侯啜之意不已,狂歌一曲惊人耳。
孰知茶道全尔真,唯有丹丘得如此。

这是一首浪漫主义与现实主义相结合的诗篇,“三饮”神韵相连,层层深入,把饮茶的精神享受做了最完美、最动人的歌颂。从皎然的诗中,我们可以体会到自然、朴素、修心、见性的诗境,也能明显地感受到其中所糅合的儒、释、道一体的思想感情。

皎然的诗对品茗意境的探索,潜移默化地影响到唐代中晚期的咏茶诗歌的创作。他所积极倡导的“意境”观念也深深影响了后世的中华美学,对整个东方美学的发展也是一个不可磨灭的贡献。

第三节　中国民间茶文化的审美趣味

茶是作为饮料而驰名中外的,所谓茶文化实质上就是饮茶文化,是饮茶活动过程中形成的文化现象。中国是茶文化的故乡,中国人在长期的饮茶活动中,形成了丰富多彩的民俗茶俗。这些民俗茶俗为人们沿袭和传承,包括民间文学中的神话、各种传说、故事以及民间歌谣、谚语、《竹枝词》、方言、歇后语等,洋洋大观、生动有趣,是人民群众口头创作并世代流传的文化艺术结晶,是最为鲜活的审美文化之源泉。

一、现代采茶戏

采茶戏是中国民间歌舞体裁的一种,流传于中国南方产茶区,如广东、广西、江西、福建、浙江、江苏、安徽、湖南、湖北、云南、贵州等省地的汉族地区,亦称“茶歌”、“采茶歌”、“唱采茶”、“灯歌”、“采茶灯”、“茶篮灯”等。

关于采茶戏的最早记载见于明王骥德《曲律》(1624年):“至北之滥,流而为《粉红莲》《银纽丝》《打枣杆》;南之滥,流而为吴之《山歌》,越之《采茶》诸小曲,不啻郑声,然各有其致。”

至清代,采茶戏的发展更趋完整、丰富。李调元《粤东笔记》中记载:“粤俗,岁之正月,饰儿童为彩女,每队十二人,人持花篮,篮中燃一宝灯,罩以绛纱,以絙为大圈,缘之踏歌,歌十二月采茶。”这说明采茶早在17世纪时已盛行于南方诸省。

新中国成立后,采茶戏这一为茶乡人民所喜闻乐见的艺术形式,在农村地区广为流传,并经加工整理和提高,搬上了舞台,如福建龙岩的《采茶灯》、云南的《十大姐》等。

现代采茶戏的表演通常为一男一女,或一男二女,后发展为数人至十数人的集体歌舞。表演者身着彩服,腰系彩带,男的手拿钱尺(鞭)以作扁担、锄头、撑船杆等道具,女的手拿花扇,以作竹篮、雨伞或盛茶器具,或拿纸糊的各种灯具,载歌载舞。表演内容多为种茶、制茶的劳动过程。采茶戏的舞蹈动作一般是以模拟采茶劳动中的动作为主,也有模仿生活中的动作,如梳妆、表示青年男女爱慕之情的动作等。有的地区在表演过程中,还穿插演唱与茶无关的小调或加入民间传说故事等。

现代采茶戏的音乐曲调有三类:

第一类是单纯的“茶歌”,为茶农劳动时唱的歌。茶歌的体裁有山歌、劳动号子、民间小调等,音乐结构比较简单。

第二类是载歌载舞的“茶灯”,即茶农将劳动动作稍做加工,伴之以茶歌,边歌边舞。其音乐在南方诸省各有特色,但骨架音基本相同,与当地流行的民歌、歌舞相结合,形成各省的独特风格。采茶歌舞中插入的小调很多,采茶音乐受小调影响很大,有些曲调甚至被小调所代替。

第三种是有简单情节的小戏。例如,赣南采茶戏,就是在采茶歌舞的基础上发展形成的板腔体音乐。它以富有茶歌特点的“茶腔”、“灯腔”为主,保留了大量采茶山歌、茶灯的曲调,并吸收了湖南花鼓戏、广西彩调的曲牌,形成乡土气息浓郁的地方小戏。

二、茶俗与茶歌

一般而言,大部分茶树长在山上,或者是山区,种茶采茶的茶农,劳动时为了愉悦自己而歌之咏之,便有了茶歌。可以说,从起源上来看,茶歌是山歌的一个品种。

作为一种文化现象,茶歌是由茶叶生产、饮用活动所派生出来的。从现存的茶史资料来看,茶成为歌咏的内容,最早见于西晋孙楚的《出歌》,其称“姜桂茶荈出巴蜀”,这里所说的“茶荈”,就是指茶。

茶歌的来源,一是由诗为歌,即由文人的作品而变成民间茶歌。第二个来源,是由谣而歌,民谚民谣经文人的整理配曲再返归民间。当然,茶歌的最主要的来源,则是茶农和茶工自己即兴创作的民歌或山歌,虽然不见于名家经传之中,但却更透着质朴、纯真之美,恰如李白诗中所说的“清水出芙蓉,天然去雕饰”。

在江西、福建、浙江、湖南、湖北、四川各省的方志中,都有不少茶歌的记载。这些茶歌,开始未形成统一的曲调,后来孕育出了专门的“采茶调”,以至采茶调和山歌、盘歌、五更调、川江号子等并列,发展成为我国南方的一种传统民歌形式。当然,采茶调变成民歌的一种格调后,其歌唱的内容,就不一定限于茶事或与茶事有关的范围了。

翻翻民歌集,茶歌占有不少篇幅,这也有其内在逻辑:中国的产茶区在南方,而这恰巧是民歌传统悠久的地区。比如,茶树的发源地云南,就是歌比花多的世外桃源。茶歌的主要内容包括以下几个方面。

(一)劳动茶歌

在歌唱劳动方面,著名的《采茶舞曲》是很好的例子:“溪水清清溪水长,溪水两岸好呀么好风光。哥哥呀你上畈下畈勤插秧,姐妹们东山西山采茶忙。插秧插到大天光,采茶采到月儿上。插得秧来匀又快,采得茶来满山香。你追我赶不怕累,敢与老天争春光,争呀么争春光。”

劳动茶歌的数量比较多,下面这些也比较著名:

《送茶歌》:“大田栽秧排对排,望见幺姑送茶来。只要幺姑心肠好,二天送你大花鞋。”“青青桑叶采一篮,竹心芦根配齐全。还有大娘心一片,熬成香茶送下田。”

《薅秧歌》:“太阳斜挂照胸怀,主家幺姑送茶来。又送茶来又送酒,这些主人哪里有。”四川农村薅秧有送茶送酒送盐蛋的习俗,农民边薅边唱歌是川西坝子“吼山歌”的重要形式。

《茶堂馆》:“日行千里未出门,虽然为官未管民。白天银钱包包满,晚来腰间无半文。”《掺茶师》:“从早忙到晚,两腿多跑酸。这边应声喊,那边把茶掺。忙得团团转,挣不到升米钱。”两首茶俗歌谣唱出了茶农茶工的艰辛和苦情。

(二)反映家庭及爱情的茶歌

反映家庭情感的茶歌的数量不算多,但有些还是比较精彩的,如四川茶歌《我要去看我的妈》:“巴山子,叶叶塔,巴心巴肝惦爹娘。圆茶盘,端茶来,方茶盘,端花来。不吃你的茶,不戴你的花,我要去看我的妈。”

以爱情为主题的茶歌数量众多,在这些茶歌中,茶只是一个背景或点缀,主要内容其实和茶没什么关系。比如浙江的茶山情歌:“一片茶叶两面青,旧年想你到

而今，旧年想你年纪少，今年想你正当龄。”茶在这首歌里，只是一个“起兴”的由头。

《太阳出来照红岩》：“太阳出来照红岩，情妹给我送茶来。红茶绿茶都不爱，只爱情妹好人才。喝口香茶拉妹手！巴心巴肝难分开。在生之时同路耍，死了也要同棺材。”

《高山顶上一棵茶》：“高山顶上一棵茶，不等春来早发芽。两边发的绿叶叶，中间开的白花花。大姐讨来头上戴，二姐讨来讴娃娃。唯有三姐不去讨，手摇棉车心想他。”

《望郎歌》：“八月望郎八月八，八月十五望月华。我手拿月饼来坐下，倒一杯茶香陪月华。我咬口月饼喝口茶，想起我情哥乱如麻。”“四月望郎正栽秧，小妹田间送茶汤。送茶不见情哥面，不知我郎在何方。”

（三）现代革命歌曲中的茶歌

中国现今的流行歌曲中，爱情主题的多如恒河沙数，但是却和茶关系不大。不过，如果把时间前推几十年，在革命歌曲中，倒也有茶的影子，比如那首《请茶歌》“同志哥，请喝一杯茶呀，请喝一杯茶”，旋律虽美，可是主题却既不是劳动也不是爱情，而是革命传统教育。再比如现代戏剧《沙家浜》故事就发生在阿庆嫂的春来茶馆，一开唱就语惊四座：“垒起七星灶，铜壶煮三江。摆开八仙桌，招待十六方。来的都是客，全凭嘴一张。相逢开口笑，过后不思量。”

（四）游戏茶歌

《王婆婆，在卖茶》是一首儿童做游戏所唱的茶俗歌：“王婆婆，在卖茶，三个观音来吃茶。后花园，三四马，两个童儿打一打。王婆婆，骂一骂，隔壁子幺姑说闲话。”这是一首用指头做游戏时唱的儿童茶俗歌。先将双手的大拇指中指、无名指撮在一起，各形成一个圈，然后将右手食指穿入左手圈内，将左手小指穿入右手圈内，左手食指与右手小指叠在一起，右手食指代表王婆婆，左手大拇指、中指、无名指代表三个观音，右手大拇指、中指、无名指代表三四马，左手食指和右手小指代表两个儿童，左手小指代表幺姑。游戏时，边唱歌边扣相关的指头。这首茶俗儿歌，形式活泼，易唱易记，老少皆宜，充分体现了劳动人民的智慧。

三、茶马古道：壮美的汉藏文化史诗

“茶马古道”起源于古代的“茶马互市”，可以说是先有“互市”，后有“古道”。“茶马互市”是我国西部历史上汉藏民族间一种传统的以茶易马或以马换茶为内容的贸易往来。宋代在四川名山等地还设置了专门管理茶马贸易的政府机构“茶马司”。茶马贸易繁荣了古代西部地区的经济，同时也造就了茶马古道这条重要的文化传播的路径。

茶马贸易，是以中原地区的“茶”和边疆少数民族地区的“马”为载体所开展的贸易活动。作为内地汉族地区与边疆少数民族地区经济往来的一种重要方式，在沟通各族人民之间的经济文化联系方面发挥了十分巨大的作用。

一般所说的茶马古道有两条，一条是由云南普洱经大理、中甸、德钦等地到西藏，另一条线路是从成都经理塘、巴塘到西藏。

实际上，还有一条线，就是走怒江大峡谷。

这是一条鲜为人知的道路，它由中国大西南横断山脉东侧的云南和四川的茶叶产地出发，以人背马驮这种最原始的运载方式，穿越横断山脉以及金沙江、澜沧江、怒江、雅砻江等大江大河向西延伸，蛛网般覆盖了中国的两大高原，最后通向喜马拉雅山南部的南亚次大陆。随着茶文化和藏传佛教的兴起和传播，随着茶马互市的开展，这条道路便成了名副其实的茶马古道。

1 000 多年来，茶马古道将云南、四川的茶叶输送到藏区，又将雪域的山货特产运到内地，抗日战争期间，它更成为中国为数不多的对外通道之一。就在承担民间货物运输的同时，这条遥远而无比艰险的道路更成为宗教文化以及沿途 20 多个少数民族文化传播交流的走廊。它不仅是连接汉藏等多民族的经济文化纽带，也成了人类为生存所激发的非凡勇气和所作出的超常努力的象征。

茶马古道穿过川、滇、甘、青和西藏之间的民族走廊地带，是多民族生活的地方，更是多民族演绎历史悲喜剧的大舞台，存在着永远发掘不尽的文化宝藏，自然界奇观、人类文化遗产、古代民族风俗痕迹和数不清、道不尽的缠绵悱恻的故事大多流散在茶马古道上。它是历史的积淀，蕴藏着人们千百年来的活动痕迹和执著的向往。

“以茶文化为主要特点，茶马古道成为了一道文化风景线。”北京大学的陈保亚认为，茶马古道不仅是一条交通要道，更是历史文化的载体。如伴随茶马古道而生的马帮文化、藏茶文化、商贸文化，因茶马古道得以相互交融的民族文化……“现在，茶马古道本身就是一种文化”。

四、茶馆折射出的艺术人文世界

西方历史学家对近代欧美的公共场所像咖啡馆、酒吧、沙龙等进行过相当深入的研究，他们特别注意人们的“公共生活”——人们在家庭圈子之外的活动，认为这些地方给朋友和不相识的人提供了社交场合。这些公共场所实际上是整个社会的缩影。

中国茶馆与西方的咖啡馆、酒吧和沙龙有许多相似之处，而且其社会角色更为复杂。茶馆不单单是休闲娱乐之地，追求闲逸只是茶馆生活的表面现象。从实际来看，其功能已远远超出休闲的范围，它甚至成为各种人物的活动舞台。

老舍先生于 1957 年创作的话剧《茶馆》，是他后期创作中最为成功的一部作

品，也是当代中国话剧舞台上最优秀的剧目之一，在西欧一些国家演出时，被誉为“东方舞台上的奇迹”。观看《茶馆》，犹如随老舍逛王掌柜父子两代经营的北京老茶馆。剧本展现自清末至民国近50年间茶馆的变迁，不仅是旧社会的一个缩影，而且还重现了旧北京的茶馆习俗。热闹的茶馆除了卖茶，也卖简单的点心与菜饭。玩鸟的在这里歇歇腿，喝喝茶，遛遛鸟。商议事情的，说媒拉纤的，也到这里来。茶馆是当时非常重要的地方，人们有事无事都可以坐上半天。

1958年，老舍先生在《答复有关〈茶馆〉的几个问题》中说：“茶馆是三教九流会面之处，可以容纳各色人物。一个大茶馆就是一个小社会。这出戏虽只三幕，可是写了50来年的变迁。在这些变迁里，没法子躲开政治问题。可是，我不熟悉政治舞台上的高官大人，没法子正面描写他们的促进与促退。我也不十分懂政治。我只认识一些小人物，这些人物是经常下茶馆的。那么，我要是把他们集合到一个茶馆里，用他们生活上的变迁反映社会的变迁，不就侧面地透露出一些政治消息么？这样，我就决定了去写《茶馆》。”可以说，正因为老舍先生有感于“一个大茶馆就是一个小社会”，才能写出《茶馆》这样的经典之作，成就了“东方舞台上的奇迹”。

老舍的《茶馆》也许已成为历史，但茶却永远会伴着中国人。在中国人的生活中，特别是在像老舍一样的文人知识分子那里，《茶馆》永远是一种境界。

在茶馆出现以前，中国古代歌舞艺人最初是利用自然地形演出，后来开始出现土台子，即无盖顶的露天之台，称为“露台”，观众于四周围观。

唐代是中国戏曲形成时期，演员的表演区开始建筑化，出现了“乐棚”。宋元是中国戏曲日臻成熟的时期，这时开始出现固定化的演出场所“勾栏”。固定的、集中的演出场所称“瓦舍勾栏”。勾栏是看棚、乐棚和露台三位一体的，内有戏台、后台、看席和神楼。元初杜善天套曲《庄家不识勾栏》中描述戏台上部像“钟楼模样”。为了便于观赏，观众席前低后高，全部是木质结构，初具剧场形制。北京明初时就有两条胡同以勾栏命名。

由于勾栏是木质结构，易于倒塌、着火，到明代开始衰落，取而代之的是遍布内外城的“茶园”。最初，茶园并没有特设的舞台，只是席前做场，后来较大的茶园开始特设舞台供演出之用，到清代最为盛行，称之为“茶园”或“茶楼”。这与北京人爱喝茶的习惯有关，一边品茗，一边听戏。

当时没有“戏票”一词，品茗听戏只付“茶资”，实际是戏价。

清中叶以后北京的茶园已颇具规模，随着四大徽班进京和京戏的形成与发展，人们就不以品茗为主，而是以听戏为主了。老北京著名的茶楼如位于繁华的前门外的广和楼，原为明末大盐商查氏私人花园。清康熙年间就改为茶园对外营业，初名查家茶楼、查家楼，后改称广和查楼。康熙曾到此看过戏，并赐台联：“日月灯，江海油，风雷鼓板，天地间一番戏场；尧舜旦，文武末，莽操丑净，古今来许多角色。”清末至民国初期是广和楼之黄金时代,喜连成、富连成科班长年在此演出,梅兰芳、周信芳、马连良等名角都曾在此登台献艺。其他茶园还有景泰园、阜成园等,都是清代早期的茶园。

天桥诸戏园往往也是由茶园演变而来的。天桥早期的茶园有泰轩园、万胜轩、天乐园、开桂园、小桃园、小小戏园、小吉祥戏园等,规模小,设备简陋,以演曲艺、杂耍、评戏和梆子为主。天桥市场形成于清末至民国初年,这里也是许多艺术家的摇篮。

考察历史不是本章的写作任务所在,我们的目的在于由史实中发现:茶馆不仅是“三教九流会面之处”,它很早就作为演出场所而存在,是一个重要的艺术和审美研究领域。当然这是一个漫长的历史演变过程,不同地区的称谓与特点也不同。

从历史上来看,不仅北京的茶馆富有艺术的韵味,成都的茶馆也令人流连忘返。成都人颇为自己的茶馆文化而自豪,甚至认为只有自己才配称“茶客”,当地民谚称“一市居民半茶客”。如果成都人写他们自己的城市,几乎都离不开茶馆。

成都茶馆之特点来自于其特殊的社会和生态环境 ,当然也与活动其中的茶馆老板、堂倌、小贩、艺人以及顾客有着密切的关系。作为一个文化和商业城市,成都需要有方便而舒适的公共场所作为人们的活动之地,茶馆便适应了这样的需求。

茶馆的名称、茶具以及其中的各色人等都反映出丰富的茶馆文化。在四川,人们一般不称茶馆而叫“茶铺”、“茶园”、“茶厅”、“茶楼”、“茶亭”以及“茶房”等,而茶铺为最通常的叫法。茶馆多设在有商业、自然或文化氛围兴盛之地,街边路旁引人注目是理想场所,河岸桥头风景悦目亦是绝妙选择,商业娱乐中心颇受青睐,至于庙会、市场更是茶馆的绝佳地点。

对成都人来说,“摆龙门阵”恐怕是茶馆最具魅力之处。据作家何满子回忆,在20世纪三四十年代,成都文人有其特定相聚的茶馆,当时他是一家杂志的编辑,约稿和取稿都在茶馆里,既省时间又省邮资。一些组织和学生也爱在茶馆开会,枕流茶社便是学生的聚会处,文化茶社是文人据点,而教师则在鹤鸣茶社碰头,每到节日和周末, 这些茶馆总是被客人挤得满满当当的。

茶馆同时在发展人们间的社会关系、维持社会稳定方面扮演着重要角色,从某种意义上讲,茶馆就是一个“民事法庭”。旧时在成都有一条不成文的规定,即市民间的冲突一般不到法庭解决,而是通过“吃讲茶”这种社会调解的方式去化解矛盾和纠纷。茶馆讲理一般是双方邀一位“德高望重”的长者或在地方有影响的人物作裁判,这种调解方式似乎有一些普遍性,例如,台湾电影《悲情城市》中黑道之间的矛盾也是通过“吃讲茶”来进行协调。

茶馆是一个社会的缩影。不仅在北京、成都这样的大城市,甚至一些小的市

镇也是如此。在茶馆里,文人可以得到写作的灵感,商人可以在融洽的气氛中做成生意,学生可以学到书本上没有的东西,更不用说小商小贩、民间艺人要依靠茶馆维持生计了。即使是在今天,戏院、歌舞厅、电影院等许多"现代"娱乐场所广泛流行以后,茶馆仍然是一个颇受欢迎的公共生活空间和艺术展示空间。

第四节　文人茶的美学意蕴

一、文人茶史话

中国是茶的故乡,茶文化源远流长。茶作为一种文化现象,与我国人民生活关系密切,自古至今,有许多文人与茶结缘,不仅写有许多对茶吟咏称道的诗章,还留下不少煮茶品茗的史话。

早在春秋时期就有关于茶最早的记载和文人对茶之爱,在我国第一部诗歌总集《诗经》中,即有"采荼薪樗,食我农夫","谁谓荼苦,其甘如荠"等记述。

而茶以文化面貌正式出现则可以追溯到汉代,汉代文人倡饮茶之举为茶进入文化领域开了个头。有正式文献记载的是汉人王褒所写的《僮约》。最早喜好饮茶的多是文人雅士,如在我国文学史上,提起汉赋,首推司马相如与杨雄,而他们两个都是早期著名茶人。司马相如曾作《凡将篇》,杨雄曾作《方言》,一个从药用、一个从文学角度都谈到了茶。

西晋左思的《娇女》诗也许是中国最早的专门的咏茶诗了。"心为茶荈剧,吹嘘对鼎鬲。"写的是左思的两位娇女,因急着要品香茗,就用嘴对着烧水的"鼎"吹气。与此差不多年代的还有两首咏茶诗:一首是张载的《登成都楼》,用"芳茶冠六清,溢味播九区"的诗句,赞成都的茶;一首是孙楚的《孙楚歌》,用"姜、桂、茶出巴蜀,椒、橘、木兰出高山"的诗句,点明了茶的原产地。随着饮茶习惯的日渐普及,到唐宋以后,有关茶的诗词骤然增多。这些茶诗茶词既反映了诗人们对茶的热爱,也反映出茶在人们文化生活中的地位。

魏晋以来,天下骚乱,文人无以匡世,渐兴清谈之风。这些人终日高谈阔论,必有助兴之物,于是多兴饮宴,所以最初的清谈家多酒徒,如竹林七贤。后来清谈之风发展到一般文人,但能豪饮终日不醉的毕竟是少数,而茶则可长饮且使人始终保持清醒,于是清谈家们就转而好茶,所以后期出现了许多茶人。而到南北朝时,几乎每一个文化、思想领域都与茶套上了关系。在政治家那里,茶是提倡廉洁、对抗奢侈之风的工具;在辞赋家那里,茶是引发思维以助清兴的手段;在佛家看来,茶是禅定入静的必备之物。这样,茶的文化、社会功用已超出了它的自然使用功能,两晋南北朝时中国茶文化初现端倪,到了唐朝终于形成了中国茶文化。

唐代不仅出现了我国第一部茶学专著——陆羽的《茶经》,在这个诗的朝代,茶诗也颇负盛名。如李白的《答族侄僧中孚赠玉泉仙人掌茶》:“茗生此中石,玉泉流不歇”;杜甫的《重过何氏五首之三》:“落日平台上,春风啜茗时”;白居易的《夜闻贾常州、崔湖州茶山境会亭欢宴》:“遥闻境会茶山夜,珠翠歌钟俱绕身”;卢仝的《走笔谢孟谏议寄新茶》:“唯觉两腋习习清风生”,“玉川子乘此清风欲归去”;等等。这些诗句有的赞美茶的功效,有的以茶寄托诗人的感遇,而广为后人传诵。诗人袁高的《茶山诗》:“黎甿辍农桑,采摘实苦辛。一夫旦当役,尽室皆同臻。扪葛上欹壁,蓬头入荒榛。终朝不盈掬,手足皆鳞皴……选纳无昼夜,捣声昏继晨。”则表现了作者对顾渚山人民蒙受贡茶之苦的同情。李郢的《茶山贡焙歌》,描写官府催迫贡茶的情景,也表现了诗人对黎民疾苦的同情和自己内心的苦闷。此外,还有杜牧的《题茶山》、《题禅院》等,齐己的《谢湖茶》、《咏茶十二韵》等,以及元稹的《一字至七字诗·茶》、颜真卿等六人合作的《五言月夜啜茶联句》,等等,都显示了唐代茶文化的兴盛与繁荣。卢仝在他的《走笔谢孟谏议寄新茶》诗中,除写谢孟谏议寄新茶和对辛勤采制茶叶的劳动人民的深切同情外,其余写的都是煮茶和饮茶的体会。

自卢仝之后,还有许多诗人谈了饮茶的体会,肯定了茶的作用,可谓是补卢仝之不足。如唐代诗人崔道融的《谢朱常侍寄贶蜀茶剡纸二首》:“一瓯解却山中醉,便觉身轻欲上天”,认为茶可醒酒,使人轻健。

北宋茶文化也极为发达。由于在“靖康之变”前的近百年中,中原有过一个经济繁荣时期,加之当时斗茶和茶宴的盛行,所以茶诗、茶词大多表现以茶会友,相互唱和,以及触景生情、抒怀寄兴的内容。最有代表性的当数欧阳修的《双井茶》诗:

西江水清江石老,石上生茶如凤爪。
穷腊不寒春气早,双井芽生先百草。
白毛囊以红碧纱,十斛茶养一两芽。
长安富贵五侯家,一啜尤须三日夸。

而苏轼则以《次韵曹辅壑源试焙新茶》诗中“从来佳茗似佳人”和他另一首诗《饮湖上初晴后雨》中“欲把西湖比西子”两句构成了一副极妙的对联。范仲淹的《斗茶歌》、蔡襄的《北苑茶》,也广为后人称道。

到了南宋时期,茶文化呈现出与以往不同的特点。由于南宋小朝廷苟安江南,所以爱国文人壮志难酬,在茶诗、茶词中便出现了不少忧国忧民、伤事感怀的内容,最有代表性的是陆游和杨万里的咏茶诗。

陆游的《晚秋杂兴十二首》写到:

置酒何由办咄嗟,清言深愧谈生涯。
聊将横浦红丝碨,自作蒙山紫笋茶。

反映了作者晚年生活清贫，无钱置酒，只得以茶代酒，自己亲自碾茶的情景。而在杨万里的《以六一泉煮双井茶》中，则吟到：

日铸建溪当近舍，落霞秋水梦还乡。
何时归上滕王阁，自看风炉自煮尝。

抒发了诗人思念家乡，希望有一天能在滕王阁亲自煎饮双井茶的心情。

宋代文人也有许多诗词论述了茶的功效。如苏轼的《赠包安静先生茶二首》："奉赠包居士，僧房战睡魔"，陆游的《试茶》："睡魔何止退三舍，欢伯直知输一筹"，都认为茶有"破睡之功"；黄庭坚的《寄新茶与南禅师》："筠焙熟茶香，能医病眼花"，认为茶可以治"眼花"。

元代咏茶的诗文，以反映饮茶的意境和感受的居多。著名的有耶律楚材的《西域从王君玉乞茶，因其韵七首》、洪希文的《煮土茶歌》、谢宗可的《茶筅》、谢应芳的《阳羡茶》，等等。

明代的咏茶诗比元代为多，著名的有黄宗羲的《余姚瀑布茶》、文徵明的《煎茶》、陈继儒的《失题》、陆容的《送茶僧》等。明代湖州司马冯可宾一生茶壶不离手。他喜欢自斟自饮，以为只有这样才能品味出其中乐趣。即使是客人来了，他也是每人发一把小壶，任他们自饮。此外，特别值得一提的是，明代还有不少反映人民疾苦、讥讽时政的咏茶诗，如高启的《采茶词》：

雷过溪山碧云暖，幽丛半吐枪旗短。
银钗女儿相应歌，筐中采得谁最多。
归来清香犹在手，高品先将呈太守。
竹炉新焙未得尝，笼盛贩与湖南商。
山家不解种禾黍，衣食年年在春雨。

诗中描写了茶农把茶叶供官后，其余全部卖给商人，自己却舍不得尝新的痛苦，表现了诗人对人民生活极大的同情与关怀。又如，明代正德年间，身居浙江按察佥事的韩邦奇根据民谣加工润色而写成的《富阳民谣》，揭露了当时浙江富阳贡茶和贡鱼扰民害民的苛政。这两位同情民间疾苦的诗人，后来都因赋诗而惨遭迫害，高启腰斩于市，韩邦奇罢官下狱，几乎送掉性命。但这些诗篇，却长留在人民心中。

清代也有许多诗人如郑燮、金田、陈章、曹廷栋、张日熙等的咏茶诗，亦为著名诗篇。郑板桥喜以天水煎茶。他常饮"瓦壶天水菊花茶"，此茶质清味淡，可清除心肺之热。茶与水的关系密切，名茶伴好水，为文人饮茶之道中最为精辟的一宗内容。

在清代，皇帝写茶诗也算是一绝。爱新觉罗·弘历，即乾隆皇帝，六下江南，曾五次为杭州西湖龙井茶作诗,其中最为后人传诵的是《观采茶作歌》诗。这在中国茶文化史上是少见的。

火前嫩,火后老,惟有骑火品最好。
西湖龙井旧擅名,适来试一观其道。
村男接踵下层椒,倾筐雀舌还鹰爪。
地炉文火续续添,干釜柔风旋旋炒。
慢炒细焙有次第,辛苦工夫殊不少。
王肃酪奴惜不知,陆羽茶经太精讨。
我虽贡茗未求佳,防微犹恐开奇巧。

而在现代人中,从文学家到政治家,爱好饮茶的人更是不计其数,其中不少人对茶文化很有兴趣。

鲁迅爱品茶,经常一边构思写作,一边悠然品茗。他客居广州时,曾经赞道:“广州的茶清香可口,一杯在手,可以和朋友作半日谈。”因此,当年广州陶陶居、陆园、北园等茶居,都留下他的足迹。他对品茶有独到见解,曾有一段著名妙论:“有好茶喝,会喝好茶,是一种清福,首先就必须练功夫,其次是练出来的特别感觉。”

郭沫若从青年时代就喜爱饮茶,而且是品茶行家,对中国名茶的色、香、味、形及历史典故很熟悉。1964 年,他到湖南长沙品饮高桥茶叶试验站新创制的名茶——高桥银峰,大为赞赏,写下《初饮高桥银峰》诗:

芙蓉国里产新茶,九嶷香风阜万家。
肯让湖州夸紫笋,愿同双井斗红纱。
脑如冰雪心如火,舌不怠来眼不花。
协力免教天下醉,三闾无用独醒嗟。

当代著名文学家老舍更是一位饮茶迷,还研究茶文化,深得饮茶真趣。他多次说过这样精辟的话:“喝茶本身是一门艺术。本来中国人是喝茶的祖先,可现在在喝茶艺术方面,日本人却走在我们前面了。”他以清茶为伴,文思如泉,创作《茶馆》,通过对旧北京裕泰茶馆的兴衰际遇,反映从戊戌变法到抗战胜利后 50 多年的社会变迁,成为饮茶文学的名作。

当代作家秦牧的故乡在广东澄海县(属潮汕地区),当地“工夫茶”习俗名播中外。他从小接触工夫茶,练就过硬的辨茶功夫。1967 年夏至 1970 年秋,当时任《羊城晚报》副总编的秦牧与广州各报总编一起,被集中在广州一座干校接受审查,“老总们”都有饮茶习惯,大家突发奇想,要对各自所带茶叶评出高低,推举秦牧为评茶师。秦牧还写有《故乡茶事甲天下》等散文,怀着幽默心情描述潮汕近

乎传奇的茶俗，广为传诵。

作为政治家的毛泽东同志也喜欢喝茶，还有吃茶渣的习惯。毛泽东当年曾与诗人柳亚子在广州茶楼里一边品茶，一边探讨革命真理，同时还留下了“饮茶粤海未能忘，索句渝州叶正黄”这样的美妙诗句。

二、茶诗别趣

在中国，茶与诗词文赋关系密切，茶诗、茶文不但数量多，而且题材十分广泛。以诗词为例，在我国数以千计的茶诗、茶词中，各种诗词体裁一应俱全，有五古、七古，有五律、七律、排律，有五绝、六绝、七绝，还有不少在诗海中所见甚少的体裁，在茶诗中同样可以找到。我们下面就举例对这部分有关茶的诗文分门别类进行赏析。

（一）宝塔诗

唐代诗人元稹，官居同中书门下平章事，与白居易交好，常常以诗唱和，所以人称“元白”。元稹有一首宝塔诗，题名《一字至七字诗・茶》，此种体裁，不但在茶诗中颇为少见，就是在其他诗中也是不可多得的。诗曰：

茶，
香叶，嫩芽，
慕诗客，爱僧家。
碾雕白玉，罗织红纱。
铫煎黄蕊色，碗转曲尘花。
夜后邀陪明月，晨前命对朝霞。
洗尽古今人不倦，将至醉后岂堪夸。

据《唐诗纪事》卷39记载，此诗是元稹与王起等人欢送白居易以太子宾客的名义去洛阳，在兴化亭送别时，元稹的即席诗。白居易以“诗”为题写了一首，元稹以“茶”为题，写了这首《一字至七字诗・茶》。

元稹与白居易为挚友，常唱和。当时白居易的心情较为低回，思想有些消沉，临别之际，元稹咏诗劝慰。全诗一开头，就点出了主题是茶。接着写了茶的本性，即味香和形美。诗中二三两句，写茶叶香、芽嫩，赞茶质优，暗喻好友白居易品质优秀。四五两句，写茶受诗客与僧家喜爱，实言好友深受广大诗人与僧人的爱慕。六七两句，写茶的外形和碾磨，接下去两句写煎茶及茶汤的色泽、形态，嗣后两句写诗人与茶相陪，情谊深厚，最后写茶的功效，夸茶“洗尽古今人不倦”。诗人巧妙地用“夜后邀陪明月，晨前命对朝霞”、“洗尽古今人不倦，将至醉后岂堪夸”几句来劝慰白居易，表达了两人之间真挚的感情。

宝塔诗是一种杂体诗，原称一字至七字诗，从一字句到七字句，或选两句为一韵。后又增至十字句或十五字句，每句或每两句字数依次递增一个字。元稹在他的宝塔茶诗自注中说：一至七字诗，“以题为韵，同王起诸公送分司东郡作”。元稹的这首宝塔茶诗，除了表达他与白居易的情谊外，还表达了三层意思：一是从茶的本性说到了人们对茶的喜爱；二是从茶的煎煮说到了人们的饮茶习俗；三是就茶的功用说到了茶能提神醒酒，这首茶诗对茶文化的内涵也有深刻的揭示。

元稹的宝塔诗《一字至七字诗·茶》不仅内容非常丰富，而且在结构上具有一种形式上的美感，在中国诗歌的浩瀚海洋中别树一帜。

（二）回文诗

在茶诗中，最有奇趣的要数回文诗。

回文，是利用汉语的词序、语法、词义十分灵活的特点构成的一种修辞方式。

回文诗词有多种形式，如“通体回文”、“就句回文”、“双句回文”、“本篇回文”、“环复回文”等。

“通体回文”是指一首诗从末尾一字倒读至开头一字，另成一首诗。

“就句回文”是指一句内完成一个回复过程，每句的前半句与后半句互为回文。

“双句回文”是指下一句为上一句的回读。

“本篇回文”是指一首诗词本身完成一个回复，即后半篇是前半篇的回复。

“环复回文”是指先连读至尾，再从尾字开始环读至开头。

总之，这种回文诗的创作难度很高，但运用得当，它的艺术力量是一般诗体所无法比拟的。

宋代是回文诗创作的鼎盛时期，苏轼也曾作过这种读后令人拍手称奇的诗作。他在题名为《记梦回文二首并叙》诗的叙中写道：“十二月十五日，大雪始晴，梦人以雪水烹小团茶，使美人歌以饮余，梦中为作回文诗，觉而记其一句云：‘乱点余花唾碧衫’，意用飞燕唾花故事也。乃续之，为二绝句云。”从“叙”中可知苏东坡真是一位茶迷，竟连做梦也在饮茶，怪不得他自称“爱茶人”，此事一直成为后人的趣谈。

序中清楚地记载了一个大雪始晴后的梦境。在梦中人们以洁白的雪水烹煮小团茶，并有美丽的女子唱着动人的歌，苏轼沉浸在美妙的情境中细细地品茶，梦中写下了回文诗。梦醒之后朦胧间只记得起其中的一句，于是续写了两首绝句：

其一：

酡颜玉碗捧纤纤，乱点余花吐碧衫。
歌咽水云凝静院，梦惊松雪落空岩。

其二：

空花落尽酒倾缸，日上山融雪涨江。
红焙浅瓯新火活，龙团小碾斗晴窗。

这是两首通体回文诗。又可倒读出下面两首，极为别致。

其一：

岩空落雪松惊梦，院静凝云水咽歌。
衫碧吐花余点乱，纤纤捧碗玉颜酡。

其二：

窗晴斗碾小团龙，活火新瓯浅焙红。
江涨雪融山上日，缸倾酒尽落花空。

苏轼是一位艺术天才，他在诗、词、文、书法、绘画等方面均有建树，为北宋时期多才多艺的文化巨匠。他一生嗜茶，并精于茶艺，留下了70多篇咏茶的诗赋文章，内容涉及评茶、种茶、名泉、茶具、尝茶、煎茶、茶史、茶功等方面，形式有律诗、绝句、茶词、杂文、赋、散文以及回文诗。用回文写茶诗，也算是苏轼的一绝。

回文诗作为中国文人的一种有意味的游戏，在苏轼笔下，顺读倒读，都成篇章，这在中国古代数以千计的茶诗中，显得别具一种韵味。

（三）联句诗

联句是旧时作诗的一种方式，几个人共作一首诗，但需意思连贯，相连成章。在唐代茶诗中，有一首题为《五言月夜啜茶联句》，是由六位作者共同完成的。他们是：颜真卿，著名书画家，京兆万年（陕西西安）人，官居吏部尚书，封为鲁国公，人称“颜鲁公”；陆士修，嘉兴（今属浙江省）县尉；张荐，深州陆泽（今河北深县）人，工文辞，任吏官修撰；李萼，赵人，官居庐州刺史；崔万，生平不详；皎然，一位酷爱饮茶、工于茶诗的僧人。诗曰：

泛花邀坐客，代饮引情言（士修）。
醒酒宜华席，留僧想独园（张荐），
不须攀月桂，何假树庭萱（李萼）。
御史秋风劲，尚书北斗尊（崔万）。
流华净肌骨，疏瀹涤心原（真卿）。
不似春醪醉，何辞绿菽繁（皎然）。
素瓷传静夜，芳气满闲轩（士修）。

这首啜茶联句，由六人共作，其中陆士修作首尾两句，这样总共七句。作者为了别出心裁，用了许多与啜茶有关的代名词。例如：陆士修用“代饮”比喻以饮茶代饮酒;张荐用的"华宴"借指茶宴;颜真卿用"流华"借指饮茶。因为诗中说的是月夜啜茶,所以还用了"月桂"这个词。用联句来咏茶,不仅体现了颜真卿、皎然等人对茶的共同爱好,而且通过茶诗联句这种独特的艺术形式表达了诗人之间的真挚感情。

除了上述茶诗艺术,其他还有唱和诗、寓言诗等。例如,皮日休和陆龟蒙的唱和诗,他们写有《茶中杂咏》唱和诗各十首,内容包括《茶坞》、《茶人》、《茶笋》、《茶籯》、《茶舍》、《茶灶》、《茶焙》、《茶鼎》、《茶瓯》和《煮茶》等,对茶的史料,茶乡风情,茶农疾苦,直至茶具和煮茶都有具体的描述,可谓一份珍贵的茶史文献。

采用寓言形式写诗,也是中国茶文化之独特艺术形式,读来引人联想,发人深省。有一首茶寓言诗,记载在一本清代的笔记小说上,写的是茶、酒、水的"对阵",诗一开头,由茶对酒发话:"战退睡魔功不少,助战吟兴更堪夸。亡国败家皆因酒,待客如何只饮茶?"酒针锋相对答曰:"摇台紫府荐琼浆,息讼和亲意味长。祭礼筵席先用我,可曾说着谈黄汤。"这里说的黄汤,实则是贬指茶水。水听了茶与酒的对话,就插嘴道:"汲井烹茶归石鼎,引泉酿酒注银瓶。两家且莫争闲气,无我调和总不成!"

由此可见,千百年来,我们的祖先为后代留下了大量茶诗、茶词,历代咏茶诗词具有数量丰富、题材广泛和体裁多样的特征,是中国文化宝库中的一枝奇葩。这也充分证明了文人与茶的特殊关系。

三、文人茶的境界

(一)白居易的茶文化境界

白居易(772—846 年),字乐天,晚年号香山居士,祖籍太原(今属山西),后迁居下邽(今陕西渭南东北),是唐代杰出的现实主义诗人。他酷爱茶叶,曾自称是个"别茶人"。

唐宪宗元和十二年(817 年),白居易在江州(今江西九江)做司马,那年清明节刚过不久,白居易的好友、忠州(今四川忠县)刺史李宣给他寄来了新茶,正在病中的白居易品尝新茶,感受到高谊隆情,欣喜莫名。他的《谢李六郎中寄新蜀茶》诗,记述的就是这件事,诗云:

故情周匝向交亲,新茗分张及病身。
红纸一封书后信,绿芽十片火前春。
汤添勺水煎鱼眼,末下刀圭搅曲尘。
不寄他人先寄我,应缘我是别茶人。

把茶大量移入诗坛,使茶、酒在诗坛中并驾齐驱的唐代文人当首推白居易。从白诗中,我们可以看到茶在文人中的地位逐渐上升、转化的过程。

白居易与许多唐代早、中期诗人一样，原是十分喜欢饮酒的。有人统计，白居易存诗2 800余首，涉及酒的约900首；而以茶为主题的有8首，叙及茶事、茶趣的有50多首，共60多首。可见，白居易是爱酒不嫌茶。《唐才子传》说他“茶铛酒杓不相离”，这正反映了他对茶、酒兼好。在白氏诗中，茶、酒并不争高下，而常像姐妹一般出现在一首诗中：“看风小溘三升酒，寒食深炉一碗茶”（《自题新昌居止》）。又说：“举头中酒后，引手索茶时”（《和杨同州寒食坑会》）。前者讲在不同环境中有时饮酒，有时饮茶；后者是把茶作为解酒之用。白居易为何好茶，有人说因朝廷曾下禁酒令，长安酒贵；有人说因中唐后贡茶兴起，白居易多染时尚。这些说法都有道理，但作为一个大诗人，白居易从茶中体会到的还不仅是物质功用，而是有艺术家特别的体味。白居易终生、终日与茶相伴，早饮茶、午饮茶、夜饮茶、酒后索茶，有时睡下还要索茶。他不仅爱饮茶，而且善别茶之好坏，朋友们称他为“别茶人”。从艺术角度说，白居易发现了茶的哪些妙趣呢？

第一，以茶激发文思。卢仝曾说：“三碗搜枯肠，唯有文字五千卷。”这是浪漫主义的夸张。白居易是典型的现实主义诗人，对茶与激发诗兴的作用，他说得更实在：“起尝一碗茗，行读一行书”；“夜茶一两杓，秋吟三数声”；“或饮茶一盏，或吟诗一章”……这些是说茶助文思，茶助诗兴，以茶醒脑的。反过来，吟着诗，饮茶也更有味道。

第二，以茶加强修养。白居易生逢乱世，但并不是一味的苦闷和呻吟，而常能既有忧愤，又有理智，这一点饮酒是不能解决的，而饮茶却能有助于保持清醒的头脑。白居易把自己的诗分为讽喻、闲适、伤感、杂律四类。他的茶诗一是与闲适为友，二是与伤感相伴。白居易常以茶宣泄沉郁，正如卢仝所说，以茶可浇开胸中的块垒。

但白居易毕竟是个胸怀报国之心，关怀人民疾苦的伟大诗人，他并不过分感伤于个人得失，在遇到困难时有中国文人自磨自励、能屈能伸的毅力。茶是清醒头脑，自我修养，清清醒醒看世界的“清醒朋友”。他在《何处堪避暑》中写道：“游罢睡一觉，觉来茶一瓯”，“从心到百骸，无一不自由”，“虽被世间笑，终无身外忧”。以茶陶冶性情，于忧愤苦恼中寻求自拔之道，这是他爱茶的又一用意。因此，白居易不仅饮茶，而且亲自开辟茶园，亲自种茶。他在《草堂纪》中就记载，草堂边有“飞泉植茗”。在《香炉峰下新置草堂》也记载：“药圃茶园是产业，野鹿林鹤是交游。”饮茶、植茶是为了回归自然情趣。

第三，以茶交友。唐代名茶尚不易得，官员、文士常相互以茶为赠品或邀友人饮茶，表示友谊。白居易的妻舅杨慕巢、杨虞卿、杨汉公兄弟均曾从不同地区给白居易寄好茶。白居易得茶后常邀好友共同品饮，也常应友人之约去品茶。从他的诗中可看出，白居易的茶友很多。尤其与李绅交谊甚深，他在自己的草堂中“趁暖泥茶灶”，还说：“应须置两榻，一榻待公垂。”公垂即指李绅，看来偶然喝一杯还不过瘾，二人要对榻而居，长饮几日。白居易还常赴文人茶宴，例如，湖州茶山境会亭茶宴，是庆祝贡焙完成的官方茶宴；又如，太湖舟中茶宴，则是文人湖中雅会。从白诗可以看出，中唐以后，文人以茶叙友情已是寻常之举。

第四，以茶沟通儒、道、释，从中寻求哲理趣味。白居易晚年好与释、道交往，自称“香山居士”。居士是不出家的佛门信徒，白居易还曾受称为“八关斋”的戒律仪式。茶在我国历史上，是沟通儒、道、释各家的媒介。儒家以茶修德，道家以茶修心，佛家以茶修性，都是通过茶静化思想，纯洁心灵。

白居易不仅是诗人，而且是茶人，他把文化融入了茶，也以茶造境，参透儒、道、释三家，从白居易与茶文化的关系入手，我们也可以看到唐以后三教合流的趋势。

（二）苏轼的茶缘

苏轼（1037—1101 年），字子瞻，号东坡居士，眉山（今四川眉山县）人，是我国宋代杰出的文学家、唐宋八大家之一。在北宋文坛上，与茶结缘的人不可悉数，但是没有一位能像苏轼那样于品茶、烹茶、种茶均在行，对茶史、茶功颇有研究，又创作出众多的咏茶诗词。可以说，在中国古代著名的文学家中，苏轼对于茶是有一种特殊的缘在里头的。

苏轼有一首《水调歌头》，记咏了采茶、制茶、点茶、品茶，绘声绘色，情趣盎然。词云：

已过几番雨，前夜一声雷。旗枪争战建溪，春色占先魁。采取枝头雀舌，带露和烟捣碎，结就紫云堆。轻动黄金碾，飞起绿尘埃。老龙团，真凤髓，点将来。兔毫盏里，霎时滋味舌头回。唤醒青州从事，战退睡魔百万，梦不到阳台。两腋清风起，我欲上蓬莱。

苏轼爱茶至深，在《次韵曹辅寄壑源试焙新茶》诗里，将茶比作“佳人”。诗云：

仙山灵草湿行云，洗遍香肌粉末匀。
明月来投玉川子，清风吹破武林春。
要知冰雪心肠好，不是膏油首面新。
戏作小诗君勿笑，从来佳茗似佳人。

有一次，苏轼身体不适，他先后品饮了七碗茶，颇觉身轻体爽，病已不治而愈，便作了一首《游诸佛舍，一日饮酽茶七盏，戏书勤师壁》：

示病维摩元不病，在家灵运已忘家。
何须魏帝一丸药，且尽卢仝七碗茶。

在宋代，王安石与苏东坡的关系颇为特殊，关于茶，他们还有一段千古传诵的故事呢。

北宋神宗年间，王安石与苏东坡同朝为官，虽是上下级关系，且又政见相左，但毕竟是好朋友。有一次，王安石知苏东坡将从川中乘船沿长江下荆江，就托苏东坡在三峡的中峡取一壶水煮药茶用。谁知苏东坡过三峡时只顾看风景，将此事忘了，回黄州时才从下江打了一壶水入京送给王安石。

王安石煮茶品过后，问苏东坡这水是不是中峡之水，苏答是。王安石说："你在欺骗老夫呢？这本是下江水！"苏东坡大惊，承认了是下江水，但不解的是同一江中水王安石何以能辨别呢，故问之，王安石才说："三峡上江水急，下江水缓，只有中间水相宜，我用你送的水泡茶半晌才见茶色，故知为下江水。"[①]王安石之博学可见一斑。王安石嗜茶，说："茶之为用，等于米盐，不可一日无。"这个故事也说明苏轼知错能改，体现出儒家所说"知之为知之，不知为不知"的典型的中国文人精神。

传说只是传说，并无史料佐证。苏东坡酷爱饮茶，这却是有诗为证。元祐四年（1089年），苏东坡第二次来杭州上任。这年的十二月二十七日，他的老朋友——南屏山麓净慈寺的谦师听到这个消息，便赶到北山，亲自为苏东坡点茶。苏东坡品尝谦师的茶后，感到非同一般，专门为之作诗一首，记述此事，诗的名称是《送南屏谦师》，诗中对谦师的茶艺给予了很高的评价：

道人晓出南屏山，来试点茶三昧手。
忽惊午盏兔毛斑，打作春瓮鹅儿酒。
天台乳花世不见，玉川凤液今安有。
先生有意续茶经，会使老谦名不朽。

宋代的茶文化将儒家、道家、佛家思想融合到一起，而这种足以傲视其他任何时代的茶文化的精髓更是体现在了苏轼身上。可以说，此时茶文化与佛教精神达到了前所未有的高度统一，无论是外在的技艺，还是内在的思想追求方面都达到了整个茶文化发展史上的巅峰！而在这座高峰上，苏轼又是我们不能忘却的一块艺文史碑！

（三）诗言志——陆游与建茶

诗言志，历来被我国诗人视为指导自己创作的一个基本原则。《尚书·舜典》最早写道："诗言志，歌永言。"后来，《诗大序》做了这样的发挥："在心为志，发言为诗。情动于中而形于言。"这就较之《尚书·舜典》进了一步，把"志"同"情"联系起来，指出了无论是心中的志，还是言志的诗，都是"情动于中"的产物，即感

① 冯梦龙.警世通言[M].卷三.北京：人民文学出版社，1956.

情激动的产物。

南宋著名的爱国主义诗人陆游,有许多脍炙人口的佳作,且多为言志之作。譬如:“壮心未与年俱老,死去犹能作鬼雄”,“王师北定中原日,家祭无忘告乃翁”,广为人们传诵。

陆游(1125—1210年),字务观,号放翁,山阴(今浙江绍兴)人。诗词皆工,尤以诗著名,与范成大、杨万里、尤袤并称“诗词四大家”。他自言“六十年间万首诗”,并非虚数,在《陆游全集》中涉及茶事诗词达320首之多,是历代写茶事诗词最多的诗人。

陆游早年嗜酒,诗作颇多。“孤村薄暮谁从我,惟是诗囊与酒壶。”入闽为茶官以后,“宁可舍酒取茶”;直至晚年“毕生长物扫除尽,犹带笔床茶灶来”。他不以酒神杜康自况,却以茶神自比,“桑苎家风君莫笑,他年犹得作茶神”。自称生平有四项嗜好:诗、客、茶、酒。以诗会友,以茶待客。

在《试茶》诗里,他明白唱出:“难从陆羽毁茶论,宁和陶潜止酒诗。”酒可止,茶不能缺。

“遥遥桑苎家风在,重补茶经又一编。”陆游的咏茶诗词,实在也可算得一部“续茶经”。

陆游一生坎坷重重,雄图难展。年轻时立下“上马击狂胡,下马草军书”的壮志,一片报国赤忱之心,却在坎坷的仕途中辗转磨平,感叹自己“报国欲死无战场”,落得个“身如林下僧”。

陆游一生曾出仕福州,调任镇江,又入蜀、赴赣,辗转祖国各地,在大好河山中饱尝各处名茶。他是南宋一位爱国大诗人,也是一位嗜茶诗人。茶孕诗情,裁香剪味,陆游的茶诗情结,是历代诗人中最突出的一个。

陆游的茶诗包括的面很广,从诗中可以看出,他对江南茶叶,尤其是故乡茶的热爱。他自比陆羽,“我是江南桑苎翁,汲泉闲品故园茶”。这“故园茶”就是当时的绍兴日铸茶 。他认为“囊中日铸传天下,不是名泉不合尝”,“汲泉煮日铸,舌本方味永”。

说到陆游与茶,当然最为人称道的主要还是陆游与建茶的渊源关系。

淳熙五年(1178年)二月间,陆游自成都出发,抵临安(今杭州市),孝宗皇帝闻其诗才,召见了他,然而却不予重任,竟派他到福建任茶官。他在《答建宁陈通判启》中写道:“含英咀华,早预蓬莱道山之选;飞英腾茂,暂为治中别驾之行。”此后,《水品》、《茶经》常在手,前身疑是竟陵翁。陆游当了十年茶官,有机会品尝天下名茶,也留下不少有关名茶的绝妙诗句。如“建溪官茶天下绝”、“隆兴第一壑源春”、“钗头玉茗妙天下,琼花一树直虚名”。对北苑茶、武夷茶、壑源茶以及峨嵋、顾渚等地的名山僧院的新茶、清泉,他多次品尝,赞赏极多,如“思酒过野店,念茶叩僧扉”,不胜枚举。

陆游嗜茶、爱茶，尤喜建茶。对于建茶的韵味，陆游曾有过多种描述：“舌根茶味永”，“茶甘半新啜”，“瓯聚茶香爽齿开”和“茶散茶甘留舌本”等，用这些诗句赞誉建茶的品质。隆兴元年（1163 年）他从福建宁德主簿任满回临安，孝宗皇帝赐进士出身，迁枢密院编修，获赐“样标龙凤号题新，赐得还因作近臣”的北苑龙团凤饼茶，在《饭罢碾茶戏作》诗云：“江风吹雨暗衡门，手碾新芽破睡昏。小饼龙团供玉食，今年也到浣溪村。”小饼龙团是福建转运使蔡襄督造入贡的“上品龙茶”，是供皇帝所专用或恩赐的御茶，如今居然得赐分享，陆游感到十分高兴，所以碾茶时乘兴写下这首赞誉建茶的诗。是年冬天，提刑王彦光访陆游并送建茶，他在答谢诗中有“遥想解醒须底物，隆兴第一壑源春”的诗句。壑源春乃建州名茶，《东溪试茶录》说：“建安壑源岭产茶，味甲（北宛）诸焙。”陆放翁与朱晦翁交往甚笃，朱熹曾以武夷茶壮斗品——白云佛贡茶为礼品馈赠，他接茶后写下《喜得建茶》，诗云：“玉食何由到草莱，生奁初喜拆封开。雪霏庾岭红丝硙，乳泛闽溪（建溪）绿地材。舌本常留甘尽日，鼻端无复鼾如雷。故应不负朋游意，自挈风炉竹下来。”

得到好友送来的武夷茶，高兴地打开茶盒，立即用珍贵的红丝碾碎后到竹林下烹饮，觉得舌本留甘，睡意全无。

年已 54 岁的陆游，除提举福建路常平茶事，晚秋轻车就道，奔赴建州任所。他在《福建到任谢表》中说：“五十之年已过，非复壮心；八千里路来归，况如昨梦。”他带着壮志难酬的忧愤心情来建州任职，是年冬抵达任所。建宁府同僚设宴接风，正值雪花飞舞的冬天，陆游即席赋《适闽》诗云：“春残犹看少城花，雪里来尝北苑茶。未恨光阴疾驹隙，但惊世界等流沙。功名塞外心空壮，诗酒樽中发已华。官柳弄黄梅放白，不堪倦马又天涯。”

面对雪景吟咏建茶，陆游把欲“脱”（朝廷的腐败）欲“得”（继承乃祖遗风）的心境，揉进了这首诗里。

陆游在建州（今福建建瓯市）吟咏甚多，满纸珠玑的茶诗，寄寓深远。茶道的高尚，斗茶的技巧，建茶的韵味，制茶的妙法，以及对建茶的品评与他的爱国豪情都写入饮茶诗中。

“北窗高卧鼾如雷，谁遣茶香挽梦回。绿地毫瓯雪花乳，不妨也道入闽来。”诗在建州所作，当茶官免不了要试茶，新茶出焙要呈茶官品试。诗人说他正在熟睡之际，茶事司的吏役把茶煎好，正准备请他试茶，而茶的香味却已把他从梦中熏醒，足见建茶香味之烈。诗虽然带有夸张色彩，但的确是来闽就任始能有此“口福”。建茶的神奇功效在另一首《昼卧闻碾茶》中也表现出来。诗云：“小醉初消日未晡，幽窗催破紫云腴。玉川七碗何须尔，铜碾声中睡已无。”诗句中的“谁遣香茶挽梦回”和“铜碾声中睡已无”，把建茶破睡之功，说得活灵活现。

陆游在《建安雪》中写道：“建溪司茶天下绝，香味欲全须小雪。雪飞一片茶不忧,何况蔽空如舞鸥。银瓶铜碾春风里,不枉年来行万里。从渠荔子腴玉肤,自古难兼熊掌鱼。”此诗在武夷斗茶之后所作,首赞武夷茶,明以咏雪,实为咏茶。诗人善言闽中风物之美,对于暑荔春茶至为倾倒,同时把品尝武夷茶当作入闽来的一种兴趣。

陆游在诗中还对“分茶游戏”做了不少的描述。分茶是一种技巧性很强的烹茶游戏,善于此道者,能在茶盏上用水纹和茶沫形成各种图案,也有“水丹青”之说。宋代的斗茶之风促成了“分茶”的游艺。分茶者运用团饼茶末,以沸水冲点搅动,使茶乳变幻出各种花鸟虫鱼的图纹,甚至能幻显出文字。这种分茶游艺亦称“茶百戏”,是由达官显贵、文人闲士及僧侣羽道玩斗茶演变而来的。陆游在建州也曾学过“分茶”之艺,后来在《临安春雨初霁》诗中吟道:“矮纸斜行闲作草,晴窗细乳戏分茶。”他在分茶前嵌一“戏”字,巧妙地道出“分茶”技艺的高超。

陆诗中反映出他常与自己的儿子进行分茶,调剂自己的生活情致。当然,诗中表露的闲散和无聊的心境,也间接地反映出在国家多事之秋,爱国志士却被冷落的沉重的社会景象,反映出南宋王朝的腐败和衰落。

陆游晚年还念念不忘建茶。开禧元年(1201 年)春,放翁作《八十三令》一首诗云:

石帆山下白头人,八十三回见早春。
自爱安闲忘寂寞,天将强健报清贫。
枯桐已爨宁求职,敝帚当提却自珍。
桑苎家风君莫笑,它年犹得作茶神。

这首七律一改其铁马金戈、壮怀激烈的气概,显出一种特别宁静悠闲的韵味。诗人提举福建路常平茶事后,对建茶一直怀有深厚的感情,三任提举武夷冲佑观,寄情于武夷山,诗中显示出至和而宁静,充满闲适的心情。面对朝廷的腐败,晚年的陆游难免会有些消极避世的心态,我们在读这些茶诗的时候,要有一个客观的看法。我们不能苛责陆游,但对于茶文化中消极的一面,我们也要有辨证的分析。

(四)曹雪芹与《红楼梦》中的茶

西方有句名谚:一千个读者眼里有一千个哈姆雷特,在我们中国,也有一句话是:每个人心中都有一个林黛玉。这说明文学巨著《红楼梦》在中国人心中占有的位置。其作者曹雪芹(约 1715 年—约 1763 年),名霑,字梦阮,雪芹是其号,祖籍辽阳,先世原为汉族,后来成为正白旗“包衣”人。曹雪芹是一位见多识广,才气横溢,琴、棋、书、画、诗、词俱佳的文学家,对茶的精通,更是一般作家所不及。他在百科全书式的巨著《红楼梦》中,对茶的各方面都有相当精彩的描述。

读《红楼梦》,我们能从中深深地体会到茶早就渗透到中国人生活和社会活动中的各个方面,茶文化也成为文学作品中不可缺少的内容。

从西方解释学和接受美学的角度看来，理解的历史性同时也就构成了理解者的主观偏见，而主观偏见又构戚了解释者的特殊的视界。因而理解者的视界与对象内容所包蕴的过去视界在理解中达到“视界融合”，使得理解者和理解对象都超越了原来的视界，达到一个崭新的视界。从这个意义上说，本文的真正意义是和理解者一起处于不断生成之中，本文意义的可能性是无限的。因此，一部《红楼梦》，“经学家看见《易》，道学家看见淫，才子看见缠绵，革命家看见排满，流言家看见宫闱秘事……”[①]但是，我们今天不想去谈《红楼梦》的宏文大义，只是想从茶文化这样一个小的侧面，探究曹雪芹与茶的关系。

曹雪芹是一个爱茶、懂茶之人，并且对茶艺十分精通。他在《红楼梦》中记载的茶事特别多。全书提到茶事的地方有两三百处，出现“茶”字四五百次，并有专门讲述品茗的“栊翠庵茶品梅花雪”这一回。

《红楼梦》中的贾府是一个等级森严的封建大家庭，喝什么样的茶都有尊卑之分。在第三回中，黛玉初到荣国府，寂然饭毕，有丫环用小茶盘捧上茶来。当日林如海教女以惜福养身，云饭后务待饭粒咽完，过一时再吃茶，方不伤脾胃。今黛玉见这里许多事情不合家中之式，不得不随的，少不得一一改过来，因而接了茶。早见人又捧过漱盂来，黛玉也照样漱了口。然后又捧上茶来，这方是吃的茶。

第五回宝玉梦游幻境中描写了一段：小丫环捧上茶来，宝玉自觉香清味异，纯美非常，因问何名。警幻道：“此茶出在放春山遣香洞，又以仙花灵叶上所带宿露而烹，此茶名曰‘千红一窟’。”警幻是以引宝玉前来，醉以灵酒，沁以仙茗，警以妙曲……

在第八回中，宝玉吃了半碗茶，忽又想起早起的茶来，因问茜雪道：“早起沏了一碗枫露茶，我说过，那茶是三四次后才出色的，这会子怎么又沏了这个来？”

十七回中贾政叹道：“此轩中煮茶操琴，亦不必再焚名香矣……”

十八回元春省亲时写着茶已三献，贾妃降座，乐止。

四十一回，妙玉讥笑宝玉说：“岂不闻一杯为品，二杯即是解渴，三杯便是饮驴？”在这里饮茶的重点在于品。

……

中国是茶的故乡，饮茶已有几千年的历史。到《红楼梦》成书的清朝时期，中国的茶文化已经成熟和完善。因此，只要你一翻开《红楼梦》这部古典名著，顿觉茶香溢于字里行间，芳香飘逸，处处呈现出茶文化的甘洌、醇厚之美。

在《红楼梦》中，喝茶最讲究名气。特别是在贾府这样一个大户人家里，喝的茶普遍都是“千红一窟”、“枫露茶”、“六安茶”、“老君眉”和“龙井茶”等。这些茶在过去的历史上都属贡茶，茶的颜色清心悦目，泡水后汤色明亮，品起来味道纯

---

① 鲁迅．鲁迅全集·集外集拾遗补编《绛洞花主》小引［M］．北京：人民文学出版社，1981．

正，乃茶中之正品，有的还是珍品。但要知道，在封建社会里，像贾府这样的大户人家喝茶，什么样的身份喝什么样的茶，是尊卑有别的。例如：贾母是一位老太君，她必须喝“老君眉”，才算不失身份；宝玉是一位花花公子，浪荡不羁，所以他喝的是“神仙茶”才恰当不过；而黛玉，多愁善感好思索，那漂亮的瓜子脸惹起多少人的爱怜，所以她必须喝“龙井茶”，来展示她的天生丽质；至于林之孝和袭人等众多的佣人，就只能喝一般不起眼的“凡人茶”了。

《红楼梦》里不但讲究喝茶的品种，而且非常讲究茶具。书中对茶具的渲染，可谓达到了登峰造极的地步，大有非名器不饮之嫌。在王夫人居坐宴息的正室里，茗碗瓶茶齐备；在贾母的花厅上，摆设着洋漆茶盘，里面放着万蜜十节小茶杯；就连宝玉等人平时猜谜的奖品，也是一种雅致的茶笼；宝钗、黛玉平时用的是犀角横断面中心有白点的“点犀茶盘”，精巧雅致，叫人羡慕至极。

“名茶还须好水泡”，这是陆羽《茶经》之名句。在《红楼梦》里，更讲究用雪水烹茶，并被认为是一大雅趣。如宝玉《冬夜即景》诗中曰：“却喜侍儿知试茗，扫将新雪及时烹。”曹雪芹在《红楼梦》中还有妙玉用五年前收藏的梅花上的积雪水来烹老君眉茶的记述。妙玉招待黛玉、宝钗、宝玉喝茶，用的水则是她五年前在玄墓蟠香寺居住时收的梅花雪，贮在罐里，埋在地下，供夏天取用的雪水。雪本来是高洁的，再加上梅花的高洁，烹出来的茶汤，令人感到雅韵高洁，悠然神往。

还有，《红楼梦》中的主人公，个个都是品茶高手。宝玉到梨香院后，吃了半盏茶，觉得不对味，他想起早晨的茶来，便问茜雪：“早起沏了碗枫露茶，就说过那茶是要泡三四次才出色的，这会子怎么又斟上这个茶来？”很显然，宝玉早就品出了这茶的味道。第二十五回中，凤姐、黛玉、宝钗、宝玉等人，围绕暹罗国的贡茶，人人都品出是好茶。但对凤姐来说，要表现出富贵人家的气派，自然说那茶不好；宝玉要背叛封建家庭，也说那茶是不好的；宝钗要屈从凤姐的苦心安排，自然要说那茶不好；而黛玉则要依附贾府，也只能是说那茶不好。曹雪芹完全是根据小说人物性格发展的需要，对这次评茶结果作出了巧妙的回答。茶味服从于艺术，让人们品出味中之味，正是曹雪芹的一大绝招。

在《红楼梦》中，曹雪芹提到的茶的类别和功能很多，有家常茶、敬客茶、伴果茶、品尝茶、药用茶等。

《红楼梦》中出现的名茶很多，其中有杭州西湖的龙井茶，云南的普洱茶及其珍品女儿茶，福建的“凤随”，湖南的君山银针，还有暹罗（泰国的旧称）进贡来的暹罗茶，等等。这些反映出清代贡茶在上层社会使用的广泛性。

曹雪芹的生活，经历了富贵荣华和贫困潦倒，因而有丰富的社会阅历。他对茶的习俗非常了解，这些在《红楼梦》中都有着生动的反映。

如第二十五回，王熙凤给黛玉送去暹罗茶，黛玉喝了直说好，凤姐就乘机打趣：“你既吃了我们家的茶，怎么还不给我们家作媳妇？”这里就用了“吃茶”的民

俗,“吃茶”表现女子受聘于男家,又称为“茶定”。

第七十八回,宝玉读完《芙蓉女儿诔》后,便焚香酌茗,以茶供来祝祭亡灵,寄托自己的情思。

此外,《红楼梦》中还表现了寺庙中的奠晚茶以及吃年茶、迎客茶等的风俗。

曹雪芹善于把自己的诗情与茶意相融合,在《红楼梦》中,有不少妙句,例如:写夏夜的“倦乡佳人幽梦长, 金笼鹦鹉唤茶汤 ”;写秋夜的“ 静夜不眠因酒渴,沉烟重拨索烹茶”;写冬夜的“却喜侍儿知试茗,扫将新雪及时烹”。

茶在曹雪芹《红楼梦》中,处处显出浓浓的人情味,哪怕在人生诀别的时刻,茶的形象还是那么鲜明。在晴雯即将去世之日,她向宝玉索茶喝:“阿弥陀佛,你来得好,且把那茶倒半碗我喝,渴了这半日,叫半个人也叫不着。”宝玉将茶递给晴雯,只见晴雯如得了甘露一般,一气都灌了下去。

当83岁的贾母即将寿终正寝时,睁着眼要茶喝,而坚决不喝人参汤,当喝了茶后,竟坐了起来。茶,在此时此刻,对临终之人是个最大的安慰。由此也可见曹雪芹对茶的一往情深。

《红楼梦》诞生于封建社会的晚期,从《红楼梦》中那些对茶、诗等津津乐道的描写里,我们一方面发现曹雪芹对茶文化这种国粹的熟悉和雅好,另一方面也不难发现曹氏对破败的封建社会有一种眷恋之情。“满纸荒唐言,一把辛酸泪。都云作者痴,谁解此中味。”与小说所描写的贾府中的众多贵胄一样,曹雪芹同样是封建雅文化的眷爱者,也是深深的受害者。我们对传统茶文化在欣赏之余,也要有一个冷静客观的态度。

茶是中国的国饮,在漫长的历史发展过程中,形成了精神独具、内涵丰富的茶文化,这是我们的巨大财富。但是,我们须知,茶文化绝不仅仅是一种士大夫们闲暇之余的风雅游戏,更应是劳动人民生活的提纯、文化的升华,当然这里面也理应包括笔耕不辍的知识分子悲天悯人的博大情怀。

(五)周氏兄弟的喝茶

在中国文坛中,周树人、周作人兄弟除了其光芒万丈的文学成就和二人犹如长庚、启明的人生际遇为世人所熟知并感怀外,周氏兄弟对于喝茶也有独到的见解。

鲁迅(1881—1936年),原姓周,幼名樟寿,字豫山,后改为豫才,后又改名树人。鲁迅是他1918年发表《狂人日记》时开始用的笔名。

鲁迅出生于浙江绍兴一个逐渐没落的士大夫家庭。自幼受到过诗书经传的熏陶, 他对艺术、文学有很深的爱好。

鲁迅的外婆家住在农村,因而他有机会与最下层的农民保持着经常的联系,对民情民俗有很深刻的认识。这对他后来的思想发展和文学创作都有一定的影响。

鲁迅爱喝茶,他的日记和文章中记述了不少饮茶之事、饮茶之道。他经常与朋友到北京的茶楼去交谈。如:

1912 年 5 月 26 日,“下午, 同季市、诗荃至观音街青云阁啜茗”;

12 月 31 日,“午后同季市至观音街……又共啜茗于青云阁”;

1917 年 11 月 18 日,“午,同二弟往观音街食饵,又至青云阁玉壶春饮茗”;

1918 年 12 月 22 日,“刘半农邀饮于东安市场中兴茶楼”;

1924 年 4 月 3 日,“上午至中山公园四宜轩,遇玄同,遂茗谈至晚归”;

5 月 1 日,“往晨报馆方孙伏园……同往公园啜茗”。

……

据周遐寿在《补树书屋旧事》中说,鲁迅也是一向不十分讲究的:“平常喝茶一直不用茶壶,只在一只上大下小的茶杯内放一点茶叶,泡上开水,也没有盖,请客吃的也只是这一种。”由此看来,简直与浙东农民用的茶缸差不多。

周遐寿还说,当时常到邑馆来与鲁迅聊天的有老朋友钱玄同,“钱玄同来时便靠在躺椅上接连说上五六小时 ,十分之八九是客人说话,但听的人也颇要用心,在旧日记上往往看到,睡后失眠的记事。”这记载是真实的,因为在钱玄同所写的诗《再和苦茶》中有这样两句:“羊羹蛋饼同消化,不怕失眠尽喝茶。”

钱玄同到邑馆来,大抵是在午后,谈天一直到深夜回去。晚饭后鲁迅照例给倒上热茶,还装一盘点心放在旁边。钱说:“饭还刚落肚呢。”鲁迅说:“一起消化,一起消化。”这就是同消化的典故所在。因为提到《再和苦茶》诗,不仅可以看出鲁迅的幽默,也是他喝茶的特点。古人称“嘉湖细点”为茶食,大概本来是与喝茶连在一起的,那么,鲁迅就称得上是“俎豆犹古法,衣裳无新制”了。

至于茶叶,则大抵是绿茶,绍兴平水地方本来盛产茶叶,以绿茶为大宗,不过以质地论还不及杭州的龙井。所以鲁迅喜欢买龙井茶喝,到上海以后,因为离杭州较近,又有同乡友人在杭州工作,就常托友人代购。1928 年 7 月中旬鲁迅偕夫人许广平游西湖,回去时就没有忘记买龙井茶。据他的友人章廷谦后来回忆说:“在要回上海的前一天上午,鲁迅先生约我同到城站抱经堂书店去买一些旧书。又在旗下看了几家新书店。晚上一同到清河坊翁隆盛茶庄去买龙井。鲁迅先生说,杭州旧书店的书价比上海的高,茶叶则比上海的好。书和茶叶都是鲁迅先生所爱好的,常叫我从杭州买了寄去。”

鲁迅对喝茶与人生有着独特的理解,并且善于借喝茶来剖析社会和人生中的弊病。

鲁迅有一篇名《 喝茶》的文章, 其中说道:“有好茶喝, 会喝好茶,是一种‘清福’。不过要享这‘清福’,首先就须有工夫,其次是练习出来的特别感觉。”

"喝好茶,是要用盖碗的,于是用盖碗,泡了之后,色清而味甘,微香而小苦,确是好茶叶。但这是须在静坐无为的时候的。"

后来,鲁迅把这种品茶的"工夫"和"特别感觉"喻为一种文人墨客的娇气和精神的脆弱,而加以辛辣的嘲讽。

他在文章中这样说:"……由这一极琐屑的经验,我想,假使是一个使用筋力的工人,在喉干欲裂的时候,那么给他龙井芽茶、珠兰窨片,恐怕他喝起来也未必觉得和热水有什么区别罢。所谓'秋思',其实也是这样的,骚人墨客,会觉得什么'悲哉秋之为气也',一方面也就是一种'清福',但在老农,却只知道每年的此际,就是要割稻而已。"

从鲁迅先后的文章中可见"清福"并非人人可以享受,这是因为每个人的命运不一样。同时,鲁迅先生还认为"清福"并非时时可以享受,它也有许多弊端,享受"清福"要有个度,过分的"清福",有不如无:"于是有人以为这种细腻锐敏的感觉,当然不属于粗人,这是上等人的牌号……我们有痛觉……但这痛觉如果细腻锐敏起来呢?则不但衣服上有一根小刺就觉得,连衣服上的接缝、线结、布毛都要觉得,倘不空无缝天衣,他便要终日如芒刺在身,活不下去了。"

"感觉的细腻和锐敏,较之麻木,那当然算是进步的,然而以有助于生命的进化为限,如果不相干甚至于有碍,那就是进化中的病态,不久就要收梢。我们试将享清福,抱秋心的雅人,和破衣粗食的粗人一比较,就明白究竟是谁活得下去。喝过茶,望着秋天,我于是想:不识好茶,没有秋思,倒也罢了。"

鲁迅的《喝茶》,犹如一把解剖刀,剖析着那些无病呻吟的文人们。题为《喝茶》,而其茶却别有一番滋味。鲁迅心目中的茶,是一种追求真实自然的"粗茶淡饭",而绝不是斤斤于百般细腻的所谓"工夫"。而这种"茶味",恰恰是茶饮在最高层次的体验:崇尚自然和质朴。

鲁迅笔下的茶,是一种茶外之茶。

而周作人文中的茶,可能是躲进小楼成一统,品出的另一种滋味吧!

周作人(1884—1968 年),字起孟,号知堂,晚号苦茶庵老人。绍兴人,鲁迅之弟,17 岁时考入江南水师学堂,后东渡日本,入私立法政大学。归国后,任绍兴教育会会长。1917 年被聘为北京大学文科教授,后兼女师大、燕京大学教授,曾参加《新青年》编辑工作,任《新潮》月刊编辑主任,与郑振铎等发起文学研究会,创办《语丝》杂志,主编《骆驼草》等。

周作人在 1927 年以后,从新文学潮流中退了出来,退隐于苦雨斋,采"乐生主义"态度,沉湎于饮茶与古玩,追求闲情逸致,大作起游戏之作来。初称为打油诗,自言不等同旧诗,而是变了样的诗,有自创一体、自立门户之意,后来取名为杂体诗。1934 年 50 岁生日时,他写了两首以喝茶为趣味的自寿诗,题目就叫作《偶作打油诗二首》。

其一云：

前世出家今在家，不将袍子换袈裟。
街头终日听谈鬼，窗下通年学画蛇。
老去无端玩古董，闲来随分种胡麻。
旁人若问其中意，请到寒斋吃苦茶。

其二云：

半是儒家半释家，光头更不着袈裟。
中年意趣窗前草，外道天涯洞里蛇。
徒羡低头咬大蒜，未妨拍桌拾芝麻。
谈狐说鬼寻常事，只欠工夫吃讲茶。

第一首诗文字诙谐，重在趣味，冷中有热，寄沉痛于幽闲，反映其听谈鬼、学画蛇、玩古董、种胡麻、品苦茶的生活。第二首语不避俗，间有禅意，如“中年意趣窗前草”一句有禅宗语录中“黄花草木，无非般若”意。第二首末句“请到寒斋吃苦茶”则用一洋典，周作人在1965年12月致辞香港鲍耀明的信中对此句有所说明：“打油诗本来不足深究，只是末句本来有个典故，而中国人大抵不懂得，因为这是出在漱石（日本知名作家）之《猫》里面，恐怕在卷下吧，苦沙弥得到从巢鸭风俗院里的‘天道公平’来信，大为佩服，其尾一句，则为‘御茶ごきめがれ’，此即是请到寒斋吃苦茶的原典也。”

这两首诗初刊于林语堂主编的以“幽默与闲适”为宗旨的《人间世》上，林氏为诗取名题为《五十自寿》。当时得到他的一些朋友的激赏，和者源源而来。钱玄同步其韵有两首，其一云：“但乐无家不出家，不归佛法没袈裟。推翻桐城驱选鬼，打倒纲伦斩毒蛇。读史敢言无舜禹，谈音尚欲析遮麻。寒宵凛冽怀三友，蜜橘酥糖普洱茶。”反映了这位当年的文化健将对破除旧文化的勇敢无畏以及对治史研音开拓精神的怀恋。又如沈尹默步其韵诗两首，最后一联云：“等是闲言休更说，且来上寿一杯茶”；“知堂究是难知者，苦雨无端又苦茶”。蔡元培也作两首步其韵，最后两联云：“园地仍归君自己，可能亲掇雨前茶”；“春秋自有太平世，且咬馍馍且品茶”。林语堂步其韵的一诗最后一联云：“别来但喜君无恙，徒恨不能共话茶。”沈兼士的诗最后一联云：“眼前一例君须记，茶苦原来即苦茶。”刘半农唱和了四首，最后一联分别云：“最是安闲临睡顷，一支烟卷一杯茶”；“有时回到乡间去，白粥油条胜早茶”；“书匠生涯喝白水，每年招考吃回茶”；“铁观音好无缘喝，且喝便宜龙井茶”。后来胡适、王礼锡等也步韵和其诗。

周作人与这些唱和者都是当时知名文人与教授，且其中有不少是当年新文化运动中的健将，故一经发表，影响极大。这些诗反映了20世纪30年代中期在国

民党专制时代知识分子受高压统治的压抑，加以内战外侮，政局不安，以致要用茶来排解其沉郁心理，故每称之为“苦茶”。苦者，苦涩也，难以言传也，用以排解也，即此可见茶的妙用，可谓含意深沉。林语堂说他的诗是“冷中有热，寄沉痛于幽闲”。确也是事实。但另一方面，却反映了当年文化健将在此日隐消极，逃避现实，不敢担当天下兴亡责任的意识，所以诗之流传时又遭到不少进步人士的抨击。陈子展用原韵和了一首，其中说：“选将笑话供人笑，怕惹麻烦爱肉麻。误尽苍生欲谁责，清谈娓娓一杯茶。”讽刺最厉害的莫过于巴人，他说：“几个无聊的作家，洋服也妄称袈裟。”并用原韵作有两首诗，最后一联分别为：“饱食谈狐兼说鬼，群居终日品烟茶”；“救死充饥棒槌饭，卫生止渴玻璃茶”。甚至在马来西亚，也有人严斥周作人在国难当头时的无聊与肉麻，如槟城随安老人说：“辽阳归云已远家，逃世难披一袭裟。愿入深山驱猛虎，誓将飞剑抉长蛇。机声吓断黄粱梦，气素冲销粉腿麻。塞外青纱昏惨惨，几人到此品新茶？”此诗刊登在当地的《繁星》杂志上。以旧体诗嬉笑怒骂，联系时事，富有生活气息，因而皆成妙趣，也成为当时的文坛佳话。

周氏兄弟本系同胞，但同是喝茶却况味不同，旨趣迥异，文章艺术差别亦巨，以至于后来走上了完全不同的人生道路和艺术道路。这恐怕是兄弟二人当初都不曾想到的吧？

四、茶与人生

一片茶叶，看起来是那样细小、纤弱，那样的无足轻重，但却又是那样的妙不可言，充满了诗情画意。如果我们把茶与人生联系起来，可用一句话来解说，那就是：人生恰如一道茶。

天真烂漫的童年，就像一杯淡淡的绿茶，天然而透彻。童年时，高兴了就笑，委屈了就哭。童心，就犹如刚开春的新茶，清纯、澄碧。

明代的李贽在美学上曾提出童心说，认为：“童心者，真心也……绝假纯真，最初一念之本心也。”“童心说”作为文艺美学观，其中心是提倡文学艺术要表现真情实感。澄明清澈的艺术之境与清纯、澄碧的新茶不是很有相似之处吗？

青少年，就像一杯花茶，清香扑鼻，浓郁爽口。花茶吸收了花的香，饮之既有茶味又有花的芬芳。花茶是诗一般的茶，是融茶味之美、鲜花之香于一体的茶中艺术品。在花茶中，茶叶滋味为茶汤的味本，花香为茶汤滋味之精神。茶味与花香巧妙地融合，构成茶汤适口、芬芳的韵味，两者珠联璧合，相得益彰。

青少年是花一般的年纪，充满着朝气，也拥有对明天美好的理想。梁启超1900年作《少年中国说》，把祖国比作少年[①]；毛泽东则把青年比作早晨八九点钟

① 梁启超的原话是：“少年智则国智，少年富则国富，少年强则国强，少年独立则国独立，少年自由则国自由，少年进步则国进步，少年胜于欧洲则国胜于欧洲，少年雄于地球则国雄于地球。”

的太阳:世界是你们的,也是我们的,但归根到底是你们的。

中年,似一壶酽酽的红茶,味厚而甘醇。中年是十月的阳光,成熟、厚道,这是中年的秉性。人到了这个年龄段,一切都脚踏实地,为人不狂,处惊不慌。1982年一部名为《人到中年》的电影在全国引起了轰动,其哀而不伤的叙事风格让人为之动容,更引起当时广大知识分子的强烈共鸣。影片根据谌容同名小说改编,在反映中年知识分子的境遇时,也赞扬了他们任劳任怨、忠于事业、热爱祖国的高尚品格。

老年,更像一杯浓浓的乌龙茶,兼蓄了绿茶的清,花茶的香,红茶的醇。几十年的风风雨雨,使得老年人对功名的追求淡漠了,对财富的渴望减弱了,从而更加的坦诚和宽容。老人一辈子所经历过的沟沟坎坎不仅写在苍老而刚毅的脸上,而且从他们的谈吐中亦可以回味出深邃的思想和理念。默读老人,如啜饮浓浓的乌龙茶,令我们齿唇留香,回味无穷。

唐代刘贞亮曾经总结说,茶有十德:以茶散郁气;以茶驱睡气;以茶养生气;以茶除病气;以茶利礼仁;以茶表敬意;以茶尝滋味;以茶养身体;以茶可行道;以茶可养志。由此可见,茶在中国已经不单纯是一种饮料,它代表着一种文化,一种价值取向,表达了对情感、对生命的态度,有着更深层次的精神境界。一个人若有品茶的能力,自然对生活、对情感、对生命充满热爱。而对生命热爱者,必然人格有操守。

人生的每一个阶段,都有不一样的景观和韵致,就如同各种不一样的茶……

第七章 外国茶文化

茶的传播，就其在人们日常生活的使用而言，与人们的生活习俗、饮食习惯、当地的气候及人文传统有关，因此会涉及茶叶在日常生活中的应用；而作为一种植物本身，茶的传播还包括其在不同地域、不同历史时期的种植状况，与此相关的便是茶叶生产的商业化。而这种商业化又必然会与人们在日常生活中的使用习惯相互影响，无形中构建了不同的社会系统中人们对茶叶的文化态度，从而呈现出一幅丰富多彩的茶文化的形态来。

本章主要从这两个方面出发，首先从茶叶的运输路线出发，阐述从早期至今中国茶叶如何在历史的不同时期运输到不同地域的过程，以及主要的运输路线及其发展、兴起和衰退状况；第二部分分析作为一种经济活动的茶叶贸易，如何在国与国之间的政治、经济乃至文化角逐中成为一个重要的动因；第三部分简要分析在地理、气候和历史成因等因素作用下，不同国家茶文化的特点；第四部分是在第三部分的基础上，概述中外茶文化的接受与本土化的发展历程，在理论层面上对茶文化的底蕴进行深入思考。

第一节 中国茶文化的对外传播

一、我国茶文化对外传播的路径

全世界的茶叶产区大致分布在北纬45°以南，南纬30°以北区域。在生活需求的基础上，从以货易货开始，到大宗产品的形成，中间经过了比较漫长的过程。茶从中国传播到世界诸国，主要通过以下三种渠道：一是由僧侣和使臣，将茶叶带入周边地区；二是在国与国之间的交往中，茶叶成为随带礼品或日用品；三是通过贸易商务，将茶叶运销到国外。迄今为止，世界上有50多个国家生产茶叶，而消费茶叶的国家和地区则达160个左右。

中国茶叶对外传播，自古代至近代大致有四条路径：第一条是向东，传播至今天的朝鲜半岛和日本，时间自唐宋即开始。第二条是向西，由新疆和西藏，传播至中亚和印度。第三条是向北，传播至今天的蒙古和西伯利亚，以元朝最盛，明清时期进一步传播至俄罗斯及广大的欧洲地区。第四条是向南，传播至中南半岛，并在明清时期向非洲、欧洲、美洲传播。

就时间跨度和贸易形式而言，公元475—1644年之间，是以物易茶为主要特征的出口外销时期。中国茶叶最早输出时间是在公元473—476年间，中国与土耳其商人在蒙古边疆以物易茶的方式进行贸易。所以现今只有土耳其的“CHAI”，仍遗留我国汉语“茶叶”的发音。唐代(714年)我国设“市舶司”管理对外贸易。以后中国茶叶通过海、陆“丝绸之路”输往西亚和中东地区，东方输往朝鲜、日本。明代是中国古典茶叶向近代多种茶类发展的开始时期，为清以后大规模地开展茶叶国际贸易提供了商品基础。郑和七次组率船队，出使南亚、西亚和东非30余国，同时，波斯(今伊朗)商人、西欧人东来航海探险旅行，以及传教士的中西交往，为中国茶叶的对外传播都做了一些铺垫工作。

根据上述的东西南北四条路径，在茶叶对外传播历史上形成了相对应的四种名称：海上茶路、茶马古道、丝绸之路、茶叶之路(也称草原茶路)。下面分别对这四条路径的茶叶传播进行逐一描述。

(一)丝绸之路与茶叶传播

普鲁士舆地学和地质学家、近代地貌学的创始人、旅行家和东方学者李希托芬(Ferdinand von Richtholfen，1833—1905年)是最早提出丝绸之路概念的人。他曾于1860年随德国经济代表团访问过包括中国在内的远东地区，他去世后才陆续出版的5卷巨著《中国亲程旅行记》中，谈及中国经西域与希腊-罗马社会的交通线路时，首次将其称为“丝绸之路”(Seidenstrasse)。此后“丝绸之路”的名称在世界范围内流传开来。法国学者布尔努瓦夫人(Lucette Boulnois)指出：“研究丝路史，几乎可以说是研究整部世界史，既涉及欧亚大陆，也涉及北非和东非，如果再考虑到中国的瓷器和茶叶的外销以及鹰洋(墨西哥银元)流入中国，那么它还可以包括美洲大陆，它在时间上已持续了25个世纪。”因此，丝绸之路实际上是一片交通线路网。我们把丝绸之路定义为古代和中世纪从黄河流域与长江流域，经印度、中亚、西亚连接非洲和欧洲，以丝绸贸易为主要媒介的文化交流之路。

丝绸之路的基本走向形成于两汉时期。它东面的起点是西汉的首都长安(今西安)或东汉的首都洛阳，经陇西或固原西行至金城(今兰州)，然后通过河西走廊的武威、张掖、酒泉、敦煌四郡，出玉门关或阳关，穿过白龙堆到罗布泊地区的楼兰。汉代西域分南道北道，南北两道的分岔点就在楼兰。北道西行，经渠犁(今库尔勒)、龟兹(今库车)、姑墨(今阿克苏)至疏勒(今喀什)。南道自鄯善(今若羌)，经且末、精绝(今民丰尼雅遗址)、于阗(今和田)、皮山、莎车至疏勒。从疏勒西行，越葱岭(今帕米尔)至大宛(今费尔干纳)。由此西行可至大夏(在今阿富汗)、粟特(在今乌兹别克斯坦)、安息(今伊朗)，最远到达大秦(罗马帝国东部)的犁轩(又作黎轩，在埃及的亚历山大城)。另外一条道路是，从皮山西南行，越悬渡(今巴基斯坦达丽尔)，经罽宾(今阿富汗喀布尔)、乌弋山离(今锡斯坦)，西

南行至条支(在今波斯湾头)。如果从罽宾向南行,至印度河口(今巴基斯坦的卡拉奇),转海路也可以到达波斯和罗马等地。这是自汉武帝时张骞两次出使西域以后形成的丝绸之路的基本干道,换句话说,狭义的丝绸之路指的就是上述这条道路。

广义的丝绸之路指从上古开始陆续形成的、遍及欧亚大陆甚至包括北非和东非在内的长途商业贸易和文化交流线路的总称。除了上述的路线之外,还包括在南北朝时期形成,在明末发挥巨大作用的海上丝绸之路,以及与西北丝绸之路同时出现,在元末取代西北丝绸之路成为陆上交流通道的南方丝绸之路,等等。

而这里所说的作为茶叶传输路线之一的丝绸之路,是根据中国茶叶的发展史以及有记载的茶叶外销而集中于陆路的、中世纪的茶叶运输线路,是狭义上的概念。

(二)茶马古道与茶叶传播

茶马古道源于古代西南边疆的茶马互市,兴于唐宋,盛于明清,第二次世界大战中后期最为兴盛。茶马古道主要有三条线路,即青藏线(唐蕃古道)、滇藏线和川藏线。在这三条古道中,青藏线兴起于唐朝时期,发展较早;而川藏线在后来的影响最大,最为知名。

在历史上销往西北地区和西藏的茶叶均以各类茶砖为主,西北多产名马,贸易商互通有无,以名马换取茶叶成为必然的选择,到了唐朝便演变为“茶马政策”。

从文献资料来看,唐代便有“回纥驱马市茶”的记载,但直至宋太宗太平兴国八年,才设“买马司”,正式禁止以铜钱买马,改用布帛、茶药(主要是用茶)来换马。这是我国最早由国家制定的茶马互市政策。北宋时期,茶马交易主要在陕甘地区,易马的茶叶就地取于川蜀,并在成都、秦州(今甘肃天水)各置榷茶和买马司。

10 世纪时,蒙古商队来华从事贸易,将中国茶砖从中国经西伯利亚带至中亚以远。[1] 到元代,蒙古人远征,创建了横跨欧亚的大帝国,中国文明随之传入,茶叶开始在中亚被广泛饮用,并迅速在阿拉伯半岛和印度传播开来。

元代时,官府废止了宋代实行的茶马治边政策。从明朝开始,川藏茶道正式形成。政府规定于四川、陕西两省分别接待杂甘思及西藏的入贡使团,而明朝使臣亦分别由四川、陕西入藏。到成化二年(1470 年),明廷更明确规定乌思藏赞善、阐教、阐化、辅教四王和附近乌思藏地方的藏区贡使均由四川路入贡。而明朝

① 庄晚芳. 中国茶文化散论[M]. 北京:科学出版社,1989.

则在雅州、碉门设置茶马司,每年有数百万斤茶叶输往康区转至乌思藏,从而使茶道从康区延伸至西藏。而乌思藏贡使的往来,又促进了茶道的畅通。于是由茶叶贸易开拓的川藏茶道同时成为官道,而取代了青藏道的地位。

清朝进一步加强了对康区和西藏的经营,设置台站,放宽茶叶输藏,打箭炉成为南路边茶总汇之地,更使川藏茶道进一步繁荣。这样,在明清时期形成了由雅安、天全越马鞍山、泸定到康定的“小路茶道”和由雅安,荥经越大相岭、飞越岭、泸定至康定的“大路茶道”,再由康定经雅江、里塘、巴塘、江卡、察雅、昌都至拉萨的南路茶道和由康定经乾宁、道孚、炉霍、甘孜、德格渡金沙江至昌都与南路会合至拉萨的北路茶道。

(三)茶叶之路与茶叶传播

通向北部的茶叶贸易的陆路,形成于17世纪中叶,大致衰退于20世纪初。1567年有哈萨克人把茶叶传入俄国,清康熙帝在位的1679年,中俄两国签订了《尼布楚条约》,根据此条约,俄国失去了鄂霍次克海,但与大清帝国建立了贸易关系。

签订《尼布楚条约》后,为了让俄蒙商人来市,清廷在齐齐哈尔城北设立互市地。除划定中俄东段边界线外,还规定“嗣后往来行旅,如有路票准其交易”。当时,交易的主要货品是纺织品及皮毛,茶叶并不在其中,俄国先后派出了11支官方商队远赴中国,1706年商队赚取了27万卢布,彼得大帝为了确保官方商队的利益,规定所有的私人商队必须获得特别批准才能与北京进行交易。后来发现,实际的交易多发生在库伦。1727年8月20日,中俄双方签订了《恰克图条约》(俄国人称为《布连斯奇界约》),新的条约指定距离色楞格斯克91俄里的恰克图和额尔古纳河旁尼布楚境内的祖鲁海图作为贸易口岸,并禁止俄国商人进入中国境内,禁止继续在库伦和齐齐哈尔做生意。只有政府有权派出商队,但每三年才能派出一支商队到中国去,双方规定采用易货贸易方式,禁止使用货币。[①] 计价以畅销货为单位,1800年之前用中国棉布,此后改为茶叶。祖鲁海图由于地理和交通的原因并没有发展起来,恰克图则得到新的发展。俄国政府的商队从恰克图入境,沿库伦-归化(今呼和浩特)-张家口一线进入北京,由此促进了沿途城市的经济发展。[②]

1736年(乾隆元年),清廷规定中俄贸易仅限于恰克图一口,中国商人到关外贸易,必须领取“部票”。由是,北京、张家口去库伦、恰克图的商队逐渐增多。张家口至库伦、恰克图运输路线成了有名的“买卖路”。当时,输入的货物有天鹅

① 艾梅霞. 茶叶之路[M]. 北京:中信出版社,2007.

② 邓九刚. 茶叶之路:欧亚商道兴衰三百年[M]. 呼和浩特:内蒙古人民出版社,2000.

绒、海獭皮、貂皮、牛羊皮革、毛外套、各种毛纺品、皮革制品等;输出的有布匹、绸缎、砖茶、面粉、纸张、硫黄、火药、瓷器、烟草、铜铁制品等。由北京经张家口去库伦、恰克图贩运货物的商人,形成了"北京帮"、"山西帮",贸易逐年增加。只茶叶一项,在恰克图的输出额,1727 年为 25 000 箱,道光年间(1821—1850 年)增加到 66 000 箱。茶叶在 1850 年占了全部输出额的 75%。1728 年丝织品输出额为白银 46 000 两,棉布为 44 000 两。同时从恰克图输入的商品也逐年增加。1728 年农历一月至七月,双方贸易额在北京的白银为 152 534 两,在边境为 7 462 两,合计白银为 159 996 两,合 224 408 卢布。1845 年双方贸易额增加到13 620 000 卢布,中国成为俄国在亚洲的最大市场。输出的茶叶大部分是由"山西帮"茶商从福建武夷茶区采购,经张家口中转,再经张库大道运往恰克图。①

在恰克图经常能遇到这样的场面:在过节的时候,中国买卖城的官员扎尔固奇带领着他的随员和中国商界头面人物到俄国人那里共同庆祝。瓦西里·帕尔申这样写道:"扎尔固尔彬彬有礼,对俄国人一般都很客气。交谈通过翻译用蒙古语或满语进行……阴历年的庆祝活动在无炮架的小炮的轰鸣声中开始,然后扎尔固尔通过翻译接受我方边防长官和税务总监的正式新年祝贺。俄国商人也赠给自己的中国朋友小的礼品表示祝贺。买卖城很快就热闹起来了,到处是穿红戴绿的人群……中国人在做买卖上特别固执,坚持要价,他们能为一件东西讨价还价三天三夜而不觉厌烦。俄商对他们也同样强硬,毫不相让。不过,一旦他们当中有一方决定做成这笔生意,这种买卖就像大溃堤一样奔腾向前,市面也随即沸沸扬扬,活跃异常……买卖城的商人几乎全都是中国北方各省的人。他们与其他省份的人不同,性格特别刚强,或者说的更直率一些,也就是非常地固执,难以说服。他们开玩笑或者说俏皮话,带着浓厚的民族特色。"②

恰克图贸易给中俄双方都带来了好处。道光十七年至十九年(1837—1839 年)间仅在恰克图一地,中国对俄茶叶出口每年平均达 800 余万俄磅,价值 800 万卢布,约合白银 320 万两之多;而同期俄国每年由恰克图向中国出口的商品仅 600 ~ 700 万卢布,中国由此获得大量以白银支付的贸易盈余。③ 1821—1859 年间,恰克图俄对华贸易额占俄国全部对外贸易的 40% ~ 60%,而中国出口商品的 16% 和进口的 19% 都是要经过恰克图的。另外,恰克图贸易为俄方带来巨额的关税收入。1760 年俄国从恰克图所收入的关税占全国收入的 24%,1775 年上升到 38.5%。④

---

① 唐寿峰.张家口的中俄蒙贸易及陆运[J].张家口文史资料,第二十一辑.
② 转引自:邓九刚.茶叶之路:欧亚商道兴衰三百年[M].呼和浩特:内蒙古人民出版社,2000.
③ 葛贤慧,张正明.明清山西商人研究[M].香港:香港欧亚经济出版社,1992.
④ 孔祥毅,张正明.山西商人及其历史启示[N].山西日报,1991 - 11 - 18.

1861 年汉口开埠后，俄商在汉口陆续设立了阜昌、隆昌、顺丰、沅太、百昌和新泰等洋行。这些洋行除在汉口采办茶叶外，还于 1869 年派人到羊楼洞一带出资招人包办监制砖茶；以后还在汉口建立了顺丰、新泰、阜昌三个砖茶厂，采用机器制砖，大量运俄出口，把羊楼洞茶区变为他们的原料供应地。他们主要生产米砖，也生产一部分青砖。俄商在汉口压制或收购砖茶一般是从汉口顺流而下经上海运天津，在天津集中整理，再用木船运往通州，从通州用数以百计的骆驼队，经张家口越过沙漠古道运往恰克图，再从恰克图运到西伯利亚和俄国市场上去。后来俄调派义勇舰队参加运输，将砖茶直接运往俄国。

1871 年，俄国人在黑龙江成立了阿穆尔船舱公司，在茶叶之路上开辟了一条新的运输线，这条运输线以黑龙江航道为主，向南出黑龙江入海口进入日本海，然后走海路到达天津和长江入海口上海；溯黑龙江北上则进入乌苏里江，最后由传统的陆路到达茶叶之路上俄罗斯方面的桥头堡伊尔库茨克。① 在英国人成功地将茶叶贸易转向海路之后，茶叶之路的利润随即下滑，19 世纪 40 年代从恰克图到莫斯科的茶叶陆路贸易的运输费用至少是每普特 6 卢布，而从广东到伦敦同样数量的茶叶的海运费却只有 30 ~ 40 戈比，欧洲纺织品运往东方时也同样存在着这样的运费差异，于是欧美货物渐渐地从恰克图市场上消失了。当时，恰克图最重要的贸易品是从中国到俄罗斯的茶叶，恰克图的官员决定把茶叶之路途经莫斯科的陆路运费降低到与途经欧洲的海路运费一样低，于是把关税降低到原来的 30%，但是效果不大，19 世纪末期，恰克图的贸易基本上变成了西伯利亚人、蒙古人和中国人之间的区域贸易。②

总之，由于海上路线的开通、边界口岸的增多和天津港的对外开放，通过张家口运往库伦、恰克图的货物越来越少。1903 年，俄国西伯利亚铁路建成通车，中俄商品运输经海参崴转口，不仅缩短了时间，而且节省了运费，这就从根本上夺去了张家口至库伦、恰克图的运输业务。

（四）海上茶路与茶叶传播

茶叶南传中南半岛，是以明朝郑和下西洋为肇始，向非洲、欧洲、美洲传播，而向东，则传播至朝鲜和日本。

茶叶向中南半岛的传播由来已久。自永乐三年（1405 年）至宣德八年（1433 年）的28 年间，郑和率众七次远航。所经南洋、西洋、东非 30 余国，加深了与各地的贸易和文化交流。公元 1610 年，荷兰东印度公司的荷兰船首航从爪哇岛运中国茶到欧洲。据传 6 世纪中叶，朝鲜半岛已有植茶，其茶种是由华严宗智异禅师

① 邓九刚. 茶叶之路：欧亚商道兴衰三百年[M]. 呼和浩特：内蒙古人民出版社，2000.

② 艾梅霞. 茶叶之路[M]. 北京：中信出版社，2007.

在朝鲜建华严寺时传入。至7世纪初,饮茶之风已遍及朝鲜。

中国茶及茶文化传入日本,是通过佛教传播而实现的。日留学僧最澄,永贞元年(805年)八月与永忠等一起从明州起程归国,从浙江天台山带去了茶种。

二、近代中外茶叶贸易格局之变迁

中国茶叶对外贸易的发展划分为四个不同时期:垄断世界市场时期(1840—1870年),贸易迅速发展并达到顶峰时期(1871—1890年),贸易急剧衰退时期(1891—1949年),贸易发展时期(1949年至今)。不同时期的茶叶贸易具有各自不同的特点。

(一)19世纪中期之前的茶叶贸易

1559年,威尼斯商人拉莫修(Giambattista Ramusio)在其出版的《航海记》(Navigationeet Viaggis)中才首次提到茶叶。1595年,霍特曼(Cornelis de Houtman)率领一支荷兰远征东方的船队到达印尼万丹之后,荷兰人纷纷组织公司,掀起了东方贸易热潮,仅仅1598年就有五支船队共22艘船到达亚洲。1602年,荷兰组成联合东印度公司,全权负责在东方的殖民事业。荷兰东印度公司企图像葡萄牙人一样在中国沿海地区建立殖民据点,多次用武力侵犯澳门和澎湖,一度占领台湾,但均被击退。1619年,荷兰人占领印尼雅加达,并将雅加达改名为巴达维亚,从此巴达维亚成为荷兰在亚洲的殖民统治中心,荷兰对华贸易业主要通过巴达维亚进行。

1704年,英船"根特"号(Kent)在广州购买470担茶叶,价值14 000两白银,只占其船货价值的11 %,而所载丝绸则价值80 000两白银。1715年,英船"达特莫斯"号(Dartmonth)前往广州,所携资本52 069镑,仅5 000镑用于茶叶投资。1716年,茶叶开始成为中英贸易的重要商品。两艘英船从广州携回3 000担茶叶,价值35 085镑,占总货值的80%。18世纪20年代后,北欧的茶叶消费迅速增长,茶叶贸易成为所有欧洲东方贸易公司最重要的、赢利最大的贸易,当时活跃在广州的法国商人Robert Constant说:"茶叶是驱使他们前往中国的主要动力,其他的商品只是为了点缀商品种类。"从17世纪20年代起,英国东印度公司(EIC)在绝大部分年份中,所购买的茶叶都占其从中国总进口值的一半以上。在1765—1774年的10年间,平均每年从中国进口的总货值中,茶叶占71%。在1785—1794年中,这一比例提高到85%。虽然瓷器、漆器、丝绸和其他中国商品的需求由于欧洲"中国风格"(Chinoseries)的流行仍在增长,但公司宁可让这类商品的贸易由其船长和船员利用他们的"优待吨位"(Privilegetonnage)去经营,而公司则集中全力经营茶叶贸易。19世纪以后,英国东印度公司每年从中国进口的茶叶都占其总货值的90%以上,在其垄断中国贸易的最后几年中,茶叶成为其唯一的进口商品。[①]

由于用来购买茶叶的白银短缺,1734 年以后,荷印公司董事会每年从巴达维亚派两艘船直接到广州购买茶叶,同时仍鼓励中国帆船在巴达维亚的茶叶贸易。18 世纪 50 年代,巴达维亚茶叶贸易停止。1757 年以后,荷印公司重开对华直接贸易,直至 1795 年荷兰人因拿破仑战争而退出对华直接贸易。从 18 世纪 20 年代到 90 年代,茶叶一直是荷兰人从中国输出的最重要的商品。这一时期,茶叶占荷兰人输出的中国商品总值的 70% ~80% 。[②]

清朝(约公元 1684 年)海禁开放后,更促进了茶叶海运贸易的发展,先后与中东、南亚、西欧、东欧、北非、西亚等地区的 30 多个国家建立了茶叶贸易关系。1842 年清政府被迫签订《南京条约》,实行五口通商后,中国茶叶对外贸易迅速发展,而快箭船的出现,又加速了茶叶海运贸易的发展。同时,清朝政府由于允许大量鸦片和工业品进口,致使贸易逆差与年俱增。为了平衡贸易逆差,抵制白银外流,曾大力推进农业,扩大丝茶出口,所以这一时期茶叶产销高速发展。据史料记载,1840 年中国茶出口总量为 1.9 万吨,1843 年减少到 0.81 万吨,以后渐有增加,1860 年增加到 5.51 万吨,1870 年上升为 10.00 万吨,1886 年更上一层楼,出口 13.41 万吨,达到中国 20 世纪 50 年代前的最高纪录。

1840—1886 年,是中国茶叶生产的兴盛时期。这时期茶园面积的不断扩大,茶叶产量的迅速递增,有力地促进了对外贸易发展。而茶叶出口迅猛增长的形势,反过来又有力地促进了生产发展。据不完全统计,1840 年全国产茶 5.0 万吨,出口 1.9 万吨,至 1886 年全国生产和出口量分别达到 25.0 万吨和 13.41 万吨,生产量增长 4 倍,出口量增长 6.06 倍,平均每 10 年增加一倍多。茶叶的出口商品率也由 38.0% 上升至 53.7% ,说明在茶叶生产兴盛时期国内人民消费不到一半,生产的茶叶主要外销,出口创收约占全国各类商品出口总额的一半,1886 年时甚至达到 62% ,对平衡贸易逆差起到很大作用。

(二)19 世纪中期至第二次世界大战爆发:由盛而衰的时期

中国茶叶在国际市场上的危险处境早在 19 世纪 70 年代就开始出现,即印度红茶在英国、日本绿茶在美国都已成为中国的竞争对手,中国在这两个茶叶消费大国的市场份额正在被强劲的对手所瓜分。只是由于在这个阶段中国出口俄国的茶叶增长迅速,出口总量直至 1886 年仍在增长,危机情况暂时没有显现,但危机的种子却早已埋下了。[③] 印度、锡兰茶业虽然兴起较晚,但因为其生产方式的先进,很快超越了中国茶业。在茶叶的种植方面,中国茶叶生产与印度、锡兰非常

---

① 庄国土. 茶叶、白银和鸦片:1750—1840 年中西贸易结构[J]. 中国经济史研究,1995(3).

② 庄国土. 茶叶、白银和鸦片:1750—1840 年中西贸易结构[J]. 中国经济史研究,1995(3).

③ 林齐模. 近代中国茶叶国际贸易的衰减——以对英国出口为中心[J]. 历史研究,2003(6).

不同,后者是大规模茶园生产,且为欧洲人控制,采取先进科学的管理方法,不仅产量高,而且品质优良。印度阿萨姆地区的茶园全是大面积经营,有的茶园面积达千亩以上。这种经营资本雄厚,有条件对茶叶生产的各道工序进行科学实验。比如在茶叶品种的选择上,印度最初多选用中国茶种,但英国人经过对比实验,发现印度土产茶种更加优良,最后不但放弃了大规模引进中国茶种的最初尝试,而且连中印杂交品种也不再栽培了。①

在19世纪三四十年代,国际市场对茶叶的需求大增,而当时中国几乎是国际茶叶市场的唯一供应国,在这样的形势刺激下,茶农积极扩大茶园,1840年后的30年间,茶叶产量增加四倍之多。但国际茶叶市场到19世纪70年代以后大变,即中国的红茶遭遇到印度、锡兰的竞争,绿茶遭到日本的竞争,中国对英国和美国的出口量大减,这时已经扩大生产的茶农如果不毁弃茶园、承受更大的损失,便只有降价求售的唯一出路。②

英驻中国领事分析了印度茶业的优势和中国茶业的劣势:最主要的区别是印度茶的种植与制作有欧洲技师的监督。这些技师能够制作各种等级的茶叶,以满足市场的需要。印度茶业另一个显著的优点,在于对每年的茶叶收获量,事前能有精确的估计,以指导购茶者准备购买。中国的情况则迥然不同。茶叶的种植、制作和出售,都是出于本地茶农之手,他们墨守长久相传的、刻板的制茶方法,一点也不知道外国消费者经常变化的嗜好。任何季节可能提供的出售量,也只能从买办等不确实的报告中,粗略地加以揣度,而这些人的报告常常是不可靠的。因此中国市场上的购茶者,不得不经常在"黑暗"中进行工作,因为不知道茶叶收获的情况,他们对于茶叶的供应能否满足需要,或超过需要何种程度,常常毫无所知。③

在中国茶叶的竞争对手出现之前,由于中国是国际茶叶市场唯一的供应国,所以茶叶质量问题并未引起人们过多的注意,尽管外商有时会抱怨茶叶质量不稳定,但最终也是无可奈何。然而在竞争对手出现以后,中国茶叶的质量就是尤其重要的问题了,因为外商有了更多的选择机会。

中国茶叶在质量上的问题主要表现为三个:第一,品质不稳定,质量不保证。茶叶质量主要决定于以下几个环节:茶树管理和养护、采摘、加工等。英国领事报告说:"许多著名的老茶区,充斥着元气耗尽的老茶树。新生一代的茶农,是在繁盛的生产时代中成长的,缺乏老一辈的经验、细致和耐心。"④

---

① 严中平. 中国近代经济史(1840—1894)[M]. 下. 北京:人民出版社,2001.

② 严中平. 中国近代经济史(1840—1894)[M]. 下. 北京:人民出版社,2001.

③ 姚贤镐. 中国近代对外贸易史资料[M]. 第二册. 北京:中华书局,1962:1208.

④ 姚贤镐. 中国近代对外贸易史资料[M]. 第二册. 北京:中华书局,1962:1195.

第二,以次充好,假货充斥。因为中国茶叶质量的下降,英商采取了更为严格的措施。“以前都是由大老板们听从其所雇的选茶技师的建议后,即自行贩卖;现在则皆由茶叶专家,每年春初受英国本国商家的委托,离开伦敦(到中国)来贩购出口了。”①可见中国茶叶的信誉度已经很低。中国茶叶质量的下降,使之最后竟成为充数之物。英国商人认为,福州的茶叶已经够不上伦敦的标准了,“购买这种茶,不过是因为它比印度同等品质茶叶的价格要低25%左右。这些次等的便宜茶,完全是用来与印度茶叶掺和的,利用其低价来扯低印度茶的较高价格;同时利用其淡味,以减轻印度茶的强烈气味”。但是值得注意的是,“几乎每一磅印度茶都是上品,其制作方法在质和量方面年年都有改进”。英国人对印度茶的色、香、味越来越习惯和喜欢,在英国很多地方,原来“饮用中国花熏茶和乌龙茶的,几乎已告绝迹。印度茶的辛辣的、深入肺腑的香气永不散发,而且可以增强淡味华茶的刺激性……如果中国茶的品质继续败坏,印度茶的刺激力和香气当然要使它越来越受欢迎”。“预料中国茶叶如果继续粗制滥造,其出口将趋于停顿。”②

中国对美国茶叶出口量的减少在很大程度上也是因为质量不高、人为制假而造成的。大约在19世纪70年代初期,“适因中国红茶有伪造者,为美人所厌忌,而日本绿茶乘机得以销售”。绿茶的情形也大致如此,出口份额大多让与日本。“如果绿茶是老老实实地制作的,日本茶的产量就绝不会在短短几年内,由800万磅提高到2 400万磅……绿茶如果在品质方面不求改良,昔日贸易恐难维持。”美国人终于习惯和喜欢上了日本绿茶,而称中国绿茶淡而无味。

第三,茶叶后期加工水平低,缺乏市场竞争力。中国茶叶质量不精,除了采摘过程暴露出的诸多问题外,后期加工过分粗糙、分散和原始,也是一个非常重要的原因。简单地说,“印度对中国的优势,就是制造商对手工业者的优势……控制着伦敦市场的,正是这些拥有充足资本、改良的机器及专家监督的大茶园;而在湖北山边有着两三亩地的小农,是不能希望和它们竞争的”。千百年来,中国茶叶完全以手工制作,并且影响了周边的国家。但大约自19世纪50年代以后,借助于英国工业革命的成就,各种用于茶叶加工的机器相继被发明出来并投入使用,印度、锡兰对采摘后的茶叶加工逐步实现了机械化,不仅加工水平高,加工速度快,而且成本和价格降低,质量提高。而此时的中国仍完全采用传统方法手工操作,不仅浪费人力,效率低下,而且品质没有保证,也不符合现代人的卫生习惯。外国茶商经常抱怨,“尽管茶叶数量逐年增加,但调制和选茶工作的细致程度却明显下降,到上一茶季,茶叶混有灰尘和碎叶的现象达到最坏的程度,结果使茶商蒙受大量损失”。从19世纪70年代初到80年代初,中国茶价跌落将近一半,重要原因之

---

① 姚贤镐. 中国近代对外贸易史资料[M]. 第二册. 北京:中华书局,1962:954.

② 姚贤镐. 中国近代对外贸易史资料[M]. 第二册. 北京:中华书局,1962:954.

一是“印度之造茶用人工者少,用机器者多,以是成本已轻”①。印度、锡兰的竞争导致中国在英国茶叶市场的份额逐年减少。19 世纪六七十年代以后,俄国逐渐成为中国茶叶最主要的贸易对象。原来在中俄边境市场上的山西行庄大约有 100 个,可是自从俄国人自己在汉口开办企业后,山西行庄的数目缩减了 1/3。1864 年,俄国人学会制作砖茶,于是在 1865 年有半数以上的经由天津发往恰克图的砖茶是俄国人自己在湖北加工制作的。这种茶叶的质量比当地中国人的好,因此从 1866 年以后,所有运来天津以便转往西伯利亚的砖茶,都是俄国人加工的,或是在他们监督下加工的。②

英国驻上海总领事许士在 1887 年度上海贸易报告中说:“与任何其他产茶国相比,中国茶叶税负极重。”③各地茶税情况复杂,名目繁多,越是偏远的地区,茶税负担可能越重,再加上高昂的运费,茶商承担的风险非常大。为了尽可能减少风险和减低成本,有时“茶商宁愿以低于购入的价格出售,而不愿遭受税卡的麻烦和勒索,以及与北新关税吏交涉而引起的一切不可免的耽搁与烦恼”④。

太平天国起义不仅对中国出口英、美茶叶贸易影响巨大,而且对中国向俄国出口贸易也影响极大。由于太平军起而带来的全国动荡,导致恰克图商人心存顾忌,很多人急于将茶叶等货物脱手,换成金银,以便随时转移离开。战乱对恰克图的茶叶市场产生了多方面的影响,甚至导致了市场格局的变化,这是大多数商人所始料不及的。1853 年前,运至恰克图销售的只有福建茶,但从 1853 年到 1856 年,由于太平军接近了福建的产茶区,导致福建茶叶价格提高了 50%。他们在运往恰克图的茶叶箱里先装上一般茶,再装上福建茶,然后把这些茶叶当作纯粹的福建茶叶卖给俄国人。但没想到这种冒充的福建茶却更符合俄国人的胃口,受到俄国人的欢迎,以至于后来许多商人运来的福建茶无人问津,而使他们受到重大损失。⑤

19 世纪 70 年代之前,因为中国是茶叶主要的甚至唯一的供应国,因此茶叶价格基本是受中国支配的,如茶叶收成的数量与质量,上海、汉口、福州等地的供求关系等。而在此之后,这种格局彻底改变了,即茶叶价格渐受伦敦市场的支配了。导致这种格局改变最根本的因素当然是印度和锡兰茶叶的竞争,因为国际茶叶市场完全依赖中国的局面已经结束了。另一个很重要的因素是海上交通的便捷和通信系统的快捷,这就是 1870 年的苏伊士运河通航和 1871 年的欧洲与中国

---

① 仲伟民.近代中国茶叶国际贸易由盛转衰解疑[J].学术月刊,2007(4).

② 姚贤镐.中国近代对外贸易史资料[M].第二册.北京:中华书局,1962:1300.

③ 《总领事许士 1887 年度上海贸易报告》,参见:《上海近代贸易经济发展概况(1854—1898),李必樟编译,张仲礼校订,上海社会科学院出版社,1993 年版,第 724 页。

④ 姚贤镐.中国近代对外贸易史资料[M].第三册.北京:中华书局,1962:1564.

⑤ 仲伟民.近代中国茶叶国际贸易由盛转衰解疑[J].学术月刊,2007(4).

电报联系的接通,这些都使茶叶的供求市场发生了急剧的变化。苏伊士运河的开通还引起俄商茶叶经营方式的变化。俄商把过去从陆路经恰克图进口茶叶改为经地中海、黑海直接运往敖德萨,原先设于恰克图的俄国商行迁移到汉口。俄商在汉口同英商竞购茶叶,迫使英商提高购茶成本,进一步降低了中国茶在英国市场上的竞争力。[①] 而欧洲与中国香港、上海海底电缆的连通,使欧洲和中国之间实现了即时通信。伦敦茶商通过电报灵活自如地操纵茶叶进口量和茶叶价格。此后,基本的情况是,伦敦茶叶市场摆脱了过分依赖中国市场的情况,甚至转而中国茶叶市场改由伦敦市场控制了。此时的茶叶出口危机只是19世纪中国社会危机的一个侧面。[②]

(三)第二次世界大战后的格局

1949年,我国的茶叶产量只4.1万吨,出口量仅0.9万吨。究其衰落的原因,除上述政治和经济方面的影响外,还有一个很重要的原因是,在国际茶业市场竞争中失败。当时,荷属东印度(今印度尼西亚)、印度、锡兰(今斯里兰卡)等新兴产茶国家相继崛起,产量突增,输出骤盛,加之机械制茶,品质优异,在国际茶叶市场上具有较强竞争力,而中国茶却故步自封,不求改进,品质下降,成本增加,经营不善,致使英美等红茶市场渐为印、锡等国所夺,绿茶、乌龙茶市场又为日本所挤,外销几濒绝境;而国内处于连年战争,苛捐重税,经济萧条,物价暴涨,茶农生活维艰,茶园成片荒芜,茶业生产岌岌可危。

20世纪下半叶,中国茶叶开始恢复和发展,80年代以后发展较快,同期印度、斯里兰卡的贸易份额逐步下降。以东非产茶国肯尼亚和乌干达为代表的非洲茶叶生产兴起后,茶叶出口贸易也随之发展起来,随后南美洲的阿根廷,大洋洲的巴布亚新几内亚,东欧的一些国家也相继开始发展茶叶出口贸易。进入20世纪90年代,世界茶叶出口的贸易格局进一步发生了改变。1993年斯里兰卡茶园经营由政府转给了私人公司及小经营者,私有化政策的实施成为斯里兰卡茶业发展过程中的根本性转折,自此该国逐渐发展成为亚洲最大的茶叶出口国,茶叶出口量占亚洲总量的29.1%。进入20世纪90年代后,中国的茶叶出口超越印度上升至亚洲第二位。印度则由茶叶最大出口国下降为亚洲第三,这主要是因为俄罗斯及美国等传统进口市场需求量的下滑以及印度国内市场的膨胀。1984年肯尼亚新建的茶叶种植园和加工厂出产的茶叶开始上市,非洲的茶叶出口逐步抢占了亚洲茶叶出口的市场份额。近年来肯尼亚的茶叶出口量也一直居高不下,2004年起出口量超过斯里兰卡,位居世界第一,成为非洲茶叶出口的主导力量。[③]

---

① 林齐模.近代中国茶叶国际贸易的衰减——以对英国出口为中心[J].历史研究,2003(4).

② 仲伟民.近代中国茶叶国际贸易由盛转衰解疑[J].学术月刊,2007(4).

③ 牛晓靖,顾国达,张纯.世界茶叶生产与贸易格局的演变及现状分析[J].世界农业,2007(6).

目前世界茶叶的进口市场格局是比较分散的，摩洛哥、日本和美国是中国茶叶主要的出口市场，然而在俄罗斯联邦、巴基斯坦、英国和埃及这几个世界主要茶叶进口国内，中国茶叶的市场占有率仍处于较低水平。

（四）现代茶叶贸易的发展

第二次世界大战后产茶国国内消费的增长使得世界茶叶出口量占生产量的比重不断下降，这一趋势在20世纪90年代末得到缓解。与此同时世界茶叶出口总量仍然呈上升趋势。世界茶叶出口贸易格局几经变迁，目前出口主要集中于亚洲和非洲一些发展中国家。

与此同时，世界茶叶进口贸易格局在20世纪70年代是由英、美两国占据世界茶叶进口的主导地位。随着茶叶消费的普及和茶叶进口国的不断增多，进口消费的流向发生转移。俄罗斯、日本、伊朗、巴基斯坦、埃及和摩洛哥所占的进口比重逐渐上升，而历史上占80%以上份额的欧洲和美洲市场流量整体呈下降趋势。世界茶叶消费总量已由过去以英、美等消费国消费为主，转向了以印度、日本等生产国本国消费为主；茶叶贸易流向也从过去集中由亚洲向欧洲出口的局面转变为多元化供应，茶叶市场进一步拓宽。

世界茶叶产销国家分类如下：

生产国家分类：

- 内销为主，大量出口——印度、中国等。
- 出口为主，少量内销——斯里兰卡、肯尼亚、印度尼西亚等。
- 基本内销，还需大量进口——俄罗斯、日本、伊朗等。
- 基本内销，还有少量出口——土耳其等。

非产茶国家主要是：英国、美国、巴基斯坦、埃及、摩洛哥等。

由于在世界茶类中红茶通常占产量的80%左右，国际贸易量的90%以上，因此，茶叶主要指红茶，其次是绿茶和特种茶，我们对世界市场茶叶贸易的演变，主要是围绕红茶来谈的。

茶叶市场大体上分为三类：第一类是消费市场（Consumption Market），它的进口量的大多数用于当地消费，转口量或再出口量有限。第二类是经销市场（Distribution Market），表面上它的进口消费量很大，实际上是集散到别国去的。第三类是统制市场（Managed Market），其茶叶进口和经销（集散）都操于政府或代理人之手。

目前，茶叶生产国主要通过三条渠道销售茶叶（红茶）：拍卖市场、直接销售和期货交易。茶叶生产国非常希望建立期货市场，因为可以增加套期保值的机会并能稳定价格。然而这样的市场的潜力是有限的。已建立了期货市场的产品（糖、咖啡等）都只有三四个品种，而茶叶则因质量、产地、加工方法和季节不同而品种繁多,给建立期货市场造成了很大困难。因此,除非茶叶的品种减少,并保持规格稳定,茶叶的期货市场不会有长足的发展。①

国际茶叶贸易有多种形式,主要有代理、寄售、包销、招标与投标、展卖、函电成交与拍卖等,但以拍卖为主(参见图7-1)。现以拍卖市场为例作具体介绍。

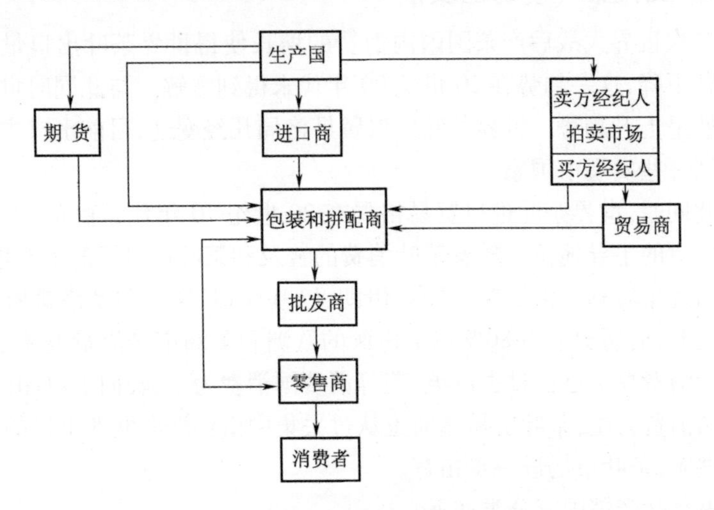

图7-1 国际市场红茶销售渠道②

斯里兰卡的科伦坡是目前世界上成交量最大的茶叶拍卖市场,基本上是拍卖本国红碎茶,约占90%,在伦敦的拍卖只占10%。科伦坡的拍卖量要受本国产量的影响,最高年拍卖量曾高达19万吨,略高于加尔各答。

印度的加尔各答也是世界上最重要的拍卖市场之一,最高年拍卖量曾达18万吨。另一个科钦拍卖市场为6万吨,以上两个市场都是该国茶叶参加拍卖。近年来,由于国内需求不断增大,内销供不应求,政府限制出口,拍卖量相应减少。

肯尼亚的蒙巴萨是东非重要的茶叶拍卖市场,除本国茶叶外,还有坦桑尼亚、马拉维、卢旺达、乌干达等参加,年拍卖量4万吨,其中肯尼亚为2.5万吨,占本国出口量的30%,该国还有40%的茶叶参加伦敦拍卖。到蒙巴萨采购茶叶的除英商外,还有荷兰、埃及、巴基斯坦、伊朗、叙利亚的进口商。拍卖价基本与伦敦拍卖价相平衡,其拍卖方式也大体相同。

伦敦茶叶拍卖市场由伦敦茶叶经纪人协会主办,并由茶叶经纪人公司轮流担任叫卖。③

---

① 张堂恒.茶叶贸易学[M].北京:中国农业出版社,1995.
② 张堂恒.茶叶贸易学[M].北京:中国农业出版社,1995.
③ 张堂恒.茶叶贸易学[M].北京:中国农业出版社,1995.

市场报告把拍卖茶叶中有代表性的——买主在市场上可以大量买到的茶叶——分为几个等级，按每公斤标出茶叶价格，尽管上市拍卖的各国家、地区的茶叶品质也有些季节性变化，但就大多数来说，都可按此分级。这样，就为人们提供了一个具体的价格水平，这样人们只要取到任何一个相当于这分级价格的茶样，就可以知道它在市场上代表的品质等级，这利于了解整个市场的价格水平和前后对比，这些分级茶价就是世界公认的国际茶叶价格水平的重要标尺。

分级茶价有下列四种：

- 高级茶（Quality）：不是最好的红茶，而是以比平均价格水平高的红茶为代表。
- 中级茶（Medium）：以阿萨姆与肯尼亚中级茶的平均价水平为代表。
- 中下级茶（Low Medium）：以马拉维中等品质的价格水平为代表。
- 普通级茶（Plain）：以洁净的普通品质的莫桑比克茶的价格水平为代表。

由于伦敦市场拍卖茶叶主要是片型茶叶（Fannings），相当于我国细碎型的轻身茶。因此，以上分级茶价也是以这一花色类型的市场价格为依据而产生的。

当前茶叶市场的发展表明主要生产国已经相当适应茶叶价格在短期内的波动，特别是红茶。由联合国粮农组织政府间茶叶小组秘书处组织的关于价值链（TE05/4）的研究显示，按价格波动从高到低排列，在所调查的27种农业商品中，茶叶处于倒数第二位（茶叶价格下降了2%，而可可和咖啡分别下降了39%和38%）。困扰红茶的主要问题包括整个饮料市场份额被代替，加上一些消费市场的停滞，导致不得不降低价格。世界茶叶市场供给过量的基本状况可能会持续，茶叶价格会继续下滑。随着产量的进一步减少及市场消费的要求，新的策略着重在于扩大消费和增加附加值。合适的市场策略，包括市场调查，也能反过来促进产业的发展。国家间需求的不同显示市场营销要符合个别市场需求。为每个市场确定产品附加值和质量标准，运用各种策略以获取额外的利润。在一个不断增长的，充塞了各种饮料的市场，广泛研究、论证茶叶对健康的好处应该更经常地被用于促进茶叶消费。最后需要指出的是，要遵从食品标准，特别是MRL标准，全球茶叶MRL标准的一致能降低茶叶出口成本。①

第二节　外国的茶文化

由于地理、历史和文化的亲缘性，国外茶文化的特点与该地区、该民族或国家的整体发展脉络的关系甚为密切。因而，本书按照上述茶文化对外传播路径，并根据茶文化在其中的地位，依次对其茶文化的特征进行论述。

---

① Kaison Chang，尤韵华，陈霄雄．世界茶叶产销现状及中期展望[J]．中国茶叶，2006(1)．

宏观而言,茶文化有四个层次,即物态文化、制度文化、行为文化和心态文化。物态文化主要是指有关茶叶的栽培、制作、加工、保存、化学成分及疗效研究等,也包括品茶时所使用的茶具以及桌椅、茶室等看得见摸得着的物品和建筑物。制度文化是指人们在从事茶叶生产和消费过程中所形成的社会行为规范。如随着茶叶生产的发展,历代统治者不断加强其管理措施,称之为"茶政",包括纳贡、税收、专卖、内销、外贸等。行为文化是指人们在茶叶生产和消费过程中约定俗成的行为模式,通常是以茶礼、茶俗以及茶艺等形式表现出来。心态文化是指人们在利用茶叶的过程中所孕育出来的价值观念、审美情趣、思维方式等主观因素。[1]狭义而言,茶俗、茶艺、茶道是探究茶文化的核心,茶俗是指在长期社会生活中,逐渐形成的以茶为主题或以茶为媒体的风俗、习惯、礼仪。茶俗是一定社会政治、经济、文化形态下的产物,随着社会形态的演变而消长变化。在不同时代、不同地方、不同民族、不同阶层、不同行业,茶俗的特点和内容不同。因此,茶俗具有地域性、社会性、传承性、播布性和自发性,涉及社会的经济、政治、信仰、游艺等各个层面。[2] 茶艺则应当是茶文化的形象表述,是其表层意韵。无论是人们日常生活中丰富多彩的茶事活动,还是深奥玄妙的茶道精神都必须通过茶艺来展示。茶道则是将日常生活的特征和文化底蕴升华而成一种人生哲学。因此,对于各国茶文化的描述,基本按照这三个方面展开。

一、日本

茶道是日本文化的代表,体现了日本人的生活规范,在某种程度上也是他们的心灵寄托之所在,因此,茶道是应用化了的哲学,艺术化了的生活,是一种活的艺术。谷川徹三在其《茶道美学》(1977 年)中指出,茶道的内容应该包括四个方面:艺术、社交、礼仪和修行。久松真一则认为茶道文化是以吃茶为契机的综合文化体系。熊仓功夫则认为,茶道是一种室内艺能。这三位学者分别从艺术、宗教和历史学角度对茶道做了简要的解读。简而言之,茶道存在于日本社会生活和历史文化中,既形成于日本与中国的交流过程中,又带有浓厚的日本历史文化自身的发展特色;既体现了宗教的特征,又在一定程度上展现了日本艺术的内涵。

(一)茶道简史

1. 第一个时期:奈良、平安时代

据日本文献《奥议抄》记载,日本太平元年(即唐玄宗开元十七年,公元 729 年),朝廷召集了百僧到禁廷讲《大般若经》时,曾有赐茶之事,因而日本饮茶应始

① 陈文华. 中国茶文化基础知识[M]. 北京:中国农业出版社,2003.

② 余悦. 茶文化博览 · 中国茶韵[M]. 北京:中央民族大学出版社,2002.

于奈良时代(710—794年)初期。

日本最澄和尚于公元804年7月出发,50多天后到达中国宁波。他学习天台教义,回国时从天台山带走了茶籽。同去的空海和尚则去长安求学,公元806年返回日本后,便一直积极地实践、宣传、推广饮茶,他不仅自饮,还与天皇、贵族、朋友同饮,对弘仁茶风的形成起到了推动作用。与这二人同时代的还有公元775年来到长安的永忠和尚,他在中国生活了30年,于公元805年回到日本,永忠和尚开始在日本亲自栽培、精心制作名优茶。因此,不仅仅是茶叶、茶籽传入了日本,唐代的饼茶煮饮法也一并传入了日本。这三位和尚对于弘仁茶风的形成起到了关键的作用。

由于茶是作为一种先进的精神文化载体传入日本的,因此,日本的上层人士一开始就以特别珍重的态度来对待茶,他们在饮茶时,很少考虑止渴、消食、解毒、提神等物质功能,而是着重追求伴随饮茶活动而发生的精神享受。在他们看来,似乎茶不是随便能喝的,没有琴棋书画,没有高士清友,便没有饮茶的必要。

晚唐时期,遣唐使团由于种种原因于公元894年停派了。中日长达287年的政府间往来中断,从此进入延续了222年的以民间商队东渡为主要交流方式的时期(894—1116年)。

平安、奈良时代的茶文化是以嵯峨天皇、永忠、最澄、空海为主体,在弘仁时期(810—824年)发展起来的,因此,这一时期是古代日本茶文化的黄金时代,学术界称之为"弘仁茶风"。弘仁茶风过后,茶文化一度衰退,但饮茶依然在上层社会的日常生活中流行着,文士茶、寺院茶、仪典茶在上层社会的日常化是其主要特点。

2. 第二个时期:镰仓、室町、安土、桃山时代

镰仓时代(1192—1333年)初期,日本高僧荣西撰写了日本第一部茶书《吃茶养生记》。荣西禅师曾两次到中国(1168年和1187年),其时南宋饮茶之风正盛,他在该书中对茶的功效以及南宋制茶法、饮茶法进行了详尽的描述,因此他被日本茶界尊为茶祖。

荣西之后,日本茶文化的普及分为两大系统:一是禅宗系统,一是律宗系统。禅宗系统包括荣西及其后拇尾高山寺的明惠,律宗系统则有西大寺的睿尊、极乐寺的忍性。饮茶活动由寺院普及到民间,这是镰仓时代茶文化的主流。

室町时代(1333—1573年)前期,斗茶成为当时的主流,主要是以辨别"本茶"与"非茶"为主,即尝出拇尾茶(本茶)与其他茶(非茶)的区别。拇尾茶据说是荣西禅师从中国天台山带回的茶籽,由拇尾山高山寺的和尚明惠种植而成的。从某种程度上看,拇尾茶是具有权威意义的。①

---

① 滕军.中日茶文化交流史[M].北京:人民出版社,2004.

室町时代中后期斗茶内容日益复杂，据记载有茶碗、陶器、扇子、砚台、檀香、蜡烛、鸟器、刀、钱等。室町时代的第三代将军足利义满(1356—1417 年)，在他 38 周岁时，把将军之位让给了儿子，自己在京都的北边修建了金阁寺，北山文化由此兴起，武士的斗茶也开始了向书院茶的过渡。公元 1489 年，室町幕府第八代将军足利义政隐居京都的东山，并在此修建了银阁寺，以该寺为中心，开始了东山文化时期。东山文化是继北山文化之后室町文化的一个繁荣期，是日本中世文化的代表。在东山文化时代，日本茶文化由娱乐性的斗茶发展为宗教性的茶道。书院式建筑也成为茶文化活动的场所。

在以东山文化为中心的室町书院茶文化里，起主导作用的是足利义政的文化侍从能阿弥(1397—1471 年)，他通晓书、画、茶，还负责掌握将军搜集的文物。他发明点茶法，茶人要穿武士的礼服狩衣，置茶台子，点茶用具、茶具位置、拿法、顺序、进出动作，都有严规。今日日本茶道的程序，就是在他手下基本成形的。同时，在室町时代后期，民间茶活动发端于云脚茶会。而在饮茶文化大众化的潮流中，奈良的“淋汗茶”引人注目。文明元年(1469 年)五月二十三日，奈良兴福寺信徒古市播磨澄胤在其馆邸举办大型“淋汗茶会”，邀请安位寺经觉大僧正为首席客人。淋汗茶会是云脚茶会的典型，古市播磨本人后来成为珠光的高徒。淋汗茶的茶室建筑采用了草庵风格，这种古朴的乡村建筑风格，成为后来日本茶室的风格。

村田珠光(1423—1502 年)将禅宗思想引入茶道，形成了独特的草庵茶风。珠光通过禅的思想，把茶道由一种饮茶娱乐形式提高为一种艺术、一种哲学、一种宗教。珠光完成了茶与禅、民间茶与贵族茶的结合，为日本茶文化注入了内核、夯实了基础、完善了形式，从而将日本茶文化真正上升到了“道”的地位。茶道宗师武野绍鸥(1502—1555 年)承先启后。大永五年(1525 年)，武野绍鸥从界町来到京都，师从当时第一的古典学者、和歌界最高权威、朝臣三条西实隆学习和歌道。同时，师从下京的藤田宗理、十四屋宗悟、十四屋宗陈(三人皆珠光门徒)修习茶道。他将日本的歌道理论中表现日本民族特有的素淡、纯净、典雅的思想导入茶道，对珠光的茶道进行了补充和完善，为日本茶道的进一步民族化、正规化作出了巨大贡献。

室町时代末期，茶道在日本获得了异常迅速的发展。

在安土、桃山时代，室町幕府解体，武士集团之间展开了激烈的争夺战，日本进入战国时代，群雄中最强一派为织田信长 - 丰臣秀吉 - 德川家康系统。群雄争战，社会动乱，却带来了市民文化的发达，融艺术、娱乐、饮食为一体的茶道受到空前的欢迎。静下心来点一碗茶成为武士们日常生活中不可缺少的内容。战国时代，茶道是武士的必修课。日本茶道的集大成者千利休(1522—1592 年)少时便热心茶道，先拜北向道陈为师学习书院茶，后经北向道陈介绍拜武野绍鸥为师学

习草庵茶。天正二年(1574 年)千利休做了织田信长的茶道侍从,后来又成为丰臣秀吉的茶道侍从。他在继承村田珠光、武野绍鸥的基础上,使草庵茶更深化了一步,并使茶道摆脱了物质因素的束缚,还原到淡泊寻常的本来面目上。镰仓时代,日本接受了中国的点茶文化,以镰仓初期为起点,日本文化进入了对中国文化的独立反刍消化时期,茶文化也不例外。镰仓末期,茶文化以寺院茶院为中心,普及到了日本各地,各地都出现了茶的名产地,寺院茶礼确立。

在这一时期,日本茶道完成了草创。

3. 第三个时期:江户时代

公元 1603 年,德川家康在江户建立幕府,至 1868 年明治维新,持续了 260 多年。千利休被迫自杀后,其第二子少庵继续复兴千利休的茶道。少庵之子千宗旦继承其父志,终生不仕,专心茶道。千宗旦去世后,他的第三子江岑宗左承袭了他的茶室不审庵,开辟了表千家流派;他的第四子仙叟宗室承袭了他退隐时代的茶室今日庵,开辟了里千家流派;他的第二子一翁宗守在京都的武者小路建立了官休庵,开辟了武士者路流派茶道。此称三千家,三千家是日本茶道的栋梁与中枢。

除了三千家之外,继承千利休茶道的还有千利休的七个大弟子。他们是:蒲生化乡、细川三斋、濑田扫部、芝山监物、高山右近、牧村具部、古田织部,被称为“利休七哲”。其中的古田织部(1544—1615 年)是一位卓有成就的大茶人,他将千利休的市井平民茶法改造成武士风格的茶法。古田织部的弟子很多,其中最杰出的是小堀远州(1579—1647 年)。小堀远州是一位多才多艺的茶人,他一生设计建筑了许多茶室,其中便有被称为日本庭园艺术的最高代表——桂离宫。

片桐石州(1605—1673 年)接替小堀远州做了江户幕府第四代将军秀纲的茶道侍从,他对武士茶道作了具体的规定。石州流派的茶道在当时十分流行,后继者很多。其中著名的有松平不昧(1751—1818 年)、井伊直弼(1815—1860 年)。

由村田珠光奠其基,中经武野绍鸥的发展,至千利休而集大成的日本茶道又称抹茶道,他是日本茶道的主流。抹茶道是在宋元点茶道的影响下形成的。在日本抹茶道形成之时,也正是中国的泡茶道形成并流行之时。在中国明清泡茶道的影响下,日本茶人又参考抹茶道的一些礼仪规范,形成了日本人所称的煎茶道。公认的“煎茶道始祖”是中国去日僧隐元隆琦(1592—1673 年),他把中国当时流行的壶泡茶艺传入日本。经过“煎茶道中兴之祖”卖炭翁柴山元昭(1675—1763 年)的努力,煎茶道在日本立住了脚。后又经田中鹤翁、小川可进两人使得煎茶道确立了茶道中的地位。

江户时期,是日本茶道的灿烂辉煌时期,日本吸收、消化中国茶文化后终于形成了具有本民族特色的日本抹茶道、煎茶道。

4. 第四个时期:现代时期

茶在安土、桃山、江户盛极一时之后,于明治维新初期一度衰落,但不久又进入稳定的发展期。20世纪80年代以来,中日间的茶文化交流日趋频繁,其中,主要的是日本茶文化向中国的回传。日本茶道的许多流派均到中国进行交流。

同时,日本茶道根据现代生活的快节奏,对其繁复的形式有所简化,但茶室的布置、茶的冲饮方式和插花艺术仍很讲究。日本茶道不仅仅是饮茶,更重要的意义在于欣赏以茶碗为主的茶道用具、茶道装饰、茶院,以及主人与客人之间的心灵沟通。

(二)茶道的特点

1592年,日本茶道的集大成者千利休切腹自杀。后继的日本茶人们将千利休所使用过的所有茶道用具、千利休所规范的一切礼仪做法统统当作绝对的模式来约束自己,由此造成了人类文化史上的一个奇迹:一种程序繁杂的、以人的肢体语言为表现方法的艺术形式竟然原封不动地保持了400余年。从1903年日本近代美术的创始人冈仓天心(1862—1913年)撰写《茶之书》起,日本茶道便被日本人推举为国粹。①

1.茶事以禅道为宗

日本茶道的思想根基是佛教,核心是"禅",即以禅的宗教内容为主体,为使人达到大彻大悟的目的而进行的一种新型的宗教形式。历史上的日本茶人都要到禅寺修行数年,获得法名,而后返回茶室过茶人的生活,因此,日本茶道虽然来源于禅道,但与之又有所区别,是一种"在家禅"。② 从形式而言,禅宗与茶道是禅的两种表现形式,禅宗为正统的寺院禅风,茶道为庶民式的居士禅风。

佛教自6世纪传入日本,至7世纪末形成所谓奈良六宗,即华严宗、律宗、法相宗、三论宗、成实宗、俱舍宗。至9世纪又增加了天台宗与真言宗。这八宗背后都有皇室贵族权臣在给予支持,并都具有一定的宗教狂热性。诸宗的大寺也常主动或被动地卷入政治斗争的旋涡,在诸多新兴宗派中,荣西、圆尔所传的中国禅宗临济宗可说是发展最顺利的,几乎未曾遭受什么迫害,很快赢得镰仓幕府与京都朝廷的双重支持,渐成压倒旧新诸宗之势,日后成为日本佛教的主导力量。③

禅门问答中的"茶"大约可分为三种含义:第一种含义是茶即茶;第二种含义是茶是一种日用的符号;第三种含义是介于两者之间的状况,茶既是茶,又不是茶。由茶而得禅语的村田珠光提出"佛法即在茶汤内"的主张,后来成为茶道精神的基石。珠光把茶从精神上与禅连接起来,形成了"茶禅一味"。

据前所述,饮茶习俗初入日本时,饮茶活动是以寺院、僧侣为中心展开的,至荣西为止,茶与禅宗的关系是以禅为主,以茶为辅,茶为坐禅修行时的饮料、禅案

① 滕军.中日茶文化交流史[M].北京:人民出版社,2004.
② 滕军.日本茶道文化概论[M].北京:东方出版社,1992.
③ 靳飞.茶禅一味[M].天津:百花文艺出版社,2004.

的素材、行道之资、救国之助等。村田珠光改革了当时流行的茶书院、斗茶之风，将禅的思想融入茶文化，从而创立了日本的茶道。

禅宗的参禅方式之一便是师徒问答。某日，一休与珠光在问答时，一休列举了中国赵州从谂禅师注明的“吃茶法”的公案要珠光参究，这一公案在《五灯会元》卷四有较详细的记载：

一人新到赵州禅院，赵州从谂禅师问：“曾到此间么？”答：“曾到。”师曰：“吃茶去！”又问一僧，答曰：“不曾。”师又曰：“吃茶去！”后院主问：“为什么到也云‘吃茶去’，不曾到也云‘吃茶去’？”师唤院主，院主应诺，师仍云“吃茶去！”

从谂禅师的三称“吃茶去”，意在消除学人的妄想，所谓“佛法但平常，莫作奇特想”。不论来或没来过，或者相不相识，只要真心真意地以平常心在一起“吃茶”，就可进入“茶禅一味”的境界。一休举出从谂禅师的话要珠光参悟时，珠光起初也弄不准从谂禅师的意在何处，迟迟不能作答。一休为启发珠光，就命人端一碗茶来送与珠光。珠光刚刚接茶在手，一休大喝一声，一掌将茶碗打翻在地。这一串动作大概是说，送来的茶当然是茶，打翻则说此茶又不可果真当茶喝。珠光从一休的做法里似有所悟，遂答云：柳绿花红。从谂禅师的话头与珠光的四字答语，都是在说明要先发现自己的本性，其后才能感知己身以外的世界的意思。

2. 茶道与禅道合一

珠光大师在其《心之文》中指出：“此道最要不得的是高傲与自以为是、突出自己之心。那种嫉妒高明者、鄙视初学者的做法，尤其不好。应该尽量去接近高明的人，这样就能发觉自己的不成熟处并及时请益；对待初学者则要尽可能地予以培养。此道中最重要的是能融合和汉之境界，于此处最要用心。近来人们总喜欢说要领略枯淡之境界，有些初学者就用上如备前、信乐这样好的艺术品作为茶道具，尽管他人还未必认可其艺术，但他自己就先自以为是沉浸于深奥的艺术气氛中而自我陶醉了。这就真是没办法说了。所谓枯淡之境界，亦是由循序渐进而来。得到好的器具，应先好好去体会玩味，根据自己的能力而创造出一个适当的境界来。这样一步一步做下去，在境界上不断深入，那才是有意思的。得不到好的器具的人，体会玩味，根据自己的能力而创造出一个适当的境界来。这样一步一步做下去，在境界上不断深入，那才是有意思的。得不到好的器具的人，索性就不要拘泥于器具才好。重要的不是器具而是人，如何如何高明的人仍有必要经常地感叹一下自己还不够十分成熟，要保持住这样的谦虚。而无论怎样，高傲和突出表现自我都是最不可取的，当然，自信心也是不可缺乏，既避免‘我执’又不失自我，这就是所以称之为‘道’的缘故。所以，古人说得好，‘成为心之师，莫以心为师’。如上所说也就是这个意思吧。”①

---

① 靳飞．茶禅一味[M]．天津：百花文艺出版社，2004．

村田珠光的后继者们纷纷参禅习佛,武野绍鸥为探究茶道之真髓,曾参禅于京都大德寺第九十代主持人大林宗套禅师。茶道的集大成者千利休曾参禅于京都第九十代主持大林宗套禅师,大德寺第一百零七代主持笑领宗诉禅师、大德寺第一百一十七代主持古溪宗禅师。在《南方录》中记载了千利休的一段话:

"茶道的技法以台子技法为核心,其诸事的规则、法度有成千上万种,茶道界的先人们在学习茶道时,主要是熟记、掌握这些规则。并且将其作为学习茶道的目的。利休我怀有以茶道的规则技法为阶梯,更上一层楼之志。为此,我终日请教于大德寺、南宗寺的师傅们。朝夕以禅林清规为本,追求茶道之本意。"①

简而言之,茶道便是禅的化身,因此,真正意义上的茶道的形成,是以珠光为开山,绍鸥为先导,千利休为集大成者完成的。由他们改革后的茶道,便具有了宗教式的、伦理式的身心修炼的性质,茶室是修炼人格的道场。这种对饮茶文化的革新,也可以说是对日本禅宗的革新,将禅从与社会隔绝的禅寺中解放出来,化作了在家的禅人、在草庵中的禅人,由此而创造了禅文化。换言之,茶道是禅的表现形式,是日常生活的一切形式的综合,包含了一个完整的生活体系。

3. 日本茶道思想的基本特征

在日本学术界,解释日本茶道的思想主要是"和敬清寂"、"一期一会"和"独坐观念"这三个概念。

村田珠光曾提出过"谨敬清寂"为茶道精神,千利休只改动了一个字,以"和敬清寂"四字为宗旨,简洁而内涵丰富。"清寂"也写作"静寂",是指审美观。这种美的意识具体表现在"侘"字上。"侘"日语音为"wabi",原有"寂寞"、"贫穷"、"寒碜"、"苦闷"的意思。平安时期"侘人"一词,是指失意、落魄、郁闷、孤独的人。到平安末期,"侘"的含义逐渐演变为"静寂"、"悠闲"的意思,成为很受当时一些人欣赏的美的意识。茶道之茶称为"侘茶"(不是沱茶),"侘"有"幽寂"、"闲寂"的含义。邀来几个朋友,坐在幽寂的茶室里,边品茶边闲谈,不问世事,无牵无挂,无忧无虑,修身养性,心灵净化,别有一番美的意境。千利休的"茶禅一味"、"茶即禅"观点,可以视为茶道的真谛所在。"和敬"这一伦理观念,是在唐物占有热时期衍生的道德观念。自镰仓时代以来,大量唐物宋品运销日本,特别是茶具、艺术品,为日本茶会增辉。但日本也因此出现了豪奢之风,一味崇尚唐物,轻视倭物茶会。热心于茶道艺术的村田珠光、武野绍鸥等人,反对奢侈华丽之风,提倡清贫简朴,认为本国产的黑色陶器,幽暗的色彩,自有它朴素、清寂之美。用这种质朴的茶具,真心实意地待客,既有审美情趣,也利于道德情操的修养。

"一期一会"中"一期"指"一期一命"、"一生"、"一辈子"的意思。一期一会是说一生只见一次,再不会有第二次的相会,这是日本茶人们在举行茶事时所应

① 滕军. 日本茶道文化概论[M]. 北京:东方出版社,1992.

抱有的心态。这种观点来自佛教的无常观。佛教的无常观督促茶人们尊重一分一秒，认真对待一时一事。当举行茶事时，要抱有“一生一世只一次”的信念。时至今日，日本茶人仍忠实地遵守着一期一会的信念，十分珍惜每一次茶事，从每一次紧张的茶事中获得生命的充实感。

“独坐观念”一语出自井伊直弼的《茶汤一会集》。“独坐”指客人走后，独自坐在茶室里，“观念”是“熟思”、“静思”的意思。面对茶釜一只，独坐茶室，回味此日茶事，静思此日不会重演，茶人的心里泛起一阵茫然之情，又涌起一股充实感。茶人此时的心境可称为“主体的无”。

（三）茶道的具体文化形式

最纯正的茶道被称为“草庵茶”，意即对高贵、财富、权力的彻底批判，对低贱、贫困的新型价值观的创造。成为草庵茶人需要三个条件：境界、创造和眼力，即茶人的内在修养高于一切。

在茶道的具体文化形式中，有许多规则、法式，但对真正的茶人而言，这种规则、法式可以从一种“约束”转化为一种“创造”形式。具体而言，茶道从形式上看，主要分为几个层面，包括茶道的建筑、茶道的道具、茶道的礼法以及茶道的具体内容。

1. 茶道的建筑

茶道的建筑是供人举行茶事的地方，可以分为两大部分：茶室和茶庭。

茶室又名数寄屋，原意是指喜爱之屋，后来有了“空之屋”、“不对称之屋”等名称。16 世纪以来，茶道思想极大地影响了日本的建筑学，由于茶人们信奉佛家的无常观，所以盖茶室时也不求永存，一个茶室的寿命以 60 年为准。初期茶室不过是普通客厅的一部分，用屏风隔开，用于茶会。被隔开的部分叫作“围室”。因此，有的茶室是独立存在的，有的则是与茶人的住房相连接。茶室的标准面积为四张榻榻米，约 8.186 平方米。茶室的建筑目的是追求一种理想的效果，希望给人们一种亲切感、谦和感，排斥浓重感、冷漠感。因此，每一个茶室都要求有自己的特色，茶人不允许照搬、模仿别人的茶室，能够真正设计建造出别具一格的茶室才称得上是一名合格的茶人。

茶室的外部建筑和内部构造有以下特征：茶室是一种艺术品，其目的是实现茶道的和、敬、清、寂的宗旨；茶室建筑在用料上采取尊重自然形态的原则；茶室建筑中还有非茶室所不具备的特别构造，这些特别构造是茶道艺术家探索的结晶。

茶庭又称露地，分为外露地和内露地。客人先在外露地静心安神，而后进入内露地，最后进入茶室。与一般概念上的庭院相比，茶庭的特点在于：因为茶庭为修行道场，所以非举行茶事时不得使用；茶庭中基本不留空地，常绿树木掩盖住它的大部分，只显露出一条条小路和一些必不可少的设施；茶庭中的每个景致都具有实用价值,没有专供欣赏而设立的景物。换言之,茶庭的每个景致都是有生命的,都在与客人们进行对话。①

2. 茶道的道具

日本茶事活动在相当长的时期里是以使用传自中国、朝鲜的茶器为荣的。从斗茶会名人佐佐木道誉开始,至村田珠光时代,基本上所有的高档茶具都是所谓的唐物。因此,在珠光为足利义政将军编订的茶道大名物中,几乎没有日本原产的茶器。特别是茶会上主要的观赏对象——茶碗、水釜、茶罐(茶叶罐)、茶入(茶粉罐)、水指(清水罐)、香炉,无不以唐物为主流。珠光晚年,开始提倡使用和物——日本原产的茶器。其后武野绍鸥、千利休都大力推行和物,而且亲自设计茶器,并指导工匠制作。尤其是千利休,更是自己动手制作竹质的茶勺、花入(花瓶)。而千利休以后的古田重然、小堀远州更是对茶器设计情有独钟,开创了江户时代的和物茶风。在江户后时代的茶道活动中基本上没有引入新的唐物,而名列大名物、中兴名物的古老唐物价高难寻,只是偶尔出现在高级茶会中,失去了主导地位。②

当代日本茶道道具的种类极多,可以分为前台道具和后台道具。前台道具是指客人可以看到的茶道道具,后台道具是指客人看不到的茶道道具。茶道道具的特点在于:首先体现了茶道尊重自然、回归自然的宗旨;其次,茶道道具的艺术美是以实用为基础的;再次,茶道道具是有生命的,每一件道具都有其来历,此外,名茶人的道具体现的是使用人的艺术品格;最后,各种茶具与茶室的整体气氛相一致。

3. 茶道的礼法

茶道礼法是在日本礼法的影响下形成的,其十分重视上下级关系。但这种上下级关系受到时空的限制,在实际中只是起到一种规则上的作用。

从主与客、客与客、人与物的层面来看:主人与客人之间,客人为上,主人为下。相对应地,客人也要站在主人的立场上为主人着想,不仅要将主人提供的茶饭全部吃光、喝光,还要注意着装、举止,最好能与主人达到共鸣。客人之间,首席客人会得到其他客人的尊重,但首席客人也要照顾其他客人。而对于茶具的态度,在茶人们看来,所有茶具都是有生命的,都要加倍尊重、爱惜。

茶道道具的摆放位置也有一定的规定,并按照顺序逐一进行,位置和顺序体现了茶道精神中的时空感,而茶道道具位置的移动则显示了时空的流动。

4. 茶道的具体内容

茶事要在茶室中举行。日本古代有“三时茶”之说,即按三顿饭的时间分为

---

① 滕军. 日本茶道文化概论[M]. 北京:东方出版社,1992.

② 关不羽. 日本茶道漫谈之茶道具的本土化[EB/OL]. [2006-11-09]. http://bbs.77cha.com/thread-24571-1-1.html.

朝会(早茶)、书会(午茶)、夜会(晚茶);现在则有"茶事七事"之说,即早晨的茶事、拂晓的茶事、正午的茶事、夜晚的茶事、饭后的茶事、专题茶事和临时茶事。除此之外还有开封茶坛的茶事(相当于佛寺的开光大典)、惜别的茶事、赏雪的茶事、一主一客的茶事、赏花的茶事、赏月的茶事,等等。每次的茶事都要有主题,比如某人新婚、乔迁之喜、纪念诞辰或者为得到了一件珍贵茶具而庆贺,等等。

茶事之前,主人要首先确定主客。确定了主客之后再确定陪客,这些陪客既要和主客比较熟悉又要和主客有一定的关系。决定客人之后便要开始准备茶会了,这期间客人们会来道谢,因为准备工作的繁忙,主人只需要在门前接待一下即可。一般茶会的时间为 4 个小时,太长容易导致客人疲惫,太短又可能无法领会到茶会的真谛。茶事有淡茶事(简单茶事)和正式茶事两种,正式茶事还分为"初座"和"后座"两部分。为了办好茶事,主人要东奔西跑地选购好茶、好水、茶花、做茶点心及茶食的材料等。茶事之前还要把茶室、茶庭打扫得干干净净,客人提前到达之后,在茶庭的草棚中坐下来观赏茶庭并体会主人的用心,然后入茶室就座,这叫"初座"。主人便开始表演添炭技法,因为整个茶会中要添三次炭(正式茶会的炭要用樱花树木炭),所以这次就称为"初炭"。之后主人送上茶食,日语称为"怀石料理"(此名称的由来是,据说和尚们坐禅饥饿时将烤热的石头揣在怀里以减少饥饿感)。用完茶食之后,客人到茶庭休息,此为"中立"。之后再次入茶室,这才是"后座"。后座是茶事的主要部分,在严肃的气氛中,主人为客人点浓茶,然后添炭(后炭)之后再点薄茶。稍后,主人与客人互相道别,茶事到此结束。

茶事通常有记录,记录的内容包括与会众、壁龛装饰、茶具、饭菜、点心等情况,有时还加入与会众的谈话摘要和记录者的评论。这种记录叫"会记"。古代有很多著名茶会的会记流传下来,成为现代珍贵的资料,如《松屋会记》《天王寺屋会记》《今井宗久茶道记书拔》《宗湛日记》,被称为四大会记。

二、韩国

(一)韩国茶道简史

韩国的史书《三国史记·新罗本记·兴德三年》条:"冬十二月,遣使入唐朝贡,文宗召对于麟德殿,宴赐有差,入唐迴史大廉持茶种子来,王使植地理山,茶自善德王有之,至于此盛焉。"可以确定的是,兴德王三年(即公元 828 年,唐文宗太和二年)已经从中国传入茶种,而且因之种茶而盛行饮茶。①

① 林瑞萱. 韩国茶道九讲[M]. 台北:台湾武陵出版有限公司,2003. 另外,该书作者还驳斥了韩国茶由印度传入的观点,持这一观点的人是《朝鲜佛教通史》的作者李能和(1869—1943 年)。

茶在韩国的流行可以划分为四个时期:三国时代是韩国茶道的孕育时期;高丽时代则是饮茶的全盛时期;朝鲜时代是茶道的衰微和复苏时期;日治时期、南北韩时代是韩国茶道的自主与发展时期。

三国时代(包括新罗、高句丽和百济)饮茶习俗首先流行于僧侣、贵族中间,茶道思想也开始孕育。据史料《三国遗事·卷三·塔像第四》"金官城婆娑石塔"记载:"金官虎汗寺婆娑石塔者,昔此邑为金官国时,世祖首露之妃许皇后名黄玉以东汉建武二十四年甲申,自西域阿踰砣国所来。初,公主承二亲之命,泛海将指东,阻波神之怒,不克而还,白父王,王命载兹塔,乃获利涉来,泊南涯……塔方四面五层,凋缕甚奇。"可以看出,茶和佛教的传入有密切的关系。[①]

高丽时代则继承了新罗的文物制度,由于茶树种植面积的增加,各地开始设置茶所以便征茶。根据《世宗实录·地理志》记载,当时有35个产品,大抵所献贡的茶是"雀舌茶"。同时,高丽时代的茶园、青瓷和茶艺都得到极大的发展。高丽青瓷继承的是宋朝越州秘色窑的传统,仁宗时期,出现了制作精巧的青瓷;毅宗时代,高丽青瓷独特的技术"象嵌青瓷"出现,用白土和黑土镶嵌在水色清澈的瓷上,显露出蒲柳、水禽、流云、飞鹤等细致的花纹。高丽的茶礼堪称完备,宫廷设有茶房掌理宫中有关茶汤、药汤的供应,并且设有行炉军士和茶担军士,行炉军士带着香炉、茶风炉、提炉等,茶担军士则担着国王御用的茶,国王行幸到哪里就跟到哪里。高丽全国性的两大祝祭日,春之燃灯会和冬之关会,会进行以茶为主的茶礼。[②]

进入朝鲜时代,佛教的影响力日益式微,政策上强调伦理世界,提倡朱子之学,佛教、神仙思想及相关的东西被认为是违反伦理而遭到排斥,甚至毁灭。茶也被当作是玩物丧志的东西而被丢弃,人们不再管理茶园,任其自生自灭。由于以丁若镛、草衣禅师和金正喜为首的饮茶集团大力提倡种茶、饮茶、著书,使得濒临灭绝的茶道再度兴盛。朝鲜的名茶有雀舌茶、天地茶、绿苔茶、金陵月山茶、白云玉版茶等。朝鲜的茶礼种类繁多,有迎接中国敕使、派遣使臣赴中、迎接日本使臣等各种不同场合的茶礼。而朝鲜时代的李朝白瓷,粗放野趣、重厚朴拙,呈现出男性美及平民风格,到现在仍与青瓷平分秋色。李朝末期政治紊乱,民心动摇,叛乱频起,成为列强角逐的战场,如何使国家富强成为当务之急。当时的外交部长金允植提倡茶叶富国,促使茶叶种植制度化,谋求茶树的增殖和保护,并于1885年和1886年分别从清朝输入茶苗、茶种,颁布每年清明节种植茶树的"植木条例"。日本侵占朝鲜半岛,并与李朝签署了"丙子条约"后,门户开放,从日本、清朝输入茶叶,饮茶的风俗再度兴起。

---

① 林瑞萱.韩国茶道九讲[M].台北:台湾武陵出版有限公司,2003.

② 林瑞萱.韩国茶道九讲[M].台北:台湾武陵出版有限公司,2003.

1910年,日本侵占朝鲜之后,进入了朝鲜历史上的日治的殖民化时代。从事茶树栽培、制茶的茶艺、茶商几乎全是日本人,他们独占了朝鲜的茶叶业,并且实施女权同化教育,普及日本式茶道,全国47所高等女子学校中的大部分学校中都开设了茶道课。

1945年韩国独立之后,日式茶道作为生活化应用的形式基本消失,日本式的茶室几乎都改成了韩国式。韩国现代茶道的发展,积极从三国以来的茶道故事中寻求茶道根源,扮演古代的茶礼,这是韩国在国际茶道交流上的重要特色,也是韩国民族性的具体表现。这一时期,韩国茶人出版了《韩国茶道》,创办了杂志《茶的世界》,建立了茶道大学,创立了多种茶文化团体,正在创造出韩国茶道文化的现代特性。

(二)韩国茶道的特点

韩国的茶道精神是以新罗时代的高僧元晓大师和和静思想为源头、后成为统一新罗的花郎道的和白思想,又汇聚为高丽时代诗人大学者李奎报的集大成。最终,在朝鲜时代的高僧西山大师和18世纪末期19世纪初期的茶圣草衣禅师那里得到完整的体系。草衣禅师的《东茶颂》与《茶神传》是韩国公认的茶经。

理解韩国的茶道精神,首先要理解新罗时代的花郎道精神。花郎是国家招选18岁以下的年轻人才,让他们从自然、文武各个方面得到系统的教育。花郎道使高句丽、百济、新罗三国中最小的新罗兴旺,最后统一三国,所以提到新罗统一三国时少不了提到花郎道精神。那么花郎道精神是什么?新罗的花郎道把儒、佛、仙三教的优点结合于远游山川而使人的身心得到锻炼;把身心结合于饮茶,而使人体会得到其精神。凡是花郎的古迹就能发现与茶有关的石头茶具和有关文物。特别是花郎戒律的发起者元晓大师甚至达到了和静会通、自得通道的境界。元晓大师的茶禅一体、茶样一如的思想成为和静思想。他不是单纯的和合精神,而是与自然浑然一体:既发叶结果、又回到根上的这种和静的思想中最重要的是寂之寂的思想。这指的是极寂,他是返回到寂的根源,而寂的根源就是静。

从渊博的和静思想中生根发芽的韩国茶道精神在高丽时期郑梦周、库奎报、李行等人的诗句及朝鲜时代的西山大师的诗句及草衣禅师的《东茶颂》等诗句中传唱并流传下来。所以,韩国茶道精神与新罗的花郎精神与和静思想是同质的。

(三)韩国茶礼

韩国茶礼又称茶仪,是民众共同遵守的传统风俗。“茶礼”是指在阴历的每月初一、十五、节日和祖先生日白天举行的简单祭礼,也指像昼茶小盘果、夜茶小盘果一样来摆茶的活动。更有专家将茶礼解释为“贡人、贡神、贡佛的礼仪”。韩国茶礼源于中国古代的饮茶习俗,但并不是简单地照搬、移植,而是把禅宗文化、儒家与道教的伦理道德以及韩国传统礼节融会于一体所形成的。早在1 000多年前的新罗时期,朝廷的宗庙祭礼和佛教仪式中就运用了茶礼。

韩国提倡的茶礼以和、静为根本精神,其含义泛指和、敬、俭、真。“和”是要求人们心地善良,和平共处,互相尊敬,互相帮助。“敬”是要有正确的礼仪,尊重别人,以礼待人。“俭”是俭朴廉正,提倡朴素的生活。“真”是要有真诚的心意,为人正派。韩国茶礼侧重于礼仪,强调茶的亲和、礼敬、欢快,把茶礼贯彻于各阶层之中,以茶作为团结民众的力量。茶礼的整个过程,从环境、茶室陈设、书画、茶具造型与排列,到投茶、注茶、茶点、吃茶等均有严格的规范与程序,力求给人以清静、悠闲、高雅、文明之感。通过“茶礼”的形成,向人们宣传茶文化,并引导社会大众消费茶叶。

高丽五行茶礼是古高丽茶祭的一种仪式。茶叶在古高丽的历史上,历来是“功德祭”和“祈雨祭”中必备的祭品。

五行茶礼的祭坛设置:在洁白的帐篷下,并排八扇绘有鲜艳花卉的屏风,正中张挂用汉文繁体字书写的“茶圣炎帝神农氏神位”的条幅,条幅下的长桌上铺着白布,长桌前置放小圆台三只,中间一只小圆台上放青瓷茶碗一只。

五行茶礼的核心,是祭拜韩国人崇敬的中国“茶圣”炎帝神农氏。

茶礼中的五行均为东方哲学,包含12个方面:

一是五方,即东西南北中;

二是五季,除春夏秋冬四季外,还有换季节;

三是五行,即金木水火土;

四是五色,即黄色、青色、赤色、白色、黑色;

五是五脏,即脾、肝、心、肺、肾;

六是五味,即甘、酸、苦、辛、咸;

七是五常,即仁、义、礼、智、信;

八是五旗,即太极、青龙、朱雀、白虎、玄武;

九是五行茶礼,即献茶、进茶、饮茶、品茶、饮福;

十是五行茶,即黄色井户、青色青磁、赤色铁砂、白色粉青、黑色天目;

十一是五之器,即灰、大灰、真火、风炉、真水;

十二是五色茶,即黄茶、绿茶、红茶、白茶、黑茶。

五行茶礼是韩国国家级的进茶仪式。所有参与茶礼的人都有严谨有序的入场顺序,一次参与者多达50余人。

入场式开始,由茶礼主祭人进行题为“天、地、人、和”合一的茶礼诗朗诵。这时,身着灰、黄、黑、白短装,分别举着红、蓝、白、黄,并持绘有图案旗帜的四名旗官进场,站立于场内四角。

随后依次是两名身着蓝、紫两色宫廷服饰的执事人、高举着圣火(太阳火)的两名男士、两名手持宝剑的武士入场。执事人入场互相致礼后分立两旁,武士入

场要作剑术表演。接着是两名中年女子持红、蓝两色蜡烛进场献烛、两名女子献香、两名梳长辫着淡黄上装红色长裙的少女手捧着青瓷花瓶进场,另有两名献花女子将两大把艳丽的鲜花插入青花瓷瓶。

这时,“五行茶礼行者”共10名女子始进场,皆身着白色短上衣,穿红、黄、蓝、白、黑各色长裙,头发梳理成各式发型均盘于头上,成两列坐于两边,用置于茶盘中的茶壶、茶盅、茶碗等茶具表演沏茶,沏茶毕全体分两行站立,分别手捧青、赤、白、黑、黄各色的茶碗向炎帝神农氏神位献茶。

献茶时,由五行献礼祭坛的祭主,一名身着华贵套装的女子宣读祭文,祭奠神位毕,即由10名五行茶礼行者向各位来宾送茶并献茶食。

最后由祭主宣布“高丽五行茶礼”祭礼毕,这时四方旗官退场,整个茶祭结束。

三、英国

(一)茶在英国社会中的发展

茶叶大约是17世纪由荷兰人或葡萄牙人传入欧洲的。1600年英国茶商托马斯·加尔威写过《茶叶和种植、质量与品德》一书。据薛福成在《出使英法意比四国日记》(1896年)记载“康熙五年(1666年)始贩茶叶至英。”但另有记载说伦敦的咖啡馆第一次公开出售茶饮是在1657年,伦敦商人托马斯·卡拉威在自己经营的咖啡馆中开始卖茶,为了使人们了解饮茶的功效,他还张贴广告进行宣传,说茶“质地温和,冬夏咸宜,饮之有益卫生,保持健康,颇有延年益寿之功”。第二年,英国的《墨乔利斯日报》刊出了贩卖茶叶的广告,依靠木帆船从远方运来的茶叶,每磅价格高达四五英镑。正因为当时茶叶甚为珍贵,“馈送王公不过一二磅而止”,例如,英国东印度公司1664年赠送英女王的茶叶仅为两磅。[①] 因此,茶在英国的影响力远远小于咖啡,只有极少数人开始尝试饮茶。葡萄牙的凯瑟琳公主于1662年携带好几箱茶叶当嫁妆来英国与查尔斯二世完婚。为此,英国诗人沃勒在凯瑟琳公主结婚一周年之际,特地写了一首有关茶的赞美诗:“花神宠秋月,嫦娥矜月桂;月桂与秋色,难与茶比美。”[②]从此,饮茶逐渐成为皇室日常生活和上流社会交往中不可缺少的礼仪了。但当时茶叶的价格一直保持在每磅16~60先令,只能作为富人的饮料。

关于饮茶的争论也颇为流行,保守的人不仅认为饮茶是一种奢侈的活动,甚至说女人饮茶会减少风采,男人饮茶会沾染上中国女人腔的品茶风味,会减弱刚

---

① 刘善龄.茶叶西传录[J].寻根,2002(1).

② 刘勤晋.茶文化学[M].北京:中国农业出版社,2007.

强的丈夫气概。《鲁滨逊漂流记》的作者、大文豪笛福也曾是其中一员。笛福不仅反对饮茶,甚至对所有东方文明都抱着顽固的偏见。与笛福同时的大文豪约翰逊就曾批评说:“饮茶是人们正当的享受,用不着那样大惊小怪。”约翰逊自己嗜茶如命,“早上喝茶提神,白昼喝茶下饭,晚上喝茶解闷,夜半喝茶忘忧。20 年来茶炉简直不曾冷过”①。

当时,查尔斯二世在各种畅销品上加收了沉重的税。茶叶为每加仑八便士,在 1670 年上升到两先令,1687 年最便宜的茶叶价格在每磅七先令,这几乎是一个普通劳动者一周的薪水,但茶叶的需求却依然在增加。

在这种情形下,茶叶走私现象严重。1725 年,政府开始采取行动打击走私者,对走私者处以相应的罚款和处罚。1767 年,阿瑟 · 扬在《农夫书简》中抱怨道,英国花在茶与糖上的钱太多了,“足以为四百万人提供面包”。当时,茶与酒的消耗量已经并驾齐驱了。

1785 年一首以茶叶名称写出的诗——The Rolliad(《鲁里之流》)可以说很典型地说明了茶在英国文化中的影响力。

What tongue can tell/	茶叶本多色,
The various kinds of tea/	何舌犹能穷?
Of black and green/	熙春与武夷,
Of Hyson and Bohea/	此绿彼又红。
With Singlo, Congou/	松萝与工夫,
Pekoe and Souchong/	白毫和小种;
Cowslip the fragrant/	薰花真芳馥,
Gunpowder the strong.	麻珠更稠浓。

1799 年,伊顿爵士写道:“任何人只消走进德尔塞克斯或萨思郡哪家贫民住的茅舍,都会发现他们不但从早到晚喝茶,而且晚餐桌上也大量豪饮。”②

《爱丁堡评论》创刊者之一,英国神学家及作家史密斯(Sydney Smith, 1771—1845 年)甚至把英国人在战场上的胜利也归功于茶。他说:“茶之为物,实在是生命的元素,可以使人增加勇气、产生精力。英国人在战争中所获得的胜利,其实是茶的胜利。许多受伤或失血的士兵,第一步就给他喝一杯茶。”③可见茶叶在英国社会中的地位。18 世纪的柴斯顿勋爵(1694—1773 年)在其《训子家书》中写道:“尽管茶来自东方,它毕竟是绅士气味的。而可可则是个痞子、懦夫,一头粗野的

① 刘善龄. 茶叶西传录[J]. 寻根,2002(1).
② 陈平原,凌云凤. 茶人茶话[M]. 北京:生活 · 读书 · 新知三联书店,2007.
③ 陈平原,凌云凤. 茶人茶话[M]. 北京:生活 · 读书 · 新知三联书店,2007.

猛兽。”湖畔诗人柯勒律治(Samuel Taylor Colenridge,1875—1912 年)则感叹道:“为了喝到茶而感谢上帝!没有茶的世界真难以想象——那可怎么活呀!我幸而生在了有茶之后的世界。”①一个英国历史学家甚至不无夸张地说:“作为日常的消费品的茶叶,使得饮食粗劣的英国工人能在工业革命的那段紧张的日子得以坚持劳作。”②

在爱德华时代(1901—1914 年),饮茶成为一种时尚,且这种时尚达到全盛期。在第二次世界大战的配给中,茶在英国人生活中的重要地位更表现得一目了然。英国一向倚仗庞大的帝国势力,生活物资大都依靠船队运输,1939 年 9 月战争爆发之后,英国商船在海上要冒很大风险,时常被德国的鱼雷击沉。因此只有绝对必需品才准运输,但就在如此艰难的情况下,居民每月的配给中还包括茶叶一包。③

第二次世界大战后,社会模式和人们的生活方式发生了改变,喝鸡尾酒,而不是喝茶成为最时髦的人士一种新的时尚。1961 年以后,茶在英国虽然仍保持着饮品之王的地位,但人平均每年消耗茶叶已渐降至 9 磅以下。到了 20 世纪 80 年代初期,人们对喝茶产生了新一轮的兴趣,喝茶的时间和地点也有变化,从而使茶店、茶室和茶厅得到了复兴。④

(二)英国喝茶习俗的形成

中国茶叶在英国落户后,产生了一系列传统习俗,形成了具有英国特色的“茶文化”,诸如茶娘、饮茶时间、下午茶、茶馆、茶舞等。

1. 茶娘

茶娘这种传统起始于很多年前东印度公司一位管家的夫人,当时公司每次开会议事,都由她泡茶服侍并由此沿袭下来。到 20 世纪初,东印度公司决定用自动贩卖取代“茶娘”一职时,竟因全英反对而作罢。

2.“喝茶时间”的形成

喝茶时间起初是雇主让上白班的员工在上午某段时间略事休息并供应茶点。有些老板甚至在下午也提供同样的待遇。1741—1820 年,许多工厂、农场主认为每天安排“喝茶时间”会养成员工的懒散习惯,想加以废止,但遭到雇员联合抗议而放弃。下午茶则起源于 19 世纪初期,那时,三明治也刚问世,这两样东西结合在一起,成为英国人每天下午同好友聚首闲谈时的主要饮料和食品,至今不衰。

---

① 陈平原,凌云凤. 茶人茶话[M]. 北京:生活 · 读书 · 新知三联书店,2007.

② 刘善龄. 茶叶西传录[J]. 寻根,2002(1).

③ 陈平原,凌云凤. 茶人茶话[M]. 生活 · 读书 · 新知三联书店,2007.

④ 张忠良,毛先颉. 中国世界茶文化[M]. 北京:时事出版社,2006.

3. 茶馆的出现

1864 年,当时阿尔莱蒂德(Aerated)面包公司伦敦桥分店的女经理突发奇想,决定在她商店的后面开放一间房间作为公共茶室。她的冒险计划获得巨大的成功,以至于其他出售各种商品(从牛奶到香烟、茶叶和蛋糕等)的公司很快纷纷效仿,整个伦敦和英国的大城市突然冒出了很多茶室。茶室的流行,吸引了来自各个年龄段和各个阶层的顾客。茶室提供各种热的、冷的、甜的和独具风味的食物以及廉价的茶壶和茶杯,同时还播放音乐以供顾客欣赏。[①] 此后,茶馆便在英国如雨后春笋破土而出了。而且茶馆竟成为单身女子唯一能公开会晤男友而不被认为伤风败俗的场所。

4. 茶舞

伴随着茶馆的风行,茶舞也兴起了。当时伦敦和其他地方新开的、时髦的旅馆,开始在其休息室和棕榈庭院提供时兴的三道午茶,在那里,弦乐器四重奏和棕榈庭院三重唱为它们悠闲的顾客创造了一种宁静和优雅的气氛。1913 年,午茶增加了一个丰富多彩的活动——茶舞,这一奇异的活动是随着狂热而被一些人认为有伤风化的探戈舞从阿根廷进入到英国而产生的。吃茶点的时候组织舞会,这种时尚被认为起源于法国的北非殖民地,如同 1910 年暴风骤雨般占领了伦敦的舞蹈世界的探戈舞一样,茶舞也成为人人喜爱的活动。全伦敦的戏院、餐厅、旅馆都成立了探戈舞俱乐部,开办探戈舞舞蹈班以及举办茶舞舞会,因此茶舞成为一个随处可见的活动。伦敦报纸以“探戈茶点变得越来越疯狂”为题报道了“1 500 种探戈茶点”,而且作了“人人都跳着探戈”的报道。直到第二次世界大战爆发为止,它是英国人最喜爱的休闲活动之一。现代的英国人仍念念不忘这种传统,且茶舞已呈复苏之势了。

(三)英国茶

广义的“茶”几乎从一开始就指喝茶的场合,而“喝茶时间”指的是这一段休息放松的时间。最早提到茶作为一种消遣性的晚餐的书面记载是在 1780 年。宗教改革家约翰·卫斯理写道,他“在早餐时间和喝茶时间”遇到来自社会各层的人,这意味着在那时,喝茶已经成为一种公认的风俗。

英国人饮茶始于 17 世纪初,18 世纪时大众化茶馆林立,饮茶普及各阶层。在英国人的生活里,茶是不可或缺的东西,一日饮茶数次。例如,晨起时的床头茶,早餐时的早餐茶,上午工休时的上午茶,午餐时的午餐茶,下午工休时的下午茶,晚餐时的晚餐茶以及就寝前的寝前茶,等等。

英国人在饮茶方式上形成了自己的习俗,在茶类的选择上也形成了以饮红茶

① 张忠良,毛先颉.中国世界茶文化[M].北京:时事出版社,2006.

为主的习惯。任何国家的茶风茶俗的形成都有其历史、地理以及文化的根源。18世纪英国进口茶叶大约55%是绿茶，而红茶约占45%。后来红茶约占66%，绿茶约占34%。英国人之所以会选择红茶，也绝不是偶然的。一种说法认为，绿茶不易保存，经漂洋过海，长途贩运，常发生霉变。即使没有霉变，其色香味也大打折扣。相比之下，红茶不易霉变，且长时间存放也不会改变其品质，自然成为英国人的首选。另外一种说法认为绿茶易掺假，购买者常常上当，就转向不易掺假的红茶。这样一来，红茶就在英国占据了绝对的优势。此外，还有一个因素不能忽视，那就是英国的气候。英伦三岛，四面环海，阴冷潮湿，晴天很少，且纬度较高，日照不足。这种气候，比较适合红茶而不宜绿茶。因为以茶性而论，绿茶性寒，红茶性暖。英国人在红茶中加牛奶和糖，更强化了其暖性成分，自然喝起来就更舒服更惬意了。①

英国的早餐茶和下午茶，无论是色彩和花样都比英国晚餐丰富。英国人在日常生活中，经常饮用英国早餐茶及伯爵茶。早餐茶又名开眼茶，系精选印度、锡兰（现斯里兰卡）等地红茶调制而成，气味浓郁，最适合早晨起床后享用。伯爵茶则是以中国茶为基茶，加入佛手柑调制而成，香气特殊，风行于欧洲的上流社会。丰盛的早餐必佐以一壶咖啡或茶，才算是最好的享受。英国人将茶叶与牛奶调制成“英国茶”，其味道非常特殊，既有茶的清香，又有牛奶的可口。英国人认为这是两种文化的融合。不同时段用不同的茶叶、不同的茶具，搭配不同的点心，品茶环境也不同。其中以下午茶（一般在下午4～5时之间）最受重视，成为英国人每日的社交活动之一。

据说，英国的下午茶主要起源于19世纪中期维多利亚时代的一位贵族贝德福公爵的夫人安娜。安娜是贝德福特公爵的第七位夫人，由于小午餐和晚餐之间相隔时间很长，在这段时间里她常常感觉到疲惫虚弱，为了消除由于饥饿引起的强烈不适，她让仆人拿一壶茶和一些小点心到她房间里，结果她发现这种下午茶安排非常好，很快她开始邀请她的朋友和她一起喝下午茶。不久，伦敦上流社会的人士都沉迷于这种活动：聚在一起喝茶，吃着美味的三明治和饼干，天南地北，高谈阔论。

贵族式的下午茶是颇为讲究的，在一个大的庄园内，要按时把家人召集起来喝茶总是一件不易的事，所以他们摇着精美的铃铛，用铃铛声来告诉家人是用下午茶的时候了。

下午茶在19世纪英国上流社会的绅士名流中开始盛行，冬天时就在温暖的炉火边，夏天则是在繁花盛开的花园内喝红茶。喝下午茶在当时最重要的功能是让上流社会的人联络感情、交换信息。最初只是在家中用高级、优雅的茶具来享

---

① 张雅秀，孙云. 西方茶文化溯源[J]. 农业考古，2004(2).

用茶，后来渐渐地演变成招待友人欢聚的社交茶会，进而衍生出各种礼节，但现在其形式已简化不少。虽然下午茶现在已经简单化，但是正确的冲泡方式、优雅的喝茶摆设、丰盛的茶点，这三点则被视为吃茶的传统而流传下来。

此后，“英式下午茶”已成为英式典雅生活方式的象征，是一种时兴的礼仪。在英国的许多重要社交场合，常用下午茶会来代替宴会。

正统英式下午茶，所使用的茶以号称“红茶中的香槟”的大吉岭红茶为首选，或伯爵茶，不过演变至今连加味茶都有。就英国正式的下午茶来说，标准配备器具包括：瓷器茶壶（两人壶，四人壶或六人壶等，视招待客人的数量而定）、滤匙及放过滤器的小碟子、杯具、糖罐、奶盅瓶、三层点心盘、茶匙（茶匙正确的摆法是与杯子成45°）、个人点心盘、茶刀（涂奶油及果酱用）、吃蛋糕的叉子、放茶渣的碗、餐巾、一盆鲜花、保温罩、木头托盘（端茶品用），等等。此外，蕾丝手工刺绣桌布或托盘垫是维多利亚式下午茶很重要的配备，因为这象征着维多利亚时代贵族生活的品位。

奶茶是一种奢侈的下午茶，英国式奶茶的冲泡有“取水”、“烧水”、“温壶”、“冲泡”、“调制”等一套程序。“取水”指用水壶盛装未经过蓄水池或水塔的直接自来水，积存的过滤水和蒸馏水均不宜。“烧水”，即将水煮沸。英式奶茶一定要用正在沸腾的水来冲泡才有香味。不能用灌入热水瓶的水来冲泡。“温壶”是用热水将茶壶温一温。在茶壶中倒入约1/3量的沸水，左手微微压住壶盖，右手提壶轻轻摇动，三分钟后倒掉。“冲泡”是指在壶中放入茶叶后，将沸腾的开水冲入茶壶中，由于茶叶会吸收水分，水要多倒一些，水倒够之后，立即盖上茶盖。依茶叶种类的不同，浸泡时间3~4分钟不等。“奶茶调制”则需要事先将冰牛奶倒入杯中。通常一杯奶茶的牛奶量为三大匙左右。倒入红茶时要用滤器，以免茶叶混入汤中。当滚烫的红茶与冰牛奶混合，便成为正宗的英式奶茶了。

英国人请人赴茶会时发的帖子最为别致含蓄。通常只写：

某某先生暨夫人
将于某年某月某日
下午某时在家

既不注明“恭候”，也不提茶会。萧伯纳曾开过这样的玩笑，当他收到这样一张请帖时，他回了个明信片，上书：

萧伯纳暨夫人
将于某年某月某日
下午某时也在家①

---

① 陈平原，凌云凤. 茶人茶话[M]. 北京：生活·读书·新知三联书店，2007.

英国的下午茶有很浓郁的殖民主义色彩。单就茶谱上的名字便知,如热加内公爵、大吉岭、阿萨姆、有机锡兰,全是充满异国情调的名字。某种程度上,下午茶是殖民主义文化的一个组成部分,伦敦各名酒店、百货公司均有茶座,以比卡地利的百货店福登梅生(FortnMm 8L Mason)及对面的皇家咖啡室为首选。福登梅生的茶座设在维多利亚式装潢的糖果部后面,四周有巨大的淡彩画,描绘维多利亚时代的印度与埃及风景。①

在英国人看来,喝“下午茶”是一种生活方式,亦即重视休闲。上流社会邀朋友喝“下午茶”,仅次于设宴,成了一种社交礼仪手段,也有借此抚今追昔,重温大英帝国当年称霸世界的梦幻。那时,大不列颠王国拥有广大的殖民地,拥有足够的产品和原料市场,收入比别的国家丰厚,有能力享受安逸生活。然而,在经历两次世界大战后衰落的英国,社会上对向来被视为高雅生活情趣的“下午茶”的热情也日趋平淡。为了让外国游客领略英国“下午茶”的习俗,时下伦敦一些大酒店仍保留“下午茶”的服务项目,但价格不菲。

作为一种生活方式的英国下午茶文化在英国的文学艺术作品中有大量的描述,透过这些可以使我们对这种生活方式的普遍性和深入性有更详尽的认识。20世纪初期伦敦文学家、艺术家之间的交往,更具有代表性,以弗吉尼亚·伍尔夫姐妹和莫雷尔夫人为中心的茶会和沙龙便是证明。女作家凯瑟琳·曼斯菲尔德的短篇小说《花园茶会》中描述了富贵人家为了举办一场下午茶会,在花园里搭建帐篷,请专门的乐队,制作精美的点心,定制昂贵的蛋糕,丝毫不亚于一场私家宴会。②

英国人喝下午茶与东方人品茶最大的不同在于,他们不是随意地吃些点心,而通常是搭配成套,包括一壶茶及一份点心,点心有三明治、奶油松饼或是小蛋糕,各家餐厅点心的搭配各有不同,好一点的餐厅还会依时令变化糕点。茶的方面,有伯爵茶、大吉岭茶、锡兰茶等,最受欢迎的是伯爵茶。下午茶一般都是私人或家庭式的,这是他们休息身心的方式,能够减少生活或者工作中带来的种种压力。很多时候,英国人甚至可以一个人喝下午茶。

(四)英国下午茶的基本礼仪

维多利亚式下午茶是一门综合的艺术,华丽而不庸俗。虽然喝茶的时间与吃的东西(指纯英式点心)是正统英式下午茶最重要的一环,但是少了好的茶品、瓷器、音乐,甚至好心情,则喝下午茶就显得美中不足了。随着时代的进步及茶的种类增多,下午茶不但花样多,选择也多。

---

① 陶杰.无眠在世纪末[M]//阁楼文丛.二辑.上海:文汇出版社,1999.

② 陆运祥.伦敦走笔[M].长春:长春出版社,1999.

第一，喝下午茶的最正统时间是下午 4 点钟（就是一般俗称的 Low Tea）。

第二，在维多利亚时代，男士着燕尾服，女士则着长袍。现在每年在白金汉宫的正式下午茶会，男性来宾则仍着燕尾服，戴高帽及手持雨伞；女性则穿日间礼服，且一定要戴帽子。

第三，通常是由女主人着正式服装亲自为客人服务，非不得已才请女佣协助，以表示对来宾的尊重。一般来讲，下午茶的专用茶为大吉岭与伯爵茶、火药绿茶、锡兰茶、传统口味纯味茶，若是喝奶茶，则是先加牛奶再加茶。

第四，正统的英式下午茶的点心是用三层点心瓷盘装盛，第一层放三明治，第二层放传统英式点心烤饼（Scone），第三层则放蛋糕及水果塔，由下往上吃。至于烤饼的吃法是先涂果酱，再涂奶油，吃完一口，再涂下一口，这是一种绅士淑女风范的礼仪。英国人对茶品有着无与伦比的热爱与尊重，因此喝下午茶的过程难免流露出严谨的态度。

现在英国人的下午茶的时间普遍延至 6 点左右，这倒并不是要恢复爱丽丝时代的古风，而是下午茶，尤其是苏格兰式的 High Tea，通常有各色饼食甚至肉类三明治，使在中午吃过午餐的人，可当这一顿下午茶为晚餐。英国的“茶店”本该称为 Tea Room 的，但现在除了些历史悠久的店铺外，很少有沿用这个名称的。通常来说，在那些 Coffee Bar 或 Cafe 茶都是与咖啡相等地位的。

英国人沏茶有许多规矩，由于英国一年中大半时间是寒冷季节，所以习惯在置茶前烫壶，而且沏茶的水一定要煮沸，并马上冲进壶中，否则就认为泡出的茶不香。放茶叶的数量通常是每位饮者一匙茶叶，另外再加一匙作为“壶底消耗”。因此，英式茶具的茶壶容量一般较大，容水量 800 ~ 1 200 毫升，茶杯的容量一般在 150 ~ 165 毫升；此外，英国人喝茶，大部分时候出现于聚会和餐会等场合，通常人数较多，因此，正统的英国红茶茶壶和茶杯的容水量一般较大，茶杯的数量也相应较多。英国人饮茶浓淡各有所好，但一般爱在茶汤中加砂糖和牛奶。因此，砂糖罐和广口鲜奶杯是必不可少的，砂糖罐和广口鲜奶杯容量大小差不多，砂糖罐通常有盖子。在英国喝茶往往同吃饭一起进行，一壶热茶加上一道热菜、面包、糕饼或者水果点心等，因此，英式茶具中常配有一定数量的盘子。英式茶具上面绘有精美的英国植物与花卉的图案，轻松、优雅；而且，茶具都是成套使用并镶有金边的杯组，一套完整的茶具一般包括：茶杯、茶壶、茶匙、茶刀、滤勺、广口奶杯、饼干夹、放茶渣的碗、三层点心盘、砂糖罐、茶巾、保温面罩、茶叶罐、热水壶、托盘等。[①]

① 郭莉. 英国传统文化对现代陶瓷茶具设计的影响[J]. 中国陶瓷，2006(6).

四、俄罗斯

(一)俄罗斯饮茶史

在俄罗斯,关于饮茶的最早记载见于1567年。17世纪30年代,有一位名叫瓦西里·斯达尔高夫的大使,用以货易货的办法,从蒙古高原的一位可汗处换得了1公斤中国茶,带回俄罗斯,颇受俄罗斯宫廷和贵族的青睐。

到17世纪六七十年代,茶叶终于在俄罗斯各大城市市场上出现,据说这时莫斯科的商家店铺开始销售茶。中俄两国通使时,清朝皇帝也常常将茶作为贵重礼品赠送给俄国沙皇。1676年俄罗斯的法里抵华,临别前,康熙帝就通过他向沙皇转送茶叶八匣。以后,茶叶很快在俄罗斯的宫廷、商家、民间普及,其传播速度,远远快于欧洲其他国家。俄罗斯人喜欢喝红茶,特别是格鲁吉亚红茶,此外,他们还对中国的茉莉花茶很感兴趣,认为这种茶香气四溢、沁人心脾。在俄罗斯各地都有不同风俗的茶会,颇受人们欢迎。

1883年,俄罗斯从我国购买茶籽茶苗,栽植于尼基特植物园内。由于自然条件不适宜种茶,生长不好。1884年,把尼基特植物园内的茶树移植于苏呼米和索格茨基的植物园及奥索尔格斯克的驯化苗圃内。后又从驯化苗圃移植一部分于奥索尔格斯克县别列茹里山村的米哈依·埃里斯塔维植物园,并采摘鲜叶,依照我国制法,制成样茶,这是学习我国制茶的开始。

红茶是俄罗斯人的传统茶品。在19世纪90年代,俄罗斯人只知道一种茶,就是红茶。现在红茶仍然是俄罗斯人首选茶品,但俄罗斯茶品市场格局已经发生变化。2006年红茶在俄罗斯的市场份额减少了2.2个百分点。与此同时,绿茶的销售正在呈现明显增长的趋势,2006年绿茶在俄罗斯的市场份额已达到8%,红茶占86%的份额,香茶(添加蔷薇、山楂、甘菊等植物香料的混合茶)占5%,青茶占1%。这说明俄罗斯人不仅保持着饮用红茶的传统习惯,而且也开始品尝其他种类的茶。[①]

(二)俄罗斯茶文化特征

俄国茶文化最早出现在宫廷贵族中间。在18世纪中叶,茶叶还仅仅专供伊丽莎白女皇,女皇有一队专门的运茶商旅,来往在中俄之间。到18世纪末叶,莫斯科一些大商场向普通百姓出售茶叶,俄国文学作品里曾提到尼尼·诺英格拉商场售卖茶叶的情况。尼尼·诺英格拉商场,就是今天莫斯科高尔基商场的前身。在茶叶进入俄罗斯几百年后的今天,饮茶已经完全俄罗斯化了,以至于今天的很多俄罗斯人都认为,茶是俄罗斯的传统饮品。作家甘恰洛夫就说过,“只有俄罗斯

---

① 凡捷. 俄罗斯茶品市场分析[J]. 大陆桥视野,2007(4).

人才真正会喝茶”。俄罗斯人喝茶,也许是由于地理位置的关系,气候寒冷,不需要“去腻”,而是要增加热量,所以往往是佐以各种各样的蛋糕、糖果、甜面包、果酱、蜂蜜,以及饼干、果脯、新鲜疏果等等“茶点”。有时干脆就代替了三餐中的一餐。一杯茶的主角作用,真的不可小觑。当然,和中国人一样,喝茶之际谈天说地,博古论今,增进了解和沟通是必不可少的。俄语谚语说:“哪里有茶,哪里就是天堂”。俄罗斯人认为茶能解忧,给人以力量。

拥有众多民族的俄罗斯的茶文化,有自己的特色。其茶文化的特点主要体现在以下三个方面:

首先,俄罗斯人在烧茶时一定要加入糖、蜂蜜、柠檬片之类的甜料,加入这些甜料的方式有三种:一是把糖放入茶水里,用勺搅拌后喝;二是将糖咬下一小块含在嘴里喝茶;三是看糖喝茶,既不把糖放到茶水里,也不含在嘴里,而是看着或想着糖喝茶。第一种方式最为普遍;第二种方式多为老年人和农民接受;第三种方式其实常常是指在没有糖的情形下,喝茶人意念当中想着糖,似乎也品出了茶里的甜味。

其次,俄罗斯人一向偏爱红茶,而且喜欢喝浓浓的红茶。这种茶经过揉、卷、发酵和烘干等几道工序,泡出来的茶水具有特殊的色、香、味。

最后,俄罗斯人喜欢用茶炊煮茶。俄罗斯茶饮出现于 18 世纪,是随着茶叶进入俄罗斯后,逐渐出现和盛行的。在俄罗斯,茶炊是每个家庭必不可少的器皿,就如同中国百姓人家必备的热水瓶。早在 18 世纪 30 年,在乌拉尔地区出产的铜制器皿中就有外形类于茶炊的葡萄酒煮壶。到 18 世纪中后期,出现了真正意义上的俄罗斯茶炊。茶炊实际上是喝茶用的热水壶,装有把手、龙头和支脚。长期以来,茶炊都是手工制作的,工艺颇为复杂。直到 18 世纪末 19 世纪初,工厂才大批生产茶炊。19 世纪初,斯科州的贵族彼得·西林的工厂主要生产茶炊。到 19 世纪 80 年代,离莫斯科不远的图拉市则一跃成为生产茶炊的基地,仅在图拉就有几百家加工铜制品的工厂,主要生产茶炊。到 1912 年、1913 年俄罗斯的茶炊生产达到了顶峰,当时图拉的茶炊年产量已达上万只。起初,茶炊的形状各式各样,有圆形的、筒形的、锥形的、扇形的,还有两头尖中间大的酷似橄榄状的大桶。稍后,出现了暖水瓶似的保温茶炊,内部为三格,第一格盛茶,第二格盛汤,第三格还可盛粥。俄罗斯的能工巧匠们常将茶炊的把手、支脚和龙头雕铸成金鱼、公鸡、海豚和狮子等栩栩如生的动物形象。当时,有两种不同用途的茶炊:茶壶型茶炊和炉灶型茶炊。茶壶型茶炊的主要功能在于煮茶,也经常被卖热蜜水的小商贩用来装热蜜水,以便于走街串巷叫卖且能保温。其保温原理在于茶炊中部竖一空心直筒,放入点燃的木炭,茶水或蜜水则环绕在直筒周围,从而达到保温的功效。炉灶型茶炊的内部除了竖直筒外还被隔成几个小的部分,用途更加广泛:烧水煮茶可同时进行。这种“微型厨房”式的功能使它的使用范围不仅仅局限于家庭,而且深

受旅行者青睐。

提起俄式茶，就不得不谈到俄罗斯茶炊“沙玛瓦特”。俄罗斯茶炊的内下部安装有小炭炉，炉上为一中空的筒状容器，加水后可加盖（盖亦作中空状）密闭。炭火在加热容器内的水的同时，热空气沿容器中央自然形成的烟道上升，可同时烤热安置在顶端中央的茶壶。茶炊的外下方安有小水龙头，沸水取用极为方便。由于尺寸形状不同的茶炊加水后，水平面和盖子顶部间形成的空气柱体积形状也不同，因此水滚开后发出的共鸣声亦不同；加上即使是同一茶炊，水开时亦有“微滚”、“已滚”或“暴风骤雨般轰鸣”的不同，因此可以此来判断水的状况。待水声恰到好处，把茶壶从茶炊上取下，就可以注入滚水泡茶（茶叶已事先放入壶中）。由此可见，称俄式茶炊为“自动泡茶机”或“自动茶壶”，可谓名实相符。

近几年来，在莫斯科大大小小的超市以及各大商场里，都专门设立了茶叶专柜。顾客不仅可以买到来自中国、日本的各类绿茶，而且还可以买到饮茶用的各类工具和有关茶文化的书籍。“茶文化俱乐部”、“铁凤凰俱乐部”、“丝绸之路茶馆”等富有中国文化色彩的品茗场所成为莫斯科有钱人聚会的地方。俄罗斯人在那里不仅可以聚会谈生意，而且还可同时观赏茶道表演，听茶知识讲座，欣赏中国民乐，同时还有包装精美的茶叶和茶具出售，这已经成为莫斯科一道亮丽的风景。

五、印度

（一）印度茶叶的种植历史

1780 年，英国东印度公司的船主从广州运少量中国茶籽至加尔各答，印度总督哈斯丁斯（Warren Hastings）寄了一部分给东北部不丹（Bhutan）包格尔（Oeorge Bogle）栽植，其余茶籽栽植于英军官凯特（Robert kyd）私人的加尔各答植物园中，这是印度最早的栽植茶树的纪录。

1788 年，英国自然科学家班克斯（Joseph Banks，1743—1820 年）最早提倡由中国引种至印度；并应东印度公司之约，写小册子介绍中国的种茶方法。同时指出比哈尔（Blhar）、兰格普尔（Rang pur）和可茨比哈尔（Coochin Blhar）等地适宜种茶。

1834 年，印度总督本廷克（W. C. C. Bentinck，1774—1839 年）成立茶叶委员会，研究中国茶树究竟有无可能在印度繁殖。该会秘书戈登（G. J. Gordon）来中国调查栽茶制茶方法。中国制茶工人和技师亦于 1837 年到达阿萨姆。1838 年制成第一批茶叶约 250 公斤，东印度公司董事会认为质量很好，并以高价公开出售。次年底即有 95 箱印度茶叶运抵伦敦。与此同时，东印度公司董事会还批准了英国商人立即组织“阿萨姆茶叶公司”的请求，这家公司于 1839 年在上阿萨姆正式成立，投资为 50 万英镑。

从总的情况来看,19 世纪 50 年代以前印度植茶业还处于萌芽时期,但到 19 世纪 60 年代以后,英国许多资本家在印度纷纷投资兴建茶园,掀起了第一次种茶高潮。①

印度的第一个茶叶公司成立于 19 世纪 40 年代,英属印度政府把除了查布瓦茶园以外的所有茶园出售给该公司(查布瓦茶园为一个中国人购买经营)。该公司在 1852 年售茶获利,第一次向股东分红,消息传开,引起轰动,私人资本跃跃欲试。1857 年英国镇压印度民族大起义后,改组印度政府,把印度置于英王的直接管辖之下,英国资本大规模进入印度,相当大一部分投入种茶业,各种茶叶公司纷纷涌现,1881 年在加尔各答成立印度茶业联合会。成立之初,联合会的成员拥有 10.3 万英亩茶园。联合会在茶的种植、加工、运输、销售等方面协调成员的利益,交流情报、技术,采取共同措施,抢占国际市场,打击排斥中国茶。②

19 世纪 60 年代后期,欧洲到印度的海底电缆铺设完成,印度各主要城市电讯业务迅速发展起来,了解欧美的市场信息、联系供销订货业务在顷刻之间就可以完成。英国资本凭借其雄厚的实力,组成生产、加工、运输、销售一条龙的庞大公司,大大提高了印度茶的国际竞争能力。例如,1892 年成立的马丁公司拥有铁路、煤矿、船坞、茶叶种植园、锰矿、水泥厂、电力公司、保险公司等,其竞争实力,中国的单家独户的茶农和行商坐贾难以望其项背。

19 世纪 70 年代以后,印度茶出口逐年上升。1875 年印度茶销往伦敦 2 950 万磅,1881 年为 4 575 万磅,1886 年增加至 7 650 万磅。1893 年英国从印度进口 10 814 万磅茶,从斯里兰卡进口 640.8 万磅,从中国只进口了 3 206 万磅,仅占 15.6%。③

印度茶园经营走专业化、企业化道路,相对集中,规模较大,茶叶种植园(场)是印度茶叶生产的基本单位,多属大公司或私人经营。种植园在人烟稀少的丛林地带开辟建立,大多远离城镇,而职工却又招自人口稠密地区,因此,茶叶种植园实际上是一个集茶叶生产、加工、销售于一体,茶、粮等综合经营的经济实体。种植园还要为职工及其家属提供住宿和各种生活福利,诸如水电供应、商店、托儿所、学校、医院、俱乐部乃至教堂等设施,所以每个种植园像一个基层社会组织,基本上是一个自给、自足和自立的团体。

印度是世界上最大的茶叶生产国和消费国。2003 年,茶叶产量为 857 055 吨,消费量为 679 000 吨。2003 年,印度茶产业的总产值约为 900 亿卢比,其中,出口创汇额约为155 亿卢比,茶叶主要产于其东北部的阿萨姆邦(2003 年占

---

① 谢天祯. 印度茶业的历史与现状[J]. 南亚研究季刊,1987(2).

② 吕昭义. 英属印度与中国西南边疆(1774—1911 年)[M]. 北京:中国社会科学出版社,1996.

③ 吕昭义. 英属印度与中国西南边疆(1774—1911 年)[M]. 北京:中国社会科学出版社,1996.

52.9%）和西邦加省（2003 年占 23.4%），另外，还有南部的泰米尔纳度省（2003 年占 15.4%）和克拉拉省（6.6%）。在整个印度茶叶市场中，品牌包装茶占总量的 35%。印度利华有限公司（HLL）在包装茶的市场份额中独占 43%～45%，而排名第二的塔塔茶叶公司则占有 17%～18% 的市场份额。除了这两大公司和邓肯公司（占 4%）外，其余的市场份额则被众多的、小规模的本地公司所占据。[①]

印度茶叶贸易的主要方式是拍卖。印度在 19 世纪中叶以后就陆续设立了几个产地茶叶拍卖中心，现已增加到七个——加尔各答、古瓦哈蒂、斯里古里、柯钦、古诺尔、科因巴托尔、姆利则。印度政府规定，75% 左右的茶园所产茶叶必须通过拍卖进入市场。印度茶叶出口通过拍卖的比重在 20 世纪 90 年代中期已高达 85% 左右。[②]

（二）印度茶俗

1. 印度红茶

印度著名的红茶有大吉岭红茶、阿萨姆红茶和居尔吉里红茶。大吉岭红茶，味道醇香，冲泡成奶茶后，味道更丰富，而且不容易伤胃。曾经有印度茶商这样说："没有大吉岭茶的生活是毫无乐趣可言的。"由于它在红茶市场上价格最高，且拥有高雅芬芳的香气和清爽的风味，所以被称为"红茶中的香槟"。大吉岭红茶的产地在印度西部孟加拉州北端的喜马拉雅山脉，在喜马拉雅山脉高地、凉爽的气候及适度的湿度等优越条件下，这里的茶有着一股葡萄香味般的优雅芬芳。大吉岭红茶除了加牛奶喝之外，更适合纯饮。

阿萨姆红茶和大吉岭红茶一样产于印度北部的高地，其新鲜叶片宽大，叶肉肥厚，含有大量的单宁酸，茶汤呈暗红色，比大吉岭红茶更浓，素有"烈茶"之称。由于阿萨姆红茶的香味稍微淡一些，再加上沏开的时间比较快，在茶汤仍热的时候茶叶就泡开了，适合在冬天饮用。此外，阿萨姆红茶的色泽为深褐色，很适合冲泡成奶茶饮用。不过，除非是高级的阿萨姆红茶，否则不太适合像大吉岭红茶一样单独饮用。

尼尔吉里红茶的产地在印度南部，虽然和北部的阿萨姆及大吉岭茶比较起来历史较短，但因为生长在印度气候最佳的地区，所以品质也不错。

2. 印度奶茶

印度人喝奶茶的习惯据说是从我国西藏传入。因为印度人的口味较重，所以直接将鲜奶与茶叶同煮，甚至加入生姜、豆蔻、肉桂、槟榔等，让奶茶更香烈且有益健康。

---

① 梅宇. 印度主要茶叶公司概况[J]. 茶叶经济信息，2004(7).

② 吴育犀. 印度茶叶市场概况[J]. 茶叶经济信息，2004(3).

印度奶茶又名焦糖奶茶,印度语叫 Chai。煮这道茶的火候掌握十分重要,由于茶煮久了会产生较重的涩味,所以掺入奶油予以减轻涩味,并且让奶茶更具有浓滑的口感。印度奶茶是由四种材料组合而成的:浓郁的红茶、牛奶、多种香料以及糖或蜂蜜。其中,丁香、姜、胡椒、豆蔻以及肉桂是最常使用的几种香料。印度人一般喜爱用天然的香料、黑胡椒甚至生姜等加味,牛奶也喜爱使用气味较重的水牛奶。在印度随处可见的奶茶摊上,常常可以看见让客人喝茶用的陶土做成的小陶杯,客人可以在喝完奶茶后,随手将陶杯打破丢掉,充分展现印度人崇尚自然的观念。①

印度奶茶本身也有贵贱之分:贵的称为 Masala Chai,即新鲜牛奶加入豆蔻、茴香、肉桂、丁香和胡椒等多种香料;便宜的就只有单纯的奶和茶,顶多加点生姜或豆蔻调调味。虽说两者口味并无天壤之别,但所加香料品种和数量的多少,决定了每种茶的独特味道。

印度人忌用左手敬茶,认为左手是低下的,不洁的,必须用右手敬茶。印度教徒习惯分食,如果是别人用过的茶杯,也必须洗干净以后再用。

六、其他国家的茶文化特色

(一)摩洛哥

1. 茶入摩洛哥

摩洛哥人主要信仰伊斯兰教,不喝酒,其他饮料也很少,于是这里饮茶之风很盛。摩洛哥人上至国王,下至市井百姓,每个人都喜欢喝茶,可以说茶已成为摩洛哥人文化的一部分。逢年过节,摩洛哥政府必以甜茶招待外国宾客。在日常的社交宴会上,必须在饭后饮三道茶。所谓的三道茶,是敬三杯甜茶,即用茶叶加白糖熬煮的甜茶,一般比例是 1 千克茶叶加 10 千克白糖和清水一起熬煮。主人敬完这三道茶才算礼数周备。

14 世纪,中国茶就传入了摩洛哥。茶在摩洛哥传播很快,到 19 世纪末,茶就成为风靡全国的大宗消费品。摩洛哥与其他西非诸国,地处撒哈拉沙漠周围,天旱少雨,北非人又以肉食为主,缺乏瓜果蔬菜,因而尤其需要喝茶,以解渴、去腻、消食、增加维生素。加上该地区普遍信仰伊斯兰教,严禁喝酒,使茶的饮用得以普及。茶在摩洛哥成为居家必备的物品,大体经历了四个阶段:大约在 19 世纪初,只有"有闲阶级"才能享用茶;在 1830—1860 年间,茶的消费逐步推进到城市各阶层;1861—1878 年,饮茶之风刮到农村;1879—1892 年,茶叶消费遍及整个国家。

摩洛哥人喜好的是中国的绿茶,尤其是眉茶和浙江的珠茶。喝茶的方式,有

① 张忠良,毛先颉.中国世界茶文化[M].北京:时事出版社,2006.

冲饮，也有煮饮。浓浓的茶汤中加入方糖和薄荷叶（或薄荷汁），三者交融一体，称为“薄荷茶”，饮后提神解渴，全身凉爽。

在繁忙热闹的阿拉伯市场“梦地那”的街道上，摩肩接踵的人流之中，随时可见手托锡盘、脚步匆匆的小童从你身旁走过。盘中放着一只锡壶，两只玻璃杯。这是茶房或商店的小伙计前往商店送茶或从家中取茶为老板饮用的。在流动旧货市场上，茶棚亦是最热闹的所在。炉火熊熊，大壶里沸水“突突”作响；“女茶老板”从身边麻袋里抓一把茶叶，又用榔头从另一个麻袋里砸下半个拳头大的一块白糖，再揪一把鲜薄荷叶，一起放进小锡壶里，兑上滚水，再放在火上煮。两遍水波之后，小锡壶便递到了小桌旁“待茶”的人们面前。摩洛哥盛行饮茶之道，却并不产茶，全国200多万人口每年消费的茶叶均需进口，其中，95%来自遥远的中国。“中国绿茶”与每一个摩洛哥人的生活息息相关。①

2. 饮茶习俗

摩洛哥人饮茶数量较大，每人每年平均需一公斤左右。他们每日饭食油腻很重，喜食牛羊肉，爱好甜食，缺少蔬菜，而饮茶不仅能提神醒脑、帮助消化，还能溶解油腻，这就使得茶叶成为他们生活中的必需品。

摩洛哥人大都是煮茶，只有很少的人沏饮。另饮薄荷糖茶有一套专用茶具和特殊程式。阿拉伯煮茶壶，配高尖红帽壶盖，有四只壶脚。一般居民则用搪瓷茶壶，小玻璃杯数只，用炭火炉煮茶时，数人围坐炉旁，一人操作，取绿茶25克左右入壶，冲入温开水摇晃几下，立即将水倒弃，谓之“洗茶”（此乃中国古法遗迹），再加水、白糖、鲜薄荷，冬季有时加点苦艾，置壶于炉上熬煮。几分钟后，斟茶入杯，留一空杯，然后高举茶杯冲入空杯，一杯套倒一杯，反复几次。此时只见茶汤橙黄，杯面上浮泡沫，当地人认为泡沫越多茶质越好，与中国唐代饮茶崇尚“凡酌，置诸碗，令沫停均”如出一辙。人手一杯，频频品饮，此谓“一道茶”。此时，茶味甜浓，甚是好喝。之后，再加水、糖和薄荷煮饮，此谓“二道茶”。饮“三道茶”时，若茶味欠浓，则另加干茶少许，如法调饮。事毕，茶渣用于喂食牛羊或骆驼，犹言“牲畜亦须健康精神”。

摩洛哥人饮茶成“瘾”，三天不喝茶，就要头疼，身疲无力。亲朋相聚、婚礼喜丧、宗教活动和官方宴会，无不以茶待客，这已成为他们的民族礼节。不仅如此，摩洛哥等西北非国家还有茶诗会的风气，互相唱诵诗文，人称“绿茶文学”。

摩洛哥诗人夏夫沙维尼曾经吟道：

> 饮茶上瘾亦无妨，消忧去愁精神爽。
> 面似玫瑰泛红潮，更有雨露花瓣降。

---

① 舒惠国. 当代茶艺[M]. 天津：百花文艺出版社，2000.

有的诗人对饮茶时间吟出这样的诗句：

饭前香茗开胃口，餐毕积食茶解忧。
心旷总为清足饮，神怡最是黄昏后。

夏夫沙维尼对饮茶的“人文环境”这样吟道：

三四好友清茶叙，再添一人便多余。
英俊乐手当别论，悦目悦耳两相宜。

而诗人哈姆顿更对茶作出极高的评价：

茶是人间至高无上的享受，
只在天堂才有同样的朋友。
我看到它与欢乐携手而来，
又把心中的忧伤飞步带走。①

（二）美国

1. 美国接受茶叶的过程

1670 年，茶叶为少量在波士顿的英国殖民者接受，鉴于饮茶在英国的地位和习俗，在北美，饮茶也同样是一种高雅生活方式的象征，代表着一种身份和教养。18 世纪，茶叶已成为殖民地和其母国之间广为接受的主要贸易商品，尤其为殖民地的妇女所接受。茶叶贸易的中心在波士顿、纽约和费城。由于茶叶税收太高，最终引发了波士顿倾茶事件。

1789 年革命结束后，美国便与中国直接进行茶叶贸易。美国的茶叶市场则于 1840 年前后基本形成，并几乎全为中国绿茶所独占，年消费中国绿茶约 1 万吨左右，最多时近 2 万吨。之后由于战争等缘故，中国对美出口茶叶大减，而印度和斯里兰卡红茶和日本绿茶在这时进入美国市场。日本对美国出口的绿茶在 1909 年曾达 2.35 万吨，一度取代了中国绿茶。1918 年印尼红茶销往美国，数量竟达 1.58 万吨，占美国输入茶叶总量的 35%，仅次于日本的绿茶，次年虽一度减少，不久又增加了。从 1922 年至 1938 年的十多年中，印度和斯里兰卡红茶与印尼红茶在激烈的竞争中，虽互有消长，但同时也使得各国的红茶在品质、包装和宣传上都大有改进，从此形成红茶一直较绿茶畅销的局面，使得美国由消费绿茶为主，转变为以消费红茶为主。

总体而言，美国的历史较短，缺乏产生茶文化的历史和文化背景，如果说英国消费茶叶以中高档为主，美国的消费则以低档为主。美国的饮茶风尚，随着时代

① 金广. 茶香飘万里，友谊越千年——话说中国绿茶在摩洛哥[J]. 阿拉伯世界，1999(4).

也在不断发生变化。在美国的茶叶市场中,18 世纪以武夷茶为主,19 世纪以绿茶为主,20 世纪以后则以红茶为主。

2. 茶饮

美国是一个追求快节奏的国家,什么都讲究快,茶也要快,快冲快饮。其茶叶消费的主要方式为速溶茶与冰茶。速溶茶于 1940 年产生在英国,却流行在美国,目前速溶茶在国际市场上十分畅销。美国人爱好冷饮,创造了茶的冷饮方式——冰茶。许多消费者一年四季都喝冰茶,而开瓶即饮的冰茶,最为消费者喜爱。此外还有自制的冰茶,即一般用袋泡茶或速溶茶泡于水中后冷却,滤去茶渣,饮用时加入冰块、冰屑或刨冰,或把茶汁贮于冰箱内,饮用时加冷开水冲淡。许多消费者还根据个人喜好加入柠檬、甜料、酒类等佐料。饮用冰茶正适应了他们的生活习惯,而且冰茶饮用方便省时,又符合当代生活的快节奏,并且解渴效果、恢复精力与保持体形的多种功能都比其他饮料略胜一筹。美国人饮茶大多是冷饮,与中国人用开水泡茶的热饮方法全然不同。他们喜欢在茶中和其他果汁饮料中加上冰块。为了增加茶叶的消费,就必须应时代的要求使茶叶的加工方法和包装形式不断变化,花样翻新。目前在美国市场上销售的茶叶,主要有四大类:袋泡茶,占 55%;速溶茶,占22.4%;混合冰茶,占 17.5%;散装茶,占 5%。从发展趋势来看,袋泡茶与混合冰茶销量趋升,速溶茶与散装茶趋降。①

美国《嗜茶者宝藏》(Tea Lover's Treasury)作者普拉特(J. Pratt)说:"人们开始发现,在休息时间饮一杯绿茶,可收到提神醒脑之效。"同时,作为美国《茶叶杂志》的创办人,普拉特认为,茶并不只是产品,其实也是一种传统或习俗,每种文化都有特定不同的茶道,标志着各自的文化特色。美国人正在创造本身的饮茶文化,除不断汲取英国、日本和中国的茶文化的精髓外,还在各种不同茶品配置合适的茶具器皿方面下工夫。

第三节　中外茶文化底蕴的比较②

从上面的论述中我们可以看到,茶叶通过不同渠道、在不同的历史时期走出国门,由于历史时期的差异、茶叶输出时代的社会背景的不同、茶叶运输和种植之差异以及输入国的历史文化和社会经济状况之不同,不仅不同的国家对茶的认识和文化意义的认同有极大的差异,而且作为商品贸易的茶叶市场,也因此有了不同时期的波动。虽然茶已经成为世界性的饮品,但是其漫游世界的文化轨迹却依

---

① Diane Rosen. 冰茶:源于美国的饮品[EB/OL].[2004-6-14]. http://www.cyxxg.com/csgfc/cyjk/171741415223.html.

② 本节内容经简单删改已发表。李红艳. 人在旅途:中外茶文化底蕴的思考[J]. 农业考古,2008(5).

然清晰，可以清晰地描述出来。

笔者认为，茶文化在中国之外的发展特色，可以依照历史的脉络分为两种：一是文化交流形式的传播，如日本，韩国；二是茶叶贸易性质的传播，如英国和俄罗斯。其他国家的茶文化在原初形式上基本是以这两种茶叶文化的传播为基础，根据不同国家的地域、文化和饮食特色而加以改善的。

一、作为文化交流形式的茶文化传播

（一）中日茶文化传播之比较

中日茶文化的源流及关系已经显而易见了。中日茶文化的主要区别在于，日本茶文化中被倾注了“道”的内涵和意蕴，饮茶习俗被发展成为一种茶禅合一的技艺，而中国却未形成这种“道”。有学者认为，发端于唐代的“茶道”之所以在日后的中国甚少为人提及，主要是因为中国宋、明、清历代都有大量茶书，饮茶盛行，城市遍布茶楼、茶馆。清代鼎盛时期还盛行以新茶敬老、规模空前的“千叟宴”，堪称文化盛事。文献史料中之所以没有留下太多的“茶道”字样，主要是因为中国人不轻易言“道”之故。而 1840 年鸦片战争以来，近代中国的社会状况难以延续原有的茶文化精神，茶艺更是难以提及。①

在陆羽的《茶经》中，我们已经可以看出一些茶道的萌芽。陆羽认为“茶性俭”，适宜饮茶的人是“精行俭德之人”。遗憾的是，这种思想没有被后人作为一种文化传统而继承下来。日本的茶道是在继承中国饮茶习俗的基础上发展而来的。中国茶文化至少在下列诸方面对日本茶道有重大影响。

第一，在观念上的影响。中国古代的一个基本观念是“天人合一”，这是一个哲人的最高修养，中国茶文化把品茶作为一门思想和艺术修养，把心融合于自然之中，在主观与客观的融合中得到一种美的升华。日本茶道是完完全全继承和发展了这一点。

第二，中国品茗在程序上对日本也有很大影响。日本茶道受中国茶宴影响，宋代蔡京在《延福宫曲宴记》中写道：“宣和二年（1120 年）十二月癸巳，召宰执亲王等曲宴于延福宫……上（宋徽宗）命近侍取茶具，亲手注汤击拂，少顷白乳浮盏面，如疏星淡月，顾诸臣曰，此自布茶，饮毕皆顿首谢。”这种茶宴程序大致可分为迎送、庆贺、品茶、叙谊、观景等。烧水、冲沏、递接、器具、啜饮等茶艺，都与日本的茶道有类似之处。日本茶道中使用的“筅”，便是继承了中国的“茶筅”。

第三，中国的“斗茶”对日本茶道形成有重大影响。中国宋代物质生活丰裕，

① 竺济法. 试论中日对“茶道”名词的不同释义与解释——比较中日茶文化[J]. 农业考古，2007(2).

从王侯将相、达官贵人、文人墨客到市井平民、浮浪公子,都溺爱斗茶。晁冲之有诗云:“争新斗试夸击拂,风俗移人可深痈。老天病渴手自煎,嗜好悠悠亦从众。”(《陆元钧宰寄日注茶》)晁冲之虽深恶斗茶之风,但仍免不了随波逐流。日本也有“斗茶”的记载,在一些茶会上,赌物如山,这在《太平记》中有详细记录。①

但是,就茶叶在现当代的发展而言,中日茶文化的主旨差异和文化走向在日常生活中发生着悄然的变化。有学者通过对日本茶饮料广告的符号分析和与中国茶饮料广告的简略比较,从中分析出中、日两国的茶饮料业对茶饮料这一产品的营销传播定位存在着明显的区别,即日本的茶饮料基本上是以“茶”和“茶文化”为营销传播的定位,而在中国则是按“时尚软饮料”来定位,而这种时尚软饮料的标准,又自觉或不自觉地取法于具有美国式现代化含义的可口可乐标准,这使本来具有东方文化背景的“茶饮料”在中国市场上至今还没有完全发挥出其应有的传播效力。②

日本茶饮料继承的传统是“茶道文化”,而中国茶饮料继承的则是“茶馆文化”;前者讲究“净”和“静”,后者则重在人伦之乐的社会交流。当日本茶室中的茶变成软饮料瓶装茶的时候,消费的个体性并没有发生太大的改变,因此,作为日本中坚力量的中老年消费人群最有可能接受这种“更方便”的茶,而青年人由于并没有太长的喝茶习惯,对茶道文化的意义感悟也不够深,在西方文化的冲击下,更欢迎的是可口可乐和同样方便的软饮料咖啡。③

目前,日本茶饮料与中国茶正好处在阴阳半球的两面:日本以传统茶文化为市场起点,逐渐向中青年市场的时尚饮料发展;而中国茶饮料则以时尚饮料为起点,势必逐步向中老年消费人群发展。

(二)中韩茶文化传播之比较

中国茶道是雅俗共赏之道,它体现于平常的日常生活之中,它不讲形式,不拘一格。文人学士讲茶道重在“茶之韵”,托物寄怀,激扬文思,交朋结友。佛家讲茶道重在“茶之德”,意在去困提神,参禅悟道,见性成佛。道家讲茶道,重在“茶之功”,意在品茗养生,保生尽年,羽化成仙。普通老百姓讲茶道,重在“茶之味”,意在去腥除腻,涤烦解渴,享受人生。

与中国相比,韩国的茶礼则是祭祀性偏多。韩国的茶礼表达的是人和神、人和传统历史等的一种交流。从祭祀茶圣神农到婚丧嫁娶过程中的茶礼,都是让这些事情神圣化、程式化,避免浮躁化和流俗化。

韩国茶礼侧重于礼仪,强调茶的亲和、礼敬、欢快,把茶礼贯彻于各阶层之中,

---

① 谢建明.文化传播及其整合[M].南京:江苏人民出版社,1994.

② 李思屈.东方智慧与符号消费 DIMT 模式中的日本茶饮料广告[M].杭州:浙江大学出版社,2003.

③ 李思屈.东方智慧与符号消费 DIMT 模式中的日本茶饮料广告[M].杭州:浙江大学出版社,2003.

以茶作为团结全民族的力量。因此,茶礼的整个过程,从迎客、环境、茶室陈设、书画、茶具造型与排列,到投茶、注茶、茶点、吃茶等,均有严格的规范与程序,力求给人以清静、悠闲、高雅、文明之感。

韩国"茶学泰斗"韩雄斌不仅将陆羽《茶经》翻译为朝鲜文,还积极收集茶文化资料、撰述中国茶文化史,树立了韩国茶文化向中国寻根的观念。韩国茶人联合会顾问、陆羽《茶经》研究会会长崔圭用,早在1934年就到中国并侨居八年,深入中国主要茶区,潜心致力于中韩茶文化的研究,出版了《锦堂茶话》《现代人与茶》《中国茶文化纪行》等书,翻译了明代许次纾的《茶疏》和当代庄晚芳的《饮茶漫话》等书。

二、作为经济贸易形式的茶文化传播

(一)以英国为主的欧洲

欧洲有关茶的记载最早出现在16世纪的航海日记里,到了17世纪,有关茶的论著迅速增加。1678年,31岁的荷兰医生科内利斯·邦特克博士用荷兰语撰写了面向大众的《茶——优异的草药》一书,对于茶的普及有很大的影响。

《茶——优异的草药》一书的第一部分的序言着重论述了"饮水的重要性"。开篇第一句就是:"只有健康,才有人生的幸福。如果没有健康,人类所尊重的快乐、名誉、光荣、财富也就等于没有。因为如果没有健康,就无法享受它们。"第二部分汇集了"对于茶的担心、怀疑、错误认识",并逐一加以驳斥、解释。第三部分按照身体部位讲"茶的效用"。最后是本书的主体"茶",列出诸如茶是什么、应该怎样饮茶、最好的茶、茶的性质、适合于茶的水、应该长时间沸煮吗、煮水的工具、沏茶的方法、应该饮浓茶还是淡茶、一次应该饮多少茶、一年或一天的什么时候最适合饮茶、饮茶之后是否可以再喝白兰地等条目。

荷兰人在自己饮茶的同时,还把茶销往欧洲各地,法国宫廷和上层社会也随即接受了茶并且很快就出版了一批关于茶的论著,菲利普·西尔维斯特·迪富尔在1685年出版的《关于咖啡、茶、巧克力的新奇论考》是比较著名的一本书。之后,该书被译成多种语言,一再重印,在欧洲有相当大的影响。关于茶他写道:

咖啡和茶都是苦的、在允许的范围内尽量热饮的饮料。喜好咖啡远远超过茶。茶里有两种成分:一种是气态的、精神的,散发甘甜而感觉舒适的香味;另一种是固有的、现实的至苦涩味。

因为茶是作用于精神的饮料,所以对全身都有效力。

茶能阻止睡眠,对头痛也有疗效。

茶能增强记忆力,使精神坚强而淳清。茶使头脑灵活。

经常喝茶的中国人精神、纤细、聪明。

茶能促进血液循环，利尿，对痛风、风湿、结石也有效果。

茶和咖啡比其他药物优良的理由有两点：一是可以长期服用，持续饮用不会出现其他药所有的弊害。二是稳定的效果，没有呕吐剂那样消耗病人体能的剧烈作用。

1730年，对于饮食与健康的研究倾注了大量心血的托马斯·肖特出版了第一版茶论。20年后的1750年，又出版了新版茶论，标题为《茶的历史》，从自然、实验、流通经济、食品营养角度来研究茶的生长、栽培、制法、种类、输入量、法律、税金、各种各样的使用法、效用和弊害等。

至此为止，关于茶的论述都是基于茶的性质可能带给人们的正负作用而展开的。约翰·科克利·莱特松（1744—1815年）在《茶的博物志——茶的医学性质以及对于人体的影响》一书中，除了进一步通过实验确认茶所含有的防腐、收敛效果，以及通过芳香成分起到的镇静、松弛作用之外，还比较了中国与英国因为饮茶而导致的流行病的变化，论证了饮茶对于健康的具体影响。

由于茶的普及，英国的饮食生活发生了很大的变化，由炎症引发的疾病减少了。在茶普及之前，英国人早餐的量相当大，乳制品、啤酒、烤面包、冷肉等品种数量很多，在上流社会还增加葡萄酒等的酒类。茶普及以后，早餐变成茶与牛奶或奶油、面包和黄油。午后招待客人也一样，茶普及以前，不仅有雷利酒、奶油水果馅饼，还有冷肉、葡萄酒、苹果酒、淡啤酒，甚至蒸馏酒。从早餐和午后待客的食品内容上可以看出，在茶普及之前，人们的血液浓稠，容易患由炎症引发的疾病。

《茶的博物志》是莱特松在博士学位论文《茶的性质的研究》的基础上面向大众撰写的读物，1772年初版发行后，马上在爱尔兰就出现了盗版，1775年又发行了法译本。他的论述全面、深入、客观，反映了当时欧洲茶研究成果，因此是英国乃至欧洲茶研究的里程碑，宣告了围绕着是否接受茶的论争结束，英国成了红茶文化的国家。①

语言学家罗常培评价道："这种饮料在世界文明上的贡献恐怕不亚于丝和瓷。中国饮茶的风气从唐时才开始盛行起来，但张华《博物志》已有'饮真茶令人少眠'的话，可见茶有提神止渴的功用晋朝时候的人早就知道了。"（罗常培，2004）

在茶成为世界性饮料的进程中，英国的资本主义商业观念起到了至关重要的作用。伴随着英国茶业兴起的是中国茶业的衰落，在英国接受中国茶饮料的时候就表现出竞争的原则和现代化的视野。

---

① 江晓原. 多元文化中的科学史[C]//第十届国际东亚科学史会议论文集. 上海：上海交通大学出版社，2005.

（二）以美国为代表的茶文化与健康

21世纪以来，特制茶由于其在口味、品种等方面的优势，并借助其专业的食品流通渠道，在美国的市场份额迅速扩大。其主要原因在于特质茶注重茶叶质量和消费者健康的质量，以改善原有的低品质茶叶市场和茶叶口味为宗旨。目前一般美国消费者对日本茶或中国茶的饮用基本仍停留在中餐馆或日本料理店所提供的茶饮上，日常饮用以加味茶、花草茶、有机茶居多。因此，茶叶商人对此也颇感兴趣。

特质茶的消费对象为人口5 000万～6 000万人的崇尚健康的生活族，这群消费者过着创意的文化生活，崇尚健康的生活方式，为美国的茶叶市场带来了巨大的商机。①

这种与健康相关而发展起来的茶文化理念，与美国社会大众文化的发展趋势有着不可分割的关系。美国的茶文化之特色带有浓郁的工业化的特征，与当地的人口特征和居民来源也有很重要的联系。茶叶，首先是一种商品也主要是一种商品，消费者需求始终是第一位的。其目的不是为市场培育消费者，而是以改良茶叶的特性来配合消费者的口味变迁。这种以消费者为导向、以工业化和商业化为特点的茶文化，在世界范围内无疑具有鲜明的特色。

三、现代社会中的茶文化之发展

作为物质形态的消费品的茶叶，在现代市场经济发展中，与经济社会发展紧密相关，同时也与大众的趣味紧密相关。那么，如何将茶文化的核心保存下来，并在当代社会中伴随时代和社会之发展而有所更新呢？作为文化象征之消费品的茶叶，如何能够承载更多的文化底蕴成为与当代社会的文化发展相辅相成的因素呢？

如前所述，我们可以看到，茶文化的特征不仅与不同国家的历史和社会特征有关，更重要的是与茶叶输入该国的方式有关。日本和韩国的茶文化是以茶的精神特质为主要文化内涵；以英国为主的茶文化则是兼而有之，既是商品贸易之需要，也是百姓日常生活不可缺少的物品；美国的情形则恰恰代表了另一特点，茶叶的商业价值处于主导地位，只要可以满足消费者的需求，获得更大的市场份额，茶叶与其他的普通商品无异，并无特殊的文化特质。

针对上述国家茶文化的发展及特征，我们可以提出的一个现实的问题是：复兴茶饮是当代中国的商业消费行为还是文化行为？

众所周知，伴随着一些大众娱乐设施的兴起，风格迥异的茶苑、茶坊也悄然出

① 张忠良，毛先颉. 中国世界茶文化［M］. 北京：时事出版社，2006.

现了。现代茶坊装修考究,在经营上讲究“茶道”和“茶艺”,并极力营造文化氛围;络绎不绝的茶客则意欲在喧嚣的都市寻到一块“净土”,沏上一杯香茗,细细品尝,娓娓漫聊,尽享工余闲暇。

现代都市茶坊装修考究,风格各异,构成都市街头一道令人瞩目的风景。它们在装修上主要采用木质结构,风格原始,突出粗犷和简朴,以回归自然为特征,迎合了人们对现代都市喧闹环境厌弃的心理。装饰也尽可能地使用天然材料:花岗石、仿清水砖的墙面砖、未刨光的木材。室内木器家具也多用清漆,看来好像是未上漆的硬木,但造型仍是古典式的。①

虽说大部分人都知道茶更有利于身体的健康,但消费者还是轻易地就接受了咖啡,尤其是极易受新事物诱惑,又对欧美文化好奇与倾慕的年轻人。接待客人或者送礼,“雀巢”、“麦氏”咖啡成为首选,这其中虽有崇洋成分,但也反映了一种消费文化。在宣传上,这两种咖啡的广告词大部分人都很熟悉:“滴滴香浓,意犹未尽”,“味道好极了”。可我们的茶叶却还没有努力去推销自己。关于茶叶未被广泛接受的原因,一方面,进口的或合资的咖啡是很注重产品质量的,产自本地的茶叶却质量难以保证;另一方面,咖啡即冲即饮,茶叶却要分级分等分品种,难究其里的青年人根本分不出孰优孰劣。

针对中国社会转型时期的不同社会群体,茶无论作为文化还是作为商品,在当代中国的重新复兴似乎是一个需要慎重考量的问题。在这里我们借鉴不同国家的发展模式,结合中国当代百姓的日常生活方式,可以将如今已在市场上成为茶饮料的诸种茶饮形式完善化、多元化,并结合不同节令、不同地区、茶叶的不同搭配制作成符合分众化市场的产品。而在茶馆、茶坊则以复兴、宣扬中国传统的茶文化的种种形式为主要内容,举办茶叶论坛、茶叶讲座、茶艺表演,真正将这些场所转变成为历史、文化和社会发展中文化底蕴的延续和革新之地,或许也能起到对现代化过于迅速的中国社会的一种文化救赎作用。

---

① 阿浩.这样就赚钱:捕捉身边的致富机会[M].北京:中华工商联合出版社,1999.

参考文献

[1] 俞寿康. 中国名茶志[M]. 北京:中国农业出版社,1982.

[2] 陈椽. 中国名茶研究选集[M]. 合肥:安徽农学院出版社,1985.

[3] 吴觉农. 茶经评述[M]. 北京:中国农业出版社,1987.

[4] 庄晚芳. 中国茶史散论[M]. 北京:科学出版社,1988.

[5] 陈椽. 中国名茶[M]. 北京:中国展望出版社,1989.

[6] 陈宗懋. 中国茶经[M]. 上海:上海文化出版社,1992.

[7] 张堂恒. 茶·茶科学·茶文化[M]. 沈阳:辽宁人民出版社,1994.

[8] 农业部全国农业技术推广总站. 中国名优茶选集[M]. 北京:中国农业出版社,1994.

[9] 严鸿德. 茶叶深加工技术[M]. 北京:中国轻工出版社,1997.

[10] 安徽农学院. 制茶学[M]. 2 版. 北京:中国农业出版社,1999.

[11] 陈彬藩. 中国茶文化经典[M]. 北京:光明日报出版社,1999.

[12] 王镇恒,王广智. 中国名茶志[M]. 北京:中国农业出版社,2000.

[13] 方元超,赵晋府. 茶饮料生产技术[M]. 北京:中国轻工业出版社,2001.

[14] 阮浩耕. 茶之初四种[M]. 杭州:浙江摄影出版社,2001.

[15] 陆松侯,施兆鹏. 茶叶审评与检验[M]. 北京:中国农业出版社,2001.

[16] 白堃元. 茶叶加工[M]. 北京:化学工业出版社,2001.

[17] 林木. 听雨轩说茶[M]. 北京:中国物价出版社,2002.

[18] 朱世英. 中国茶文化大辞典[M]. 北京:汉语大辞典出版社,2002.

[19] 伊永文:东京梦华录笺注[M]. 北京:中华书局,2006.

[20] 晓晨. 浅谈我国花茶的起源和发展[J]. 农业考古,1992(2).

[21] 朱自振,韩金科. 我国古代茶类生产的两次大变革(一)[J]. 茶业通报,2000(22):4.

[22] 朱自振,韩金科. 我国古代茶类生产的两次大变革(二) [J]. 茶业通报,2001(23):1.

[23] 周文棠.《广雅》茶事作者与时代的商榷及其对茶史的影响[J]. 农业考古,2001(2).

[24] 李光涛. 论普洱茶与思茅茶[J]. 茶业通报,2002(24):2.

[25]《中国茶文化大观》编辑委员会. 清茗拾趣[M]. 北京:中国轻工业出版社,1993.

[26] 陈珲,吕国利.中国茶文化寻踪[M].北京:中国城市出版社,2000.
[27] 关剑平.茶与中国文化[M].北京:人民出版社,2001.
[28] 艾梅霞.茶叶之路[M].北京:中信出版社,2007.
[29] 吕昭义.英属印度与中国西南边疆(1774—1911年)[M].北京:中国社会科学出版社,1996.
[30] 钱瑞娟.国外饮食文化[M].北京:中国社会出版社,2006.
[31] 余悦,赖功欧.茶理玄思[M].北京:光明日报出版社,2002.
[32] 金元浦.中国文化概论[M].北京:首都师范大学出版社,1999.
[33] 刘学君.文人与茶[M].北京:东方出版社,1997.
[34] 王玲.中国茶文化[M].北京:中国书店,1998.
[35] 陈祖规,朱自振.中国茶叶历史资料选辑[M].北京:中国农业出版社,1981.
[36] 林齐模.近代中国茶叶国际贸易的衰减——以对英国出口为中心[J].历史研究,2003(6).
[37] 梁子.唐宋茶道[M].西安:陕西人民出版社,1994.
[38] 姚江波.中英茶文化比较[J].农业考古,1999(4).
[39] 张应龙.鸦片战争前中荷茶叶贸易初探[J].暨南学报:哲学社会科学版,1998(7).
[40] 阮浩耕,沈冬梅,余良子.中国古代茶叶全书[M].杭州:浙江摄影出版社,1999.
[41] 杨春水.茶典[M].呼和浩特:内蒙古人民出版社,2004.
[42] 林乾良,奚毓妹.养生寿老茶话[M].北京:中国农业出版社,1988.
[43] 森本司郎.茶史漫话[M].孙加瑞,译.北京:中国农业出版社,1983.
[44] 陈学良.茶话[M].南宁:广西人民出版社,1982.
[45] 舒玉杰.中国茶文化今古大观[M].北京:北京出版社,1996.
[46] 叶羽.茶伴书香(茶经·茶书集成)[M].哈尔滨:黑龙江人民出版社,2001.
[47] 柯秋先.茶书——茶艺茶经茶道茶圣讲读[M].北京:中国建材工业出版社,2003.
[48] 周红杰.云南普洱茶[M].昆明:云南科技出版社,2004.
[49] 陈香白.中国茶文化[M].太原:山西人民出版社,1998.
[50] 丁文.中国茶道[M].西安:陕西旅游出版社,1998.
[51] 王建荣,郭丹英,陈云飞.茶艺百科知识手册[M].济南:山东科学技术出版社,2003.
[52] 姚国坤,庄雪岚.茶的典故[M].北京:中国农业出版社,1991.

[55] 滕军.中日茶文化交流史[M].北京:人民出版社,2004.

[56] 林瑞萱.韩国茶道九讲[M].台北:台湾武陵出版有限公司,2003.

[57] 张明高，范桥.周作人散文[M].北京:中国广播电视出版社,1992.

[58] 封演.封氏闻见记[M].沈阳:辽宁教育出版社,1998.

[59] 千宗室.茶经与日本茶道的历史意义[M].萧艳华,译.天津:南开大学出版社,1992.

[60] 张忠良,毛先颉.中国世界茶文化[M].北京:时事出版社,2006.

[61] 吴旭霞.茶馆闲情[M].北京:光明日报出版社,1999.

[62] 姚国坤,胡小军:中国古代茶具[M].上海:上海文化出版社,1998.

[63] 王建平.茶具清雅[M].杭州:光明日报出版社,1999.

[65] 余彦焱.中国历代茶具[M].杭州:浙江摄影出版社,2001.

[66] 吴达如,吴烈.亲近紫砂[M].杭州:大世界出版公司,2001.

[67] 宋伯胤.茶具[M].上海:上海文艺出版社,2002.

[68] 赖功欧.茶哲睿智[M].北京:光明日报出版社,1999.

[69] 黎虎.汉唐饮食文化史[M].北京:北京师范大学出版社,1998.

[70] 余悦.茶路历程[M].北京:光明日报出版社,1999.

[71] 陈宗懋.中国茶叶大辞典[M].北京:中国轻工业出版社,2000.

[72] 陈平原,凌云凤.茶人茶话[M].北京:生活·读书·新知三联书店,2007.

[73] 张岱.陶庵梦忆[M].上海:上海书店,1982.

[74] 邓九刚.茶叶之路:欧亚商道兴衰三百年[M].呼和浩特:内蒙古人民出版社,2000.

[75] 程启坤,庄雪岚.世界茶叶100年[M].上海:上海科技教育出版社,1995.

[76] 萧晴.喝茶:中外经典茶谱168样[M].北京:中国市场出版社,2006.

[77] 李思屈.东方智慧与符号消费DIMT模式中的日本茶饮料广告[M].杭州:浙江大学出版社,2003.

[78] 张堂恒.茶叶贸易学[M].北京:中国农业出版社,1995.

[79] 庄国土.茶叶、白银和鸦片:1750—1840年中西贸易结构[J].国经济史研究,1995(3).

[80] 宛晓春.中国茶谱[M].北京:中国林业出版社,2007.

[81] 柴奇彤.实用茶艺[M].北京:华龄出版社,2006.

后 记

全书各位作者的分工如下:

徐晓村拟定全书的体例,各章节的目录及编写要求,撰写序和后记,并最后审读全书书稿。

单虹丽编写第一章“茶叶基础知识”。

卢兆彤编写第二章“品饮方式和饮茶习俗”,第三章“茶艺”。

王伟编写第四章“茶馆文化”,第五章“中国茶具”,编写全书的参考书目及进行史料审核。

李焕征编写第六章“中国茶文化的美学意韵”。

李红艳编写第七章“外国茶文化”。

茶艺演示陈艺鸿,摄影李达。

此外,艺鸿茶道的陈艺鸿女士为本书的撰写提供了大批参考资料,也一并在此致谢。